"十四五"普通高等教育本科系列教材

电工基础实践教程

主　编　丁守成　林　洁
副主编　黄　瑞　杨世洲　刘　婕
编　写　王贵锋　肖利梅　王文琰

中国电力出版社
CHINA ELECTRIC POWER PRESS

内 容 提 要

本书为普通高等教育“十四五”系列教材，由从事多年实践教学的教师编写，侧重于对学生实践能力及综合设计能力的培养。

本书是在原教材的基础上，研究了教学改革的新形势，结合兄弟院校学生能力培养和创新教育的定位，从满足基本教学需要和有较宽适应面为出发点，进行了大力度的修改，使之更加适用、实用和好用，是一本集基础性、应用性、综合性于一体的实践教材。内容包括常用电工仪表、直流电路实验、交流电路实验、PLC 实验、电工技能训练、电子技术实验、电机及控制实验和 Multisim 软件应用简介。

本书可作为普通高等学校理工科院校电类、非电类专业的电路实验、电工学实验及相关电工实训等的教学用书，也可作为高等职业技术学校相关工科专业的实践教学用书，对于相关工程技术人员也是一本实用的学习和参考书。

图书在版编目（CIP）数据

电工基础实践教程 / 丁守成，林洁主编．—北京：中国电力出版社，2021.9（2024.9重印）
ISBN 978-7-5198-5990-9

Ⅰ．①电… Ⅱ．①丁…②林… Ⅲ．①电工－教材 Ⅳ．①TM1

中国版本图书馆 CIP 数据核字（2021）第 187954 号

出版发行：中国电力出版社
地　　址：北京市东城区北京站西街 19 号（邮政编码 100005）
网　　址：http://www.cepp.sgcc.com.cn
责任编辑：罗晓莉
责任校对：黄　蓓　常燕昆
装帧设计：郝晓燕
责任印制：吴　迪

印　　刷：固安县铭成印刷有限公司
版　　次：2021 年 9 月第一版
印　　次：2024 年 9 月北京第五次印刷
开　　本：787 毫米 ×1092 毫米　16 开本
印　　张：14.75
字　　数：382 千字
定　　价：42.00 元

前　　言

《电工基础实践教程》自出版以来，受到了许多兄弟院校的广泛关注和支持，产生了较好的社会效益和影响。兰州理工大学电工电子实验课题组，根据新时代教学改革形势和实践教学课程建设的需要，深入研究了兄弟院校，特别是兰州理工大学的定位和办学指导思想，在人才培养中，如何体现“实践育人”的教育理念，推动创新教育，更好地培养高素质人才，以及本教材在电工电子实践教学课程设置和有力地指导实践所应发挥的作用和效益等问题，决定大力度地修改本教材，使之更加适用、实用和好用。经过广泛的调研，多方的征求意见，深入地讨论和研究以及认真地编写、修改，该书第二版，以其崭新的面貌呈现在读者的面前。

本教材在原来的基础上，修订特色如下：

(1) 将每个实验的能力要求明确地写入实验目的，适应于工程教育专业认证理念。

(2) 根据实验内容对章节内容进行了重组，并增加第7章电机及控制实验，适用于强电类专业电机类课程实验教学，拓宽了本书适用面。

(3) Multisim 作为电路仿真和设计的专用软件之一，本书增加第8章 Multisim 软件应用简介，学生对照教材很快就可以进行操作，对实验、课程设计的相关内容进行仿真，不仅为学习更高级、功能更强大的仿真设计软件打下基础，还可以提高学习兴趣。同时本教材大部分实验均和 Multisim 相结合，体现了基础实践、传统理论和现代新技术的结合，与时俱进。

(4) 本教材中设计性、综合性实验有50多个，体现了注重能力培养的新思想，在实验方法的要求上力图做到软硬件结合、计算机仿真和现场动手实践相结合。

(5) 虚拟仿真实验教学项目建设是实验“金课”之一，本教材增加6-14负反馈放大电路性能分析虚实结合实验，虚拟仿真实验教学项目进教材是一流课程建设的必然。

(6) 常用电工仪表中更新了交流数字毫伏表和数字存储示波器，以更好地适应现代技术需要和发展。

(7) 删减了原来教材中的附录A电工技能测试题，这些内容已经不能适用新时代教学需求。

(8) 这是一本集基础性、应用性、综合性于一体的实践教学指导教材，更多地涵盖了电工电子所涉及的实践教学环节。

本教材通篇体现了“以学生为中心”的教学理念，以加强基础、重视工程应用、更新内容体系作为本书编写的基本依据和主要特点。努力搭建一个充满活力的、基础扎实的集基础性、综合性、设计性实验及电工电子技能训练于一体的电工基础实践教学大平台。

本教材是兰州理工大学电气与控制工程国家级实验教学示范中心的规划教材，可作为高等学校本科生电工（电路）实验、PLC实验、电子实验、电工技能训练、电机及控制实验和 Multisim 软件应用的教材。

本教材由丁守成、林洁担任主编，负责全书的统稿和校阅，黄瑞、杨世洲、刘婕担任副主编。第1、5章由黄瑞、林洁编写，第2、3、4章由丁守成编写，第6章由杨世洲、刘婕、丁守成编写，第7、8章由林洁、王文琰编写，王贵锋、肖利梅参与了部分编写工作。本书实验内容丰富，不同院校教师可根据学生专业、水平等实际情况选用。

本教材由兰州交通大学罗映红教授主审，提出了不少宝贵的意见和建议，在此谨致以诚挚的谢意。

本教材在编写过程中，参考了大量的国内外著作和资料，在此向这些作者表示衷心的感谢！

由于我们水平有限，错误和不足在所难免，敬请各位读者批评指正。

编　者

2021年5月于兰州理工大学

目　录

第1章 常用电工仪表

电工仪表是电气工程技术人员的基本工具，他们在工作中经常涉及仪器仪表的使用、维修和校准。通过本章的学习，读者能掌握各种仪器的基本线路和工作原理，熟悉测量信号的处理过程，了解现代仪表的新动向、新技术、新器件和新工艺，并对仪器仪表的智能化、自动测量系统的发展及技术有所了解，以便于充分开发其功能，而且能正确使用、维护常用仪表，提高工程识图能力和工程应用能力。

1-1 电工仪表分类与误差

在电能的生产、输送、分配和应用的各个环节中，都离不开电工仪表。电工仪表是保证电气设备安全、经济运行和系统电能质量的重要计量设备。

1-1-1 电工仪表的分类

电工仪表按工作原理分，有磁电系仪表、电动系仪表、电磁系仪表、磁铁电动系仪表、整流系仪表、感应系仪表、磁电系比率表等。

按工作电流分，有直流电工仪表、交流电工仪表和交直流两用电工仪表等。

按测量对象分，有电流表、电压表、欧姆表、兆欧表、接地电阻测量仪、功率表、功率因数表（相位表）、频率表、电能表等。

按使用方式分，有指示仪表和安装式仪表。指示仪表指固定安装在开关板、控制屏及电气设备面板上使用的仪表。安装式仪表可用来测量交直流电路中的各种电气量。

按照外形还可分为圆形仪表（Ⅰ型）、矩形仪表（Ⅱ型）、方形仪表（Ⅲ型）、槽型仪表（Ⅳ型）和广角度仪表（Ⅴ型）。

实验室仪表，指实验室用精密仪表，可用作精密测量和校准较低精度电能表的标准表。

携带式仪表，指便于携带到生产现场进行各种电工测量的仪表，如兆欧表、按地电阻测量仪、万用电能表、钳形电流表等。

按电工仪表测量的准确度不同，可分为0.1、0.2、0.5、1.0、1.5、2.5、5.0七级。其中，0.1、0.2级用作标准表，用以校验准确度较低级的仪表；0.5、1.0级仪表一般用于实验室；1.5、2.5、5.0级仪表一般安装在现场，用作开关板指示仪表。

此外，有功电能表还有2.0级，无功电能表还有2.0、3.0级。对于320kVA以下变压器低压计费用户和非计费的计量，有功电能表可为2.0级，无功电能表为3.0级。

1-1-2 误差与准确度

1. 误差

不论仪表制造得多么精确，测量时仪表的读数和实际值之间总会有差异，这些差异称为仪表的误差。

（1）误差根据产生的原因分为以下两种：

1）基本误差：仪表结构和制作工艺方面的原因引起的误差。

2）附加误差：仪表在非规定条件下使用而引起的误差。

（2）误差的表达形式。

1）绝对误差Δ：仪表测量指示值A_X与被测量的实际值A_0之间的差值。（绝对误差Δ有正、负之分，Δ为正时，测量值偏大，Δ为负时，测量值偏小。）

$$\Delta = A_X - A_0$$

2）相对误差γ：绝对误差Δ与被测量实际值A_0之比的百分数。

$$\gamma = \Delta / A_0 \times 100\%$$

3）引用误差γ_m：仪表的绝对误差Δ与该仪表的最大量程值A_m之比的百分数。

$$\gamma_m = \Delta / A_m \times 100\%$$

【例 1-1-1】 用一只电压表测量电压，读数为201V，而标准表（可认为是实际值）读数为200V。用另一只电压表测量实际电压值为20V的电压时，读数为20.5V，试求每只电压表测量的绝对误差和相对误差。

解 绝对误差为

$$\Delta_1 = A_{X1} - A_{01} = 201 - 200 = +1(V)$$
$$\Delta_2 = A_{X2} - A_{02} = 20.5 - 20 = +0.5(V)$$

相对误差为

$$\gamma_1 = \frac{\Delta_1}{A_{01}} = \frac{+1}{200} = +0.5\%$$

$$\gamma_2 = \frac{\Delta_2}{A_{02}} = \frac{+0.5}{20} = +2.5\%$$

虽然第一只表的绝对误差大，但其对测量结果的影响比第二只表小一些。

2. 准确度

一般用引用误差来反映仪表的基本误差，用最大引用误差表示仪表的准确度。通常采用正常工作条件下出现的最大引用误差来表示仪表的准确度等级。

$$\pm K = \Delta_m / A_m \times 100\%$$

式中，K为仪表的准确度等级；Δ_m为仪表在量程限度内可能产生的最大绝对误差（对同一仪表，其最大绝对误差是固定不变的）；A_m为仪表的最大量程。

仪表的准确度等级是指仪表的最大绝对误差与仪表最大量程比值的百分数。仪表的准确度等级是由其基本误差大小决定的，根据国家标准GB 776的规定分为七个等级，见表1-1-1。

表 1-1-1　仪表的准确度等级

准确度等级 K	0.1级	0.2级	0.5级	1.0级	1.5级	2.5级	5.0级
基本误差（%）	±0.1	±0.2	±0.5	±1.0	±1.5	±2.5	±5.0

【例 1-1-2】 用准确度等级分别为0.2级和1.0级、量程都为300V的两只电压表，分别测量220V的电压，求每只表的最大绝对误差。

解 0.2级表可能产生的最大绝对误差为

$$\Delta_m = A_m \times (\pm K) = 300 \times (\pm 0.2\%) = \pm 0.6(V)$$

1.0级表可能产生的最大绝对误差为

$$\Delta_m = A_m \times (\pm K) = 300 \times (\pm 1.0\%) = \pm 3(V)$$

因此，测量220V电压时，0.2级表测得为（220±0.6）V，1.0级表测得为（220±3）V。

【例 1-1-3】 用准确度等级为1.0级、测量上限为10A的电流表测量4A电流时，可能出现的最大相对误差是多少？

解 该表的最大绝对误差为

$$\Delta_m = A_m \times (\pm K) = 10 \times (\pm 1.0\%) = \pm 0.1(A)$$

测量4A电流时可能出现的最大相对误差为

$$\gamma = \frac{\Delta_m}{A_0} \times 100\% = \frac{\pm 0.1}{4} \times 100\% = \pm 2.5\%$$

由上例可知，在一般情况下，测量结果的准确度（即最大相对误差）并不等于仪表的准确度，两者不可混为一谈。

【例 1-1-4】 用一只准确度等级为2.5级、测量上限为250V的电压表分别测量220V和110V电压，试分别计算最大相对误差。

解 该仪表的最大绝对误差为$\Delta_m = A_m \times (\pm K) = 250 \times (\pm 2.5\%) = \pm 6.25\ (V)$

测量220V时，可能出现的最大相对误差为

$$\gamma_1 = \frac{\Delta_m}{A_{01}} \times 100\% = \frac{\pm 6.25}{220} \times 100\% = \pm 2.84\%$$

测量110V时，可能出现的最大相对误差为

$$\gamma_2 = \frac{\Delta_m}{A_{02}} \times 100\% = \frac{\pm 6.25}{110} \times 100\% = \pm 5.68\%$$

由［例1-1-4］可知，用同一只电压表测量不同数值的电压，仪表的准确度虽未变，但被测量远离测量上限时测得结果的相对误差较大。所以，在选用仪表时不要片面追求仪表的准确度等级，而应该根据被测量的大小，选择适当的量程。被测量越接近上限值，测量的相对误差越小，测量的准确度越高，一般要求被测量在仪表满刻度的1/2～2/3。还应指出，当不在规定的正常条件下使用仪表时，应考虑附加误差的影响。

使用仪表前，应按仪表规定的位置（垂直、水平等）放置好，要远离外磁场、电场；应调节表壳上的调零器，使指针在“零”的位置。测量时，应注意正确读数，使视线与仪表刻度尺的平面垂直。如果仪表刻度尺带有镜子，在读数时，应使指针盖住镜子中指针的影子，这样可减小和消除读数误差。

3. 减小仪表内阻误差的方法

减小因仪表内阻而引起的测量误差有不同量程两次测量计算法和同一量程两次测量计算法两种方法。

（1）不同量程两次测量计算法。当电压表的内阻不够高或电流表的内阻太大时，可利用多量程仪表对同一被测量用不同量程进行两次测量，所得读数经计算后可得到准确的结果。

1）电压表不同量程两次测量计算法。电压表不同量程测量电路如图1-1-1所示，欲测量具有较大内阻R_0的电源U_S的开路电压U_0时，如果所用电压表的内阻R_V与R_0相差不大，将会生产很大的测量误差。

设电压表有两挡量程，U_1、U_2分别为在这两个不同量程下测得的电压值，令R_{V1}和R_{V2}分别为这两个相应量程的内阻，则由图1-1-1可得出

$$U_1 = \frac{R_{V1}}{R_0 + R_{V1}} U_S, \quad U_2 = \frac{R_{V2}}{R_0 + R_{V2}} U_S$$

对上述两式进行整理，消去电源内阻R_0，化简得

$$U_S = \frac{U_1 U_2 (R_{V2} - R_{V1})}{U_1 R_{V2} - U_2 R_{V1}} = U_0 \qquad (1\text{-}1\text{-}1)$$

由式（1-1-1）可知：通过上述的两次测量结果 U_1、U_2，可准确地计算出开路电压 U_0 的大小（已知电压表两个量程的内阻分别为 R_{V1} 和 R_{V2}），而与电源内阻 R_0 的大小无关。

2）电流表不同量程两次测量计算法。对于电流表，当其内阻较大时，也可用类似的方法测得准确的结果。图 1-1-2 所示为电流表不同量程测量电路，设电流表有两挡量程，I_1、I_2 分别为在这两个不同量程下测得的电流值，令 R_{A1} 和 R_{A2} 分别为这两个相应量程的内阻，则由图 1-1-2 可得出

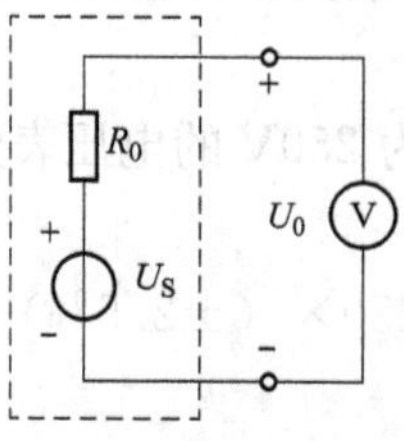

图 1-1-1　电压表不同量程测量电路

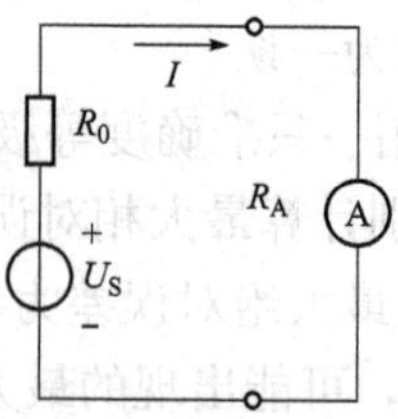

图 1-1-2　电流表不同量程测量电路

$$I_1=\frac{U_S}{R_0+R_{A1}},\quad I_2=\frac{U_S}{R_0+R_{A2}}$$

解得

$$I=\frac{U_S}{R}=\frac{I_1I_2(R_{A1}-R_{A2})}{I_1R_{A1}-I_2R_{A2}} \tag{1-1-2}$$

由式（1-1-2）可知：通过上述的两次测量结果 I_1、I_2，可准确地计算出被测电流 I 的大小（已知电流表两个量程的内阻分别为 R_{A1} 和 R_{A2}）。

（2）同一量程两次测量计算法。如果电压表（或电流表）只有一挡量程，且电压表的内阻较小（或电流表的内阻较大）时，可用同一量程进行两次测量法减小测量误差。其中，第一次测量与一般的测量并无两样，只是在进行第二次测量时必须在电路中串入一个已知阻值的附加电阻。

1）电压测量。同一量程电压测量电路如图 1-1-3 所示。第一次测量时，电压表的读数为 U_1（设电压表的内阻为 R_V），第二次测量时应与电压表串接一个已知阻值的电阻 R，电压表的读数为 U_2。由图 1-1-3 可知

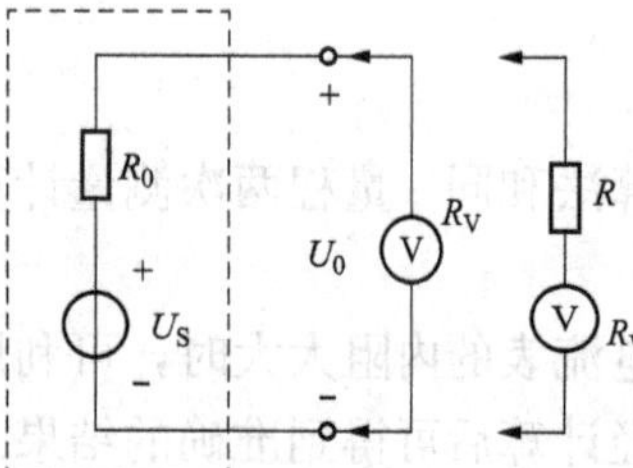

图 1-1-3　同一量程电压测量电路

$$U_1=\frac{R_V}{R_0+R_V}U_S,\quad U_2=\frac{R_V}{R_0+R_V+R}U_S$$

解得

$$U_S=U_0=\frac{RU_1U_2}{R_V(U_1-U_2)}$$

2）电流测量。同一量程电流测量电路量如图 1-1-4 所示。第一次测量时，电流表的读数为 I_1（设电压表的内阻为 R_A），第二次测量时应与电流表串接一个已知阻值的电阻 R，电流表读数为 I_2。由图 1-1-4 可知

$$I_1=\frac{U_S}{R_0+R_A},\quad I_2=\frac{U_S}{R_0+R_A+R}$$

解得

$$I=\frac{U_S}{R_0}=\frac{I_1I_2R}{I_2(R_A+R)-I_2R_A}$$

由上面分析可知：采用不同量程两次测量计算法或同一量程两次测量计算法，不管电表

内阻如何总可以通过两次测量和计算得到比单次测量准确得多的结果。

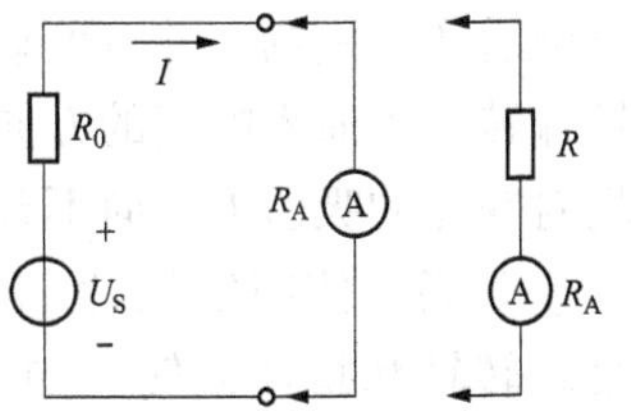

图 1-1-4 同一量程电流测量电路

1-1-3 使用仪表的基本要求

(1) 选择仪表的类型：根据被测量的性质选择仪表的类型（交流或直流，测交流时是工频还是高频）。

(2) 选择仪表内阻：根据测量线路及被测量电路的阻抗大小选择仪表的内阻（电压表的内阻越大越好）。

(3) 选择仪表的准确度等级：根据实际工程的要求和合理的经济性，合理地选择仪表的准确度等级（一般要求交流电流表、电压表、功率表的准确度等级为 0.5～2.5 级；直流电流表、电压表的准确度等级为 1.5 级；互感器的准确度等级至少应为 1.0 级）。

(4) 选择仪表的量程：根据被测量的大小，选择适当的量程，应使被测量的大小为仪表测量上限的 1/2～2/3 之间。

(5) 选择仪表的工作条件：对应不同的使用场合、工作条件选择适当组别的仪表。

(6) 正确接线：不同的仪表，接线也不同，不能乱接和接错。直流表要注意“＋”“－”端子。电动系仪表要注意端子的极性符号。互感器二次绕组的准确度等级有两种，应把仪表接在准确度等级较高一级的端子上，而将继电保护接在准确度等级较低一级的端子上。

1-2 电压表、电流表和功率表

1. 磁电系直流电流表、电压表

(1) 构造。直流电流表和电压表的测量机构属于磁电式，其基本构造由固定部分和可动部分组成。固定部分包括永久磁铁、极掌和圆柱铁心，它们组成一个均匀的空气隙，具有较强磁场的磁路。可动部分包括转动线圈、指针和反作用弹簧，它们固定在同一轴上，是测量电路部分。

(2) 工作原理。当电流通入转动线圈后，线圈在磁场中受到电磁力的作用，力的方向按左手定则确定，可知产生顺时针方向的转动力矩，其大小与通电线圈的电流成正比。在转动力矩的作用下，线圈和转轴上的指针一起转动，当转动力矩与反作用弹簧的反抗力矩平衡时，可动部分即停留在某一位置。指针偏转的角度与通过线圈电流的大小成正比，因此可以制成电流表。

由于线圈的电阻值是固定的，则通过线圈的电流与加在线圈两端的电压成正比。因此只要把刻度盘的电流刻度值改成对应的电压值，就构成磁电系电压表。

(3) 测量方法。电流表必须串联在被测电路中，正极接在“＋”端，负极接在“－”端。即被测电流必须从电流表的正极进入，否则指针将要反转（由于是串联在电路中，电流表的内阻都越小越好）。

电压表必须与被测电路并联，并要注意正、负极性和量程。由于电压表支路通过电流，减小了负载上的电压降，因此电压表的内阻越大越好。同一个磁电式测量机构串联不同数值的附加电阻，可以制成不同量程的电压表。

2. 电磁系交流电流表、电压表

(1) 构造及工作原理。交流电压表和电流表通常采用电磁式仪表，它与磁电式的区别在于它产生的磁场不是由永久磁铁产生，而是由线圈通过电流产生的。

它的测量机构有吸入式和推斥式两种。①吸入式（扁线圈式）测量机构：当固定线圈通入电流后产生磁场，并对可动铁片产生吸力，可动铁片是偏心地装在轴上，铁片带动转轴和指针偏转。当通入电流的方向改变时，线圈磁场的极性及被磁化铁片的极性同时改变，因此磁场对铁片的吸引力方向不改变。②推斥式（圆线圈式）测量机构：当固定线圈通入电流后产生磁场，使固定铁片和可动铁片同时被磁化，为同性磁极，因此它们将互相排斥，而带动转轴和指针偏转。如果电流改变方向，则它们同时改变极性，因此可动部分的转动方向不变。

不论是吸入式测量机构还是推斥式测量机构，它们的转动力矩的大小都与通入线圈电流的平方成正比，当转动力矩与弹簧扭紧而产生反抗力矩达到平衡时，指针停止在某一位置，其偏转弧度即可表示电流和电压的大小。

（2）交流电流、电压的测量。

1）低压电路中的测量方法与直流电路中的测量方法一样。

2）高电压电流或大电流的测量：必须通过电压互感器或电流互感器将大电压或大电流变为低电压或小电流，从而扩大电压表或电流表的量程。经过电压或电流互感器接入电压表或电流表，使工作人员与高压隔离，确保安全。

3）在不断电情况下电流的测量：用钳形电流表可以在不断电的情况下测量电流。

（3）电磁系仪表的主要特征。

1）电磁系仪表可制成交直流两用表，结构简单，成本低，应用较广。

2）由于被测电流不经过可动部分，直接进入固定线圈，因而过载能力强。

3）刻度特性不均匀，经过对铁心形状、尺寸精心设计制作后，可适当改善一些刻度特性。

4）线圈磁场虽经屏蔽，但可动部分的电磁力仍易受外磁场的影响，使仪表产生误差。

5）电磁系电流表的内阻较大，电磁系电压表的内阻较小，内阻对被测量电路产生较大的影响，产生一定的误差。

6）电磁系仪表受温度和频率的影响较大。

3. 电动系电流表、电压表和功率表

（1）测量机构和工作原理。电动系仪表的测量机构由建立磁场的固定线圈和在此磁场中偏转的可动线圈组成。其工作原理是：当固定线圈上加入电流时，线圈中产生磁场强度，其方向可由右手定则确定；当可动线圈通入电流时，磁场中会受到电磁力的作用，方向可根据左手定则确定，该力产生的力矩可使转轴发生偏转。转动力矩的大小与固定线圈、可动线圈中的电流的乘积成正比，当两个电流同时改变时，其转矩方向不变。仪表的反作用力矩由游丝或张丝产生。

（2）测量。

1）电流表测试时，其量限与固定线圈和可动线圈的连接方法有关。串联时被测电流小，并联时被测电流大。

2）电压表的测量电路较简单，一般是将固定线圈和可动线圈相串联后，再接入适当的附加电阻。

3）功率表测量机构的固定线圈和可动线圈彼此独立，通常把固定线圈作为电流线圈与负载串联。

可动线圈与附加电阻串联后，构成电压回路。由于电动式功率表是单向偏转，偏转方向与电流线圈和电压线圈中的电流方向有关。为了使指针不反向偏转，通常把两个线圈的始端都标有“*”或“±”符号，习惯上称之为“同名端”，接线时必须将有相同符号的端钮接在同一根电源线上。当弄不清电源线在负载哪一边时，针指可能反转，这时只需将电压线圈端钮的接线对调一下，或将装在电压线圈中改换极性的开关转换一下即可。

图 1-2-1（a）和图 1-2-1（b）的两种接线方式，都包含功率表本身的一部分损耗。在图 1-2-1（a）的电流线圈中流过的电流显然是负载电流，但电压线圈两端电压却等于负载电压加上电流线圈的电压降，即在功率表的读数中多出了电流线圈的损耗。因此，这种接法比较适用于负载电阻远大于电流线圈电阻（即电流小、电压高、功率小的负载）的测量。如在日光灯实验中镇流器功率的测量，其电流线圈的损耗就要比负载的功率小得多，功率表的读数基本上等于负载功率。在图 1-2-1（b）中，电压线圈上的电压虽然等于负载电压，但电流线圈中的电流却等于负载电流加上电压线圈的电流，即功率表的读数中多出了电压线圈的损耗。因此，这种接法比较适用于负载电阻远小于电压线圈电阻及大电流、大功率负载的测量。

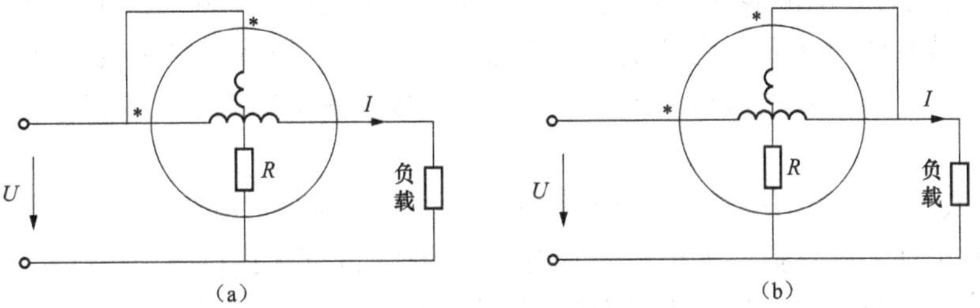

图 1-2-1 功率表的两种接线方式

（a）接线方式一；（b）接线方式二

使用功率表时，不仅要求被测功率数值在仪表量程内，而且要求被测电路的电压和电流值也不超过仪表电压线圈和电流线圈的额定量限值，否则会烧坏仪表的线圈。因此，选择功率表量限，就是选择其电压和电流的量限。

电动系电流表、电压表测量时，通入固定线圈和可动线圈的电流要相同且相位相同，仪表的偏转角与线圈中的电流的平方成正比。

（3）电动系仪表的特性。

1）可用于直流电路和交流电路的测量。

2）可制成电流表、电压表和功率表，用于对交直流电流、电压和功率的测量。

3）电流表、电压表的刻度不均匀，功率表上的刻度均匀。

4）电动系仪表的功率消耗较大，常用于短时间测量。

5）结构比较复杂。

6）测量机构的附加误差主要由温度、频率和角误差三方面引起。

（4）数字电压表的技术指标。数字电压表按测量功能可分为直流数字电压表和交流数字电压表两种。数字电压表一般由模拟部分和数字部分组成，模拟部分的主要功能是获取电压并将其转换为相应的数字量，数字部分完成逻辑控制、译码和显示等功能。数字电压表的核心是 A/D 转换器，由 A/D 转换器工作原理的不同，数字电压表又可分为逐次比较型和双积分型两种。

电压表的主要技术指标有：

1）测量范围。数字电压表的测量范围通常以基本量程为基础，借助于衰减器扩展量程。

2）输入阻抗。数字电压表的输入阻抗主要由衰减器的阻抗决定。

3）显示位数。数字电压表的显示位数是指完整显示位，即能够显示 0～9 十个数字的位。

4）测量速度。测量速度是指每秒完成的测量次数。它主要取决于A/D转换器的转换速率。一般低速高精度的数字电压表测量速度几次/秒～几十次/秒。

5）分辨率。分辨率是数字电压表能够显示被测电压的最小变化值，即显示器末位跳一个数字所需的最小输入电压值。

（5）仪表使用注意事项。

1）在搬运和拆装电能表时应小心，轻拿轻放，不能有强烈的振动或撞击，以防损坏电能表的零部件，特别是电能表的轴承和游丝。

2）安装和拆卸电能表时，应先切断电源，以免发生人身事故或损坏测量机构。

3）电能表接入电路之前，应先估计电路上要测量的电流、电压等是否在电能表最大量程内，以免电能表过载而损坏。选择电能表最大量程时，以被测量的1.5～2倍为宜。

4）测量电流时，电流表应与被测电路串联。测量电压时，电压表应与被测电路并联。测量直流电流或直流电压时，应特别注意电能表的“+”极接线端钮与电源“+”极相连接，电表的“－”极接线端钮与电源“－”极相连接。测量交流电流或交流电压时，无须注意极性。

5）电能表的引线必须适当，要能负担测量时的负载而不致过热，并且不致产生很大的电压降而影响电能表的读数。如电能表带有专用导线时，在使用时应与专用导线连接。连接的部分要干净、牢靠，以免接触不良而影响测量结果。

6）电能表的指针须经常注意作零位调整。平时指针应指在零位上，如略有差距，可调整电能表上的零位校正螺钉，使指针恢复到零点的位置。

7）电能表应定期用干软布擦拭，以保持清洁。

8）使用时仪表应放置水平，并尽可能远离强电流导线或强磁场地点，以免使仪表产生附加误差。

9）仪表指针如不在零位时，可利用表盖上的零位调整器进行调整。

10）测量时如遇仪表指针反方向偏转时，改变换向开关的极性，即可使指针顺方向偏转。切忌互换电压接线，以免使仪表产生误差。

1-3 万　用　表

在实验室或现场检修工作中常要用万用表来检查电工设备或仪表的工作状态。万用表的形式多种多样，具有测量项目多、量程宽、操作简单、携带方便等特点，已作为一种测量工具在工作中被广泛、频繁地使用着。万用表是一种多功能、多量程的仪表，是电工最常使用的仪表之一。万用表有指针式和数字式两个基本类型，两者的功能和使用方法大体相同，但测量原理、结构和线路却有很大差别，在性能上也各有特点。

万用表一般用于测量直流电流、直流电压、交流电压及电阻等量值。

1. 万用表的组成

以MF-10型万用表为例，指针式万用表由磁电系测量机构（表头）、测量线路及转换开关三部分组成。

（1）表头。表头用来指示被测量的数值。通常万用表采用具有高灵敏度的磁电系仪表作表头。表头的满刻度偏转电流较小，一般仅为几微安到几百微安。万用表表头的表盘上有多条标度尺并刻有各种测量所需要的符号，其符号及意义见表1-3-1。

（2）测量线路。万用表的测量线路分别由多量限的直流电流表、多量限的直流电压表、多量限的交流电压表及多量限的欧姆表等线路组合而成。测量线路中大部分是各种类型、各种数值的电阻元件，分别起分流、降压作用。其中，可变电阻 R_2、R_3、R_4、R_5 为调整电阻，二极管 VD1、VD2 作整流用，电容 C 是滤波电容，S1、S2 为联动转换开关。干电池有两组，9V 电池用于×10kΩ 挡的测量，1.5V 电池用于×1kΩ、×100Ω、×10Ω、×1Ω 挡的测量。

（3）转换开关。万用表中各种测量量程的选择靠转换开关来实现。转换开关绕轴作圆周旋转定点步进。旋转支架上装有活动金属接触片（常称为“刀”），当活动金属接触片与对应的空心绝缘圆片上的固定接触点接触时，就接通了测量电路。由于万用表测量量限及功能较多，因此，常用二至三层绝缘圆片的数十个固定接触点构成转换电路，然后通过转换开关来完成转换工作。

表 1-3-1　万用表表盘符号及意义

序号	符号	意义
1	A-V-Ω 或 A-V-0	万用表（三用表）
2		交直流两用
3	—或 DC	直流
4	—或 AC	交流（单相）
5		磁电系整流式仪表
10		水平放置使用
12	2.5—	测交流时以指示值的百分数表示的准确度等级。2.5 表示误差不超过 2.5%
13	2.5	以标度尺长度百分数表示的准确度等级。2.5 表示 2.5 级
14	45～1500Hz	工作频率范围
15	20kΩ/V	直流电压灵敏度
16	5kΩ/V 或 5000Ω/V	交流电压灵敏度
17	0dB=1mW，600Ω	规定零电平为 600Ω 负载上获得 1mW 的功率，以此作为参考电平

2. 万用表的技术特性

万用表的技术特性主要包括测量功能、测量范围、测量准确度、测量灵敏度以及内用的电池电压等。以 MF 系列万用表技术特性为例，其主要技术指标见表 1-3-2。

表 1-3-2　MF 系列万用表主要技术指标

测量分类	测量范围	灵敏度或电压降	准确度等级	基本误差表示方法
直流电流	0～0.05～1～10～100mA	0.75V	2.5	以上量限的百分数表示
直流电压	0～2～10～50～250～500V	20 000Ω/V	2.5	
交流电压	0～10～50～250～500V	4000Ω/V	4.0	
电阻	0～4kΩ～40kΩ～400kΩ～4kΩ～40kΩ		2.5	以标度尺长度百分数表示
音频输出	0dB=1MV，600Ω 时 10V，−10dB～+22dB 50V，+4dB～+36dB 520V，+18dB～+50dB		4.0	—

由表 1-3-2 可见，交流电压的测量范围是 0～500V，测量挡位共分 10、50、250、500V 四挡，电压测量灵敏度为 4000Ω/V，在 45～55Hz 频率范围内保证 4.0%的测量准确度。其余测量功能也可从此表中看出。

3. 万用表的使用

（1）正确选择测量种类、量程。

1）测量种类、测量范围的选择要慎重，每一次拿起表棒准备测量时，都要复查一下选择开关的位置是否恰当。

2）将红色表棒和黑色表棒分别与“+”端和“−”端连接。这样在测量时，通过色标可使红色表棒总与被测对象的正极、高电位接触，避免指针反指。

（2）正确读数。

1）表盘刻度尺分格对应的量值要分清。

2）标度尺与量限开关的示值要对应。

3）应使万用表的指针指示在1/2～2/3标度尺之间，否则应改变测量量程，使被测量有一最准确的读数。

（3）测量电阻。

1）每次测量前必须调零，换欧姆挡后也要调零。

2）测电阻不能带电，如电路有电容器，应先将电容器放电。

3）测大电阻时，不能用手接触导电部分，否则会给测量结果带来严重误差。

4）万用表的电流是从“−”端流出的，即“−”端为内附电池的正极，“+”端为内附电池的负极。

5）测晶体管电阻时应将测量量限放在$R\times100\Omega$、$R\times1\text{k}\Omega$挡。若用$R\times1\Omega$、$R\times10\Omega$挡测量可能会烧坏晶体管，若用$R\times10\text{k}\Omega$挡测量，则有可能会击穿晶体管。

6）不允许用万用表$R\times1\Omega$、$R\times10\Omega$挡测量微安表、检流计、标准电池等的内阻。

7）测量间歇中，应防止两根表棒短路，浪费电池能量。

（4）测量电流与电压。

1）测量电流时，万用表串入电路，红色试棒接被测对象正极，黑色试棒接被测对象负极。

2）测量电压时，万用表并入电路，红色试棒接被测对象高电位，黑色试棒接至低电位。

3）测试中需转换量程转换开关时，应将试棒离开测试点，以免量程转换开关接触点打火，烧毁量程转换开关。

4）若不知被测对象数值大小，应先将万用表放置在最大测量量限，视指针偏转情况再逐步减小测量量限。

5）在高电压测试时，宜单手操作，先将黑色试棒置零电位处，再用单手将红色试棒接触被测端。

6）若被测量波形为方波、矩齿波、三角波等时，测量结果偏差较大。

7）测量完毕，应将万用表的量程转换开关放至交流电压最高挡。

电阻器、电容器、电感器、半导体器件等是电子系统的常用元器件。掌握常用元器件的性能、用途及测试方法，对提高电子装置的装配质量和可靠性起到重要的作用。

4. 万用表常见故障

万用表使用比较频繁，且使用的场合经常变化，流动性较大，常常会由于测量上或操作上的失误发生一些故障。这些故障主要表现为指针不回零、可动部分机械平衡差、指针卡住、无指示、各挡示值超差等。

对于表壳和表芯机械部分的故障，一般都通过调换零部件和修理零部件的方法进行修复。一般万用表电工部分的故障情况比较复杂，需要根据故障原因按测量电路分块分层次地逐点检查，找出故障点对症下药，排除故障。

5. 万用表使用注意事项

（1）在使用万用表之前，应先进行“机械调零”，即在没有被测电量时，使万用表指针指在零电压或零电流的位置上。

(2) 在使用万用表过程中，不能用手去接触表笔的金属部分，这样一方面可以保证测量的准确，另一方面也可以保证人身安全。

(3) 在测量某一电量时，不能在测量的同时换挡，尤其是在测量高电压或大电流时更应注意，否则，会使万用表毁坏。如需换挡，应先断开表笔，换挡后再去测量。

(4) 万用表在使用时，必须水平放置，以免造成误差。同时，还要注意避免外界磁场对万用表的影响。

(5) 万用表使用完毕，应将转换开关置于交流电压的最大挡。如果长期不使用，还应将万用表内部的电池取出来，以免电池腐蚀表内其他器件。

1-4 钳形电流表

通常用交流电流表测量线路中的电流时，需要切断电路才能将电流表或电流互感器的一次绕组串接到被测电路中，若使用钳形电流表对被测电路进行电流测量时，就可在不切断电路的情况下进行。钳形电流表有便携、操作简单、测量无需断开负荷等几个优点，是目前常用的电工仪表之一。

1. 钳形电流表的组成

钳形电流表主要由电流互感器、磁电系电流表、量程转换开关及测量电路组成，如图 1-4-1所示。其互感器的铁心有一活动部分在钳形表的上端，并与手柄相连，使用时按动手柄使活动铁心张开，将被测电流的导线放入钳口中，然后松开手柄使铁心闭合，此时载流导线相当于互感器的一次绕组，铁心中的磁通在二次绕组中产生感应电流，这一电流通过取样电阻 R_1，得到正比于一次电流值的电压 U，该电压经测量电路整流后，使电流表指示出被测电流的数值。

目前新颖的钳形表种类繁多，其中大部分带有其他测量功能，测量电路由此变得复杂了。

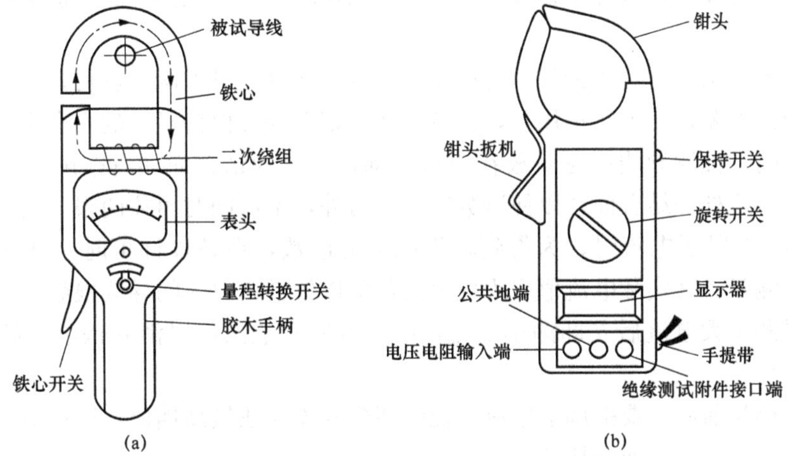

图 1-4-1　钳形电流表

2. 钳形表的技术特性

钳形表通过钳口上的互感器，很方便地测得被测导线的电流。但它的测量准确度不高，常用于对测量要求不高的场合。其技术特性主要是电流的测量范围及准确度等级。由于钳形表多用于带电测量，故对其绝缘耐压水平有一定的要求。有些钳形表还有交流电压测量功能。几种常用钳形电流表的主要技术数据列于表 1-4-1 中。

表 1-4-1 常用钳形电流表的主要技术数据

名称	型号	准确度等级	测量范围	耐压（V）
钳形交流电流表	T-301 （T-301-T） 为热带型	2.5	0～10～25～50～100～250A 0～10～25～100～300～600A 0～10～30～100～300～1000A	2000
钳形交流电流电压表	T-302 （T-302-T） 为热带型	2.5	电流 0～10～50～250～1000A 电压 0～250～500V 0～300～600V	2000
钳形交流电流电压表	MG4-AV	2.5	电流 0～10～30～100～300～1000A 电压 0～150～300～600V	2000
钳形交直流电流表	MG20 MG21	5	0～100～200～300～400～500～600A 0～750～1000～1500	2000
袖珍型钳形表	MG24	2.5	电流 0～5～25～250A 电压 0～300～600V 电流 0～5～50～250A 电压 0～300～600V	2000
袖珍型三用钳形表	MG25	2.5	交流电压 5～25～100A 5～50～250A 交流电压 300～600V 直流电阻 0～50kΩ	2000

3. 钳形表的使用注意事项

（1）测量前，应先检查钳形铁心的橡胶绝缘是否完好无损。钳口应清洁、无锈，闭合后无明显的缝隙。

（2）测量时，应先估计被测电流大小，选择适当量程。若无法估计，可先选较大量程，然后逐挡减少，转换到合适的挡位。转换量程挡位时，必须在不带电情况下或者在钳口张开情况下进行。因为在测量过程中切换挡位，会在切换瞬间使二次侧开路，造成仪表损坏甚至危及人身安全。

（3）应在无雷雨和干燥的天气下使用钳形表进行测量，可由两人进行，一人操作一人监护。测量时应注意佩戴个人防护用品，注意人体与带电部分保持足够的安全距离。

（4）测量时，被测导线应尽量放在钳口中部，钳口的结合面如有杂声，应重新开合一次，仍有杂声，应处理结合面，以使读数准确。另外，不可同时钳住两根导线。

（5）测量 5A 以下电流时，为得到较为准确的读数，在条件许可时，可将导线多绕几圈，放进钳口测量，其实际电流值应为仪表读数除以放进钳口内的导线根数。

（6）如果测量大电流后立即测小电流，应开合铁心数次，以消除铁心中的剩磁，减小误差。

（7）每次测量前后，要把调节电流量程的切换开关放在最高挡位，以免下次使用时，因未经选择量程就进行测量而损坏仪表。

（8）钳形电流表与普通电流表不同，它由电流互感器和电流表组成。它可在不断开电路的情况下测量负荷电流，但只限于在被测线路电压不超过 500V 的情况下使用。

1-5 兆 欧 表

兆欧表就是用来测量电工线路和各种用电器的绝缘电阻值的仪表。由于兆欧表在使用中要用手去转摇把，因此习惯上称为绝缘摇表。在对电工线路和用电器作预防性试验和进行检修时，都需要测量绝缘电阻，所以，兆欧表也是电工经常使用的仪表之一。兆欧表是一种简便、常用的测量高电阻的便携式直读仪表，一般用来测量电路、电机绕组、电缆、电工设备等的绝缘电阻。

1. 兆欧表的组成

兆欧表主要由磁电系比率型测量机构、直流电源和接线端组成。接线端有线路（L）、接地（E）和屏蔽（G）端。

2. 兆欧表的主要技术特征

兆欧表的主要技术特性一般指输出电压值、测量范围及测量准确度等级。常用国产兆欧表主要技术特性如表 1-5-1 所示。

表 1-5-1　　常用国产兆欧表主要技术特性

型号	发电机电压（V）	测量范围	最小分度	准确度等级
ZC11-1	100（±10%）	0～500	0.05	1.0
ZC11-2	250（±10%）	0～1000	0.1	1.0
ZC11-3	500（±10%）	0～2000	0.2	1.0
ZC11-4	1000（±10%）	0～5000	—	1.0
ZC11-5	2500（±10%）	0～10 000	1	1.0
ZC11-6	100（±10%）	0～20	0.01	1.0
ZC11-7	250（±10%）	0～50	—	1.0
ZC11-8	500（±10%）	0～100	0.05	1.0
ZC11-9	50（±10%）	0～200	—	1.0
ZC11-10	2500（±10%）	0～2500	—	1.0
ZC25-1	100（±10%）	0～100	0.05	1.0
ZC25-2	250（±10%）	0～2500	0.1	1.0
ZC25-3	500（±10%）	0～500	0.1	1.0
ZC25-4	1000（±10%）	0～1000	0.2	1.0

3. 兆欧表的使用

（1）选择兆欧表。根据被测对象及其额定工作电压来选择兆欧表的额定电压和量程。

一般被测设备的额定电压低于 500V，可选择 500V 或 1000V 的兆欧表；高于 500V 的可选用 1000V 或 2500V 的兆欧表。

有些兆欧表的下限不是从零开始，而是从 1MΩ 或 2MΩ 开始，这样就不能用来测量低值绝缘电阻和潮湿环境中的低电压电工设备的绝缘电阻。表 1-5-2 列出了按被测对象选择兆欧表的具体参数。

表 1-5-2　　按被测对象选择兆欧表的参数

被测对象的绝缘电阻	被测设备额定电压（V）	宜选兆欧表额定电压（V）	被测对象	被测设备额定电压（V）	宜选兆欧表额定电压（V）
线圈	500 及以下	500	高压电瓷母线	1200 以上	2500 或 5000
	500 以上	1000			
发电机线圈	500 及以下	1000	低压线路	500 及以下	500～1000
电力变压器电机线圈	500 及以下	500～1000	高压线路	1200 以上	2500
	500 以上	1000～2500			
低压电器	500 及以下	500～1000	高压电器	1200 以上	2500

（2）检查兆欧表。开路试验：将 E、L 间开路，转动发电机至额定转速，指针应指

“∞”。短路试验：将L、E短接，慢慢转动发电机，指针应指“0”。数字式兆欧表试验时只需按下试验按钮。晶体管兆欧表不做短路试验。

（3）准备被测设备：断开被测设备的电源；对电容设备进行放电；清洁被测试设备。

（4）放置兆欧表，并接线。兆欧表应水平放置，位置应便于操作、读数。

兆欧表在使用时须将测量端钮L接被测设备的电工回路，端钮E接设备的接地端，端钮G接电工回路的外壳。此外，各测量线应单独引线，并应具有良好的绝缘。测量时，引线不能绞在一起，否则导线之间的绝缘电阻与被测对象的绝缘电阻相当于并联，会影响测量结果，兆欧表的接线与测量如图1-5-1所示。

（5）测量。

1）转动发电机至额定转速，接通线路（L）端钮与被测设备。

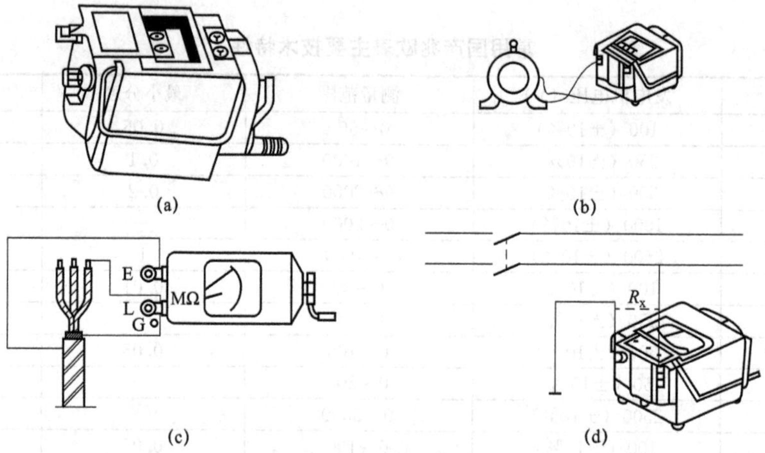

图1-5-1 兆欧表的接线与测量

（a）空载试验；（b）临时接地放电；（c）L、E和G；（d）接线示意图

2）待指针（或显示数字）稳定后，读取测量值。

3）断开兆欧表线路（L）端钮与被测设备的连接。

4）如果被测设备具有较大的电容，则进行放电、挂地线操作。

（6）记录测量结果、温度、湿度，并判断。

4. 注意事项

（1）使用兆欧表测量设备的绝缘电阻时，应由两人操作。

（2）被测设备必须切断电源，禁止带电测量。对具有较大电容的设备（如供电线路、大电容器、大变压器等），必须先进行放电，然后再进行测量。

（3）在带电设备附近测量绝缘电阻时，测量人员和兆欧表的位置必须选择适当，保持安全距离，以免兆欧表引线或引线支持物碰触带电部分。移动引线时，必须注意监护，防止工作人员触电。

（4）测量电容器、电缆、大容量变压器和电机的绝缘电阻时，兆欧表必须在额定转速状态下，方可用测试笔接触被测设备。测得读数后也必须在额定转速状态下将测电笔离开被测设备后，才能停止转动。

（5）测量电容器、电缆、大容量变压器和电机的绝缘电阻时，因被测对象有一定的充电时间，故手摇发电机转动为额定转速1min后，才可进行读数。

（6）测量过程中，不能用手去触及被测对象，也不能进行拆接导线等工作。测量完毕后，对具有大电容的设备，必须将被测物体对地短路放电，然后停止手摇发电机转动，以防损坏兆欧表。

（7）在测量绝缘电阻时，应保持兆欧表发电机的额定转速为 120r/min。当被测设备电容较大时，为避免指针摆动，转速可提高到 130r/min，但速度不能忽快忽慢，也不能先快后慢，否则会造成读数误差。

（8）测量中，当指针已指“0”时，不要再继续用力摇发电机，以免损坏测量机构线圈。

（9）测量不能全部停电的双回架空线路和母线的绝缘电阻时，在被测回路的感应电压超过 12V 或当雷雨发生时，禁止对架空线路及与架空线路相连接的电工设备进行测量。

1-6 数字交流毫伏表

数字交流毫伏表采用单片机控制技术，集模拟与数字于一体，是一种快速、精确的交流电压测试仪器，具有测量精度高、测量速度快、输入阻抗高、频率影响误差小等优点。其中 SM2000A 是双输入全自动数字交流毫伏表，具备 RS-232 通信功能，采用了单片机控制和 VFD 显示技术，结合了模拟技术和数字技术。SM2030A 适用于测量频率 5Hz～3MHz，SM2050A 适用于测量频率 5Hz～5MHz，交流电压：50μV～300V，dBV：－86dBV～50dBV（0dBV＝1V），dBm：－83dBm～52dBm（0dBm＝1mW 600Ω），Vpp：140μV～850V，具有量程自动/手动转换功能，3 位半或 4 位半数字显示，小数点自动定位，能以有效值、峰峰值、电压电平、功率电平等多种测量单位显示测量结果，两个独立的输入通道和两个显示行，能同时显示两个通道的测量结果，也能以两种不同的单位显示同一个通道的测量结果。

1. 前面板

SM2030A 数字交流毫伏表前面板如图 1-6-1 所示。每个键上都有指示灯，用以指示当前状态。

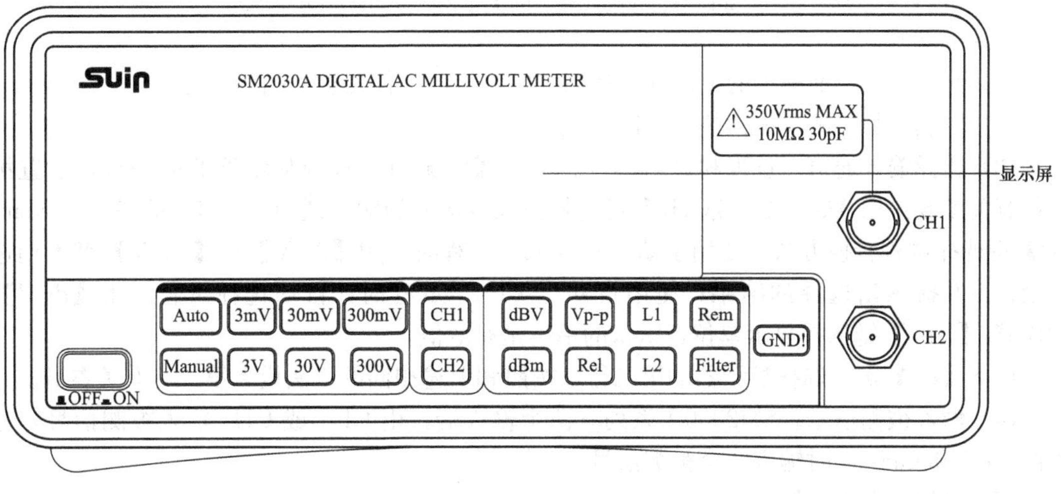

图 1-6-1 SM2030A 数字交流毫伏表前面板

【ON/OFF】键：电源开关。

【Auto】键、【Manual】键：选择改变量程的方法，两键互锁。按下【Auto】键，切换到自动选择量程。在自动功能，当输入信号大于当前量程的约 13%，自动加大量程；当输入信号小于当前量程的约 10%，自动减小量程。按下【Manual】键切换到手动选择量程。使用手动（Manual）量程，当输入信号大于当前量程的 13%，显示 OVLD 应加大量程；当输入信号小于当前量程的 8%，显示 LOWER，必须减小量程。手动量程的测量速度比自动量程快。

【3mV】键～【300V】键：手动量程时切换并显示量程。六键互锁。

【CH1】键、【CH2】键：选择输入通道，两键互锁。按下【CH1】键选择 CH1 通道；按下【CH2】键选择 CH2 通道。

【dBV】键～【Vpp】键：把测得的电压值用电压电平、功率电平和峰峰值表示，三键互锁，按下任何一个量程键退出。【dBV】键：电压电平键，0dBV=1V。【dBm】键：功率电平键，0dBm=1mW，600Ω。【Vpp】键：显示峰—峰值。

【Rel】键：归零键。记录"当前值"然后显示值变为：测得值— "当前值"。显示有效值、峰峰值时按归零键有效，再按一次退出。

【L1】键、【L2】键：显示屏分为上、下两行，用 L1、L2 键选择其中的一行，可对被选中的行进行输入通道、量程、显示单位的设置，两键互锁。

【Rem】键：进入程控，再按一次退出程控。

【Filter】键：开启滤波器功能，显示 5 位读数。

【GND!】键：接大地功能。连续按键 2 次，仪器处于接地状态，（在接地状态，输入信号切莫超过安全低电压！谨防电击！）再按一次，仪器处于浮地状态。

CH1：输入插座。

CH2：输入插座。

显示屏：VFD 显示屏。

2. 后面板

（1）Firmware1 接口：编程口。

（2）RS-232 插座：RS-232 程控接口。

（3）220V/50Hz 0.5A 插座：带保险丝和备用保险丝的电源插座。

3. 基本操作

（1）开机。按下面板上的电源开关按钮，电源接通。仪器进入初始状态。

（2）预热。精确测量需预热 30min 以上。

（3）选择输入通道、量程和显示单位。按下【L1】键，选择显示器的第一行，设置第一行有关参数：用【CH1】/【CH2】键选择向该行送显的输入通道，用【Auto】/【Manual】键选择量程转换方法。使用手动"Manual"量程时，用【3mV】～【300V】键手动选择量程，并指示出选择的结果；使用自动"Auto"量程时，自动选择量程。用【dBV】、【dBm】、【Vpp】键选择显示单位，默认的单位是有效值。

按下【L2】键，选择显示器的第二行，按照和上述相同的方法设置第二行有关参数。

（4）输入被测信号。SM2000A 系列有两个输入端，由 CH1 或 CH2 输入被测信号，也可由 CH1 和 CH2 同时输入两个被测信号。

（5）直接读取测量结果。

（6）关机后再开机，间隔时间应大于 10s。

4. 程控接口

（1）接口性能。接口符合 EIA-232 标准的规定。接口电平：逻辑"0"：+5V～+15V；逻辑"1"：−5V～−15V。传输格式：传输信息的每一帧数据由 11 位组成：1 个起始位

（逻辑0），8个数据位（ASCII码），1个标志位（地址字节为逻辑1，数据字节为逻辑0），1个停止位（逻辑1）。传输速率：9600bits/s。接口连接：采用9线标准连接器及三芯屏蔽电缆。系统组成：仪器之间连接电缆的总长度不能超过100m。适用范围：适用于一般电气干扰不太严重的实验室或生产环境。

（2）进入程控。开机后仪器工作在本地操作状态，按下【Rem】键，进入RS-232程控状态。

（3）程控命令。

SM2000A接口命令码：

[:SENSe]:FUNCtion "VOLTage:AC1"　　设置通道1

[:SENSe]:FUNCtion "VOLTage:AC2"　　设置通道2

查询 [:SENSe]:FUNCtion?　　查询当前的测量功能

[:SENSe]:VOLTage:AC:RANGe[:UPPer]　　<n>

[:SENSe]:VOLTage:AC:RANGe:LOWer　　<n>

[:SENSe]:VOLTage:AC:RANGe:PTPeak　　<n>

参数 <n> =

0-320(V)　　ACV

MINimum　　0

MAXimum　　最大值

查询 [:SENSe]:VOLTage:AC:RANGe[:UPPer]?

[:SENSe]:VOLTage:AC:FILTer:STATe <b>

参数 <b> = 1/ON　　滤波使能

0/OFF　　取消滤波

查询 [:SENSe]:VOLTage:AC:FILTer:STATe?　　查询滤波状态

[:SENSe]:VOLTage:AC:GND:STATe <b>

参数 <b> = 1/ON　　使能接地

0/OFF　　取消接地

查询 [:SENSe]:VOLTage:AC:GND:STATe?　　查询接地状态

[:SENSe]:VOLTage:AC:RANGe:AUTO <b>

参数 <b> = 1/ON　　使能自动量程

0/OFF　　取消自动量程

查询 [:SENSe]:VOLTage:AC:RANGe:AUTO?　　查询自动打开关闭

[:SENSe]:VOLTage:AC:REFerence:STATe <b>

参数 <b> = 1/ON　　使能参考

0/OFF　　取消参考

查询 [:SENSe]:VOLTage:AC:REFerence:STATe? 查询参考状态

命令语法::SYSTem:LOCal

命令语法::UNIT:VOLTage:AC DB

:UNIT:VOLTage:AC DBm

查询 :UNIT:VOLTage:AC?　　查询数学功能

命令语法:*RST

命令语法:[:SENSe]:DATA1?　　返回通道1的测量数据

命令语法：[:SENSe]:DATA2？ 返回通道2的测量数据

命令语法：*IDN？ 返回本机软件版本号

1-7 直流单臂电桥

一般用万用表测中值电阻，但测量值不够准确。在工程上要较准确测量中值电阻时，常用直流单臂电桥（也称惠斯登电桥）。该仪表适用于测量 $1\sim10^6\Omega$ 的电阻值，其主要特点是灵敏度和测试准确度都很高，而且使用方便。

1. 直流单臂电桥的结构和工作原理

直流单臂电桥由四个桥臂 R_1、R_2、R_3、R_4，直流电源 E，可调电阻 R_0 及检流计 G 组成，其中 R_1 为被测电阻 R_X，R_2、R_3 和 R_4 均为可调的已知电阻。调整这些可调的桥臂电阻使电桥平衡，此时 $I_g=0$。则 R_X 可由下式求得

$$R_X=\frac{R_2}{R_3}\times R_4$$

式中，R_2、R_3 为电桥的比例臂电阻，在电桥结构中，R_2 和 R_3 之间的比例关系的改变是通过同轴波段开关来实现的；R_4 为电桥的比较臂电阻，因为当比例臂被确定后，被测电阻 R_X 是与已知的可调标准电阻 R_4 进行比较而确定阻值的。

仪表的测试准确度较高，主要是由已知的比例臂电阻和比较臂电阻的准确度所决定，其次是采用高灵敏度检流计作指零仪。

2. 直流单臂电桥的使用

以 QJ 型直流单臂电桥为例来说明它的使用。

（1）把电桥放平稳，断开电源和检流计按钮，进行机械调零，使检流计指针和零线重合。

（2）用万用表电流挡粗测被测电阻值，选取合理的比例臂，使电桥比较臂的4个读数盘都利用起来，以得到4个有效数值，保证测量精度。

（3）按选取的比例臂，调好比较臂电阻。

（4）将被测电阻 R_X 接入 X1、X2 接线柱，先按下电源按钮 B，再按检流计按钮 G，若检流计指针摆向“+”端，需增大比较臂电阻，若指针摆向“−”端，需减小比较臂电阻。反复调节，直到指针指到零位为止。

（5）读出比较臂的电阻值再乘以倍率，即为被测电阻值。

（6）测量完毕后，先断开 G 钮，再断开 B 钮，拆除测量接线。

3. 注意事项

（1）正确选择比例臂，使比较臂的第一盘（×1000）上的读数不为0，才能保证测量的准确度。

（2）为减少引线电阻带来的误差，被测电阻与测量端的连接导线要短而粗。还应注意各端钮是否拧紧，以避免接触不良引起电桥的不稳定。

（3）当电池电压不足时应立即更换，采用外接电源时应注意极性与电压额定值。

（4）被测物不能带电，对含有电容的元件应先放电 1min 后再进行测量。

1-8 数字存储示波器

数字存储示波器是一种将采集到的模拟电压信号转换为数字信号，由内部微机进行分

析、处理、存储、显示或打印等功能的仪器，通常具有程控和遥控能力，通过GPIB接口还可将数据传输到计算机等外部设备进行分析处理。其中GDS-1102B，100MHz，2输入通道，最大1GSa/s实时采样率，存储深度为10M点记录长度/CH，每秒50000次波形捕获率，垂直灵敏度为1mV/div～10V/div，USB host前面板用于存储，USB device后面板用于远程控制或打印（兼容PictBridge打印机），校准信号输出。

1. GDS-1102B前面板

GDS-1102B前面板如图1-8-1所示，GDS-1102B前面板功能如表1-8-1所示。

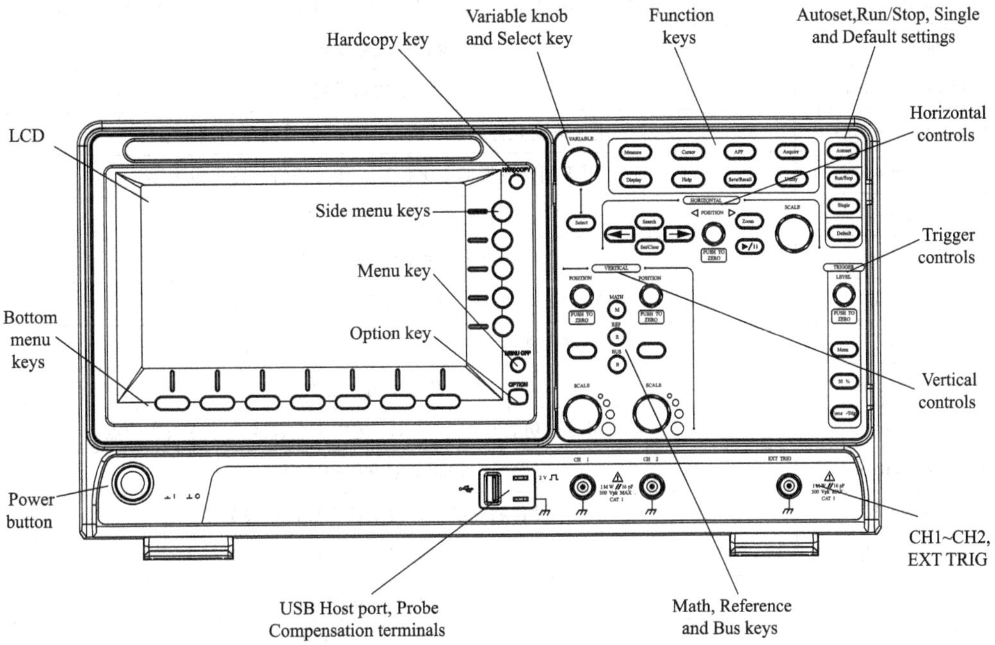

图1-8-1 GDS-1102B前面板

表1-8-1 **GDS-1102B前面板功能**

按钮	功能
LCD	WVGA TFT彩色LCD，800×480分辨率，宽视角显示
Menu Off key	隐藏系统菜单
Option key	进入安装选件
Side menu keys	右侧菜单键和底部菜单键用于选择LCD屏上的界面菜单，7个底部菜单键位于显示面板底部，用于选择菜单项，面板右侧的菜单键用于选择变量或选项
Hardcopy key	一键保存或打印
Variable knob and Select key	可调旋钮用于增加/减少数值或选择参数用于确认选择
Function keys	进入和设置GDS-1000B的不同功能
Measure	设置和运行自动测量项目
Cursor	设置和运行光标测量
App	设置和运行GW Instek App
Acquire	设置捕获模式，包括分段存储功能

续表

按钮	功能
Display	显示设置
Help	显示帮助菜单
Save/Recall	用于存储和调取波形、图像、面板设置
Utility	可设置 Hardcopy 键、显示时间、语言、探棒补偿和校准，进入文件工具菜单
Autoset	自动设置触发、水平刻度和垂直刻度
Run/Stop	停止（Stop）或继续（Run）捕获信号，Run/Stop 键也用于运行或停止分段存储的信号捕获
Single	设置单次触发模式
Default Setup settings	恢复初始设置
Horizontal controls	用于改变光标位置、设置时基、缩放波形和搜索事件
Horizontal Position	用于调整波形的水平位置，按旋钮将位置重设为零
SCALE	用于改变水平刻度（TIME/DIV）
Zoom	Zoom 与水平位置旋钮结合使用
Play/Pause	查看每一个搜索事件，也用于在 Zoom 模式播放波形
Search	进入搜索功能菜单，设置搜索类型、源和阈值
Search Arrows	方向键用于引导搜索事件
Set/Clear	当使用搜索功能时，Set/Clear 键用于设置或清除感兴趣的点
Trigger Controls	控制触发准位和选项
Level Knob	设置触发准位，按旋钮将准位重设为零
Trigger menu key	显示触发菜单
50% Key	触发准位设置为 50%
Force-Trig	立即强制触发波形
Vertical POSITION	设置波形的垂直位置，按旋钮将垂直位置重设为零
Channel menu Key	按 CH1～4 键设置通道
(Vertical) SCALE knob	设置通道的垂直刻度（TIME/DIV）
External Trigger Input	接收外部触发信号，输入阻抗：1MΩ，电压输入：±15V（peak），EXT 触发电容：16pF
Math key	设置数学运算功能
Reference key	设置或移除参考波形
BUS key	设置并行和串行总线（UART，I²C，SPI，CAN，LIN）
Channel Inputs	接收输入信号，输入阻抗：1MΩ，电容：16pF，CATI
USB Host Port	Type A，1.1/2.0 兼容，用于数据传输
Ground terminal	连接待测物的接地线，共地
Probe compensation outputs	用于探棒补偿，它也具有一个可调输出频率，默认情况下，该端口输出 2Vpp，方波信号，1kHz 探棒补偿
Power switch	开机/关机，▬ I：ON，▬ O：OFF

2. GDS-1102B 后面板

GDS-1102B 后面板如图 1-8-2 所示，GDS-1102B 后面板功能如表 1-8-2 所示。

3. 显示系统

GDS-1102B 显示如图 1-8-3 所示，GDS-1102B 显示功能如表 1-8-3 所示。

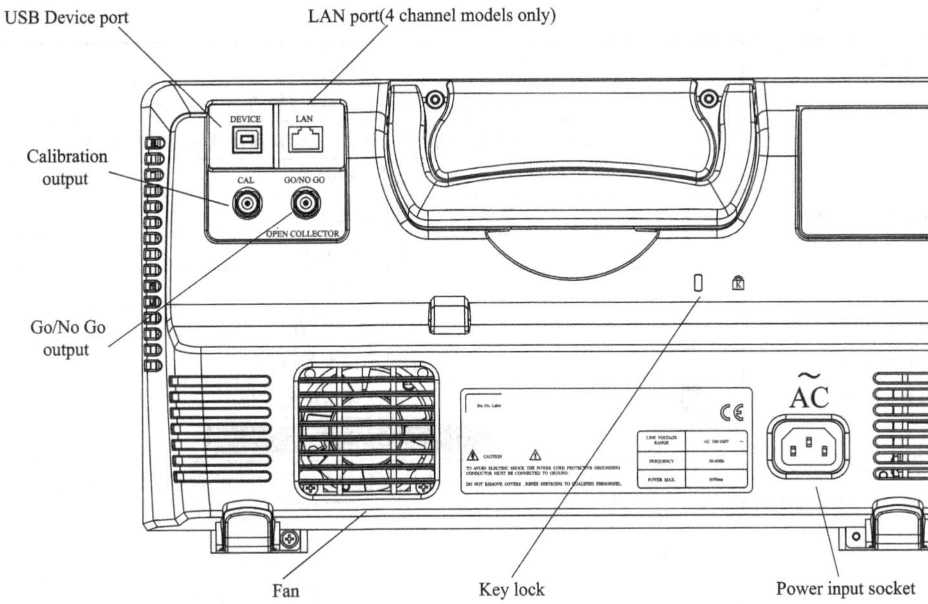

图 1-8-2 GDS-1102B 后面板

表 1-8-2 **GDS-1102B 后面板功能**

按钮	功能
Calibration Output	校准信号输出，用于精确校准垂直刻度
USB Device port	USB Device 接口用于远程控制
LAN（Ethernet）port	通过网络远程控制，或结合 Remote Disk App，允许示波器安装共享盘
Power Input Socket	电源插座，AC 电源，100 ～ 240V，50/60Hz
Security slot	兼容 Kensington 安全锁槽
Go-No go output	以 500μs 脉冲信号表示 Go-No Go

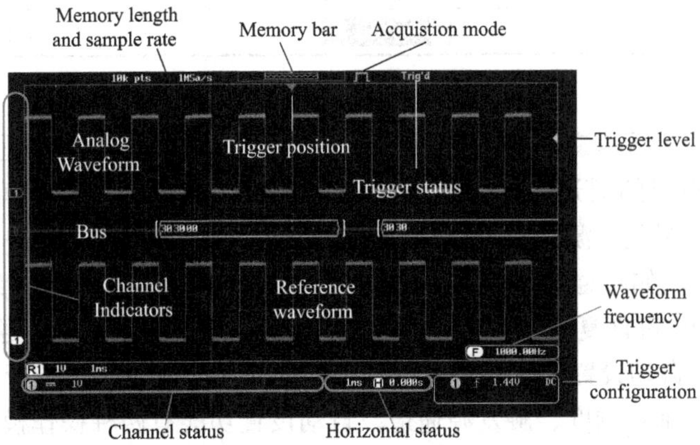

图 1-8-3 GDS-1102B 显示系统

表 1-8-3 **GDS-1102B 显示系统功能**

<table>
<tr><th>显示</th><th colspan="2">功能</th></tr>
<tr><td rowspan="3">Analog waveforms</td><td colspan="2">显示模拟输入信号波形</td></tr>
<tr><td>Ch 1：黄色</td><td>Ch 2：蓝色</td></tr>
<tr><td>Ch 3：粉色</td><td>Ch 4：绿色</td></tr>
</table>

续表

显示		功能
Bus waveforms		显示串行总线波形，以十六进制或二进制表示
Channel Indicators		显示每个开启通道波形的零电压准位，激活通道以纯色显示
		3 模拟通道
		B 总线（B）
		1 参考波形
		M 运算
Trigger position		显示触发位置
Horizontal status		显示水平刻度和位置
Trigger level		显示触发准位
Memory bar		
		屏幕显示波形在内存所占比例和位置，也显示激活通道/总线颜色
Trigger status	Trig'd	已触发
	PrTrig	预触发
	Trig?	未触发，屏幕不更新
	Stop	触发停止，显示在 Run/Stop
	Roll	滚动模式
	Auto	自动触发模式
Acquisition mode		正常捕获模式
		峰值侦测模式
		平均模式
Signal frequency	F 1000.00Hz	显示触发源频率
	F <2Hz	表示频率小于 2Hz（低频限制）
Trigger configuration	1 ƒ 2.32V DC	触发源，斜率，电压，耦合
Horizontal status	1ms H 0.000s	水平刻度，水平位置
Channel status	1 ═ 2V	Ch 1，DC 耦合，2V/Div

4. 基本测量

（1）通道激活。激活通道：按 Channel 键开启输入通道：CH1→CH1，激活后，通道键变亮，同时显示相应的通道菜单，每通道以不同颜色表示：CH1：黄色，CH2：蓝色，CH3：粉色，CH4：绿色，激活通道显示在底部菜单。关闭通道：CH1→CH1，再按相应 Channel 键关闭通道，如果通道菜单已关闭，按两次 Channel 键（首次为显示通道菜单）。默认设置：按 Default 键恢复出厂状态。注意：Autoset 键不能自动激活通道。

（2）自动设置。自动设置功能将输入信号自动调整在面板最佳的视野位置。自动设置参数如下：水平刻度、垂直刻度、触发源通道。自动设置功能有两种操作模式：全屏幕显示模式和 AC 优先模式（AC Priority Mode）。全屏幕显示模式将波形调整到最佳比例，包括所有的 DC 成分（偏移）。AC 优先模式将波形去除 DC 成分后再调整比例显示。

面板操作：将输入信号连接到示波器，按 Autoset 键；波形显示在屏幕中心；按底部菜单的 Undo Autoset，取消自动设置。改变模式：从底部菜单选择全屏幕显示模式（Fit Screen Mode）和 AC 优先模式；再按 Autoset 键进行自动设置。

限制：自动设置功能不能在下述条件中工作：输入信号频率小于 20Hz，输入信号幅值小于 10mV。

（3）运行/停止。默认情况下，波形持续更新（运行模式）。通过停止信号捕获冻结波形（停止模式），用户可以灵活观察和分析信号。有两种方法进入停止（Stop）模式：按 Run/Stop 键或使用单次触发模式。Run/Stop 键冻结波形：按一次 Run/Stop 键，指示灯变红，此时冻结波形和信号获取；再按 Run/Stop 键取消冻结，指示灯再次变绿。单次触发模式冻结波形：按 Single 键进入单次触发模式，指示灯呈亮白色，单次触发模式下，示波器保持在预触发模式，直至下一次触发点到达。示波器触发后停止捕获信号，直至再次按 Single 键或 Run/Stop 键。波形操作：在运行和停止模式下，波形可以以不同方式移动和调整。

（4）水平位置/刻度。设置水平位置：水平位置旋钮 Position 左右移动波形，移动波形时，屏幕上方的内存条显示了当前波形和水平标记的位置。设置 0 水平位置：按下水平位置旋钮将水平位置重设为 0 或者按 Acquire 键，然后按底部菜单上的 Reset H Position to 0s 也可以重设水平位置。位置指示符：水平位置显示在屏幕下方 H 图标的右侧

。选择水平刻度：旋转水平 SCALE 旋钮选择时基；左（慢）或右（快），1ns/div ～ 100s/div，1-2-5 步进，刻度显示在屏幕下方 H 图标的左侧

。停止模式：停止模式下，波形大小随时基刻度改变。

（5）垂直位置/刻度。设置垂直位置：旋转 vertical position knob 上下移动波形。按下 vertical position knob 将位置重设为 0，移动波形时，屏幕显示光标的垂直位置。Run/Stop 模式：运行和停止模式下，波形都可以垂直移动。选择垂直刻度：旋转垂直 SCALE 旋钮改变垂直刻度；左（下）或右（上），1mV/div～10V/div，1-2-5 步进，垂直刻度指示符位于屏幕下方。

5. 自动测量

自动测量功能可以测量和更新电压/电流、时间和延迟类型等主要测量项。

增加测量项：按 Measure 键→选择底部菜单的 Add Measurement→从右侧菜单中选择 V/I，Time 或 Delay 测量，选择期望增加的测量类型→所有自动测量值都显示在屏幕下方。通道与颜色的对应关系如下：对于模拟输入：黄色＝CH1，蓝色＝CH2，粉色＝CH3，绿色＝CH4。

删除测量项：按 Measure 键→选择底部菜单中 Remove Measurement→按 Select Measurement 从测量列表中选择期望删除的项目。按 Remove All 删除所有测量项，则删除所有测量项。

门限模式：可以将一些自动测量限制在光标间的“门限”区域内。在测量放大波形或使用快速时基时，门限功能非常有用。门限模式分三种设置：Off（全记录）、屏幕和光标间。门限模式设置：按 Measure 键→从底部菜单中选择 Gating→在右侧菜单中选择一个门限模式：Off (full record)，Screen，Between Cursors，如果选择 Between Cursors，使用光标菜单编辑光标位置。

显示所有模式：Display All 模式显示和更新所有电压和时间类型的测量结果。查看测量结果：按 Measure 键→选择底部菜单中的 Display All→在右侧菜单中选择信号来源，CH1～CH4，Math→屏幕显示电压和时间类型的测量结果，按 OFF 关闭测量结果。

参考准位：参考准位设置决定一些测量的测量阈值准位（如上升时间测量）。面板操作：按 Measure 键→从底部菜单中选择 Reference Levels→在右侧菜单中设置参考准位→按 Set to Defaults 将参考准位设成默认值。

6. 光标测量

水平或垂直光标可以显示波形位置、波形测量值以及运算操作结果，涵盖电压、时间、频率和其他运算操作。一旦开启光标（水平、垂直或二者兼有），除非关闭操作，否则这些内容将显示在主屏幕上。

（1）水平光标。面板操作：按一次 Cursor 键→从底部菜单中选择 H Cursor→重复按 H Cursor 或 Select 键切换光标类型，┃ ┆左光标（①）可移动，右光标位置固定；┆ ┃右光标（②）可移动，左光标位置固定；┃ ┃左右光标（①+②）同时移动→光标位置信息显示在屏幕左上角，如图 1-8-4 所示。Cursor①：水平位置，电压/电流；Cursor②：水平位置，电压/电流；△：Delta（两光标间的数值差）dV/dt 或 dI/dt。

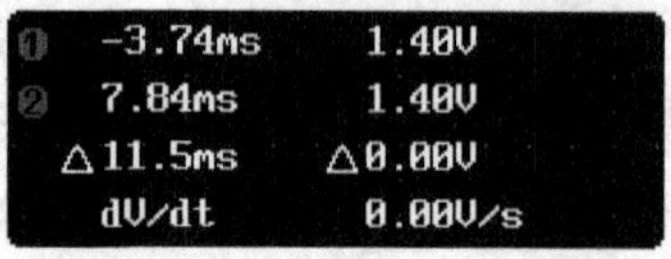

图 1-8-4 水平光标显示信息

选择单位：使用 Variable 旋钮左/右移动光标→按 H Unit 改变水平位置的单位，单位有 S，Hz，%（ratio），°（phase）→相位或比例基准：按 Set Cursor Positions As 100%为当前光标位置设置 0%和 100%比例或 0°和 360°相位基准。

FFT：FFT 光标使用不同的单位，如显示①1.0175GHz 21.2dB，是指 Cursor①，水平位置，dB/电压。

XY 模式：利用光标完成一组 X 与 Y 的测量。Cursor①或②：时间，直角坐标，极坐标，乘积，比例。

（2）垂直光标。面板操作/范围：按两次 Cursor 键→从底部菜单中选择 V Cursor→重复按 V Cursor 或 Select 键切换光标类型，上光标可移动，下光标位置固定，下光标可移动，上光标位置固定，上下光标同时移动→光标位置信息显示在屏幕左上角→使用 Variable 旋钮上/下移动光标→按 V Unit 改变垂直位置的单位，Base（源波形单位），%（ratio）→基本或比例基准：按 Set Cursor Positions As 100%为当前光标位置设置 0%和 100%比例基准。FFT、XY 模式同上。

1-9 常用仪器使用注意事项

每一台电子仪器都有规定的操作规程和使用方法，使用者必须严格遵守。一般电子仪器在使用前后及使用过程中，都应注意以下几个方面。

1. 仪器开机前注意事项

（1）在开机通电前，应检查仪器设备的工作电压与电源电压是否相同。

（2）在开机通电前，应检查仪器面板上各开关、旋钮、接线柱、插孔等是否松动或滑位，如发生这些现象，应加以紧固或整位，以防止因此而牵断仪器内部连线，造成断开、短路以及接触不良等人为故障。

（3）在开机通电时，应检查电子仪器的接“地”情况是否良好。

2. 仪器开机时注意事项

（1）在仪器开机通电时，应使仪器预热 3～5min，待仪器稳定后再行使用。

（2）在开机通电时，应注意检查仪器的工作情况，即眼看、耳听、鼻闻以及检查有无不正常现象。如发现仪器内部有响声、臭味、冒烟等异常现象，应立即切断电源，在尚未查明原因之前，应禁止再次通电，以免扩大故障。

（3）在开机通电时，如发现仪器的熔丝烧断，应更换相同容量的熔断器。如第二次开机通电又烧断熔断器，应立即检查，不应第三次调换熔断器通电，更不应该随便加大熔断器容量，否则导致仪器内部故障扩大，造成严重损坏。

3. 仪器使用过程中注意事项

(1) 仪器使用过程中，对于面板上各种旋钮、开关的作用及正确使用方法，必须予以了解。对旋钮、开关的扳动和调节，应缓慢稳妥，不可猛扳猛转，以免造成松动、滑位、断裂等人为故障。对于输出、输入电缆的插接，应握住套管操作，不应直接用力拉扯电缆线，以免拉断内部导线。

(2) 信号发生器的输出端不应直接连到直流电压电路上，以免损坏仪器。对于功率较大的电子仪器，二次开机时间间隔要长，不应关机后马上二次开机，否则会烧断熔丝。

(3) 使用仪器测试时，应先连接“低电位”端（地线），后连接“高电位”端。反之，测试完毕应先拆除“高电位”端，后拆除“低电位”端。否则，会导致仪器过负荷，甚至损坏仪表。

4. 仪器使用后注意事项

(1) 仪器使用完毕，应切断仪器电源开关。

(2) 仪器使用完毕，应整理好仪器零件，以免散失或错配而影响以后使用。

(3) 仪器使用完毕，应盖好仪器罩布，以免沾积灰尘。

5. 示波器使用时的注意事项

(1) 荧光屏上光点（扫描线）的亮度不可调得过亮，并且不可将光点（或亮线）固定在荧光屏上某一点时间过久，以免损坏荧光屏。

(2) 示波器上所有开关及旋钮都有一定的调节限度，调节时不能用力太猛。

(3) 双踪示波器的两路输入端 Y1、Y2 有一公共接地端，同时使用 Y1 和 Y2 接线时应防止将外电路短路。

1-10 常用电工工具的使用

1. 试电笔

试电笔使用时，必须手指触及笔尾的金属部分，并使氖管小窗背光且朝自己，以便观测氖管的亮暗程度，防止因光线太强造成误判断，试电笔握法如图 1-10-1 所示。

当用试电笔测试带电体时，电流经带电体、电笔、人体及大地形成通电回路，只要带电体与大地之间的电位差超过 60V，电笔中的氖管就会发光。低压验电器检测的电压范围为 60～500V。

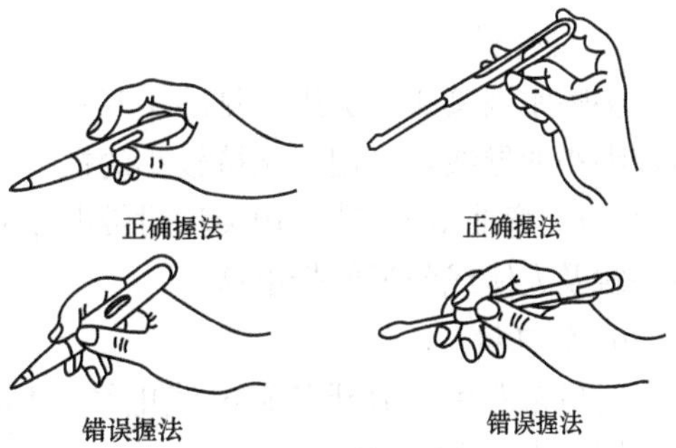

图 1-10-1 试电笔握法

注意事项：

(1) 使用前，必须在有电源处对验电器进行测试，以证明该验电器确实良好，方可使用。

(2) 验电时，应使验电器逐渐靠近被测物体，直至氖管发亮，不可直接接触被测体。

(3) 验电时，手指必须触及笔尾的金属体，否则带电体也会误判为非带电体。

(4) 验电时，要防止手指触及笔尾的金属部分，以免造成触电事故。

2. 电工刀

电工刀不得用于带电作业，以免触电。使用电工刀时，应将刀口朝外剖削，并注意避免伤及手指；剖削导线绝缘层时，应使刀面与导线成较小的锐角，以免割伤导线。

使用完毕，随即将刀身折进刀柄。

3．螺丝刀

使用螺丝刀时，若螺丝刀较大，除大拇指、食指和中指要夹住握柄外，手掌还要顶住柄的末端以防旋转时滑脱；若螺丝刀较小，用大拇指和中指夹着握柄，同时用食指顶住柄的末端用力旋动。若螺丝刀较长，用右手压紧手柄并转动，同时左手握住起子的中间部分（不可放在螺钉周围，以免将手划伤），以防止起子滑脱。

注意事项：

（1）带电作业时，手不可触及螺丝刀的金属杆，以免发生触电事故。

（2）作为电工，不应使用金属杆直通握柄顶部的螺丝刀。

（3）为防止金属杆触到人体或邻近带电体，金属杆应套上绝缘管。

4．钢丝钳

钢丝钳在电工作业时，用途广泛。其钳口可用来弯绞或钳夹导线线头；齿口可用来紧固或起松螺母；刀口可用来剪切导线或钳削导线绝缘层；侧口可用来铡切导线线芯、钢丝等较硬线材。钢丝钳各用途的使用方法如图 1-10-2 所示。

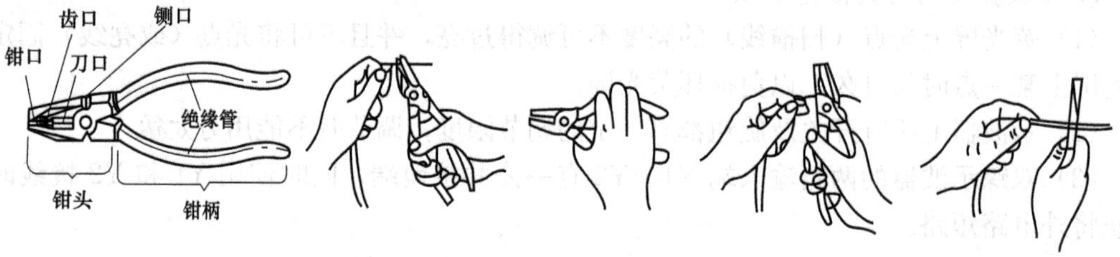

图 1-10-2　钢丝钳各用途的使用方法

注意事项：

（1）使用前，检查钢丝钳的绝缘是否良好，以免带电作业时造成触电事故。

（2）在带电剪切导线时，不得用刀口同时剪切不同电位的两根线（如相线与中性线、相线与相线等），以免发生短路事故。

5．尖嘴钳

尖嘴钳因其头部尖细（见图 1-10-3），适用于在狭小的工作空间操作。尖嘴钳可用来剪断较细小的导线，可用来夹持较小的螺钉、螺帽、垫圈、导线等，也可用来对单股导线整形（如平直、弯曲等）。若使用尖嘴钳带电作业，应检查其绝缘是否良好，并在作业时金属部分不要触及人体或邻近的带电体。

6．斜口钳

斜口钳专用于剪断各种电线电缆，如图 1-10-4 所示。对粗细不同、硬度不同的材料，应选用大小合适的斜口钳。

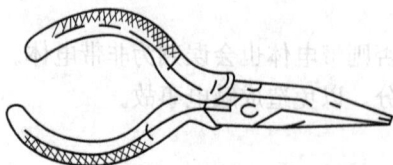

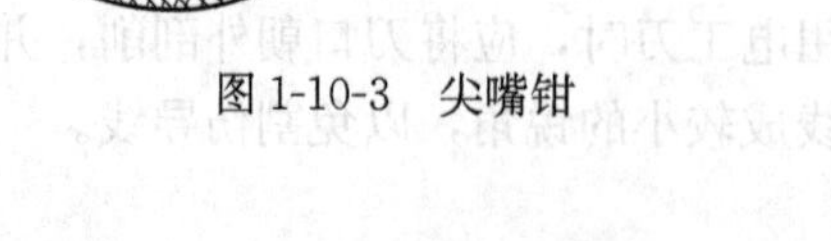

图 1-10-3　尖嘴钳

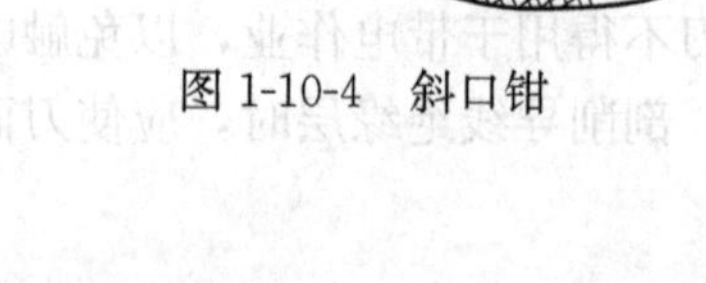

图 1-10-4　斜口钳

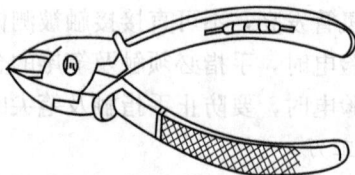

7. 剥线钳

剥线钳是专用于剥削较细小导线绝缘层的工具。使用剥线钳剥削导线绝缘层时，先将要剥削的绝缘长度用标尺定好，然后将导线放入相应的刃口中（比导线直径稍大），再用手将钳柄一握，导线的绝缘层即被剥离。

8. 电烙铁

焊接前，一般要把焊头的氧化层除去，并用焊剂进行上锡处理，使得焊头的前端经常保持一层薄锡，以防止氧化、减少能耗、并使导热良好。电烙铁的握法没有统一的要求，以不易疲劳、操作方便为原则，一般有笔握法和拳握法两种，如图 1-10-5（b）、（c）所示。用电烙铁焊接导线时，必须使用焊料和焊剂。焊料一般为丝状焊锡或纯锡，常见的焊剂有松香、焊膏等。

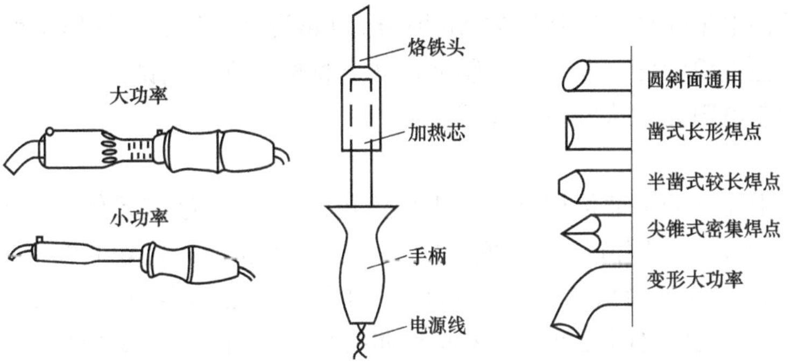

（a）

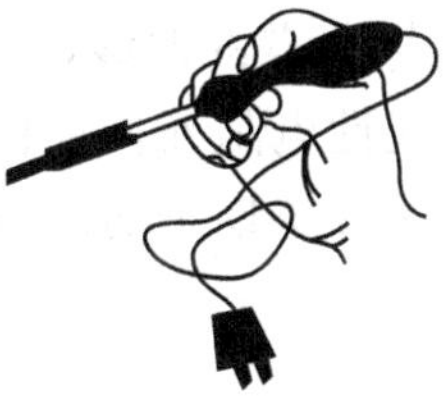

（b）

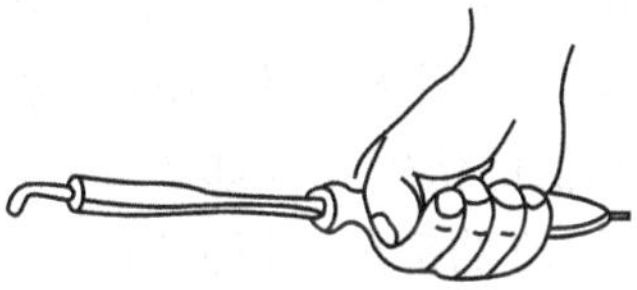

（c）

图 1-10-5　电烙铁的结构及握法

（a）结构；（b）笔握法；（c）拳握法

对焊接的基本要求是：焊点必须牢固，锡液必须充分渗透，焊点表面光滑有泽，应防止出现“虚焊”“夹生焊”。产生“虚焊”的原因是：因为焊件表面未清除干净或焊剂太少，使得焊锡不能充分流动，造成焊件表面挂锡太少，焊件之间未能充分固定。造成“夹生焊”的原因是：因为电烙铁温度低或焊接时电烙铁停留时间太短，使得焊锡未能充分熔化。

注意事项：

（1）使用前应检查电源线是否良好，有无被烫伤。

（2）焊接电子类元件（特别是集成块）时，应采用防漏电等安全措施。

（3）当焊头因氧化而不“吃锡”时，不可硬烧。

（4）当焊头上锡较多不便焊接时，不可甩锡，不可敲击。

（5）焊接较小元件时，时间不宜过长，以免因热损坏元件或绝缘。

（6）焊接完毕，应拔去电源插头，将电烙铁置于金属支架上，防止烫伤或火灾的发生。

第2章 直流电路实验

2-1 电阻元件伏安特性的测定

1. 实验目的及能力目标

（1）学习恒电源、直流数字电压表、直流数字电流表的使用方法。

（2）学习掌握电阻元件伏安特性的 Multisim 电路设计、仿真及操作流程。

（3）掌握线性电阻元件、非线性电阻元件伏安特性的逐点测试法。

（4）学习绘制电阻元件伏安特性曲线。

2. 实验原理

任一二端电阻元件的特性可用该元件上的端电压 U 与通过该元件的电流 I 之间的函数关系 $U=f(I)$ 来表示，即用 $U—I$ 平面上的一条曲线来表征，这条曲线称为该电阻元件的伏安特性曲线。根据伏安特性的不同，电阻元件分为线性电阻和非线性电阻两大类。如图 2-1-1（a）所示，线性电阻元件的伏安特性曲线是一条通过坐标原点的直线，该直线的斜率只由电阻元件的电阻值 R 决定，其阻值为常数，与元件两端的电压 U 和通过该元件的电流 I 无关。非线性电阻元件的伏安特性是一条经过坐标原点的曲线，其阻值 R 不是常数，即在不同的电压作用下，电阻值是不同的。常见的非线性电阻元件如白炽灯泡、普通二极管、稳压二极管等，它们的伏安特性如图 2-1-1（b）、（c）、（d）所示。在图 2-1-1 中，$U>0$ 的部分为正向特性，$U<0$ 的部分为反向特性。

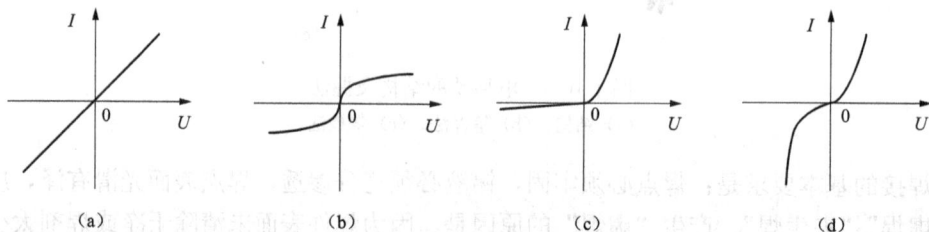

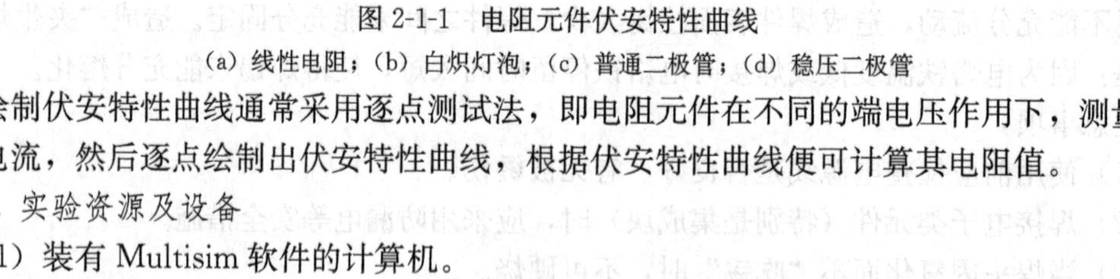

图 2-1-1 电阻元件伏安特性曲线

（a）线性电阻；（b）白炽灯泡；（c）普通二极管；（d）稳压二极管

绘制伏安特性曲线通常采用逐点测试法，即电阻元件在不同的端电压作用下，测量出相应的电流，然后逐点绘制出伏安特性曲线，根据伏安特性曲线便可计算其电阻值。

3. 实验资源及设备

（1）装有 Multisim 软件的计算机。

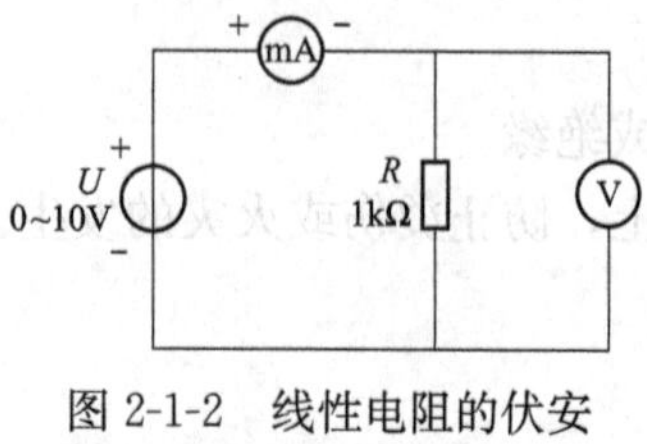

图 2-1-2 线性电阻的伏安特性测试电路

（2）直流数字电压表、直流数字电流表。

（3）恒压源（双路 0～30V 可调）。

4. 实验内容

（1）线性电阻元件的伏安特性。线性电阻元件的伏安特性测试电路如图 2-1-2 所示。图中的电源选用恒压源的可调稳压输出端，通过直流数字毫安表与 $R=1\text{k}\Omega$ 的线性电阻相连，电阻两端的电压用直流数字电压表测量。

调节恒压源可调稳压电源的输出电压U，从0开始缓慢地增加（不能超过10V），电压表和电流表的读数记入表2-1-1中。

（2）6.3V白炽灯泡的伏安特性。将图2-1-2中的1kΩ线性电阻换成一只6.3V白炽灯泡，重复（1）的步骤，电压不能超过6.3V，电压表和电流表的读数记入表2-1-2中。

表2-1-1 线性电阻伏安特性数据

U（V）	0	2	4	6	8	10
I（mA）						

表2-1-2 6.3V白炽灯泡伏安特性数据

U（V）	0	1	2	3	4	5	6.3
I（mA）							

（3）半导体二极管的伏安特性。半导体二极管的伏安特性测试电路如图2-1-3所示，R为限流电阻，取200Ω（十进制可变电阻箱），二极管的型号为1N4007。测二极管的正向特性时，其正向电流不得超过25mA，二极管VD的正向压降可在0～0.73V之间取值，特别是在0.5～0.73V之间应取几个测量点。测反向特性时，将可调稳压电源的输出端正、负连线互换，调节可调稳压电源的输出电压U，从0开始缓慢地减小（不能小于−30V），将读数分别记入表2-1-3和表2-1-4中。

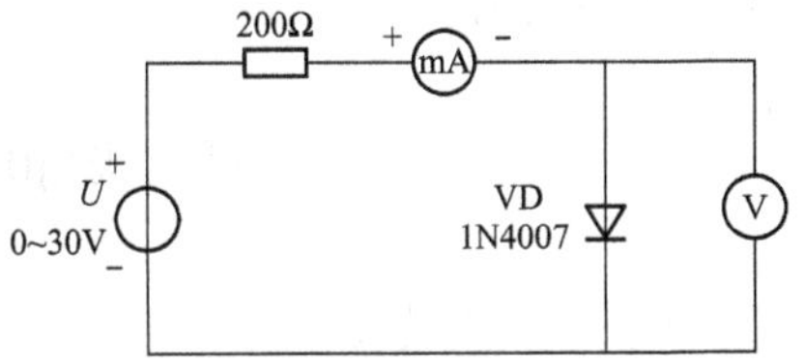

图2-1-3 半导体二极管的伏安特性测试电路

表2-1-3 二极管正向特性实验数据

U（V）	0	0.2	0.4	0.45	0.5	0.55	0.60	0.65	0.70	0.73
I（mA）										

表2-1-4 二极管反向特性实验数据

U（V）	0	−5	−10	−15	−20	−25
I（mA）						

（4）稳压管的伏安特性。将图2-1-3中的二极管1N4007换成稳压管2CW51，重复（3）的步骤测量，其正、反向电流不得超过±20mA，将读数分别记入表2-1-5和表2-1-6中。

表2-1-5 稳压管正向特性实验数据

U（V）	0	0.2	0.4	0.45	0.5	0.55	0.60	0.65	0.70	0.75
I（mA）										

表2-1-6 稳压管反向特性实验数据

U（V）	0	−1	−1.5	−2.0	−2.5	−2.8	−3	−3.2	−3.5	−3.55
I（mA）										

5. 实验注意事项

（1）正确建立Multisim仿真电路模型、并进行仿真。

（2）测量时，可调稳压电源的输出电压由0缓慢逐渐增加，应时刻注意电压表和电流表的读数，不能超过规定值。

（3）稳压电源输出端切勿碰线短路。

（4）测量中，随时注意电流表读数，及时更换电流表量程，勿使仪表超量程。

6. 思考题

（1）线性电阻元件与非线性电阻元件的伏安特性有何区别？它们的电阻值与通过的电流有无关系？

（2）如何计算线性电阻元件与非线性电阻元件的电阻值？

（3）请举例说明哪些元件是线性电阻元件，哪些元件是非线性电阻元件，它们的伏安特性曲线分别是什么形状。

（4）设某电阻元件的伏安特性函数式为 $I=f(U)$，如何用逐点测试法绘制出其伏安特性曲线？

7. 实验报告要求

（1）根据实验数据，分别在方格纸上绘制出各电阻元件的伏安特性曲线。

（2）根据伏安特性曲线，计算线性电阻元件的电阻值，并与仿真结果及实际电阻标示值进行比较。

（3）根据伏安特性曲线，计算白炽灯泡在额定电压（6.3V）时的电阻值；当电压降低20%时，其阻值又为多少？

（4）实验总结。

2-2　未知电阻元件伏安特性的测定

1. 实验目的及能力目标

（1）学习掌握元件伏安特性的 Multisim 电路设计、仿真及操作流程。

（2）掌握线性电阻元件、非线性电阻元件伏安特性的逐点测试法。

（3）学会应用伏安法识别常用电阻元件类型的方法。

（4）掌握直流恒压电源、直流电压表、直流电流表的使用方法。

2. 实验原理

识别常用电阻元件的类型，首先是采用逐点测试法绘制它们的伏安特性曲线，然后根据伏安特性曲线的形状，便可判断出未知电阻元件的类型，并且根据伏安特性曲线可以计算它们的电阻值。

3. 实验设备

（1）装有 Multisim 软件的计算机。

（2）直流数字电压表、直流数字电流表。

（3）恒压源（双路 0～30V 可调）。

（4）未知电阻元件箱一个。

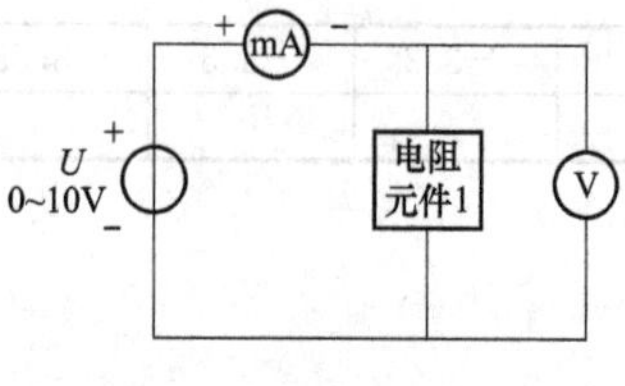

图 2-2-1　电阻元件 1 伏安特性测定电路

4. 实验任务

（1）电阻元件 1 的伏安特性。电阻元件 1 伏安特性测定电路如图 2-2-1 所示。图中的电源选用恒压源的可调稳压电源输出端，通过直流数字毫安表与电阻元件 1 相连，电阻元件 1 两端的电压用直流数字电压表测量。

正向特性：调节可调稳压电源的输出电压 U，从 0 开始缓慢地增加（不能超过 10V），在表 2-2-1 中记录相应的电压表和电流表的读数，电流限制在 100mA 以内。

反向特性：将可调稳压电源的输出端正、负连线互换，调节可调稳压电源的输出电压 U，从 0 开始缓慢地减小（不能小于 −10V），在表 2-2-1 中记录电压表和电流表的读数，电流限制在 100mA 以内。

表 2-2-1　电阻元件 1 伏安特性数据

U（V）					0			
I（mA）					0			

（2）电阻元件 2～5 的伏安特性。将图 2-2-1 中的电阻元件 1 分别换成电阻元件 2～5，重复（1）的步骤，电压表和电流表的读数记入表 2-2-2 中。

表 2-2-2　　电阻元件 2～5 伏安特性数据

电阻元件 2	U（V）				0					
	I（mA）				0					
电阻元件 3	U（V）				0					
	I（mA）				0					
电阻元件 4	U（V）				0					
	I（mA）				0					
电阻元件 5	U（V）				0					
	I（mA）				0					

5. 实验注意事项

（1）正确建立 Multisim 电路仿真。

（2）测量时，可调稳压电源的输出电压由 0 缓慢逐渐增加，应时刻注意电压表不能超过 ±10V，电流表不能超过±100mA。

（3）稳压电源输出端切勿碰线短路。

（4）测量中，随时注意电流表的读数，及时更换电流表量程，勿使仪表超量程。

6. 思考题

（1）线性电阻元件与非线性电阻元件的伏安特性有何区别？它们的电阻值如何计算？

（2）如何用实验方法识别未知电阻元件的类型？

7. 实验报告要求

（1）根据实验数据，分别在方格纸上绘制出各电阻元件的伏安特性曲线，并说明它们是什么类型的电阻元件。

（2）根据绘制的伏安特性曲线，计算线性电阻元件的电阻值，以及二极管正向电压为 0.7V 和 0.4V 时的电阻值。

（3）根据绘制的伏安特性曲线，说明几种非线性电阻元件的正向特性和反向特性的形状有何异同。

（4）实验总结。

2-3 叠加定理

1. 实验目的及能力目标

（1）学习掌握 Multisim 叠加定理电路设计、仿真及操作流程。

（2）了解叠加定理的应用场合。

（3）研究并掌握线性电路的叠加性和齐次性。

2. 实验原理

叠加原理指出：在有几个独立电源共同作用下的线性电路中，通过每一个元件的电流或其两端的电压，可以看成是由每一个独立源单独作用时在该元件上所产生的电流或电压的代数和。具体方法是：一个独立电源单独作用时，其他的独立电源必须去掉（电压源短路，电流源开路）；在求电流或电压的代数和时，当独立电源单独作用时电流或电压的参考方向与独立电源共同作用时的参考方向一致时，符号取正，否则取负。在图 2-3-1 所示叠加原理原理图中有

$$I_1 = I'_1 - I''_1,\quad I_2 = -I'_2 + I''_2,\quad I_3 = I'_3 + I''_3,\quad U = U' + U''$$

叠加原理反映了线性电路的叠加性。线性电路的齐次性是指当激励信号（如电源作用）增加或减小 K 倍时，电路的响应（即在电路其他各电阻元件上所产生的电流和电压值）也将增加或减小 K 倍。叠加性和齐次性都只适用于求解线性电路中的电流、电压。对于非线性电路，叠加性和齐次性都不适用。

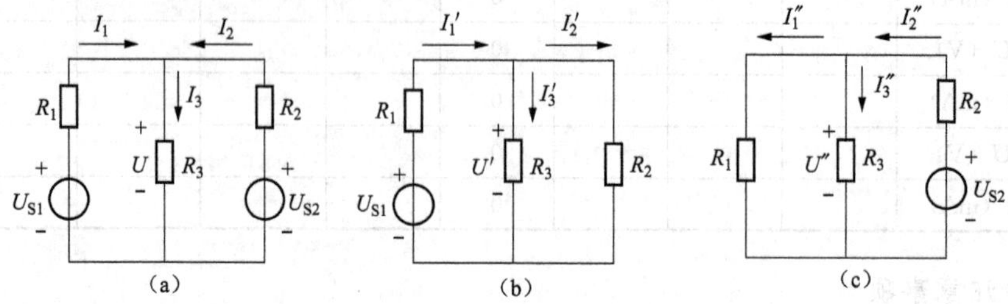

图 2-3-1 叠加原理原理图

（a）共同作用；（b）U_{S1} 电源单独作用；（c）U_{S2} 电源单独作用

3. 实验资源及设备

（1）装有 Multisim 软件的计算机。

（2）直流数字电压表、直流数字毫安表。

（3）恒压源（双路 0～30V 可调）。

（4）叠加原理实验板一块。

4. 实验内容

叠加原理实验电路如图 2-3-2 所示，图中，$R_1=R_3=R_4=510\Omega$，$R_2=1k\Omega$，$R_5=330\Omega$，电源 U_{S1} 是将 0～+30V 恒压源一路的输出电压调至+12V，U_{S2} 是将 0～+30V 恒压源另一路的输出电压调至+6V（以直流数字电压表读数为准）的电压，将开关 S3 投向 R_5 侧。

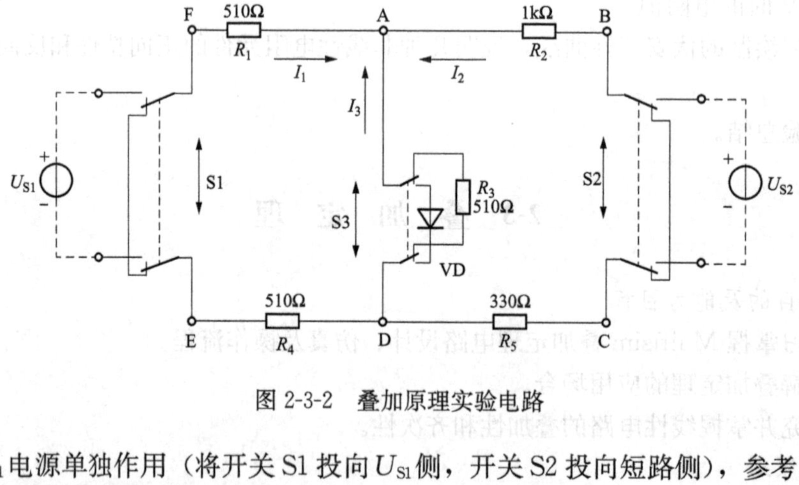

图 2-3-2 叠加原理实验电路

（1）U_{S1} 电源单独作用（将开关 S1 投向 U_{S1} 侧，开关 S2 投向短路侧），参考图 2-3-1（b）画出电路图，标明各电流、电压的参考方向。

用直流数字毫安表接电流插头测量各支路电流：将电流插头的红接线端插入数字毫安表的红（正）接线端，电流插头的黑接线端插入数字毫安表的黑（负）接线端，测量各支路电流（按规定，在结点 A，电流表读数为“+”，表示电流流出结点；读数为“−”，表示电流流入结点），然后根据电路中的电流参考方向，确定各支路电流的正、负号，并将数据记入表 2-3-1 中。

表 2-3-1 实验数据一

实验内容 \ 测量项目	U_{S1} (V)	U_{S2} (V)	I_1 (mA)	I_2 (mA)	I_3 (mA)	U_{AB} (V)	U_{CD} (V)	U_{AD} (V)	U_{DE} (V)	U_{FA} (V)
U_{S1}单独作用	12	0								
U_{S2}单独作用	0	6								
U_{S1}、U_{S2}共同作用	12	6								
U_{S2}单独作用	0	12								

用直流数字电压表测量各电阻元件两端电压：电压表的红（正）接线端应插入被测电阻元件电压参考方向的正端，电压表的黑（负）接线端插入电阻元件的另一端（电阻元件电压参考方向与电流参考方向一致），将各电阻元件两端的测量电压值记入表 2-3-1 中。

（2）U_{S2}电源单独作用（将开关 S1 投向短路侧，开关 S2 投向U_{S2}侧），参考图 2-3-1（c）画出电路图，标明各电流、电压的参考方向，重复步骤（1）的测量并将数据记入表格 2-3-1 中。

（3）U_{S1}和U_{S2}共同作用时（开关 S1 和 S2 分别投向U_{S1}和U_{S2}侧），参考图 2-3-1（a）画出各电流、电压的参考方向，见图 2-3-2。完成上述电流、电压的测量并将数据记入表 2-3-1 中。

（4）将U_{S2}的数值调至+12V，重复（2）的测量，并将数据记录在表 2-3-1 中。

（5）将开关 S3 投向二极管 VD 侧，即电阻 R_5 换成一只二极管 IN4007，重复步骤（1）～（4）的测量过程，并将数据记入表 2-3-2 中。

表 2-3-2 实验数据二

实验内容 \ 测量项目	U_{S1} (V)	U_{S2} (V)	I_1 (mA)	I_2 (mA)	I_3 (mA)	U_{AB} (V)	U_{CD} (V)	U_{AD} (V)	U_{DE} (V)	U_{FA} (V)
U_{S1}单独作用	12	0								
U_{S2}单独作用	0	6								
U_{S1}、U_{S2}共同作用	12	6								
U_{S2}单独作用	0	12								

5. 实验注意事项

（1）正确建立 Multisim 叠加定理仿真电路模型，并进行仿真。

（2）用电流插头测量各支路电流时，应注意仪表的极性及数据表格中+、一号的记录。

（3）注意仪表量程的及时更换。

（4）独立电源单独作用时，去掉另一个电压源，只能在实验板上用开关 S1 或 S2 操作，而不能直接将电源短路。

6. 思考题

（1）叠加原理中U_{S1}、U_{S2}分别单独作用，在实验中应如何操作？可否将要去掉的电源（U_{S1}或U_{S2}）直接短接？

（2）实验电路中，若有一个电阻元件改为二极管，叠加性与齐次性还成立吗？为什么？

7. 实验报告要求

（1）根据表 2-3-1 的实验数据，通过求各支路电流和各电阻元件两端电压，验证线性电路的叠加性与齐次性，并与仿真结果进行比较。

（2）各电阻元件所消耗的功率能否用叠加原理计算得出？试用表 2-3-1、表 2-3-2 实验数据计算并说明。

（3）根据表 2-3-1 的实验数据，当 $U_{S1}=U_{S2}=12V$ 时，用叠加原理计算各支路电流和各电阻元件两端电压，并与仿真结果进行比较。

（4）根据表 2-3-2 的实验数据，说明叠加性与齐次性是否适用该实验电路。

（5）实验总结。

2-4 电压源、电流源及其电源等效变换的研究

1. 实验目的及能力目标

（1）学习掌握 Multisim 电路设计、仿真及操作流程。

（2）掌握建立电源模型的方法。

（3）掌握电源外特性的测试方法。

（4）研究掌握电源模型等效变换的条件。

（5）学会绘制电源外特性曲线。

2. 实验原理

（1）电压源和电流源。电压源具有端电压保持恒定不变，而输出电流的大小由负载决定的特性。其外特性，即端电压 U 与输出电流 I 的关系 $U=f(I)$ 是一条平行于 I 轴的直线。实验中使用的恒压源在规定的电流范围内，具有很小的内阻，可以将它视为一个电压源。

电流源具有输出电流保持恒定不变，而端电压的大小由负载决定的特性。其外特性，即输出电流 I 与端电压 U 的关系 $I=f(U)$ 是一条平行于 U 轴的直线。实验中使用的恒流源在规定的电流范围内，具有极大的内阻，可以将它视为一个电流源。

（2）实际电压源和实际电流源。实际上任何电源内部都存在电阻，通常称为内阻。因而，实际电压源可以用一个内阻 R_S 和电压源 U_S 串联表示，其端电压 U 随输出电流 I 的增大而降低。在实验中，可以用一个小阻值的电阻与恒压源相串联来模拟一个实际电压源。

实际电流源是用一个内阻 R_S 和电流源 I_S 并联表示，其输出电流 I 随端电压 U 的增大而减小。在实验中，可以用一个大阻值的电阻与恒流源相并联来模拟一个实际电流源。

（3）实际电压源和实际电流源的等效互换。一个实际的电源，就其外部特性而言，既可以看成是一个电压源，又可以看成是一个电流源。若它们向同样大小的负载供出同样大小的电流和端电压，则称这两个电源是等效的，即具有相同的外特性。

实际电压源与实际电流源等效变换的条件为：

1）实际电压源与实际电流源的内阻均为 R_S。

2）已知实际电压源的参数为 U_S 和 R_S，则实际电流源的参数为 $I_S=U_S/R_S$ 和 R_S，若已知实际电流源的参数为 I_S 和 R_S，则实际电压源的参数为 $U_S=I_SR_S$ 和 R_S。

3. 实验资源及设备

（1）装有 Multisim 软件的计算机。

（2）直流数字电压表、直流数字毫安表。

（3）恒压源（双路 0～30V 可调）。

（4）恒源流（0～500mA 可调）。

4. 实验内容

（1）电压源（恒压源）与实际电压源的外特性。电压源（恒压源）的外特性测定电路如图 2-4-1 所示。图中的电源 U_S 是将 0～＋30V 恒压源其中一路的输出电压调至

+6V，R_1 取200Ω 的固定电阻，RP 取 470Ω 的电位器。调节电位器 RP，令其阻值由大至小变化，将电流表、电压表的读数记入表 2-4-1 中。

表 2-4-1　　电压源外特性数据

I (mA)							
U (V)							

在图 2-4-1 电路中，将电压源改成实际电压源，如图 2-4-2 所示。图中内阻 R_S 取 51Ω 的固定电阻，调节电位器 RP，令其阻值由大至小变化，将电流表、电压表的读数记入表 2-4-2 中。

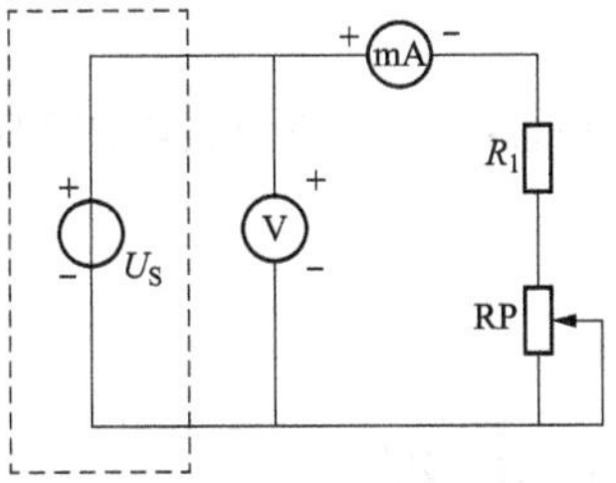

图 2-4-1　电压源（恒压源）的外特性测定电路

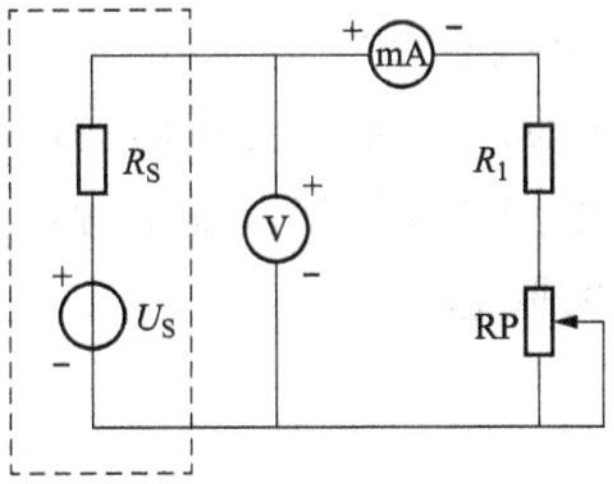

图 2-4-2　实际电压源

表 2-4-2　　实际电压源外特性数据

I (mA)							
U (V)							

(2) 电流源（恒流源）与实际电流源的外特性。电流源（恒流源）的外特性测定电路如图 2-4-3 所示。图中 I_S 为恒流源，调节其为 5mA（用毫安表测量），RP 取 470Ω 的电位器，在 R_S 分别为 1kΩ 和∞两种情况下，调节电位器 RP，令其阻值由大至小变化，将电流表、电压表的读数记入自拟的数据表格中。

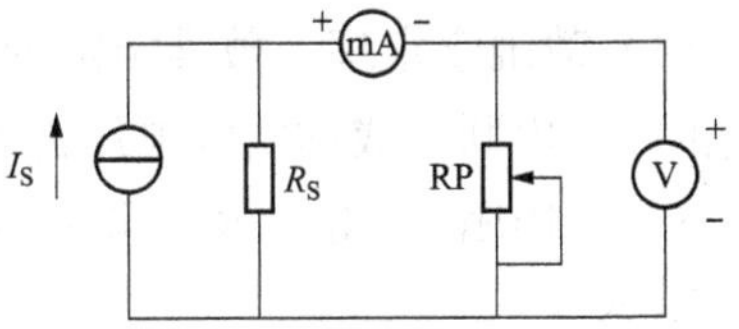

图 2-4-3　电流源（恒流源）的外特性测定电路

(3) 研究电源等效变换的条件。电源等效变换电路如图 2-4-4 所示。图 2-4-4 (a)、(b) 中的内阻 R_S 均为 51Ω，负载电阻 R 均为 200Ω。

在图 2-4-4 (a) 中，将恒压源其中输出一路调至 +6V 作为 U_S，记录该图中电流表、电压表的读数；然后调节图 2-4-4 (b) 电路中恒流源 I_S，令两表的读数与图 2-4-4 (a) 的数值相等，记录这时的 I_S 值，验证等效变换条件的正确性。

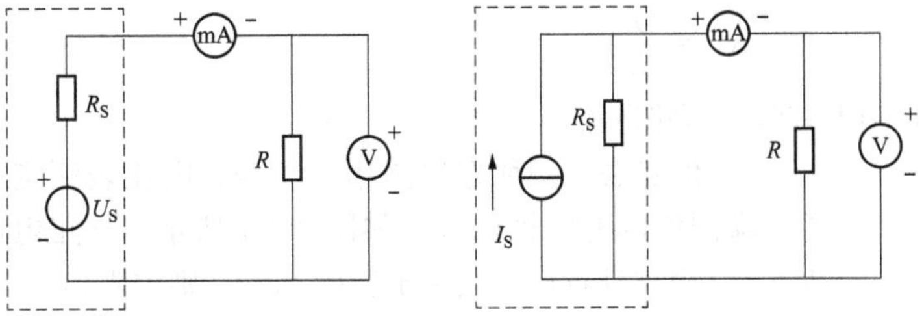

(a)　　(b)

图 2-4-4　电源等效变换电路

(a) 实际电压源等效电路；(b) 实际电流源等效电路

5. 实验注意事项

(1) 正确建立 Multisim 仿真电路模型，并进行仿真。

(2) 在测电压源外特性时，不要忘记测空载（$I=0$）时的电压值；测电流源外特性时，不要忘记测短路（$U=0$）时的电流值，注意恒流源负载电压不可超过 20V，负载更不可开路。

(3) 换接线路时，必须关闭电源开关。

（4）直流仪表的接入应注意极性与量程。

6. 思考题

（1）电压源的输出端为什么不允许短路？电流源的输出端为什么不允许开路？

（2）说明电压源和电流源的特性，其输出是否在任何负载下能保持恒值。

（3）实际电压源与实际电流源的外特性为什么呈下降变化趋势，下降的快慢受哪个参数影响？

（4）实际电压源与实际电流源等效变换的条件是什么？所谓“等效”是对什么而言的？电压源与电流源能否等效变换？

7. 实验报告要求

（1）根据实验数据绘出电源的四条外特性，并总结、归纳两类电源的特性。

（2）根据实验结果验证电源等效变换的条件。

（3）实验总结。

2-5 戴维宁定理

1. 实验目的及能力目标

（1）学习掌握 Multisim 戴维宁定理电路设计、仿真及操作流程。

（2）学习掌握有源二端网络等效参数测量的一般方法。

（3）学习测定有源二端网络的外特性。

（4）学会搭接戴维宁定理等效电路，并测定其外特性。

（5）学会绘制外特性曲线。

2. 实验原理

（1）戴维宁定理。戴维宁定理：任何一个有源二端网络，总可以用一个电压源 U_S 和一个电阻 R_0 串联组成的实际电压源来代替，其中，电压源 U_S 等于这个有源二端网络的开路电压 U_{oc}，内阻 R_0 等于该网络中所有独立电源均置零（电压源短路，电流源开路）后的等效电阻 R_0。

U_S、R_0 和 I_S、R_0 称为有源二端网络的等效参数。

（2）有源二端网络等效参数的测量方法。

1）开路电压、短路电流法。在有源二端网络输出端开路时，用电压表直接测其输出端的开路电压 U_{oc}，然后再将其输出端短路，测其短路电流 I_{sc}，则内阻为

$$R_0=\frac{U_{oc}}{I_{sc}}$$

若有源二端网络的内阻值很低，则不宜测其短路电流。

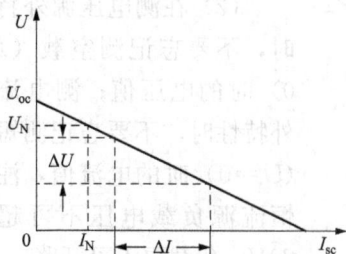

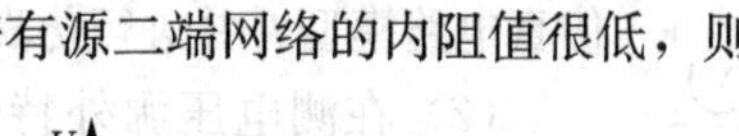

图 2-5-1 有源二端网络的外特性曲线

2）伏安法。一种方法是用电压表、电流表测定有源二端网络的外特性曲线，如图 2-5-1 所示。开路电压为 U_{oc}，根据外特性曲线求出斜率 $\tan\varphi$，则内阻为

$$R_0=\tan\varphi=\frac{\Delta U}{\Delta I}$$

另一种方法是测量有源二端网络的开路电压 U_{oc}，以及额定电流 I_N 和对应的输出端额定电压 U_N，如图 2-5-1 所示，则内阻为

$$R_0 = \frac{U_{oc} - U_N}{I_N}$$

3）半电压法。半电压法测量原理如图 2-5-2 所示。当负载电压为被测网络开路电压 U_{oc} 一半时，负载电阻 R_L 的大小（由电阻箱的读数确定）即为被测有源二端网络的等效内阻 R_0 的数值。

4）零示法。在测量具有高内阻有源二端网络的开路电压时，用电压表进行直接测量会造成较大的误差，为了消除电压表内阻的影响，往往采用零示法。零示法测量原理如图 2-5-3 所示。零示法是用一低内阻的恒压源与被测有源二端网络进行比较，当恒压源的输出电压与有源二端网络的开路电压相等时，电压表的读数将为 0，然后将电路断开，测量此时恒压源的输出电压 U，即为被测有源二端网络的开路电压。

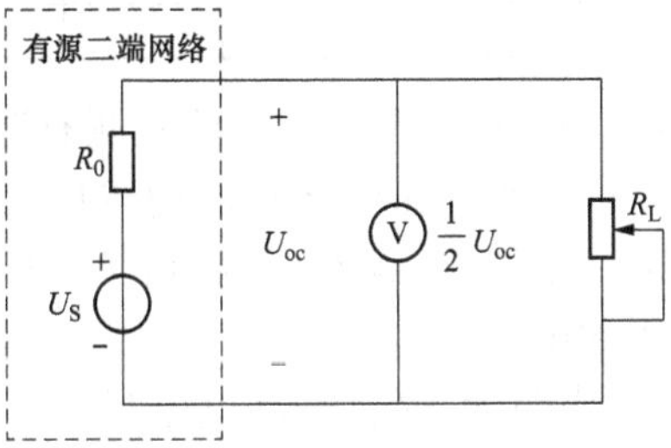

图 2-5-2　半电压法测量原理图

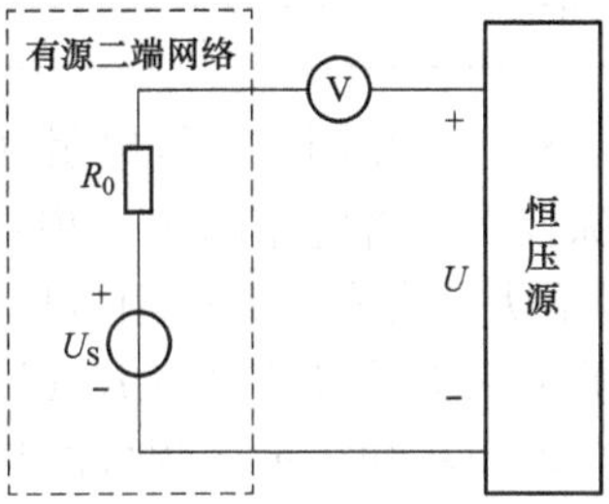

图 2-5-3　零示法测量原理图

3. 实验资源及设备

（1）装有 Multisim 软件的计算机。

（2）直流数字电压表、直流数字毫安表。

（3）恒压源（双路 0～30V 可调）。

（4）恒流源（0～500mA 可调）。

（5）戴维宁定理实验板一块。

4. 实验内容

被测有源二端网络如图 2-5-4 所示。

（1）开路电压、短路电流法测量有源二端网络的等效参数。在图 2-5-4 中，接入稳压源 U_S=12V（将 0～+30V 恒压源其中一路的输出电压调至 12V）和恒流源 I_S=10mA 及可变电阻 R_L。先断开 R_L 测开路电压 U_{oc}，再短接 R_L 测短路电流 I_{sc}，则 $R_0=U_{oc}/I_{sc}$，将数据记入表 2-5-1。

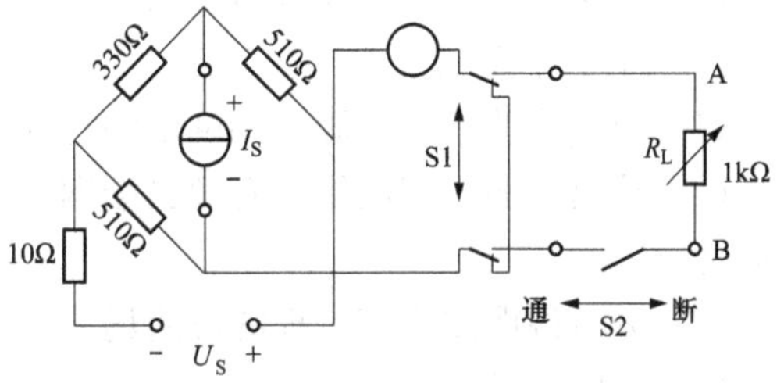

图 2-5-4　被测有源二端网络

表 2-5-1　开路电压、短路电流数据

U_{oc}（V）	I_{sc}（mA）	$R_0=U_{oc}/I_{sc}$（Ω）

（2）有源二端网络的外特性。改变图 2-5-4 中的负载电阻 R_L 阻值，测量有源二端网络的外特性，将数据记入表 2-5-2。

表 2-5-2　有源二端网络的外特性数据

U（V）																
I（mA）																
R_L（Ω）																

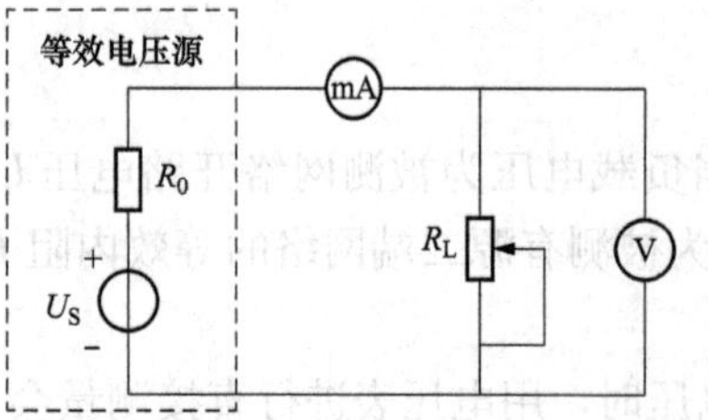

图 2-5-5 等效电路的外特性实验电路

（3）戴维宁定理等效电路的外特性。等效电路的外特性实验电路如图 2-5-5 所示。将十进制电阻箱阻值调整到等于按步骤（1）所得的等效电阻 R_0 值，然后令其与上述负载电阻 R_L 及直流稳压电源［调到步骤（1）时所测得的开路电压 U_{oc} 之值］相串联，仿照步骤（2）测其特性，将数据记入表 2-5-3 中，对戴维宁定理进行验证。

表 2-5-3　　戴维宁等效电路数据

U（V）										
I（mA）										
R_L（Ω）										

（4）测定有源二端网络等效电阻（又称入端电阻）的其他方法。将被测有源二端网络内的所有独立源置零（将电流源 I_S、电压源去掉，并在原电压端所接的两点用一根短路导线相连），然后用伏安法或者直接用万用表的欧姆挡去测定负载 R_L 开路后 A、B 两点间的电阻，此即为被测网络的等效内阻 R_{eq} 或称网络的入端电阻 R_1。

（5）用半电压法和零示法测量被测网络的等效内阻 R_0 及其开路电压 U_{oc}。

5. 实验注意事项

（1）正确建立 Multisim 戴维宁定理电路仿真模型，并进行仿真。

（2）测量时，注意电流表量程的更换。

（3）改接线路时，要关掉电源。

6. 思考题

（1）如何测量有源二端网络的开路电压和短路电流，在什么情况下不能直接测量开路电压和短路电流？

（2）说明测量有源二端网络开路电压及等效内阻的几种方法，并比较其优缺点。

7. 实验报告要求

（1）根据实验计算有源二端网络的等效参数 U_S 和 R_0，并与仿真结果进行比较。

（2）绘出有源二端网络和有源二端网络等效电路的外特性曲线，分析说明戴维宁定理的正确性。

（3）分析说明戴维宁定理的应用场合。

（4）实验总结。

2-6 直流电路的设计

1. 实验目的及能力目标

（1）学习掌握 Multisim 直流电路设计、仿真及操作流程。

（2）学习理解基尔霍夫定律（KCL、KVL）。

（3）学习理解叠加定理。

（4）学习理解戴维宁定理，并进一步掌握戴维宁等效电路的测量方法。

（5）学习使用直流电流表、直流电压表、直流稳压电源以及电流源、万用表。

2. 实验任务

（1）设计电路的结构和电路元件的参数，测量几组电流、电压值，验证基尔霍夫定律，选择所需仪表设备。

（2）设计电路的结构和电路元件的参数，测量几组电流、电压值，验证叠加原理，选择所需仪表设备。

（3）设计电路的结构和电路元件的参数，研究有源二端网络的开路电压和等效内阻的测定方法。验证戴维宁定理，选择所需仪表设备。要求针对戴维宁等效电路和原电路的外特性做一比较。

（4）提高性设计要求：在电路中至少含有一个受控源。

3. 预习和实验要求

（1）预习基尔霍夫定律、叠加原理和戴维宁定理。设计电路结构，计算电路元件参数的理论值。

（2）到实验室调研，了解实验台的基本使用，学习直流电流表、直流电压表、直流稳压电源以及电流源、万用表的使用方法。

4. 实验报告要求

（1）画出实验电路图，并自拟实验数据表格。

（2）用测量值分析说明基尔霍夫定律、叠加定理和戴维宁定理，并与理论值进行比较，分析误差产生的原因。

（3）总结有源二端网络等效电阻的测量方法和等效的含义。

（4）仔细观察、认真思考实验现象和规律，应用理论知识理解现象的发生与发展过程。

（5）实验总结。

2-7 最大功率传输条件的测定

1. 实验目的及能力目标

（1）学习掌握 Multisim 电路设计、仿真及操作流程。

（2）学习阻抗匹配，掌握最大功率传输的条件。

（3）学习掌握根据电源外特性设计实际电源模型的方法。

2. 实验原理

电源向负载供电的原理电路如图 2-7-1 所示。图中 R_S 为电源内阻，R_L 为负载电阻。当电路电流为 I 时，负载 R_L 得到的功率为

$$P_L = I^2 R_L = \left(\frac{U_S}{R_S + R_L}\right)^2 R_L$$

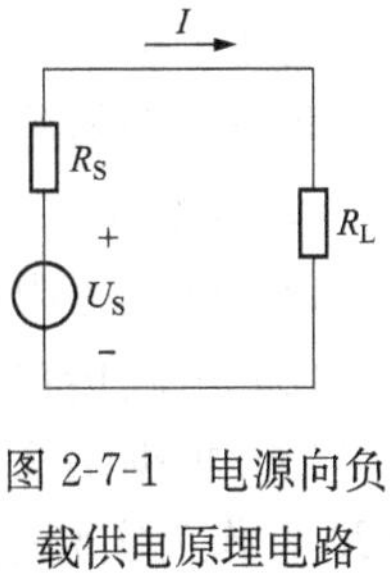

图 2-7-1 电源向负载供电原理电路

可见，当电源 U_S 和 R_S 确定后，负载得到的功率大小只与负载电阻 R_L 有关。

令 $\frac{dP_L}{dR_L}=0$，解得 $R_L=R_S$ 时，负载得到最大功率为

$$P_L = P_{Lmax} = \frac{U_S^2}{4R_S}$$

$R_L=R_S$ 称为阻抗匹配，即电源的内阻抗（或内电阻）与负载阻抗（或负载电阻）相等时，负载可以得到的最大功率。也就是说，最大功率传输的条件是供电电路必须满足阻抗匹配。负载得到最大功率时电路的效率为

$$\eta = \frac{P_L}{U_S I} = 50\%$$

实验中，负载得到的功率用电压表、电流表测量。

3. 实验设备

(1) 装有 Multisim 软件的计算机。

(2) 直流数字电压表、直流数字毫安表。

(3) 恒压源（双路 0～30V 可调）。

(4) 恒流源（0～500mA 可调）。

4. 实验内容

(1) 根据电源外特性曲线设计一个实际电压源模型。已知电源外特性曲线如图 2-7-2 所示，根据图中给出的开路电压和短路电流数值，计算出实际电压源模型中的电压源 U_S 和内阻 R_S。实验中，电压源 U_S 选用 0～+30V 可调恒压源，内阻 R_S 选用固定电阻。

(2) 电路传输功率。用设计的实际电压源与负载电阻 R_L 相连，电路传输功率测量电路如图 2-7-3 所示。图中 R_L 选用电阻箱，从 0～600Ω 改变负载电阻 R_L 数值，测量对应电压、电流，将数据记入表 2-7-1 中。

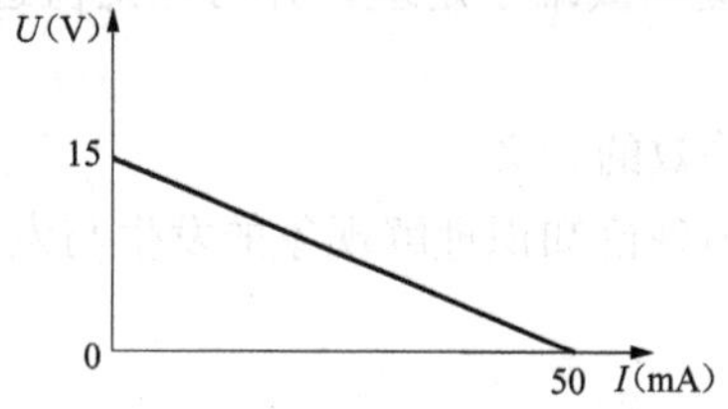

图 2-7-2　电源外特性曲线

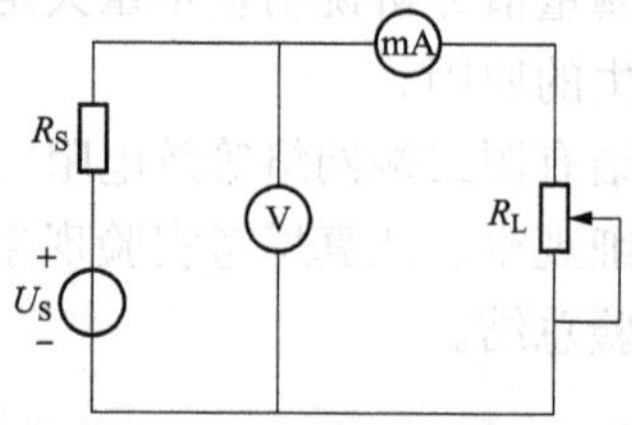

图 2-7-3　电路传输功率测量电路

5. 实验注意事项

(1) 正确建立 Multisim 仿真电路模型，并进行仿真。

(2) 电源用恒压源的可调电压输出端，输出电压根据计算的电压源 U_S 数值进行调整，防止电源短路。

表 2-7-1　　电路传输功率数据

R_L (Ω)	0	100	200	300	400	500	600
U (V)							
I (mA)							
P_L (mW)							
η (%)							

6. 思考题

(1) 什么是阻抗匹配？电路传输最大功率的条件是什么？

(2) 电路传输的功率和效率如何计算？

(3) 根据图 2-7-2 给出的电源外特性曲线，计算出实际电压源模型中的电压源 U_S 和内阻 R_S，作为实验电路中的电源。

(4) 电压表、电流表前后位置对换，对电压表、电流表的读数有无影响？为什么？

7. 实验报告要求

(1) 根据表 2-7-1 的实验数据，计算出对应的负载功率 P_L，并画出负载功率 P_L 随负载电阻 R_L 变化的曲线，找出传输最大功率的条件。

(2) 根据表 2-7-1 的实验数据，计算出对应的效率 η，并说明：

1) 传输最大功率时的效率。

2) 什么时候出现最大效率？由此说明电路在什么情况下，传输最大功率才比较经济、合理。

(3) 实验总结。

第3章 交流电路实验

3-1 三表法测定交流电路等效参数

1. 实验目的及能力目标

(1) 学习掌握交流电路 Multisim 仿真元件选择、元件参数设置及电路仿真。

(2) 学会使用交流数字仪表（电压表、电流表、功率表）和自耦调压器。

(3) 学习用交流数字仪表测量交流电路的电压、电流和功率。

(4) 学会搭接实验线路，并运用三表法测定交流电路参数。

(5) 学会交流电路等效参数的计算方法。

(6) 通过实验数据，学会绘制相量图。

(7) 养成良好的安全实验习惯。

2. 实验原理

正弦交流电路中各个元件的参数值，可以用交流电压表、交流电流表及功率表，分别测量出元件两端的电压 U、流过该元件的电流 I 和它所消耗的功率 P，然后通过计算得到要求的各值。这种方法称为三表法，是用来测量 50Hz 交流电路参数的基本方法。计算的基本公式：

电阻元件的电阻为

$$R=\frac{U_R}{I} \text{ 或 } R=\frac{P}{I^2}$$

纯电感元件的感抗为

$$X_L=\frac{U_L}{I}, \quad \text{电感 } L=\frac{X_L}{2\pi f}$$

纯电容元件的容抗为

$$X_C=\frac{U_C}{I}, \quad \text{电容 } C=\frac{1}{2\pi f X_C}$$

串并联电路的阻抗为

$$|Z|=\frac{U}{I}, \quad R=\frac{P}{I^2}, \quad X=\sqrt{|Z|^2-R^2}$$

实验中，电阻元件用白炽灯（非线性电阻）；电感线圈用镇流器，由于镇流器线圈的金属导线具有一定电阻，因而，镇流器可以用电感和电阻相串联来表示；电容器一般可认为是理想的电容元件。

在 R、L、C 串联电路中，各元件电压之间存在相位差，电源电压应等于各元件电压的相量和，而不能用它们的有效值直接相加。

电路功率用功率表测量。功率表是一种电动式仪表，其中电流线圈（具有两个电流线圈，可串联或并联，以便得到两个电流量程）与负载串联，而电压线圈与电源并联，电流线圈和电压线圈的同名端（标有 * 号端）必须连在一起，如图 3-1-1 所示。

3. 实验资源及设备

(1) 装有 Multisim 软件的计算机。

(2) 交流电压表、交流电流表、功率表。

（3）自耦调压器（输出可调的交流电压）。

（4）220V、40W 白炽灯，30W 日光灯、镇流器，4μF/400V、2μF/400V 电容器。

4. 实验内容

交流电路参数测定实验电路如图 3-1-2 所示。图中，交流电源经自耦调压器调压后向负载 Z 供电。

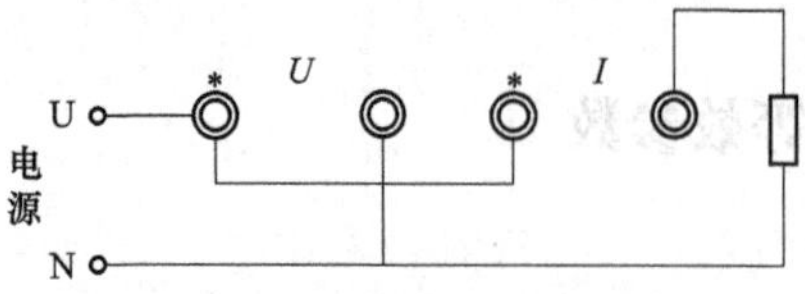

图 3-1-1 功率表接线图

（1）白炽灯的等效参数。图 3-1-2 电路中的 Z 为一个 220V、40W 的白炽灯，用自耦调压器调压，使 U 为 220V（用电压表测量），并测量电流和功率，将数据记入自拟的数据表格中。

将电压 U 调到 110V，重复上述实验。

（2）电容器的等效参数。将图 3-1-2 电路中的 Z 换为 4μF 的电容器（改接电路时必须断开交流电源），将电压 U 调到 220V，测量电流和功率，将数据记入自拟的数据表格中。

将电容器换为 2μF，重复上述实验。

（3）镇流器的等效参数。将图 3-1-2 电路中的 Z 换为镇流器，将电压 U 分别调到 180V 和 90V，测量电流和功率，将数据记入自拟的数据表格中。

（4）串并联电路的等效参数。用白炽灯与电容器的串并联、电容器与镇流器的串并联分别取代图 3-1-2 电路中的 Z，将电压 U 调到 180V 时，测量各器件两端电压 U，测量串并联电路的总电流和总功率，并将数据记入自拟的数据表格中。

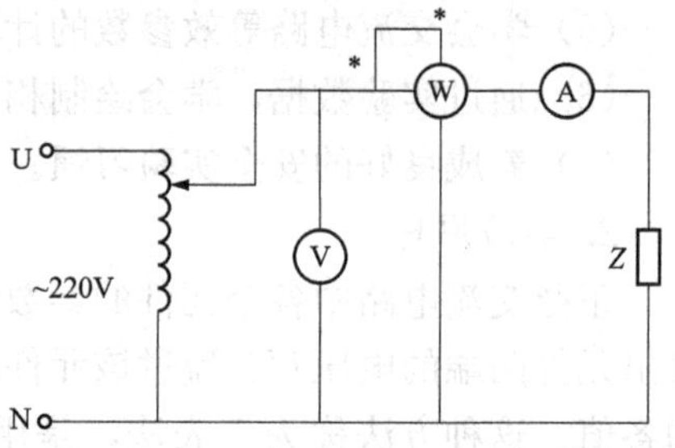

图 3-1-2 交流电路参数测定实验电路

5. 实验注意事项

（1）正确建立 Multisim 仿真电路模型及参数，并进行仿真。

（2）通常，功率表不单独使用，要有电压表和电流表监测，使电压表和电流表的读数不超过功率表电压和电流的量限。

（3）注意功率表的正确接线，上电前必须经指导教师检查。

（4）自耦调压器在接通电源前，应将其手柄置在零位上，调节时，使其输出电压从零开始逐渐升高。每次改接实验负载或实验完毕，都必须先将其旋柄慢慢调回零位，再断开电源。必须严格遵守这一安全操作规程。

6. 思考题

（1）了解功率表的连接方法。

（2）了解自耦调压器的操作方法。

7. 实验报告要求

（1）自拟实验所需的所有表格。

（2）根据实验内容（1）的数据，计算白炽灯在不同电压下的电阻值。

（3）根据实验内容（2）的数据，计算电容器的等效参数（电阻 R 和电容 C）。

（4）根据实验内容（3）的数据，计算镇流器的等效参数（电阻 R 和电感 L）。

（5）根据实验内容（4）的数据，计算相应电路的等效参数，画出有关电压相量图，并说明各个电压之间的关系。

（6）实验总结。

3-2　感性负载电路及其功率因数提高的研究

1. 实验目的及能力目标

（1）学习掌握交流电路 Multisim 仿真元件选择、元件参数设置及电路仿真。

（2）研究正弦稳态交流电路中电压、电流相量之间的关系。

（3）掌握日光灯线路的接线。

（4）理解改善电路功率因数的意义并掌握其方法。

（5）学会绘制线路电流、负载电流和功率因数分别于并联电容的关系曲线。

（6）养成良好的安全实验习惯。

2. 实验原理

在单相正弦交流电路中，用交流电流表测得各支路中的电流值，用交流电压表测得回路各元件两端的电压值，它们之间的关系满足相量形式的基尔霍夫定律，即

$$\Sigma\dot{I}=0$$

和

$$\Sigma\dot{U}=0$$

供电系统由电源（发电机或变压器）通过输电线路向负载供电。负载通常有电阻负载，如白炽灯、电阻加热器等，也有电感性负载，如电动机、变压器、线圈等，一般情况下，这两种负载会同时存在。由于电感性负载有较大的感抗，因而供电系统的功率因数较低。

若电源向负载传送的功率为 $P=UI\cos\varphi$，当功率 P 和供电电压 U 一定时，功率因数 $\cos\varphi$ 越低，线路电流 I 就越大，从而增加了线路电压降和线路功率损耗。若线路总电阻为 R_1，则线路电压降和线路功率损耗分别为 $\Delta U_1=IR_1$ 和 $\Delta P_1=I^2R_1$。另外，负载的功率因数越低，表明无功功率就越大，电源就必须用较大的容量和负载电感进行能量交换，电源向负载提供有功功率的能力就必然下降，从而降低了电源容量的利用率。因而，为提高供电系统的经济效益和供电质量，必须采取措施提高电感性负载的功率因数。

通常提高电感性负载功率因数的方法是在负载两端并联适当数量的电容器，使负载的总无功功率 $Q=Q_L-Q_C$ 减小，在传送的有功功率 P 不变时，使得功率因数提高，线路电流减小。当并联电容器的 $Q_C=Q_L$ 时，总无功功率 $Q=0$，此时功率因数 $\cos\varphi=1$，线路电流最小；若继续并联电容器，将导致功率因数下降，线路电流增大，这种现象称为过补偿。

负载功率因数可以用三表法测量电源电压 U、负载电流 I 和功率 P，用公式 $\lambda=\cos\varphi=\dfrac{P}{UI}$ 计算。

3. 实验资源及设备

（1）装有 Multisim 软件的计算机。

（2）交流电压表、交流电流表、功率表、功率因数表。

（3）交流调压电源。

（4）30W 镇流器，4μF/400V 电容器，30W 日光灯。

4. 实验内容

（1）日光灯接线与测量。日光灯接线电路如图 3-2-1 所示，图中按下闭合按钮开关，调

节自耦调压器的输出，使其输出电压缓慢增大，直到日光灯刚启辉点亮为止，将三块表的指示值记入表 3-2-1；然后将电压调至 220V，测量功率 P、电流 I、电压 U、U_L、U_A 等值，验证电压、电流相量关系。

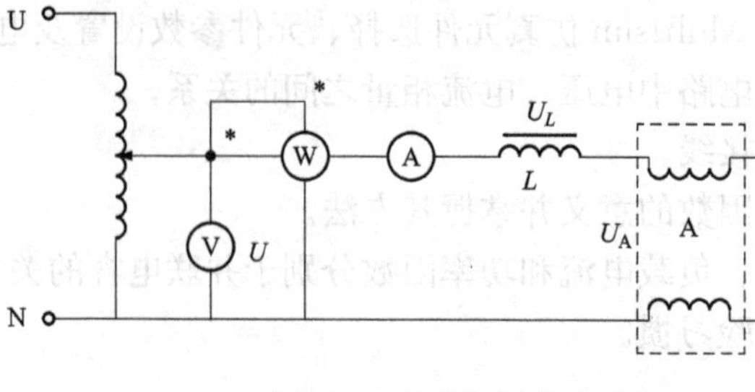

图 3-2-1　日光灯接线电路

表 3-2-1　日光灯线路接线与测量的实验数据

参数	测量数值					计算值
	P (W)	I (A)	U (V)	U_L (V)	U_A (V)	$\cos\varphi$
正常工作值						

(2) 感性负载电路功率因数的改善。实验中感性负载用日光灯接线电路来实现，如图 3-2-2 所示。图中的补偿电容器 C 用以改善电路的功率因数（$\cos\varphi$ 值）。图 3-2-2 中，按下绿色按钮开关调节自耦调压器的输出至 220V，记录功率表、电压表读数，通过一只电流表和三个电流取样插座分别测得三条支路的电流，改变电容值，进行重复测量，将实验数据记入表 3-2-2。

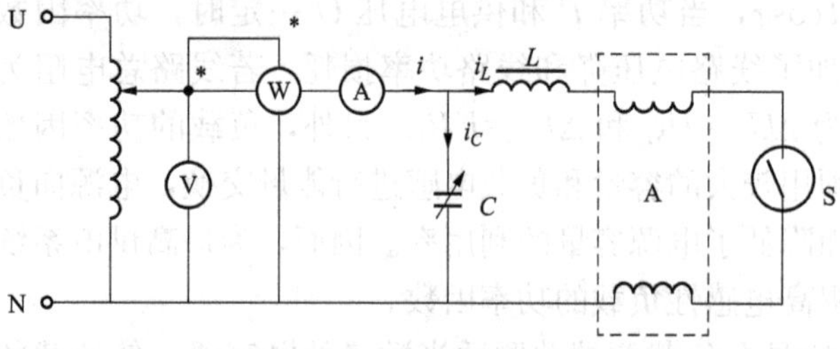

图 3-2-2　并联电容器的日光灯接线电路
A—日光灯管；L—镇流器；S—启辉器；C—补偿电容器

表 3-2-2　改善电路功率因数的实验数据

C (μF)	P (W)	U (V)	I (A)	I_C (A)	I_L (A)	$\cos\varphi$

5．实验注意事项

(1) 正确建立 Multisim 仿真电路模型及参数，并进行仿真。

(2) 功率表要正确接入电路。

(3) 线路接线正确、日光灯不能启辉时，应检查启辉器及其接触是否良好。

6．思考题

(1) 一般的负载为什么功率因数较低？负载较低的功率因数对供电系统有何影响，为什么？

(2) 了解日光灯的启辉原理。

(3) 在日常生活中，当日光灯缺少启辉器时，人们常用一导线将启辉器的两端短接一下，然后迅速断开，使日光灯点亮，或用一只启辉器去点亮多只同类型的日光灯，这是为什么？

(4) 为了提高电路的功率因数，常在感性负载上并联电容器，此时增加了一条电流支路，试问电路的总电流是增大还是减小，此时感性负载上的电流和功率是否改变？

（5）提高线路功率因数为什么只采用并联电容器法，而不用串联电容器法？所并电容器是否越大越好？

7. 实验报告要求

（1）完成数据表格中的计算，进行必要的误差分析。

（2）根据实验数据，分别绘出电压、电流相量图，分析说明相量形式的基尔霍夫定律。

（3）讨论改善电路功率因数的意义和方法。

（4）实验总结。

3-3　RC 一阶电路

1. 实验目的及能力目标

（1）学习掌握 Multisim 仿真元件选择、元件参数设置及电路仿真。

（2）研究 RC 一阶电路的零输入响应、零状态响应和全响应的规律和特点。

（3）学习一阶电路时间常数的测量方法，了解电路参数对时间常数的影响。

（4）学习掌握微分电路和积分电路的基本概念。

（5）学会绘制积分电路和微分电路在不同参数下的响应波形。

2. 实验原理

（1）RC 一阶电路的零状态响应。RC 一阶电路如图 3-3-1 所示。开关 S 在“1”的位置，$u_C=0$，处于零状态；当开关 S 合向“2”的位置时，电源通过 R 向电容 C 充电，$u_C(t)$ 称为零状态响应，有

$$u_C(t)=U_S-U_Se^{-\frac{t}{\tau}}$$

其变化曲线如图 3-3-2 所示，当 u_C 上升到 $0.632U_S$ 所需要的时间称为时间常数 τ。

（2）RC 一阶电路的零输入响应。在图 3-3-1 中，开关 S 在 2 的位置电路稳定后，再合向 1 的位置时，电容 C 通过 R 放电，$u_C(t)$ 称为零输入响应，有

$$u_C(t)=U_Se^{-\frac{t}{\tau}}$$

其变化曲线如图 3-3-3 所示，当 u_C 下降到 $0.368U_S$ 所需要的时间称为时间常数 τ。

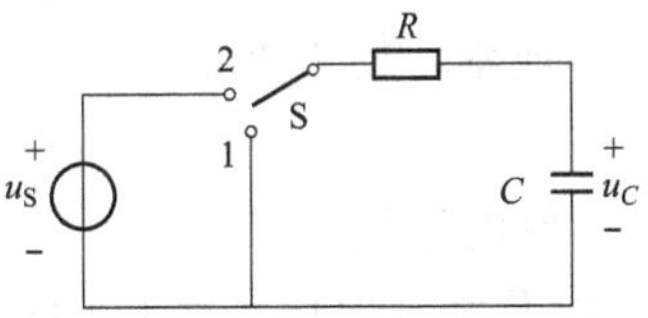

图 3-3-1　RC 一阶电路

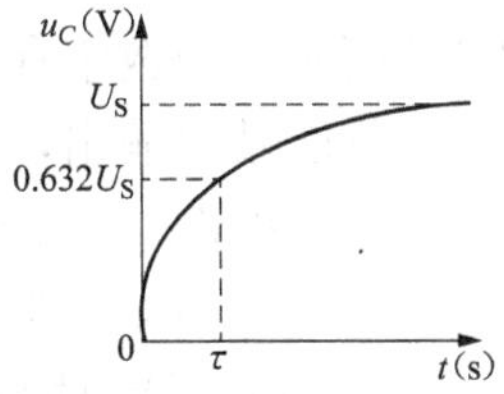

图 3-3-2　零状态响应曲线

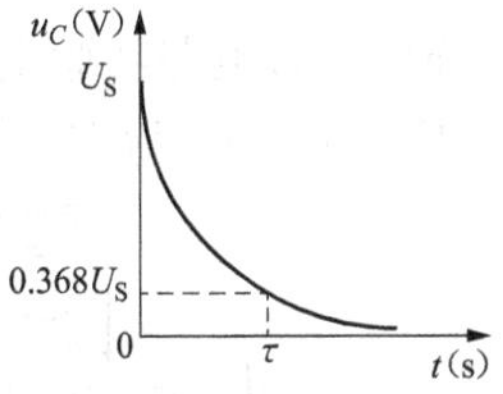

图 3-3-3　零输入响应曲线

（3）测量 RC 一阶电路时间常数 τ。图 3-3-1 所示电路的上述暂态过程很难观察，为了用普通示波器观察电路的暂态过程，需采用图 3-3-4 所示的周期性方波 u_S 作为电路的激励信号，方波信号的周期为 T，只要满足 $\frac{T}{2}\geqslant 5\tau$，便可在示波器的荧光屏上形成稳定的响应波形。

电阻 R、电容 C 串联与方波发生器的输出端连接，用双踪示波器观察电容电压 u_C，便可观察到稳定的指数曲线，如图 3-3-5所示。在荧光屏上测得电容电压最大值 a(cm)，取 $b=0.632a$(cm)，与指数曲线交点对应时间 t 轴的 x 点，则根据时间 t 轴比例尺（扫描时间

$\frac{t}{\text{cm}}$)，该电路的时间常数 $\tau=x(\text{cm})\times\frac{t}{\text{cm}}$。

（4）微分电路和积分电路。方波信号 u_S 作用在电阻 R、电容 C 串联电路中，当满足电路时间常数 τ 远远小于方波周期 T 的条件时，电阻两端（输出）的电压 u_R 与方波输入信号 u_S 呈微分关系，$u_R\approx RC\frac{du_S}{dt}$，该电路称为微分电路。当满足电路时间常数 τ 远远大于方波周期 T 的条件时，电容 C 两端（输出）的电压 u_C 与方波输入信号 u_S 呈积分关系，$u_C\approx\frac{1}{RC}\int u_S\mathrm{d}t$，该电路称为积分电路。

微分电路和积分电路的输出、输入关系分别如图 3-3-6（a）、（b）所示。

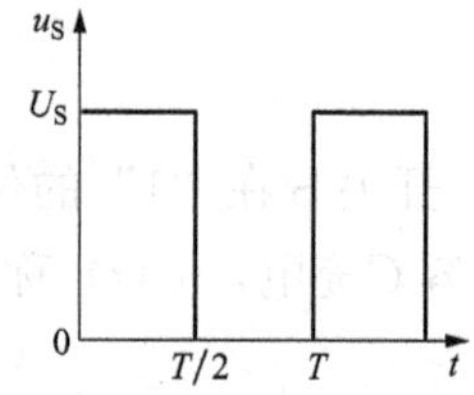

图 3-3-4 周期性方波

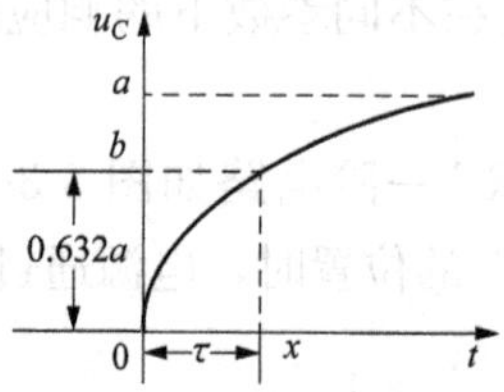

图 3-3-5 时间常数的测量

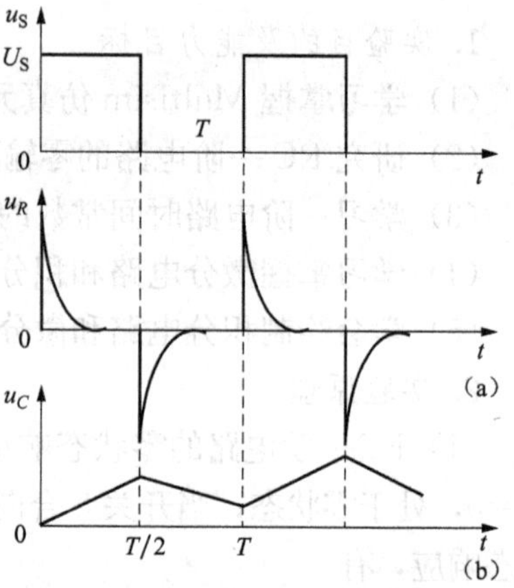

图 3-3-6 方波激励时的响应曲线

（a）微分曲线；（b）积分曲线

3. 实验资源及设备

（1）装有 Multisim 软件的计算机。

（2）数字存储示波器。

（3）信号源（方波输出）。

4. 实验内容

RC 一阶电路实验电路如图 3-3-7 所示。用数字存储示波器观察电路激励（方波）信号和响应信号。u_S 为方波输出信号，调节信号源输出，从示波器上观察，使方波的峰－峰值 $U_{p\text{-}p}=2\text{V}$，$f=1\text{kHz}$。

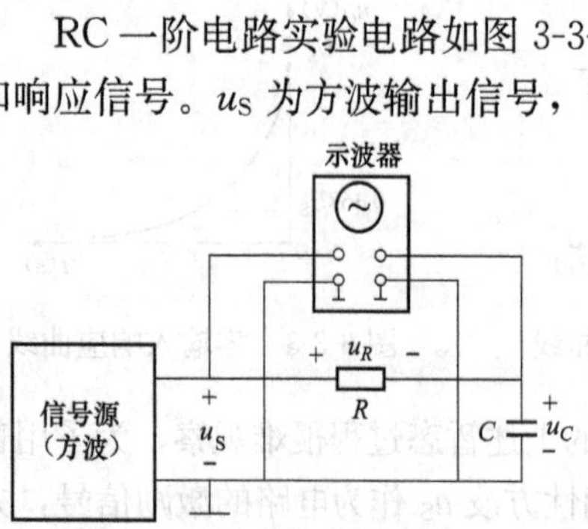

图 3-3-7 一阶电路实验电路

（1）RC 一阶电路的充、放电过程。

1）测量时间常数 τ：令 $R=10\text{k}\Omega$，$C=0.01\mu\text{F}$，用示波器观察激励 u_S 与响应 u_C 的变化规律，测量并记录时间常数 τ。

2）观察时间常数 τ（即电路参数 R、C）对暂态过程的影响：令 $R=10\text{k}\Omega$，$C=0.01\mu\text{F}$，观察并描绘响应的波形；继续增大 C（取 0.01～0.1μF）或增大 R（取 10、30kΩ），定性地观察对响应的影响。

（2）微分电路和积分电路。

1）积分电路：令 $R=10\text{k}\Omega$，$C=3300\text{pF}$，用示波器观察激励 u_S 与响应 u_C 的变化规律；

保持电阻 $R=10\text{k}\Omega$ 不变，改变电容 C 为 0.01、0.1μF，分别观察 u_S 与响应 u_C 的变化规律。

2）微分电路：将实验电路中的电阻、电容元件位置互换，令 $C=0.1\mu\text{F}$，$R=100\Omega$，用示波器观察激励 u_S 与响应 u_R 的变化规律；保持电容 $C=0.1\mu\text{F}$ 不变，改变电阻 R 为 510Ω、2kΩ，分别观察 u_S 与响应 u_C 的变化规律。

5. 实验注意事项

（1）正确建立 Multisim 仿真模型及参数，并进行仿真。

（2）调节电子仪器各旋钮时，动作不要过猛。实验前，需熟读双踪示波器的使用说明，在观察双踪示波器时，要特别注意开关、旋钮的操作与调节。

（3）信号源的接地端与示波器的接地端要连在一起（称共地），以防外界干扰而影响测量的准确性。

（4）示波器的辉度不应过亮，尤其是光点长期停留在荧光屏上不动时，应将辉度调暗，以延长示波管的使用寿命。

6. 思考题

（1）用示波器观察 RC 一阶电路的零输入响应和零状态响应时，为什么激励必须是方波信号？

（2）已知 RC 一阶电路的 $R=10\text{k}\Omega$，$C=0.01\mu\text{F}$，试计算时间常数 τ，并根据 τ 值的物理意义，拟定测量 τ 的方案。

（3）在 RC 一阶电路中，当 R、C 的大小变化时，对电路的响应有何影响？

（4）何谓积分电路和微分电路，它们必须分别具备什么条件？它们在方波的激励下，输出信号波形的变化规律如何？这两种电路有何功能？

7. 实验报告要求

（1）绘出 RC 一阶电路充、放电时 u_C 与激励信号对应的变化曲线，由曲线测得 τ 值，并与参数值的理论计算结果作比较，分析误差原因。

（2）绘出积分电路、微分电路输出信号与输入信号对应的波形。

（3）实验总结。

3-4　二阶动态电路响应的测试

1. 实验目的及能力目标

（1）学习掌握 Multisim 仿真元件选择、元件参数设置及电路仿真。

（2）研究 RLC 二阶电路的零输入响应、零状态响应的规律和特点，了解电路参数对响应的影响。

（3）学习二阶电路衰减系数、振荡频率的测量方法，了解电路参数对它们的影响。

（4）观察、分析二阶电路响应的三种变化曲线及其特点，加深对二阶电路响应的认识与理解。

（5）学会绘制响应曲线。

2. 实验原理

（1）零状态响应。图 3-4-1 所示电路中，$u_C(0)=0$，在 $t=0$时开关 S 闭合，电压方程为

$$LC\frac{\mathrm{d}^2u_C}{\mathrm{d}t}+RC\frac{\mathrm{d}u_C}{\mathrm{d}t}+u_C=u$$

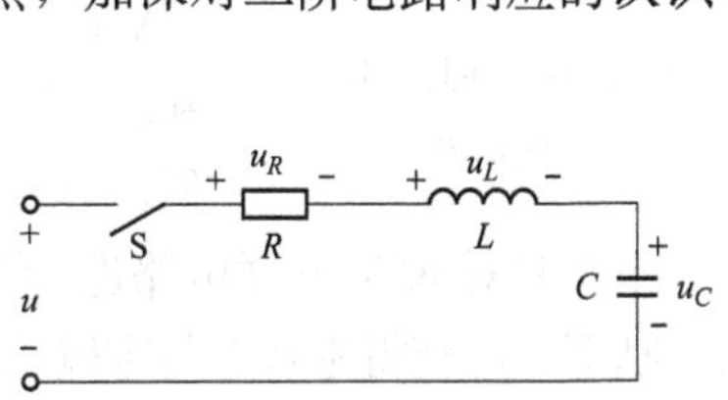

图 3-4-1　RLC 串联电路的零状态响应电路

这是一个二阶常系数非齐次微分方程。该电路称为二阶电路，电源电压U为激励信号，电容两端电压u_C为响应信号。根据微分方程理论，u_C包含暂态分量u_C''和稳态分量u_C'两个分量，即$u_C=u_C''+u_C'$，具体解与电路参数R、L、C有关。

当满足$R<2\sqrt{\dfrac{L}{C}}$时　$u_C(t)=u_C''+u_C'=A\mathrm{e}^{-\delta t}\sin(\omega t+\varphi)+U$

式中，衰减系数$\delta=\dfrac{R}{2L}$；衰减时间常数$\tau=\dfrac{1}{\delta}=\dfrac{2L}{R}$；振荡频率$\omega=\sqrt{\dfrac{1}{LC}-\left(\dfrac{R}{2L}\right)^2}$；振荡周期$T=\dfrac{1}{f}=\dfrac{2\pi}{\omega}$。

其变化曲线如图 3-4-2（a）所示，u_C的变化处在衰减振荡状态，由于R比较小，又称为欠阻尼状态。当满足$R>2\sqrt{\dfrac{L}{C}}$时，u_C的变化处在过阻尼状态，由于电阻R比较大，电路中的能量被电阻很快消耗掉，u_C无法振荡，其变化曲线如图 3-4-2（b）所示。当满足$R=2\sqrt{\dfrac{L}{C}}$时，u_C的变化处在临界阻尼状态，其变化曲线如图 3-4-2（c）所示。

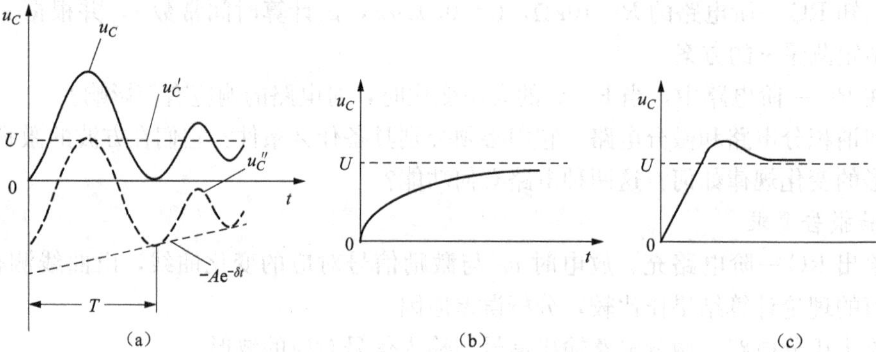

图 3-4-2　u_C变化曲线

（a）欠阻尼状态；（b）过阻尼状态；（c）临界阻尼状态

（2）零输入响应。在图 3-4-3 电路中，开关 S 与 1 端闭合，电路处于稳定状态，$u_C(0)=U$；在$t=0$时开关 S 与 2 端闭合，输入激励为零，电压方程为

$$LC\frac{\mathrm{d}^2u_C}{\mathrm{d}t}+RC\frac{\mathrm{d}u_C}{\mathrm{d}t}+u_C=0$$

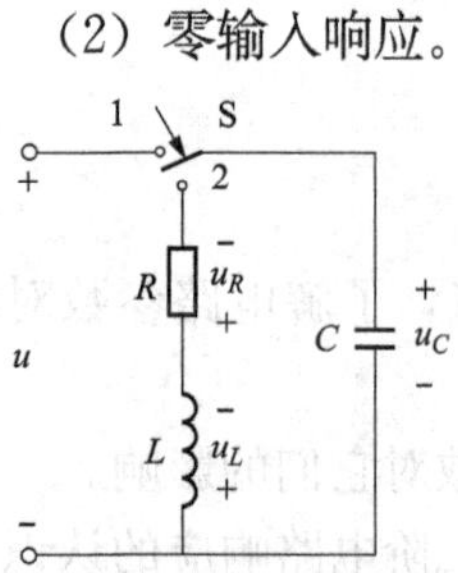

图 3-4-3　RLC 串并联电路

这是一个二阶常系数齐次微分方程，根据微分方程理论，u_C只包含暂态分量u_C''，稳态分量u_C'为零。和零状态响应一样，根据R与$2\sqrt{\dfrac{L}{C}}$的大小关系，u_C的变化规律分为衰减振荡（欠阻尼）、过阻尼和临界阻尼三种状态，它们的变化曲线与图 3-4-2 中的暂态分量u_C''类似，衰减系数、衰减时间常数、振荡频率与零状态响应完全一样。

本实验对 RCL 并联电路进行研究，激励采用方波脉冲，二阶电路在方波正、负阶跃信号的激励下，可获得零状态与零输入响应，响应的规律与 RLC 串联电路相同。如图 3-4-2（a）所示，测量u_C衰减振荡的参数，用示波器测出振荡周期T，便可计算出振荡频率ω，按照衰减轨迹曲线，测量$-0.367A$对应的时间τ，便可计算出衰减系数δ。

3. 实验资源及设备

（1）装有 Multisim 软件的计算机。

（2）数字存储示波器。

（3）信号源（方波输出）。

4. 实验内容及步骤

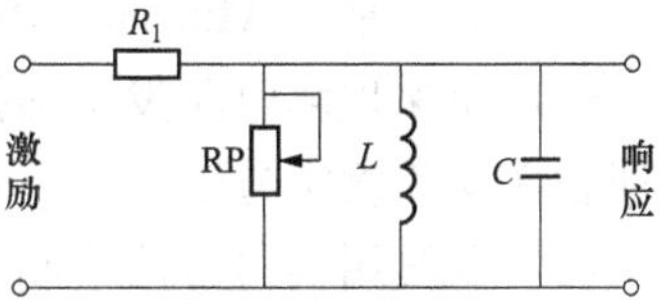

图 3-4-4　二阶电路暂态过程实验电路

二阶电路暂态过程实验电路如图 3-4-4 所示。图中，$R_1=10\text{k}\Omega$，$L=15\text{mH}$，$C=0.01\mu\text{F}$，RP 为 10kΩ 电位器（可调电阻），信号源的输出为最大值 $U_\text{m}=2\text{V}$，频率 $f=1\text{kHz}$ 的方波脉冲，通过插头接至实验电路的激励端，同时用同轴电缆将激励端和响应输出端接至数字存储示波器的 CH_1 和 CH_2 两个输入口。

（1）调节电阻器 RP，观察二阶电路的零输入响应和零状态响应由过阻尼过渡到临界阻尼，最后过渡到欠阻尼的变化过渡过程，分别定性地描绘响应的典型波形。

（2）调节 RP 使示波器荧光屏上呈现稳定的欠阻尼响应波形，定量测定此时电路的衰减常数 δ 和振荡频率 ω，并记入表 3-4-1 中。

（3）改变电路参数，重复步骤（2）的测量，仔细观察 δ 和 ω 的变化趋势，并将数据记入表 3-4-1 中。

表 3-4-1　二阶电路暂态过程实验数据

电路参数 / 实验次数	元件参数				测量值 δ、ω	
	R_1（kΩ）	RP	L（mH）	C（μF）	δ	ω
1	10	调至欠阻尼状态	15	1000pF		
2	10		15	3300pF		
3	10		15	0.01		
4	10		15	0.01		

5. 实验注意事项

（1）正确建立 Multisim 仿真电路模型及参数，并进行仿真。

（2）调节电位器 RP 时要细心、缓慢，临界阻尼状态要找准。

（3）在数字存储示波器上同时观察激励信号和响应信号时，显示要稳定，如不同步，则可采用外同步法触发。

6. 思考题

（1）什么是二阶电路的零状态响应和零输入响应？它们的变化规律和哪些因素有关？

（2）根据二阶电路实验电路元件的参数，计算出处于临界阻尼状态时 RP 的电阻值。

（3）在示波器荧光屏上，如何测得二阶电路零状态响应和零输入响应“欠阻尼”状态的衰减系数 δ 和振荡频率 ω？

7. 实验报告要求

（1）根据观测结果，在方格纸上描绘二阶电路过阻尼、临界阻尼和欠阻尼的响应波形。

（2）测算欠阻尼振荡曲线上的衰减系数 δ、衰减时间常数 τ、振荡周期 T 和振荡频率 ω。

（3）归纳、总结电路参数改变对响应变化趋势的影响。

（4）实验总结。

3-5 RLC 串联谐振电路

1. 实验目的及能力目标

(1) 学习掌握 Multisim 仿真元件选择、元件参数设置及电路仿真。

(2) 加深理解电路发生谐振的条件、特点，掌握电路品质因数（电路 Q 值）、通频带的物理意义及其测定方法。

(3) 学习用实验方法绘制 RLC 串联电路不同 Q 值下的幅频特性曲线。

(4) 熟练使用信号源和交流数字毫伏表。

(5) 学会绘制不同品质因数下的幅频特性曲线。

2. 实验原理

RLC 串联电路如图 3-5-1 所示。电路复阻抗 $Z=R+\mathrm{j}\left(\omega L-\frac{1}{\omega C}\right)$，当 $\omega L=\frac{1}{\omega C}$时，$Z=R$，$\dot{U}$ 与 $\dot{I}$ 同相，电路发生串联谐振，谐振角频率 $\omega_0=\frac{1}{\sqrt{LC}}$，谐振频率 $f_0=\frac{1}{2\pi\sqrt{LC}}$。

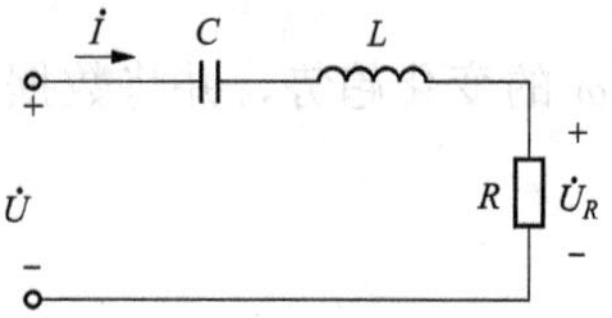

图 3-5-1 RLC 串联电路

在图 3-5-1 所示电路中，若 $\dot{U}$ 为激励信号，$\dot{U}_R$ 为响应信号，其幅频特性曲线如图 3-5-2 所示。在 $f=f_0$ 时，$A=1$，$U_R=U$；$f\neq f_0$ 时，$U_R<U$，呈带通特性。$A=0.707$，即 $U_R=0.707U$ 所对应的两个频率 f_L 和 f_H 为下限频率和上限频率，f_H-f_L 为通频带。通频带的宽窄与电阻 R 有关，不同电阻值的幅频特性曲线如图 3-5-3 所示。

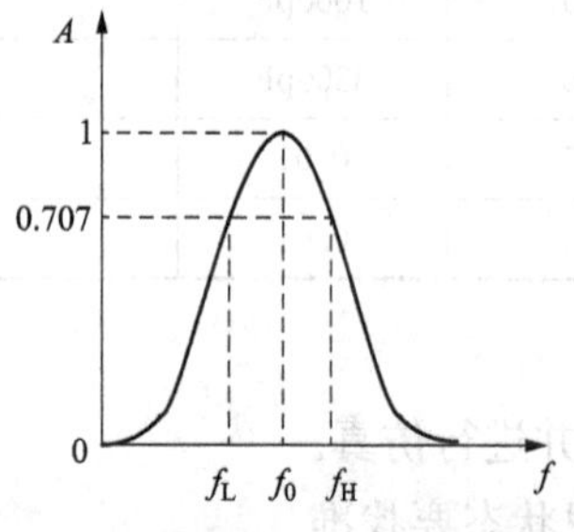

图 3-5-2 RLC 串联电路幅频特性曲线

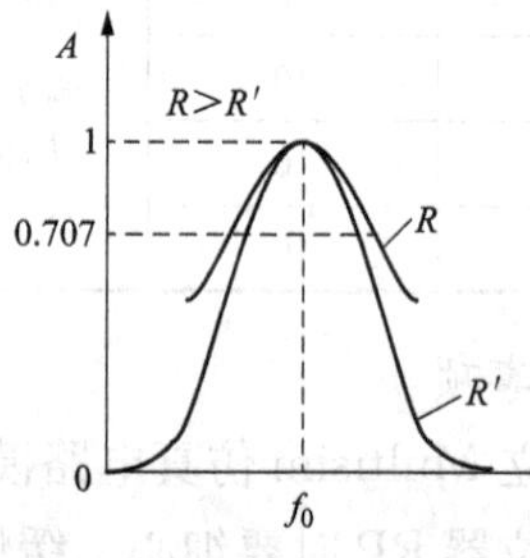

图 3-5-3 不同电阻值的幅频特性曲线

电路发生串联谐振时，$U_R=U$，$U_L=U_C=QU$，Q 称为品质因数，与电路的参数 R、L、C 有关。Q 值越大，幅频特性曲线越尖锐，通频带越窄，电路的选择性越好，在恒压源供电时，电路的品质因数、选择性与通频带只决定于电路本身的参数，而与信号源无关。

3. 实验资源及设备

(1) 装有 Multisim 软件的计算机。

(2) 信号源（含频率计）。

(3) 交流数字毫伏表 SM2050A。

4. 实验内容

(1) 图 3-5-4 所示为 RLC 串联谐振电路，用交流毫伏表测电压，用示波器监视信号源输出，令其输出幅值等于 1V，并保持不变。

(2) 找谐振频率 f_0 的方法是，将数字交流毫伏表接在 $R=51\Omega$ 两端，令信号源的频率由小逐渐变大（注意要维持信号源的输出幅度不变），当 U_R 的读数为最大时，读得频率计上的频率值即为电路的谐振频率 f_0，并测量 U_C 与 U_L 之值（注意及时更换毫伏表的量限）。

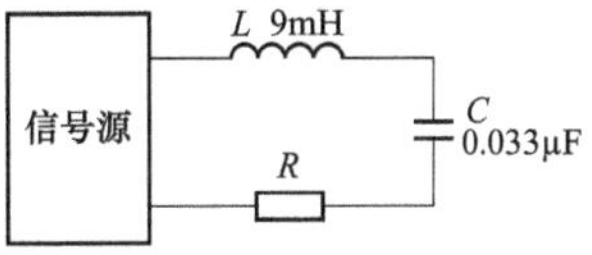

图 3-5-4　RLC 串联谐振电路

（3）在谐振点两侧，按频率递增或递减 500Hz 或 1kHz，依次各取 8 个测量点，逐点测出 U_R、U_L、U_C 之值，将实验数据记入表 3-5-1 中。

表 3-5-1　　**幅频特性实验数据一**

f（kHz）													
U_R（V）													
U_L（V）													
U_C（V）													

（4）改变电阻值，使 $R=100\Omega$，重复步骤（2）、（3）的测量过程，将实验数据记入表 3-5-2 中。

表 3-5-2　　**幅频特性实验数据二**

f（kHz）													
U_R（V）													
U_L（V）													
U_C（V）													

5. 实验注意事项

（1）正确建立 Multisim 仿真电路模型及参数，并进行仿真。

（2）测试频率点的选择应在靠近谐振频率附近多取几点，在改变频率时，应调整信号输出电压，使其维持在 1V 不变。

（3）在测量 U_L 和 U_C 数值前，应将交流数字毫伏表的量限改大约十倍，而在测量 U_L 和 U_C 时毫伏表的“+”端接电感与电容的公共点。

6. 思考题

（1）根据元件参数值，估算电路的谐振频率。

（2）改变电路的哪些参数可以使电路发生谐振，电路中 R 的数值是否影响谐振频率？

（3）如何判别电路是否发生谐振？测试谐振点的方案有哪些？

（4）电路发生串联谐振时，为什么输入电压 u 不能太大，如果信号源给出 1V 的电压，电路谐振时，用交流数字毫伏表测 U_L 和 U_C，应该选择用多大的量限？为什么？

（5）要提高 R、L、C 串联电路的品质因数，电路参数应如何改变？

7. 实验报告要求

（1）电路谐振时，比较输出电压 U_R 与输入电压 U 是否相等？U_L 和 U_C 是否相等？试分析原因。

（2）根据测量数据，绘出不同 Q 值的三条幅频特性曲线

$$U_R=f(f),\quad U_L=f(f),\quad U_C=f(f)$$

（3）计算出通频带与 Q 值，说明不同 R 值时对电路通频带与品质因素的影响。

（4）对两种不同的测 Q 值的方法进行比较，分析误差原因。

（5）总结串联谐振的特点。

3-6 负阻抗变换器

1. 实验目的及能力目标

(1) 学习掌握 Multisim 电路设计、仿真及操作流程。

(2) 加深对负阻抗概念的认识，掌握对含有负阻抗器件电路的分析方法。

(3) 了解负阻抗变换器的组成原理及其应用。

(4) 掌握负阻抗变换器的各种测试方法。

2. 实验原理

负阻抗是电路理论中的一个重要的基本概念，在工程实践中也有广泛的应用。除某些非线性元件（如隧道二极管）在某电压或电流的范围内具有负阻特性外，一般都由一个有源双口网络来形成一个等值的线性负阻抗。该网络由线性集成电路或晶体管等元件组成，这样的网络称作负阻抗变换器。

负阻抗变换器按输入电压和电流与输出电压和电流的关系，可分为电流倒置型（INIC）和电压倒置型（VNIC）两种。其电路模型如图 3-6-1（a）、（b）所示。

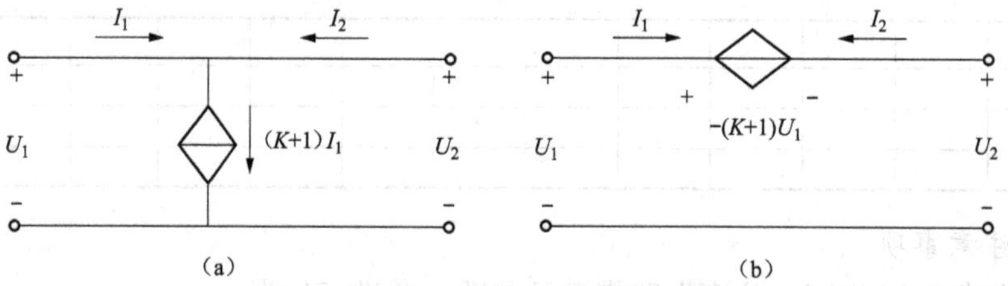

图 3-6-1 负阻抗变换器电路模型

（a）电流倒置型；（b）电压倒置型

在理想情况下，其电压、电流关系为：

对于 INIC 型，$U_2=U_1$，$I_2=K_1I_1$（K_1 为电流增益）；

对于 VNIC 型，$U_2=-K_2U_1$（K_2 为电压增益），$I_2=-I_1$。

如图 3-6-2 所示，如果在 INIC 的输出端接上负载阻抗 Z_L，则它的输入阻抗 Z_i 为

$$Z_i=\frac{U_1}{I_1}=\frac{U_2}{I_2/K_1}=\frac{K_1U_2}{I_2}=-K_1Z_L$$

即输入阻抗 Z_i 为负载阻抗 Z_L 的 K_1 倍，且为负值，呈负阻特性。

图 3-6-3 所示为线性运算放大器组成电路，在一定的电压、电流范围内可获得良好的线性度。根据运放理论可知 $U_1=U_+=U_-=U_2$，又 $I_5=I_6=0$，$I_1=I_3$，$I_2=-I_4$，则

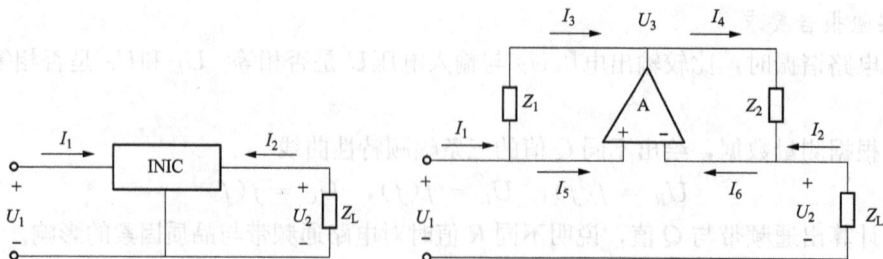

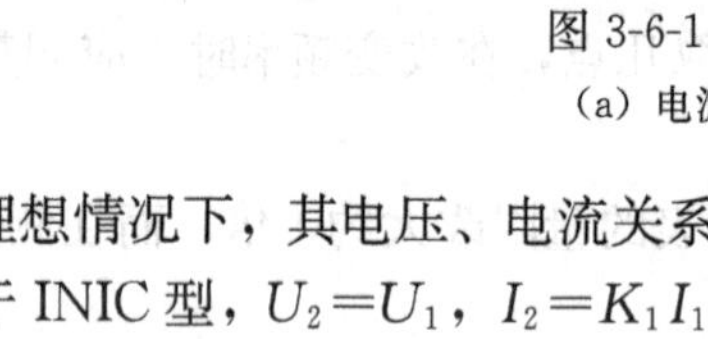

图 3-6-2 INIC 接负载电路

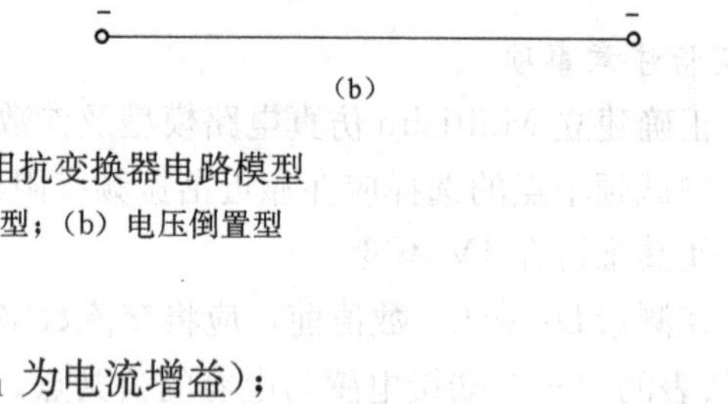

图 3-6-3 线性运算放大器组成电路

$$I_4Z_2=-I_3Z_1$$

$$-I_2Z_2=-I_3Z_1$$

因为$\frac{U_2}{Z_L}Z_2=-I_1Z_1$，则

$$\frac{U_2}{I_1}=\frac{U_1}{I_1}=Z_i=-\frac{Z_1}{Z_2}Z_L=-KZ_L$$

可见，该电路属于电流倒置型（INIC）负阻抗变换器，输入阻抗 Z_i 等于负载阻抗 Z_L 乘－K 倍。负阻抗变换器具有十分广泛的应用，例如可以用来实现阻抗变换。假设 $Z_1=R_1=1\text{k}\Omega$，$Z_2=R_2=300\Omega$，则 $K=\frac{Z_1}{Z_2}=\frac{R_1}{R_2}=\frac{10}{3}$。

若负载为电阻，$Z_L=R_L$ 时，有

$$Z_1=-KZ_L=-\frac{10}{3}R_L$$

若负载为电容 C，$Z_L=\frac{1}{\mathrm{j}\omega C}$时，有

$$Z_1=-KZ_L=-\frac{10}{3}\frac{1}{\mathrm{j}\omega C}=\mathrm{j}\omega L \quad \left(令 L=\frac{1}{\omega^2 C}\times\frac{10}{3}\right)$$

若负载为电感 L，$Z_L=\mathrm{j}\omega L$ 时，有

$$Z_1=-KZ_L=-\frac{10}{3}\mathrm{j}\omega L=\frac{1}{\mathrm{j}\omega C} \quad \left(令 C=\frac{1}{\omega^2 L}\times\frac{3}{10}\right)$$

可见，电容通过负阻抗变换器呈现电感性质，而电感通过负阻抗变换器呈现电容性质。

3. 实验资源及设备

（1）装有 Multisim 软件的计算机。

（2）恒压源和信号源。

（3）直流数字电压表。

（4）交流毫伏表。

（5）双踪示波器。

（6）负阻抗变换器。

4. 实验内容

（1）测量负电阻的伏安特性。负电阻的伏安特性实验电路如图 3-6-4 所示。图中，U_1 为可调稳压恒压源的输出端，负载电阻 R_L 用电阻箱电阻值。

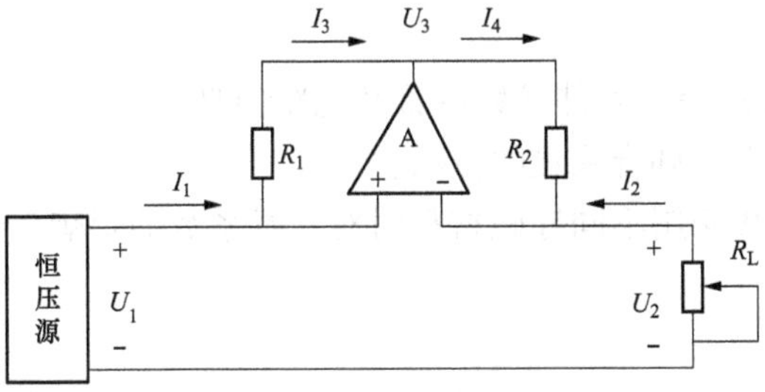

图 3-6-4　负电阻的伏安特性实验电路

1）调节负载电阻箱的电阻值，使 $R_L=300\Omega$，调节恒压源的输出电压，使之在 0～1V 范围内取值，分别测量 INIC 的输入电压 U_1 及输入电流 I_1，将数据记入表 3-6-1 中。

2）令 $R_L=600\Omega$，重复上述的测量，将数据记入表 3-6-1 中。

表 3-6-1　　负电阻的伏安特性实验数据

$R_L=300\Omega$	U_1（V）	0.1	0.2	0.3	0.4	0.5	0.6	0.7	0.8	0.9	1
	I_1（mA）										
	U_{1av}（V）					I_{1av}（mA）					

续表

$R_L=600\Omega$	U_1（V）	0.1	0.2	0.3	0.4	0.5	0.6	0.7	0.8	0.9	1
	I_1（mA）										
	U_{1av}（V）					I_{1av}（mA）					

3）计算等效负阻。

实测值　$R_-=U_{1av}/I_{1av}$

理论计算值　$R'_-=-KZ_L=-\frac{10}{3}R'_L$

电流增益　$K=R_1/R_2$

（2）阻抗变换及相位观察。用 0.1μF 的电容器（串一 500Ω 电阻）和 100mH 的电感线圈（串一 500Ω 电阻）分别取代 R_L，用低频信号源（正弦波形 $f=1\times10^3$Hz）取代恒压源，调节低频信号使 $U_1<1$V，并用双踪示波器观察并记录 U_1 与 I_1 以及 U_2 与 I_2 的相位差（I_1、I_2 的波形分别从 R_1、R_2 两端取出）。

5. 实验注意事项

（1）正确建立 Multisim 仿真电路模型，并进行计算。

（2）整个实验中应使 U_1 为 0～1V。

（3）防止运算放大器输出端短路。

6. 思考题

（1）什么是负阻变换器？有哪两种类型？具有什么性质？

（2）负阻变换器通常用什么电路组成？如何实现负阻变换？

（3）说明负阻变换器实现阻抗变换的原理和方法。

7. 实验报告要求

（1）根据表 3-6-1 的数据完成计算，并绘制负阻特性曲线 $U_1=f(I_1)$。

（2）根据实验（2）的数据，解释观察到的现象，并说明负阻变换器如何实现阻抗变换的功能。

（3）实验总结。

3-7　互　感　电　路

1. 实验目的及能力目标

（1）学习掌握交流电路 Multisim 仿真元件选择、元件参数设置及电路仿真。

（2）学会测定互感线圈同名端、互感系数以及耦合系数的方法。

（3）理解两个线圈相对位置的改变，以及线圈用不同导磁材料时对互感系数的影响。

（4）养成良好的安全实验习惯。

2. 实验原理

一个线圈因另一个线圈中的电流变化而产生感应电动势的现象称为互感现象。这两个线圈称为互感线圈，用互感系数（简称互感）M 来衡量互感线圈的这种性能。互感的大小除了与两线圈的几何尺寸、形状、匝数及导磁材料的导磁性能有关外，还与两线圈的相对位置有关。

（1）判断互感线圈同名端的方法：

1）直流法。直流法原理电路如图 3-7-1 所示。当开关 S 闭合瞬间，若毫安表的指针正偏，则可断定 1、3 为同名端；指针反偏，则 1、4 为同名端。

2）交流法。交流法原理电路如图 3-7-2 所示。将两个线圈 N1 和 N2 的任意两端（如 2、4 端）连在一起，在其中的一个线圈（如 N1）两端加一个低电压，用交流电压表分别测出端电压 U_{13}、U_{12} 和 U_{34}。若 U_{13} 是两个线圈端压之差，则 1、3 是同名端；若 U_{13} 是两线圈端压之和，则 1、4 是同名端。

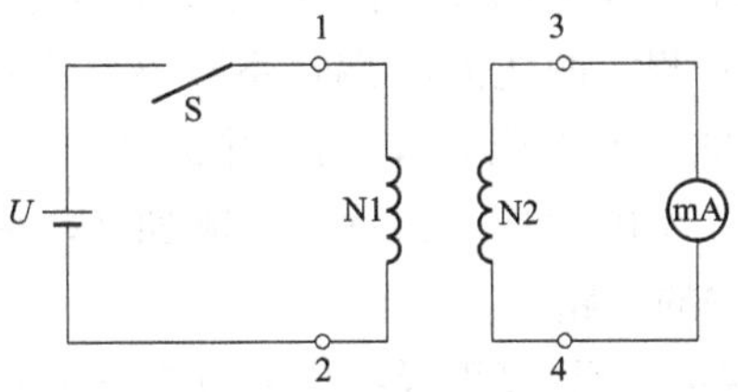

图 3-7-1 直流法原理电路图

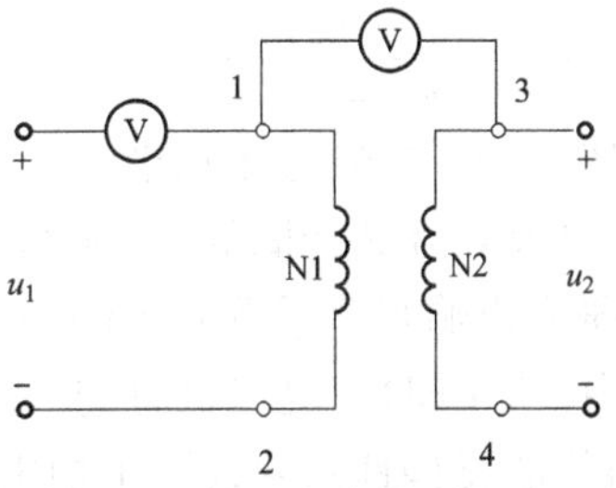

图 3-7-2 交流法原理电路图

（2）两线圈互感系数 M 的测定。在图 3-7-2 所示电路中，互感线圈 N1 侧施加低压交流电压 U_1，测出 I_1 及 U_2。根据互感电动势 $E_{2M} \approx U_{20} = \omega M I_1$，可算得互感系数为

$$M = \frac{U_2}{\omega I_1}$$

（3）耦合系数 K 的测定。两个互感线圈耦合的松紧程度可用耦合系数 K 来表示

$$K = M / \sqrt{L_1 L_2}$$

式中，L_1 为线圈 N1 的自感系数；L_2 为线圈 N2 的自感系数。

它们的测定方法如下：先在 N1 侧加低压交流电压 U_1，测出 N2 侧开路时的电流 I_1；然后再在 N2 侧加电压 U_2，测出 N1 侧开路时的电流 I_2，根据自感电动势 $E_L \approx U = \omega L I$，可分别求出自感 L_1 和 L_2。当已知互感系数 M，便可算得 K 值。

3. 实验资源及设备

（1）装有 Multisim 软件的计算机。

（2）直流数字电压表、毫安表。

（3）交流数字电压表、电流表。

（4）互感线圈，铁、铝棒。

（5）200Ω/2A 滑线变阻器。

4. 实验内容

（1）测定互感线圈的同名端。

1）直流法。其实验电路如图 3-7-3 所示。将线圈 N1、N2 同心式套在一起，并放入铁心。U_1 为可调直流稳压电源电压，调至 6V，然后改变可变电阻器 RP（由大到小地调节），使流过 N1 侧的电流不超过 0.4A（选用 5A 量程的数字电流表），N2 侧直接接入 2mA 量程的毫安表。将铁心迅速地拔出和插入，观察毫安表正、负读数的变化，来判定 N1 和 N2 两个线圈的同名端。

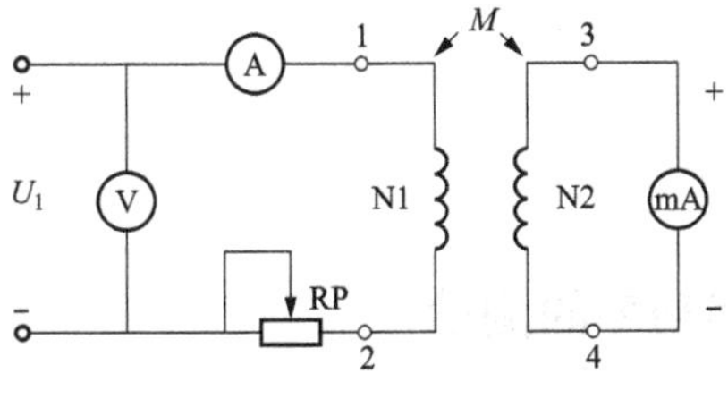

图 3-7-3 直流法实验电路

2）交流法。其实验电路如图 3-7-4 所示。将小线圈 N2 套在大线圈 N1 中。N1 串接电流表（选 0～5A 的量程）后接至自耦调压器的输出端，并在两线圈中插入铁心。接通电源前，应首先检查自耦调压器是否调至零位，确认后方可接通交流电源，令自耦调压器输出一个很低的电压（约 2V 左右），使流过电流表的电流小于 1.5A，然后用

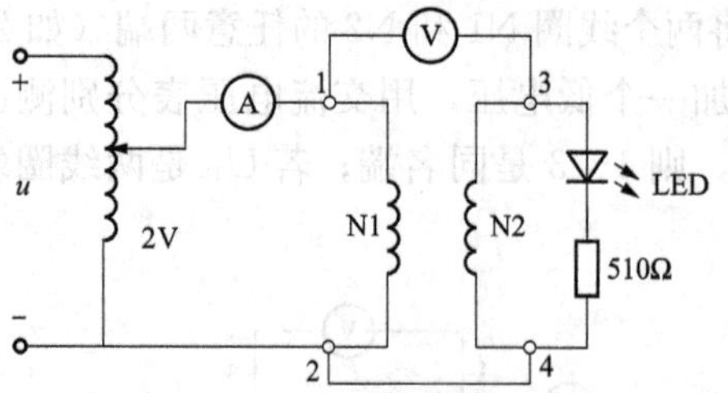

图 3-7-4　交流法实验电路

0～20V 量程的交流电压表测量 U_{13}、U_{12} 和 U_{34}，判定同名端。拆去 2、4 连线，并将 2、3 相接，重复上述步骤，判定同名端。

（2）测定两线圈的互感系数 M。在图 3-7-2 电路中，互感线圈的 N2 开路，N1 侧施加 2V 左右的交流电压 U_1，测出并记录 U_1、I_1、U_2。

（3）测定两线圈的耦合系数 K。在图 3-7-2 电路中，N1 开路，互感线圈的 N2 侧施加 2V 左右的交流电压 U_2，测出并记录 U_2、I_2、U_1。

（4）研究影响互感系数大小的因素。在图 3-7-4 电路中，线圈 N1 侧加 2V 左右交流电压，N2 侧接入 LED 发光二极管与 510Ω 电阻串联的支路。

1）将铁心慢慢地从两线圈中抽出和插入，观察 LED 亮度及各电表读数的变化，记录变化现象。

2）改变两线圈的相对位置，观察 LED 亮度及各电表读数的变化，记录变化现象。

3）改用铝棒替代铁棒，重复步骤 1）、2），观察 LED 亮度及各电表读数的变化，记录变化现象。

5. 实验注意事项

（1）正确建立 Multisim 仿真电路模型及参数，并进行仿真。

（2）整个实验过程中，注意流过线圈 N1 的电流不得超过 1.5A，流过线圈 N2 的电流不得超过 1A。

（3）测定同名端及其他测量数据的实验中，都应将小线圈 N2 套在大线圈 N1 中，并插入铁心。

（4）如实验室将 200Ω、2A 的滑线变阻器或大功率的负载，接在交流法实验电路（见图 3-7-4）的N1 侧。

（5）实验前，首先要检查自耦调压器，要保证手柄置于零位，因实验时所加的电压只有 2～3V 左右，因此调节时要特别仔细、小心，要随时观察电流表的读数，不得超过规定值。

6. 思考题

（1）什么是自感？什么是互感？在实验室中如何测定？

（2）如何判断两个互感线圈的同名端？若已知线圈的自感和互感，两个互感线圈相串联的总电感与同名端有何关系？

（3）互感的大小与哪些因素有关？各个因素如何影响互感的大小？

7. 实验报告要求

（1）根据实验（1）的现象，总结测定互感线圈同名端的方法。

（2）根据实验（2）的数据，计算互感系数 M。

（3）根据实验（2）、（3）的数据，计算耦合系数 K。

（4）实验总结。

3-8　三相电路电压、电流及其功率的测量

1. 实验目的及能力目标

（1）学习掌握交流电路 Multisim 仿真元件选择、元件参数设置及电路仿真。

（2）掌握三相负载Y、△连接的方法，验证这两种接法的线、相电压，线、相电流之间

的关系。

（3）充分理解三相四线供电系统中中性线的作用。

（4）掌握三相有功功率测量的方法。

（5）养成良好的安全实验习惯。

2. 实验原理

（1）三相电路电压和电流的测量。电源用三相四线制向负载供电，三相负载（用白炽灯代替）可接成星形（Y形）或三角形（△形）。

当三相对称负载Y形连接时，线电压 U_L 是相电压 U_P 的$\sqrt{3}$倍，线电流 I_L 等于相电流 I_P，即 $U_L=\sqrt{3}U_P$，$I_L=I_P$，流过中性线的电流 $I_N=0$；作△形连接时，线电压 U_L 等于相电压 U_P，线电流 I_L 是相电流 I_P 的$\sqrt{3}$倍，即 $I_L=\sqrt{3}I_P$，$U_L=U_P$。

当不对称三相负载作Y形连接时，必须采用 Y0 接法，中性线必须牢固连接，以保证三相不对称负载的每相电压等于电源的相电压（三相对称电压）。若中性线断开，会导致三相负载电压的不对称，致使负载轻的那一相的相电压过高，使负载遭受损坏，负载重的一相的相电压又过低，使负载不能正常工作；对于不对称负载作△形连接时，$I_L\neq\sqrt{3}I_P$，但只要电源的线电压 U_L 对称，加在三相负载上的电压仍是对称的，对各相负载工作没有影响。

本实验中，用三相调压器调压输出作为三相交流电源，线电流、相电流、中性线电流用电流插头和插座测量。

（2）三相电路功率的测量。

1）三相四线制供电。三相四线制供电系统中，对于三相不对称负载，用三个单相功率表测量，如图 3-8-1 所示，三个单相功率表的读数分别为 W_1、W_2、W_3，则三相功率为

$$P=W_1+W_2+W_3$$

这种测量方法称为三瓦特表法；对于三相对称负载，用一个单相功率表测量即可，若功率表的读数为 W，则三相功率为

$$P=3W$$

这种测量方法称为一瓦特表法。

2）三相三线制供电。三相三线制供电系统中，不论三相负载是否对称，也不论负载是Y形连接还是△形连接，都可用二瓦特表法测量三相负载的有功功率。测量三相负载的有功功率电路如图 3-8-2 所示，若两个功率表的读数为 W_1、W_2，则三相功率为

$$P=W_1+W_2=U_LI_L\cos(30^\circ-\varphi)+U_LI_L\cos(30^\circ+\varphi)$$

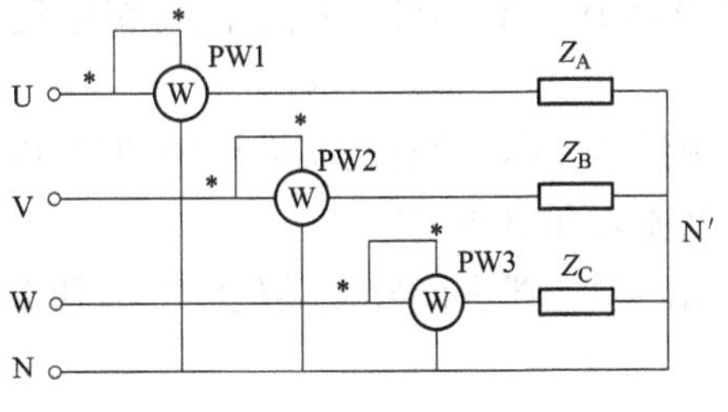

图 3-8-1 三相四线制功率测量原理图

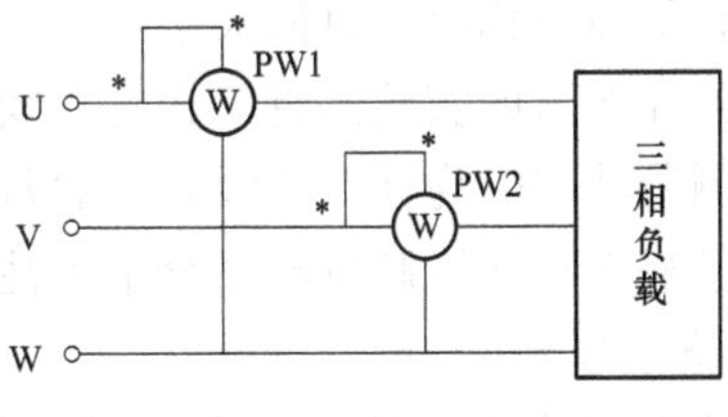

图 3-8-2 三相三线制功率测量原理图

式中，φ 为负载的阻抗角（即功率因数角）。

两个功率表的读数与 φ 有如下关系：①当负载为纯电阻时，$\cos\varphi=0$，$W_1=W_2$，即两个功率表读数相等。②当负载功率因数 $\cos\varphi=0.5$，$\varphi=\pm60^\circ$，将有一个功率表的读数为零。③当负载功率因数 $\cos\varphi<0.5$，$|\varphi|>60^\circ$，则有一个功率表的读数为负值，该功率表指针

将反方向偏转。这时应将功率表电流线圈的两个端子调换（不能调换电压线圈端子），而读数应记为负值。对于数字式功率表将出现负读数。

3）三相对称负载无功功率的测量。对于三相三线制供电的三相对称负载，可用一瓦特表法测得三相负载的总无功功率 Q，测量原理如图 3-8-3 所示。功率表读数 $Q_L=U_L I_L \sin\varphi$，其中 φ 为负载的阻抗角，则三相负载的无功功率为

$$Q=\sqrt{3}Q_L$$

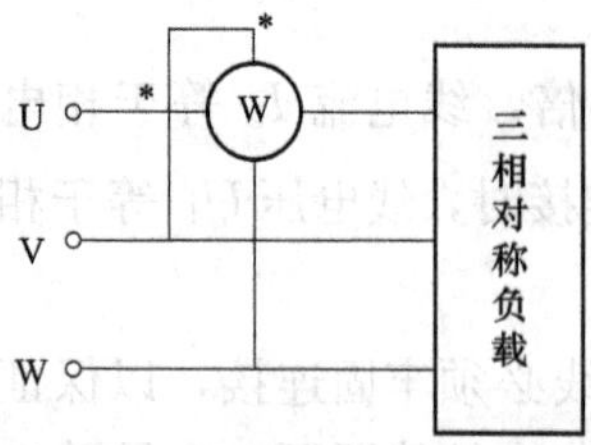

图 3-8-3 三相对称负载无功功率测量原理图

3. 实验设备

（1）三相交流电源（三相调压器调压输出）。

（2）交流电压表、电流表、功率表。

（3）三相负载（用白炽灯代替）。

4. 实验任务

（1）正确建立 Multisim 仿真电路模型及参数，并进行仿真。

（2）设计三相交流负载（三相负载用白炽灯代替）为Y、Y 0 和△接法的电路，选择所需仪表设备，测量三相电路的各线、相电压及电流和有功功率，并测量Y 0 连接时的中性线电流及Y连接时的中性点电压。

（3）测量有功功率，可采用二瓦特表法和三瓦特表法。注意两种方法的适用范围。

（4）当三相三线交流对称负载（容性和感性）时，用单相有功功率表采用三表跨相法测量三相无功功率。（选做）

5. 实验注意事项

（1）用三相调压器调压输出作为三相交流电源，具体操作如下：将三相调压器的旋钮置于三相电压输出为 0V 的位置（即逆时针旋到底的位置），然后旋转旋钮，调节调压器的输出。

（2）每次接线完毕，应自查一遍，然后由指导教师检查后，方可接通电源。必须严格遵守先接线，后通电；先断电，后拆线的实验操作原则。

（3）三相负载根据什么原则作星形或三角形连接？

（4）测量、记录各电压、电流时，注意分清它们是哪一相、哪一线。

（5）每次实验完毕，均需将三相调压器旋钮调回零位，如改变接线，均需断开三相电源，以确保人身安全。

6. 预习和实验要求

（1）预习所需仪表的接线及使用方法。

（2）三相负载按星形或三角形连接，它们的线电压与相电压、线电流与相电流有何关系？当三相负载对称时又有何关系？

（3）为什么有的实验需将三相电源线的电压调到 380V，而有的实验要调到 220V？

（4）测量功率时为什么在线路中通常都接有电流表和电压表？

（5）了解三相四线制供电系统中中性线的作用。中性线上能安装熔丝吗？为什么？

7. 实验报告要求

（1）画出实验电路图，自拟实验数据表格。

（2）根据实验数据，在负载为星形连接时，$U_L=\sqrt{3}U_P$ 在什么条件下成立？在三角形连接时，$I_L=\sqrt{3}I_P$ 在什么条件下成立？

（3）在三相四线制供电系统中，中性线的作用是什么？负载对称时可不接中性线吗？

（4）分析负载不对称时中性线电流和中性点电压产生的原因。

(5) 计算三相有功功率和无功功率。
(6) 二瓦特表法和三瓦特表法各适用什么接线形式?
(7) 测量无功功率时,功率表接线应注意什么?
(8) 实验总结。

第 4 章　PLC　实　验

4-1　FX 系列可编程控制器（PLC）

4-1-1　FX 系列可编程控制器（PLC）简介

1. 可编程控制器（PLC）简介

可编程控制器是采用微机技术的通用工业自动化装置，近几年来，在国内得到迅速推广普及，正改变着工厂自动控制的面貌，对传统的技术改造、发展新型工业具有重大的实际意义。可编程控制器是 20 世纪 60 年代末在美国首先出现的，当时叫可编程逻辑控制器（Programmable Logic Controller，PLC），目的是用来取代继电器，以执行逻辑判断、计时、计数等顺序控制功能。其基本设计思想是把计算机功能完善、灵活、通用等优点和继电器控制系统的简单易懂、操作方便、价格便宜等优点结合起来。控制器的硬件是标准的、通用的。根据实际应用对象，将控制内容写入控制器的用户程序内，控制器和被控对象连接也很方便。随着半导体技术，尤其是微处理器和微型计算机技术的发展，到 20 世纪 70 年代中期以后，中央处理器已广泛地使用微处理器，输入输出模块和外围电路都采用了中、大规模甚至超大规模的集成电路，这时的可编程控制器已不再仅有逻辑判断功能，还同时具有数据处理、调节和数据通信功能。

可编程控制器对用户来说，是一种无触点设备，改变程序即可改变生产工艺，因此可在初步设计阶段选用可编程控制器，在实施阶段再确定工艺过程。另外，从制造生产可编程控制器的厂商角度看，在制造阶段不需要根据用户的订货要求专门设计控制器，适合批量生产。由于这些特点，可编程控制器问世以后很快受到工业控制界的欢迎，并得到迅速的发展。目前，可编程控制器已成为工厂自动化的强有力工具，得到了广泛的普及推广应用。

可编程控制器（Programmable Controller）简称 PC，容易和个人计算机（Personal Computer，PC）混淆，故人们仍习惯地用 PLC 作为可编程控制器的缩写。它是一个以微处理器为核心的数字运算操作的电子系统装置，专为在工业现场应用而设计，它采用可编程序的存储器，用以在其内部存储执行逻辑运算、顺序控制、定时/计数和算术运算等操作指令，并通过数字式或模拟式的输入、输出接口，控制各种类型的机械或生产过程。PLC 是微机技术与传统的继电接触控制技术相结合的产物，克服了继电接触控制系统中的机械触点的接线复杂、可靠性低、功耗高、通用性和灵活性差的缺点，充分利用了微处理器的优点，又照顾到现场电气操作维修人员的技能与习惯，特别是 PLC 的程序编制，不需要专门的计算机编程语言知识，而是采用了一套以继电器梯形图为基础的简单指令形式，使用户程序编制形象、直观、方便易学，调试与查错也都很方便。

因此，PLC 是以微处理器为基础，综合了计算机技术、自动控制技术和通信技术的一种新型、通用的自动控制装置，是近几十年发展起来的一种新型工业控制器。由于它把计算机的编程灵活、功能齐全、应用面广等优点与继电器系统的控制简单、使用方便、抗干扰能力强、价格便宜的优点结合起来，而其本身又具有体积小、重量轻、耗电省等特点，在工业生产过程控制中的应用越来越广泛。PLC 的特点是软件简单易学，使用和维修方便，运行稳定可靠，设计施工周期短。

2. PLC 的结构及各部分的作用

可编程控制器的结构多种多样，但其组成的一般原理基本相同，都是以微处理器为核心，通常由中央处理单元（CPU）、存储器（RAM、ROM）、输入输出单元（I/O）、电源和编程器等几个部分组成，如图 4-1-1 所示。

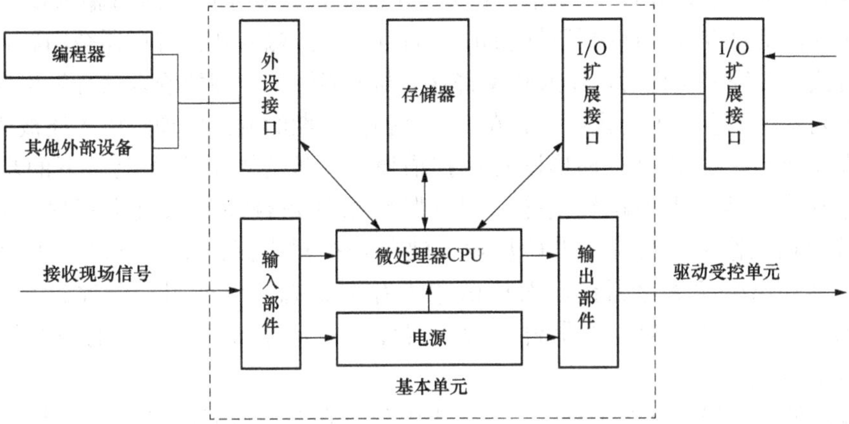

图 4-1-1　PLC 基本结构

（1）中央处理单元（CPU）。CPU 作为整个 PLC 的核心，起着总指挥的作用。CPU 一般由控制电路、运算器和寄存器组成。这些电路通常都被封装在一个集成电路的芯片上。CPU 通过地址总线、数据总线、控制总线与存储单元、输入输出接口电路连接。CPU 的功能有从存储器中读取指令，执行指令，取下一条指令，处理中断等。

（2）存储器（RAM、ROM）。存储器主要用于存放系统程序、用户程序及工作数据。存放系统软件的存储器称为系统程序存储器，存放应用软件的存储器称为用户程序存储器，存放工作数据的存储器称为数据存储器。常用的存储器有 RAM、EPROM 和 EEPROM。RAM 是一种可进行读写操作的随机存储器，存放用户程序，生成用户数据区，存放在 RAM 中的用户程序可方便地修改。RAM 是一种高密度、低功耗、价格便宜的半导体存储器，可用锂电池做备用电源；掉电时，可有效地保持存储的信息。EPROM、EEPROM 都是只读存储器。用这些类型存储器固化系统管理程序和应用程序。

（3）输入输出单元（I/O 单元）。I/O 单元实际上是 PLC 与被控对象间传递输入输出信号的接口。I/O 单元有良好的电隔离和滤波作用。接到 PLC 输入接口的输入器件是各种开关、按钮、传感器等。PLC 的各输出控制器件往往是电磁阀、接触器、继电器，而继电器可分为交流型和直流型、高电压型和低电压型、电压型和电流型。

（4）电源。PLC 电源单元包括系统的电源及备用电池，电源单元的作用是把外部电源转换成内部工作电压。PLC 内有一个稳压电源用于对 PLC 的 CPU 单元和 I/O 单元供电。

（5）编程器。编程器是 PLC 的最重要外围设备。利用编程器将用户程序送入 PLC 的存储器，还可以用编程器检查程序、修改程序、监视 PLC 的工作状态。除此以外，在个人计算机上添加适当的硬件接口和软件包，即可用个人计算机对 PLC 编程。利用微机作为编程器，可以直接编制并显示梯形图。

3. PLC 的工作原理

PLC 采用循环扫描的工作方式，在 PLC 中用户程序按先后顺序存放，CPU 从第一条指令开始执行程序，直到遇到结束符后又返回第一条，如此周而复始不断循环。PLC 的扫描过程分为内部处理、通信操作、程序输入处理、程序执行、程序输出几个阶段。全过程扫描一次所需的时间称为扫描周期。当 PLC 处于停止状态时，只进行内部处理和通信操作服务等内容。当 PLC 处于运行状态时，从内部处理、通信操作、程序输入、程序执行、程序输出，一直循环扫描工作。

（1）输入处理。输入处理也叫输入采样。在此阶段，顺序读入所有输入端子的通断状态，并将读入的信息存入内存中所对应的映象寄存器，此输入映象寄存器被刷新，接着进入程序执行阶段。在程序执行时，输入映象寄存器与外界隔离，即使输入信号发生变化，其映象寄存器的内容也不会发生变化，只有在下一个扫描周期的输入处理阶段才能被读入信息。

（2）程序执行。根据 PLC 梯形图程序扫描原则，按先左后右先上后下的步序，逐句扫描，执行程序。遇到程序跳转指令，根据跳转条件是否满足来决定程序的跳转地址。用户程序涉及输入输出状态时，PLC 从输入映象寄存器中读出上一阶段采入的对应输入端子状态，从输出映象寄存器读出对应映象寄存器状态，根据用户程序进行逻辑运算，存入有关器件寄存器中。对每个器件来说，器件映象寄存器中所寄存的内容，会随着程序执行过程而变化。

（3）输出处理。程序执行完毕后，将输出映象寄存器，即器件映象寄存器中的 Y 寄存器的状态，在输出处理阶段转存到输出锁存器，通过隔离电路、驱动功率放大电路，使输出端子向外界输出控制信号，驱动外部负载。

4. FX-20P-E 编程器

FX-20P-E 编程器（Handy Programming Panel，HPP）适用于 FX 系列 PLC，也可以通过转换器 FX-20P-E-FKIT 用于 F 系列 PLC。HPP 由液晶显示屏（16 字符×4 行）、ROM 写入器等模块接口、安装存储器卡盒的接口，以及专用的键盘（功能键、指令键、软元件符号键、数字键）等组成。

HPP 配有 FX-20P-CAB 电缆（适用于 FX2 系列 PLC）或 FX-20P-CABO 电缆（适用于 FX0 系列 PLC），用来与 PLC 连接；还有系统的存储卡，用来存放系统软件（在系统软件修改版本时更换）；其他如 ROM 写入器模块、PLC 存储器卡盒等均为选用件。

FX-20P-E 编程器有联机（Online）和脱机（Offline）两种操作方式。

（1）联机方式。联机方式是编程器对 PLC 的用户程序存储器进行直接操作、存取的方法。在写入程序时，若 PLC 内未装 EEPROM 存储器，程序写入 PLC 内部 RAM，若 PLC 内装有 EEPROM 存储器，程序写入该存储器。在联机方式下，直接对 PLC 内部的用户程序存储器进行操作，所以编程结束后，不必再向 PLC 传送。

（2）脱机方式。脱机方式是对 HPP 内部存储器的存取方式。编制的程序先写入 HPP 内部的 RAM，再成批地传送到 PLC 的存储器中，也可以在 HPP 和 ROM 写入器之间进行程序传送。

FX-10P-E 简易编程器的操作面板上的各键作用说明如下：

1）功能键（RD/WR：读出/写入键；INS/DEL：插入/删除键；MNT/TEST：监视/测试键）。三个功能键都是复用键，交替起作用，按第一次时选择键左上方表示的功能，按第二次时则选择右下方表示的功能。

2）执行键 GO。此键用于指令的确认、执行、显示画面和检索。

3）清除键 CLEAR。如在按键前按此键，则清除键入的数据。该键也可以用于清除显示屏上的错误信息或恢复原来的画面。

4）其他键 OTHER。在任何状态下按此键，将显示方式项目单菜单。安装 ROM 写入模块时，在脱机方式项目菜单上进行项目选择。

5）辅助键 HELP。此键用于显示应用指令一览表。在监视时，进行十进制数和十六进制数的转换。

6）空格键 SP。在输入时，用此键指定元件号和常数（定时器 T、计数器 C、功能指令等）。

7）步序键 STEP。用于设定步序号时按此键。

8）两个光标键↑、↓。用该键移动光标和提示符，指定元件前一个或后一个地址号的元件，作行滚动。

9）指令键、元件符号键、数字键。这些都是复用键。每个键的上面为指令符号，下面为元件符号或者数字。上、下的功能是根据当前所执行的操作自动进行切换，其中下面的元件符号 Z/V、K/H、P/I 又是交替起作用，反复按键时，互相切换。指令键共有 26 个，操作起来方便、直观。

4-1-2 PLC 基本指令

1. 编程元件

PLC 采用软件编制程序来实现控制要求。编程时要使用到各种编程元件，它们可提供无数个动合和动断触点。编程元件指输入继电器、输出继电器、辅助继电器、定时器、计数器、通用寄存器、数据寄存器及特殊功能继电器等。

PLC 内部这些继电器的作用和继电接触控制系统中使用的继电器十分相似，也有“线圈”与“触点”，但它们不是“硬”继电器，而是 PLC 存储器的存储单元。当写入该单元的逻辑状态为 1 时，则表示相应继电器线圈得电，其动合触点闭合，动断触点断开。所以，内部的这些继电器称之为“软”继电器。FX_{0N}-60MR 编程元件的编号范围与功能说明如表 4-1-1 所示。

表 4-1-1 FX_{0N}-60MR 编程元件的编号范围与功能说明

元件名称	代表字母	编号范围	功能说明
输入继电器	X	X0～X43	接受外部输入设备的信号
输出继电器	Y	Y0～Y27	输出程序执行结果并驱动外部设备
辅助继电器	M	M0～M8254	在程序内部使用，不能提供外部输出
定时器	T	T0～T63	延时定时器，触点在程序内部使用
计数器	C	C0～C254	减法计数继电器，触点在程序内部使用
状态寄存器	S	S0～S127	用于编制顺序控制程序
数据寄存器	D	D0～D8255	数据处理用的数值存储元件

2. 基本指令

PLC 基本指令如表 4-1-2 所示。

表 4-1-2 PLC 基本指令简表

名称	助记符	目标元件	说明
取指令	LD	X、Y、M、S、T、C	动合触点逻辑运算起始
取反指令	LDI	X、Y、M、S、T、C	动断触点逻辑运算起始
线圈驱动指令	OUT	Y、M、S、T、C	驱动线圈的输出
与指令	AND	X、Y、M、S、T、C	单个动合触点的串联
与非指令	ANI	X、Y、M、S、T、C	单个动断触点的串联

续表

名称	助记符	目标元件	说明
或指令	OR	X、Y、M、S、T、C	单个动合触点的并联
或非指令	ORI	X、Y、M、S、T、C	单个动断触点的并联
或块指令	ORB	无	串联电路块的并联连接
与块指令	ANB	无	并联电路块的串联连接
主控指令	MC	Y、M	公共串联接点的连接
主控复位指令	MCR	Y、M	MC的复位
置位指令	SET	Y、M、S	使动作保持
复位指令	RST	Y、M、S、D、V、Z、T、C	使保持复位
上升沿产生脉冲指令	PLS	Y、M	输入信号上升沿产生脉冲输出
下降沿产生脉冲指令	PLF	Y、M	输入信号下降沿产生脉冲输出
空操作指令	NOP	无	使步序作空操作
程序结束指令	END	无	程序结束

(1) 线圈驱动指令LD、LDI、OUT。LD，取指令，表示一个与输入母线相连的动合触点指令，即动合触点逻辑运算起始。LDI，取反指令，表示一个与输入母线相连的动断触点指令，即动断触点逻辑运算起始。OUT，线圈驱动指令，也叫输出指令。

LD、LDI两条指令的目标元件是X、Y、M、S、T、C，用于将接点接到母线上；也可以与ANB指令、ORB指令配合使用，在分支起点也可使用。

OUT是驱动线圈的输出指令，它的目标元件是Y、M、S、T、C，对输入继电器X不能使用。OUT指令可以连续使用多次。

LD、LDI是一个程序步指令，这里的一个程序步即是一个字。OUT是多程序步指令，要视目标元件而定。OUT指令的目标元件是定时器T和计数器C时，必须设置常数K。

(2) 触点串联指令AND、ANI。AND，与指令，用于单个动合触点的串联。ANI，与非指令，用于单个动断触点的串联。AND与ANI都是一个程序步指令，它们串联触点的个数没有限制，也就是说这两条指令可以多次重复使用。

OUT指令后，通过触点对其他线图使用OUT指令称为纵接输出或连续输出，连续输出如果顺序不错可以多次重复。

(3) 触点并联指令OR、ORI。OR，或指令，用于单个动合触点的并联。ORI，或非指令，用于单个动断触点的并联。OR与ORI指令都是一个程序步指令，它们的目标元件是X、Y、M、S、T、C。这两条指令都是并联一个触点。需要两个以上接点串联连接电路块的并联连接时，要用ORB指令。

(4) 串联电路块的并联连接指令ORB。两个或两个以上的触点串联连接的电路叫串联电路块。串联电路块并联连接时，分支开始用LD、LDI指令，分支结果用ORB指令。ORB指令与ANB指令均为无目标元件指令，而两条无目标元件指令的步长都为一个程序步。ORB有时也简称或块指令。ORB指令的使用方法有两种：一种是在要并联的每个串联电路块后加ORB指令；另一种是集中使用ORB指令。对于前者分散使用ORB指令时，并联电路块的个数没有限制，但对于后者集中使用ORB指令时，这种电路块并联的个数不能超过8个。

(5) 并联电路的串联连接指令ANB。两个或两个以上的触点并联的电路称为并联电路块。分支电路并联电路块与前面电路串联连接时，使用ANB指令。分支的起点用LD、LDI指令，并联电路块结束后，使用ANB指令与前面电路串联。ANB指令也简称与块指令。

ANB 也是无操作目标元件，是一个程序步指令。

（6）主控及主控复位指令 MC、MCR。MC 为主控指令，用于公共串联触点的连接；MCR 为主控复位指令，即 MC 的复位指令。在编程时，经常遇到多个线圈同时受一个或一组触点控制。如果在每个线圈的控制电路中都串入同样的触点，将多占用存储单元，应用主控指令可以解决这一问题。使用主控指令的触点称为主控触点，它在梯形图中与一般的触点垂直。它们是与母线相连的常开接点，是控制一组电路的总开关。MC 指令是 3 程序步指令，MCR 指令是 2 程序步指令，两条指令的操作目标元件是 Y、M，但不允许使用特殊辅助继电器 M。与主控触点相连的接点必须用 LD 或 LDI 指令。使用 MC 指令后，母线移到主控触点的后面，MCR 指令使母线回到原来的位置。在 MC 指令内再使用 MC 指令时嵌套级 N 的编号（0～7）顺序增大，返回时用 MCR 指令，从大的嵌套级开始解除。

（7）置位与复位指令 SET、RST。SET 为置位指令，使动作保持；RST 为复位指令，使操作保持复位。SET 指令的操作目标元件为 Y、M、S。RST 指令的操作目标元件为 Y、M、S、D、V、Z、T、C。这两条指令是 1～3 个程序步指令。用 RST 指令可以对定时器、计数器、数据寄存器、变址寄存器的内容清零。

（8）脉冲输出指令 PLS、PLF。PLS 指令在输入信号上升沿产生脉冲输出，而 PLF 在输入信号下降沿产生脉冲输出，这两条指令都是 2 程序步指令，它们的目标元件是 Y 和 M，但特殊辅助继电器不能作目标元件。使用 PLS 指令，元件 Y、M 仅在驱动输入接通后的一个扫描周期内动作。而使用 PLF 指令，元件 Y、M 仅在驱动输入断开后的一个扫描周期内动作。

（9）空操作指令 NOP。NOP 指令是一条无动作、无目标元件的 1 程序步指令。空操作指令是该步序做空操作。用 NOP 指令替代已写入指令，可以改变电路。在程序中加入 NOP 指令，在改动或追加程序时可以减少步序号的改变。

（10）程序结束指令 END。END 是一条无目标元件的 1 程序步指令。PLC 反复进行输入处理、程序运算、输出处理，若在程序最后写入 END 指令，则 END 以后的程序步就不再执行，直接进行输出处理。在程序调试过程中，插入 END 指令，可以顺序扩大对各程序段的检查。采用 END 指令将程序划分为若干段，在确认处理前面电路块的动作正确无误之后，依次删去 END 指令。

3. 功能指令

FX 系列 PLC 除了用于开关量运算的基本指令外，还有用于处理数据传送、比较、四则运算的功能指令。功能指令一般用指令的英文名称或缩写作为指令助记符，如 BMOV 的英文为 Block Move。有的功能指令没有操作数，大多数功能指令有 1～4 个操作数。PLC 功能指令如表 4-1-3 所示。

表 4-1-3　　PLC 功能指令简表

指令助记符	指令号	含义	指令助记符	指令号	含义
CJ	0	条件跳转	INC	24	BIN 加 1
IRET	3	中断返回	DEC	25	BIN 减 1
EI	4	中断元件	WAND	26	BIN 逻辑“与”
DI	5	禁止中断	WOR	27	逻辑“或”
FEND	6	主程序结束	WXOR	28	异或
WDT	7	警戒定时器刷新	SFTR	34	位右移
FOR	8	循环区起点	SFTL	35	位左移

续表

指令助记符	指令号	含义	指令助记符	指令号	含义
NEXT	9	循环区结束	ZRST	40	区间复位
CMP	10	比较	DECO	41	解码
ZCP	11	区间比较	ENCO	42	编码
MOV	12	传送	REF	50	I/O刷新
BMOV	15	批传送	HSCS	53	比较置位（高速计数器）
BCD	18	BIN→BCD转换	HSCR	54	比较复位（高速计数器）
BIN	19	BCD→BIN转换	PLSY	57	脉冲序列输出
ADD	20	BIN加	PWM	58	脉宽调制（只能用一次）
SUB	21	BIN减	IST	60	置初始状态（只能用一次）
MUL	22	BIN乘法	ALT	66	交替输出
DIV	23	BIN除法	RAMP	67	斜坡信号

4-1-3 PLC编程语言

所谓程序编制，就是用户根据控制对象的要求，利用PLC厂家提供的程序编制语言，将一个控制要求描述出来的过程。PLC最常用的编程语言是梯形图语言和指令语句表语言，且两者常常联合使用。

1. 梯形图

梯形图是一种从继电接触控制电路图演变而来的图形语言。它是借助类似于继电器的动合、动断触点、线圈以及串、并联等术语和符号，根据控制要求连接而成的表示PLC输入和输出之间逻辑关系的图形，直观易懂。梯形图中图形符号─┤├─和─┤/├─分别表示PLC编程元件的动断和动合接点；用（ ）表示它们的线圈。梯形图中编程元件的种类用图形符号及标注的字母或数加以区别。

（1）梯形图的设计应注意以下几点：

1）触点的安排。梯形图的触点应画在水平线上，不能画在垂直分支上。

2）串、并联的处理。在有几个串联回路相并联时，应将触点最多的那个串联回路放在梯形图最上面。在有几个并联回路相串联时，应将触点最多的并联回路放在梯形图的最左面。

3）线圈的安排。不能将触点画在线圈右边，只能在触点的右边接线圈。

4）不准双线圈输出。如果在同一程序中同一元件的线圈使用两次或多次，则称为双线圈输出。这时前面的输出无效，只有最后一次才有效，所以不应出现双线圈输出。

5）梯形图按从左到右、从上到下的顺序排列。每一逻辑行起始于左母线，然后是触点的串、并联，最后是线圈与右母线相连。

6）梯形图中每个梯级流过的不是物理电流，而是"概念电流"，从左流向右，其两端没有电源。这个"概念电流"只是形象地描述用户程序执行中应满足线圈接通的条件。

7）输入继电器用于接收外部输入信号，而不能由PLC内部其他继电器的触点来驱动。因此，梯形图中只出现输入继电器的触点，而不出现其线圈。输出继电器输出程序执行结果给外部输出设备，当梯形图中的输出继电器线圈得电时，就有信号输出，但不是直接驱动输出设备，而要通过输出接口的继电器、晶体管或晶闸管才能实现。输出继电器的触点可供内部编程使用。

8）重新编排电路。如果电路结构比较复杂，可重复使用一些触点画出它的等效电路，然后再进行编程就比较容易。

9）编程顺序。对复杂的程序可先将程序分成几个简单的程序段，每一段从最左边触点开始，由上至下向右进行编程，再把程序逐段连接起来。

（2）梯形图编程的步骤：

1）确定控制系统所需要的 I/O 点数，列出 I/O 地址分配表。

2）画出 PLC 外部 I/O 端子的电气接线图。

3）编写梯形图控制程序。

4）调试梯形图控制程序，并以文件形式保存梯形图控制程序。

2. 指令语句表

指令语句表是一种用指令助记符来编制 PLC 程序的语言，类似于计算机的汇编语言，但比汇编语言易懂易学。若干条指令组成的程序就是指令语句表。一条指令语句由步序、指令和作用元件编号三部分组成。图 4-1-2 所示是以 PLC 实现三相鼠笼式异步电动机直接启/停控制电路为例的两种编程语言的表示方法。

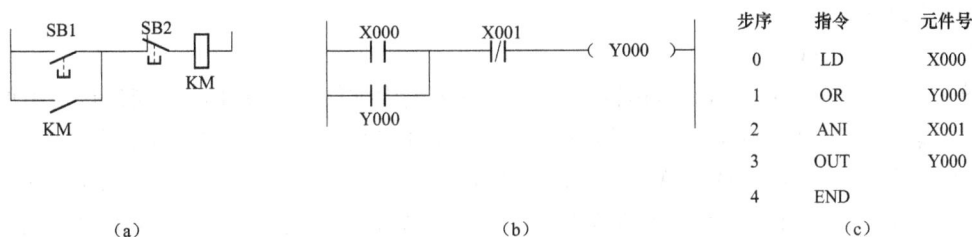

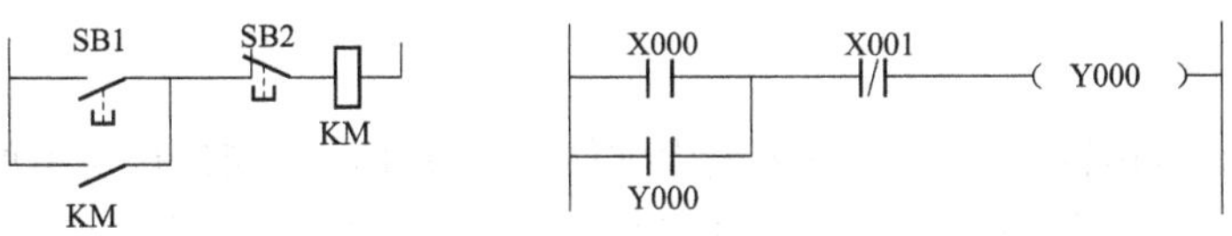

步序	指令	元件号
0	LD	X000
1	OR	Y000
2	ANI	X001
3	OUT	Y000
4	END	

（a）　　（b）　　（c）

图 4-1-2 PLC 三相鼠笼式异步电动机直接启/停控制

（a）继电接触控制线路；（b）PLC 梯形图；（c）编程指令

4-2 GX Developer 编程软件

1. 软件概述

GX Developer 是三菱通用性较强的编程软件，能够完成 Q 系列、QnA 系列、A 系列（包括运动控制 CPU）、FX 系列 PLC 梯形图、指令表、SFC 等的编辑。该编程软件能够将编辑的程序转换成 GPPQ、GPPA 格式的文档，当选择 FX 系列时，还能将程序存储为 FXGP（DOS）、FXGP（WIN）格式的文档，以实现与 FX-GP/WIN-C 软件的文件互换。该编程软件能够将 Excel、Word 等软件编辑的说明性文字、数据，通过复制、粘贴等简单操作导入程序中，使软件的使用、程序的编辑更加便捷。此外，GX Developer 编程软件还具有以下一些特点：

（1）操作简便。

1）标号编程。用标号编程制作程序，不需要认识软元件的号码而能够根据标示值做成标准程序。用标号编程做成的程序能够依据汇编从而作为实际的程序来使用。

2）功能块。功能块是以提高顺序程序的开发效率为目的而开发的一种功能。把开发顺序程序时反复使用的顺序程序回路块零件化，使得顺序程序的开发变得容易；此外，零件化后，能够防止将其运用到别的顺序程序使得顺序输入错误。

3）宏。只要在任意的回路模式上加上名字（宏定义名）登录（宏登录）到文档，然后输入简单的命令，就能够读出登录过的回路模式，变更软元件就能够灵活利用了。

（2）能够用下述各种方法和可编程控制器 CPU 连接：

1）经由串行通信口与可编程控制器 CPU 连接。

2）经由 USB 接口与可编程控制器 CPU 连接。

3）经由 MELSEC NET/10（H）与可编程控制器 CPU 连接。

4）经由 MELSEC NET（II）与可编程控制器 CPU 连接。

5）经由 CC-Link 与可编程控制器 CPU 连接。

6）经由 Ethernet 与可编程控制器 CPU 连接。

7）经由计算机接口与可编程控制器 CPU 连接。

（3）调试功能。

1）由于运用了梯形图逻辑测试功能，能够更加简单地进行调试作业。通过该软件可进行模拟在线调试，不需要与可编程控制器连接。

2）在帮助菜单中有 CPU 出错信息、特殊继电器/特殊寄存器的说明等内容，所以对于在线调试过程中发生错误，或者是程序编辑中想知道特殊继电器/特殊寄存器的内容的情况下，通过帮助菜单可非常简便地查询到相关信息。

3）程序编辑过程中发生错误时，软件会提示错误信息或错误原因，所以能大幅度缩短程序编辑的时间。

2. GX Developer 的特点

这里主要就 GX Developer 编程软件和 FX 专用编程软件操作使用的不同进行简单说明。

（1）软件适用范围不同。FX-GP/WIN-C 编程软件为 FX 系列可编程控制器的专用编程软件，而 GX Developer 编程软件适用于 Q 系列、QnA 系列、A 系列（包括运动控制 SCPU）、FX 系列所有类型的可编程控制器。需要注意的是，使用 FX-GP/WIN-C 编程软件编辑的程序能够在 GX Developer 中运行，但是使用 GX Developer 编程软件编辑的程序并不一定能在 FX-GP/WIN-C 编程软件中打开。

（2）操作运行不同：

1）步进梯形图命令（STL、RET）的表示方法不同。

2）GX Developer 编程软件编辑中新增加了监视功能。监视功能包括回路监视、软元件同时监视、软元件登录监视功能。

3）GX Developer 编程软件编辑中新增加了诊断功能，如可编程控制器 CPU 诊断、网络诊断、CC-Link 诊断等。

4）FX-GP/WIN-C 编程软件中没有 END 命令，程序依然可以正常运行，而 GX Developer 在程序中强制插入 END 命令，否则不能运行。

3. 操作界面

图 4-2-1 所示为 GX Developer 编程软件的操作界面。该操作界面大致由下拉菜单、工具条、编程区、工程数据列表、状态条等部分组成。这里需要特别注意的是，在 FX-GP/WIN-C 编程软件里称编辑的程序为文件，而在 GX Developer 编程软件中称之为工程。

与 FX-GP/WIN-C 编程软件的操作界面相比，该软件取消了功能图、功能键，并将这两部分内容合并，作为梯形图标记工具条；新增加了工程参数列表、数据切换工具条、注释工具条等。这样友好的直观的操作界面使操作更加简便。

图 4-2-1 中引出线所示的名称、内容说明如表 4-2-1 所示。

4. 参数设定

（1）PLC 参数设定。通常选定 PLC 后，在开始程序编辑前都需要根据所选择的 PLC 进行必要的参数设定，否则会影响程序的正常编辑。PLC 的参数设定包含 PLC 名称设定、PLC 系统设定、PLC 文件设定等 12 项内容，不同型号的 PLC 需要设定的内容是有区别的。

（2）远程密码设定。Q 系列 PLC 能够进行远程连接，因此，为了防止因非正常的远程连接而造成恶意的程序破坏、参数修改等事故的发生，Q 系列 PLC 可以设定密码，以避免

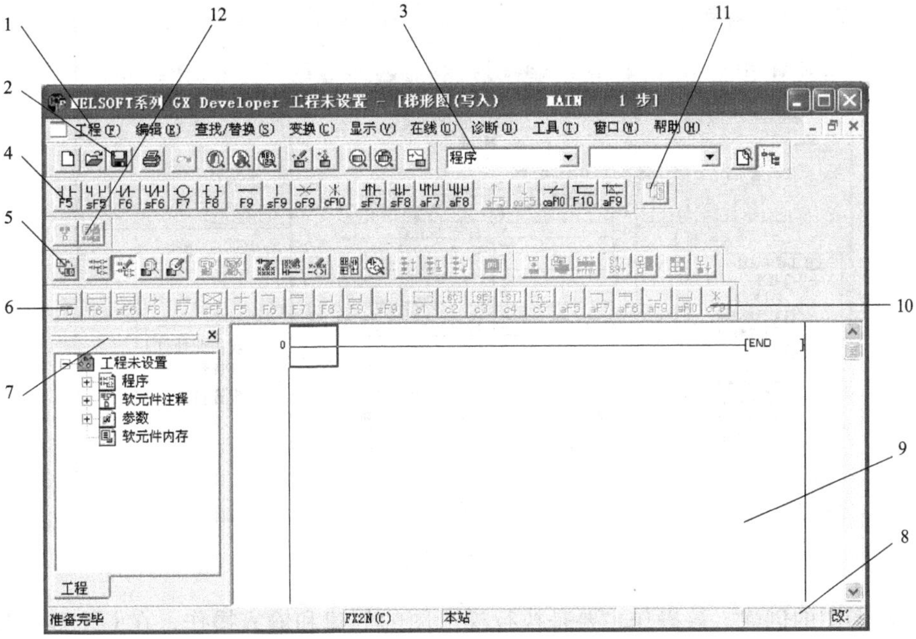

图 4-2-1　GX Develop 编程软件操作界面图

表 4-2-1　　**操 作 界 面 功 能**

序号	名　称	内　容
1	下拉菜单	包含工程、编辑、查找/替换、交换、显示、在线、诊断、工具、窗口、帮助，共 10 个菜单
2	标准工具条	由工程菜单、编辑菜单、查找/替换菜单、在线菜单、工具菜单中常用的功能组成
3	数据切换工具条	可在程序菜单、参数、注释、编程元件内存这四个项目中切换
4	梯形图标记工具条	包含梯形图编辑所需要使用的常开触点、常闭触点、应用指令等内容
5	程序工具条	可进行梯形图模式、指令表模式的转换，进行读出模式、写入模式、监视模式、监视写入模式的转换
6	SFC 工具条	可对 SFC 程序进行块变换、块信息设置、排序、块监视操作
7	工程参数列表	显示程序、编程元件注释、参数、编程元件内存等内容，可实现这些项目的数据的设定
8	状态栏	提示当前的操作：显示 PLC 类型以及当前操作状态等
9	操作编辑区	完成程序的编辑、修改、监控等的区域
10	SFC 符号工具条	包含 SFC 程序编辑所需要使用的步、块启动步、选择合并、平行等功能键
11	编程元件内存工具条	进行编程元件的内存的设置
12	注释工具条	可进行注释范围设置或对公共/各程序的注释进行设置

类似事故的发生。通过左键双击工程数据列表中的远程口令选项（见图 4-2-2），打开远程口令设定窗口即可设定口令以及口令有效的模块。口令为 4 个字符，有效字符为“A～Z”“a～z”“0～9”“@”“!”“#”“$”“%”“&”“/”“*”“,”“.”“。”“〈”“〉”“?”“{”“}”“|”“[”“]”“:”“=”“"”“-”“～”。这里需要注意的是，当变更连接对象或变更 PLC 类型时（PLC 系列变更），远程密码将失效。

5. 梯形图编辑

梯形图在编辑时的基本操作步骤和操作的含义与 FX-GP/WIN-C 编程软件类似，但在操作界面和软件的整体功能方面有了很大的提高。在使用 GX Developer 编程软件进行梯形图基本功能操作时，可以参考 FX-GP/WIN-C 编程软件的操作步骤进行编辑。

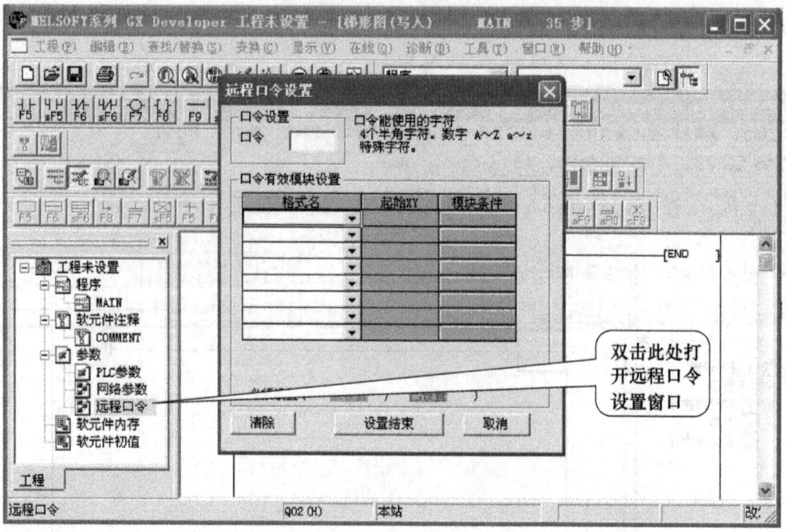

图 4-2-2　远程密码设定窗口

(1) 梯形图的创建。该操作主要是执行梯形图的创建和输入操作，在 GX Developer 中创建如图 4-2-3 所示的梯形图。

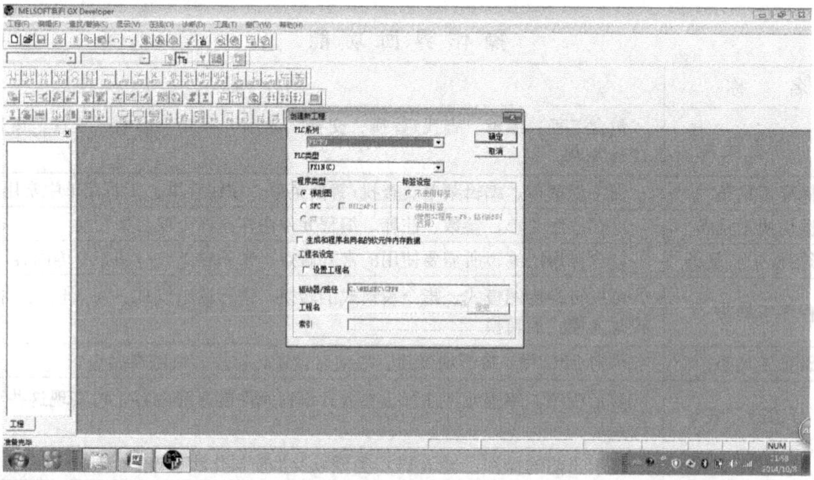

图 4-2-3　创建新工程

(2) 规则线操作。

1) 规则线插入。该指令用于插入规则线，操作步骤：

① 单击［划线写入］或按［F10］，如图 4-2-4 所示。

② 将光标移至梯形图中需要插入规则线的位置。

③ 按住鼠标左键并移动到规则线终止位置。

2) 规则线删除。该指令用于删除规则线，操作步骤：

① 单击［划线写入］或按［F10］，如图 4-2-4 所示。

② 将光标移至梯形图中需要删除图 4-2-5 所示规则线的位置。

③ 按住鼠标左键并移动到规则线终止位置。

(3) 标号程序。

1) 标号编程简介。标号编程是 GX Developer 编程软件中新添的功能。通过标号编程用

图 4-2-4　规则线插入

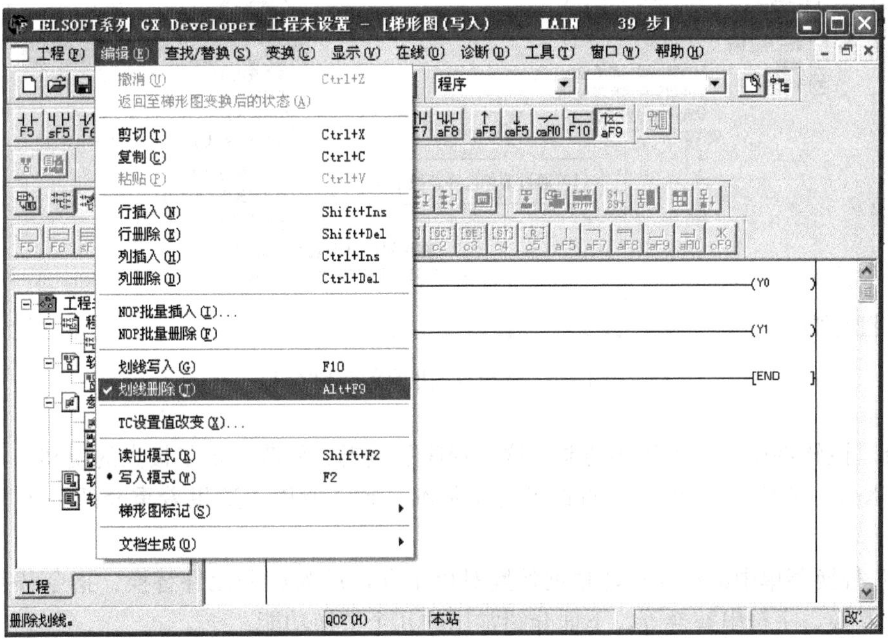

图 4-2-5　规则线删除

宏制作顺控程序能够对程序实行标准化，此外能够与实际的程序同样地进行回路制作和监视的操作。标号编程与普通的编程方法相比主要有以下几个优点：

① 可根据机器的构成方便地改变其编程元件的配置，从而能够简单地被其他程序使用。

② 即使不明白机器的构成，通过标号也能够编程；当决定了机器的构成以后，通过合理配置标号和实际的编程元件就能够简单地生成程序。

③ 只要指定标号分配方法就可以不用在意编程元件/编程元件号码，只用编译操作来自动地分配编程元件。

④ 因为使用标号名就能够实行程序的监控调试，所以能够高效率地实行监视。

2）标号程序的编制流程。标号程序的编制只能在 QCPU 或 QnACPU 系列 PLC 中进行，在编制过程中首先需要进行 PLC 类型指定、标号程序指定、设定变量等操作。

6. 查找及注释

(1) 查找/替代。与 FX-GP/WIN-C 编程软件一样，GX Developer 编程软件也为用户提供了查找功能，相比之下后者的使用更加方便。如图 4-2-6 所示，选择查找功能时可以通过点选查找/替换下拉菜单选择查找指令或在编辑区单击鼠标右键弹出的快捷工具栏中选择查找指令来实现。

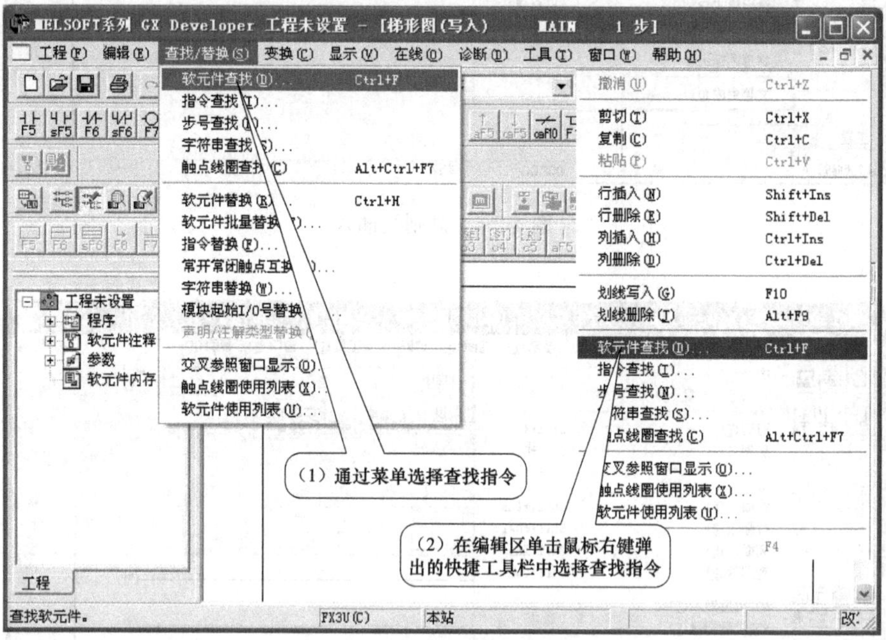

图 4-2-6　选择查找指令的两种方式

此外，该软件还新增了替换功能，这为程序的编辑、修改提供了极大的便利。因为查找功能与 FX-GP/WIN-C 编程软件的查找功能基本一致，所以，这里着重介绍一下替换功能的使用。

查找/替换菜单中的替换功能根据替换对象不同，可为编程元件替换、指令替换、常开常闭触点互换、字符串替换等。下面介绍常用的几个替换功能：

1）编程元件替换。通过该指令的操作可以用一个或连续几个元件把旧元件替换掉。在实际操作过程中，可根据用户的需要或操作习惯对替换点数、查找方向等进行设定，方便使用者操作。如图 4-2-7 所示，操作步骤如下：

① 选择查找/替换菜单中编程元件替换功能，并显示编程元件替换窗口。

② 在旧元件一栏中输入将被替换的元件名。

③ 在新元件一栏中输入新的元件名。

④ 根据需要可以对查找方向、替换点数、数据类型等进行设置。

⑤ 执行替换操作，可完成全部替换、逐个替换、选择替换。

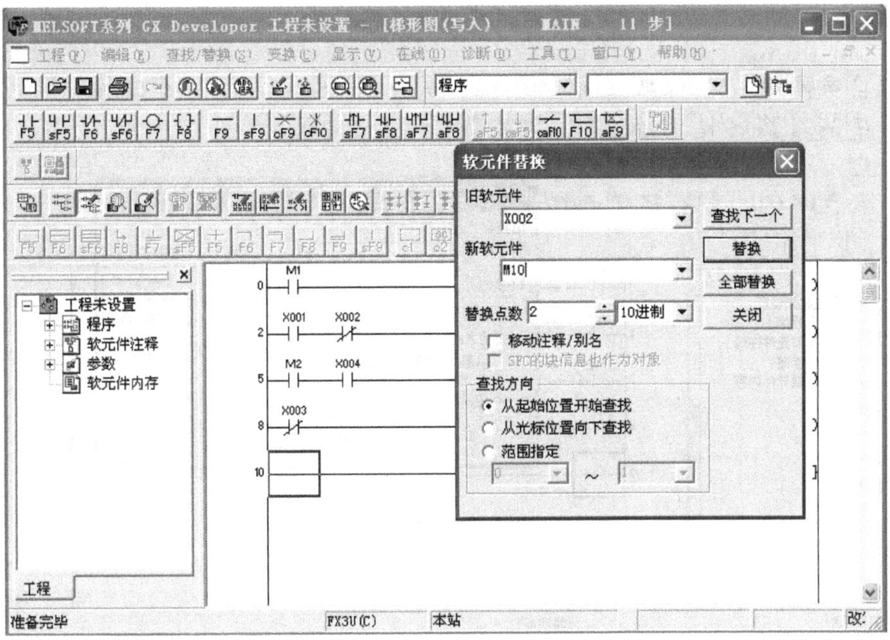

图 4-2-7　编程元件替换操作

说明：

替换点数：如当在旧元件一栏中输入“X002”，在新元件一栏中输入“M10”且替换点数设定为“3”时，执行该操作的结果是：“X002”替换为“M10”，“X003”替换为“M11”，“X004”替换为“M12”。此外，设定替换点数时可选择输入的数据为 10 进制或 16 进制的。

移动注释/机器名：在替换过程中可以选择注释/机器名不跟随旧元件移动，而是留在原位成为新元件的注释/机器名。当该选项前打“√”时，则说明注释/机器名将跟随旧元件移动。

查找方向：可选择从起始位置开始查找、从光标位置向下查找、在设定的范围内查找。

2）指令替换。通过该指令的操作可以将一个新的指令把旧指令替换掉。在实际操作过程中，可根据用户的需要或操作习惯进行替换类型、查找方向的设定，方便使用者操作。如图 4-2-8 所示，操作步骤如下：

① 选择查找/替换菜单中指令替换功能，并显示指令替换窗口。

② 选择旧指令的类型（动合、动断），输入元件名。

③ 选择新指令的类型，输入元件名。

④ 根据需要可以对查找方向、查找范围进行设置。

⑤ 执行替换操作，可完成全部替换、逐个替换、选择替换。

3）动合/动断触点互换。通过该指令的操作可以将一个或连续若干个编程元件的动合、动断触点进行互换。该操作为程序的修改、编写提供了极大的方便，避免因遗漏导致个别编程元件未能修改而产生的错误。如图 4-2-9 所示，操作步骤如下：

① 选择查找/替换菜单中动合/动断触点互换功能，并显示互换窗口。

② 输入元件名。

③ 根据需要对查找方向、替换点数等进行设置。这里的替换点数与编程元件替换中的替换点数的使用和含义相同。

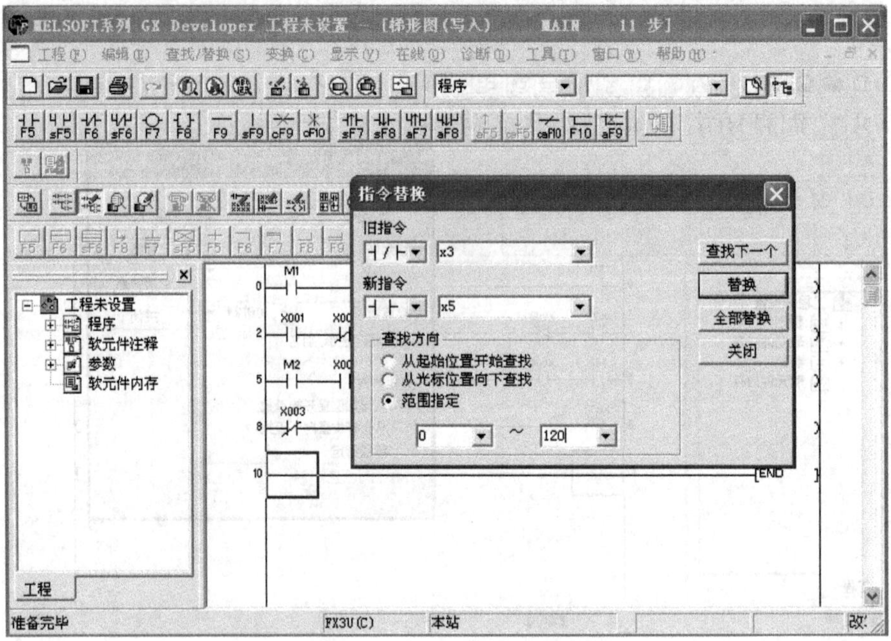

图 4-2-8 指令替换操作说明

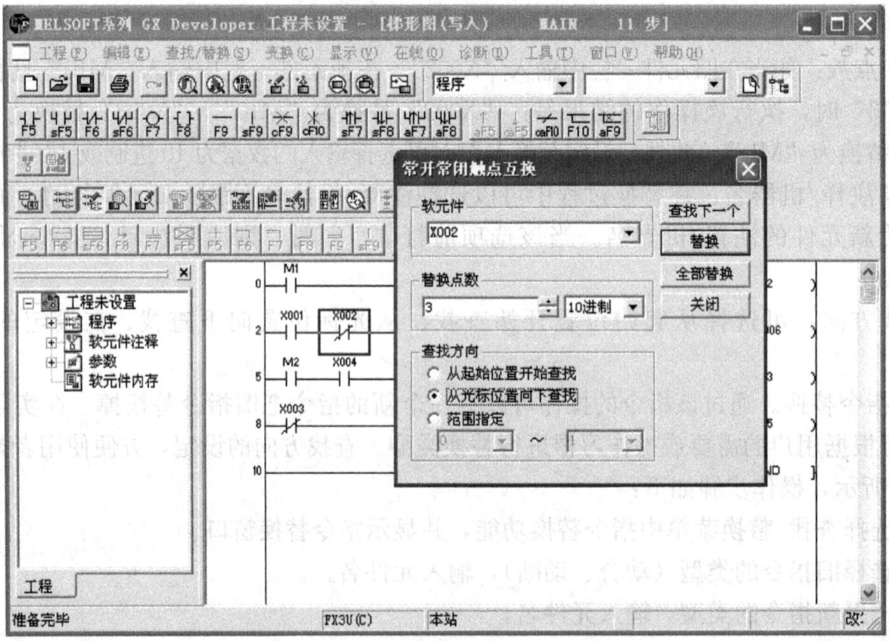

图 4-2-9 动合/动断触点互换操作说明

④ 执行替换操作，可完成全部替换、逐个替换、选择替换。

（2）注释/机器名。在梯形图中引入注释/机器名后，使用户可以更加直观地了解各编程元件在程序中所起的作用。下面介绍怎样编辑元件的注释以及机器名。

1）注释/机器名的输入。如图 4-2-10 所示，操作步骤如下：

① 单击显示菜单，选择工程数据列表，并打开工程数据列表。也可按“Alt＋O”键打开、关闭工程数据列表。

② 在工程数据列表中单击软件元件注释选项，显示 COMMENT（注释）选项，双击该选项。

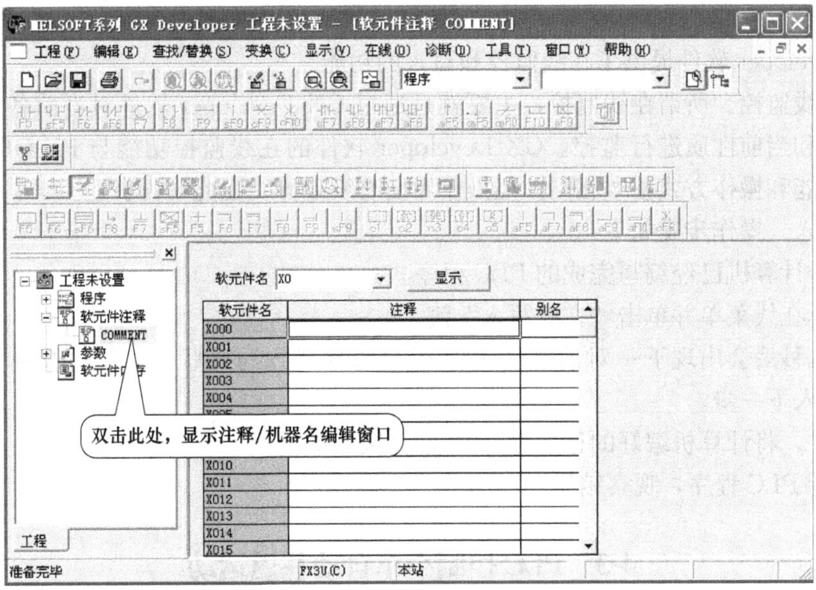

图 4-2-10　注释/机器名输入

③ 显示注释编辑画面。

④ 在软元件名一栏中输入要编辑的元件名，单击“显示”键，画面就显示编辑对象。

⑤ 在注释/机器名栏目中输入欲说明内容，即完成注释/机器名的输入。

2）注释/机器名的显示。用户定义完软件注释和机器名，如果没有将注释/机器名显示功能开启，软件是不显示编辑好的注释和机器名的，进行下面操作可显示注释和机器名。

① 单击显示菜单，选择注释显示（可按 Ctrl+F5）、机器名显示（可按 Alt+Ctrl+F6）即可显示编辑好的注释、机器名，详见图 4-2-11。

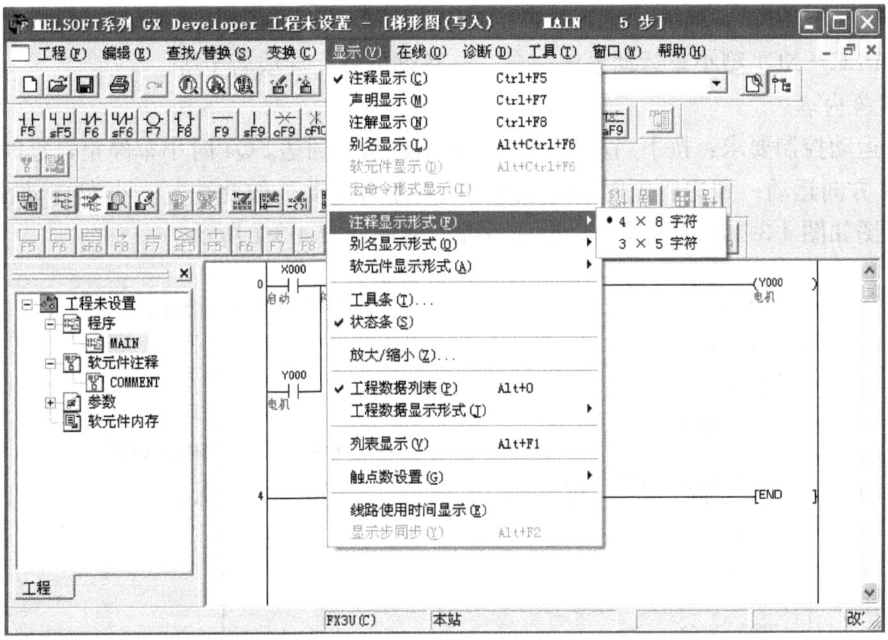

图 4-2-11　注释/机器名显示操作说明

② 单击显示菜单，选择注释显示形式，还可定义显示注释、机器名字体的大小。

7. 在线监控与写入

GX Developer 软件提供了在线监控和写入的功能。

（1）在线监控。所谓在线监控，主要就是通过 GX Developer 软件对当前各个编程元件的运行状态和当前性质进行监控。GX Developer 软件的在线监控功能与 FX-GP/WIN-C 编程软件的功能和操作方式基本相同，但操作界面有所差异，在此不再赘述。

（2）写入。操作步骤如下：

1）打开计算机已经编写完成的 PLC 程序。

2）选择在线菜单并单击“在线写入”键。

3）等几秒后会出现下一对话框，此时 PLC 程序进入写入状态，单击菜单中的“主程序”键，进入下一步。

4）此时，将计算机编好的程序存入 PLC 存储器中。

5）运行 PLC 程序，观察结果。

4-3 PLC 控制小车自动往返运动

1. 实验目的及能力目标

（1）熟悉 PLC 的使用。

（2）熟悉 FX 系列 PLC 的基本逻辑指令，初步掌握 PLC 的编程。

（3）了解 PLC 解决实际问题的一般过程。

（4）进一步掌握编程器或编程软件的使用方法。

（5）学会设计 PLC 小车自动往返控制程序及实验。

2. 实验设备

（1）FX_{0N}、FX_{1N}或 FX_{2N}系列 PLC 1 台。

（2）安装有 GX Developer 编程软件的计算机 1 台，FX-20P-E 手持编程器 1 只。

（3）PLC－XC1 型小车运动系统一台、24V 继电器、导线若干等。

3. 实验内容

小车运动控制要求：按下启动按钮 SB1 小车启动，到达 SQ4 时小车停止，延时 1s 后小车向 SQ1 方向运动；到达后延时 1s，再向 SQ4 方向运动。如此往复。小车自动往返 PLC 控制梯形图如图 4-3-1 所示。其 I/O 分配及编程元件如表 4-3-1 所示。

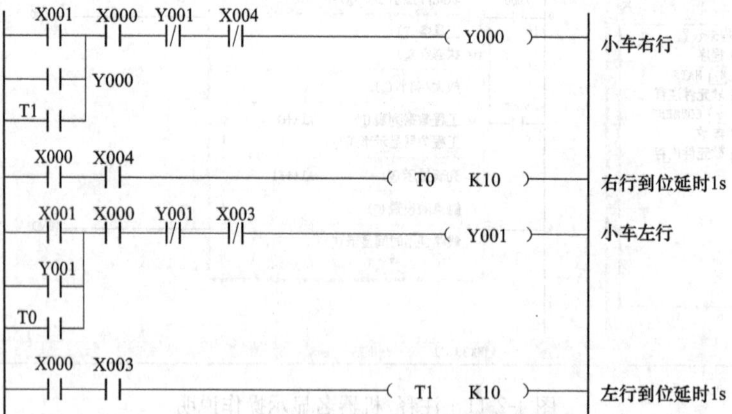

图 4-3-1 小车自动往返 PLC 控制梯形图

表 4-3-1　I/O 分配及编程元件表

输入端子	输出端子	内部元件
小车启动：X1 小车停止：X0 右行行程：X4 左行行程：X3 过载保护：X6	正转：Y0 反转：Y1	T0：右行到位工作 1s T1：左行到位工作 1s

4. 实验注意事项

检查接线正确后，合上主电源，按下启动按钮进行实验，观察各交流接触器的动作情况及小车的变化。

5. 实验报告要求

分析说明实验原理，总结它们的动作结果。

4-4　PLC 彩 灯 控 制

1. 实验目的及能力目标

(1) 进一步熟悉 FX 系列 PLC 的基本指令和功能指令。

(2) 进一步熟悉 PLC 的程序设计和调试方法。

(3) 掌握编程器或编程软件的使用方法。

(4) 学会设计 PLC 彩灯控制程序及实验。

2. 实验设备

(1) PLC 实验箱 1 台。

(2) 安装有 GX Developer 编程软件的计算机 1 台，FX-20P-E 手持编程器 1 只。

(3) 导线若干。

3. 实验内容

(1) 控制要求。如图 4-4-1 所示为 16 位循环移位彩灯控制的梯形图程序，彩灯是否移位由 X20 来控制，移位的方向由 X21 来控制。图中 X0～X21 可用实验箱上的钮子开关来模拟，Y0～Y16 用实验箱上的信号灯来表示。在 X20 由 OFF 转到 ON 时，根据 X0～X16 的状态给 Y0～Y16 置初值。

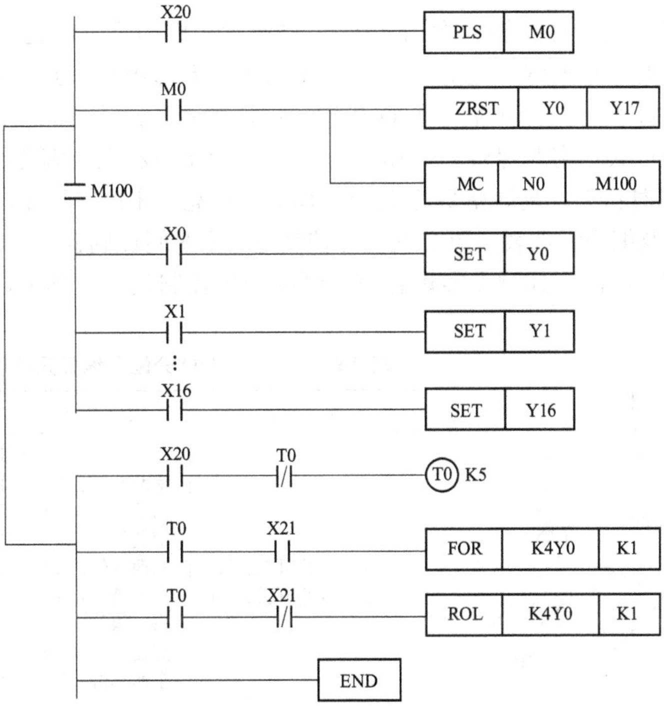

图 4-4-1　彩灯控制程序

（2）程序调试。将图 4-4-1 所示的梯形图写入 PLC，检查无误后开始运行，通过观测与 Y0～Y17 对应的 LED，检查彩灯的工作情况。按以下步骤操作，检查程序是否正确：

1）观察移位寄存器的循环移位功能是否正常，初始值是否与设定值相同。

2）改变初始值设定开关 X0～X16 的状态，断开开关 X20，然后将它接通，观察是否在 X20 接通时，移位寄存器按新的初始值运行，其初始值是否符合新的设定值。

3）改变 T0 的设定值，观察移位速率是否变化。

4）改变 X21 的状态，观察能否改变移位的方向。

4. 实验报告要求

（1）写出本程序的调试步骤和观察结果。

（2）自己用相关指令重新设计一个彩灯控制程序，并上机调试、观测实验结果。

4-5 PLC 交通灯控制

1. 实验目的及能力目标

（1）熟悉 FX 系列 PLC 的基本逻辑指令。

（2）熟悉设计和调试程序的方法。

（3）学会用 PLC 构成交通灯控制系统。

（4）掌握编程器或编程软件的使用方法。

2. 实验设备

（1）FX_{0N}、FX_{1N}或 FX_{2N}系列 PLC 1 台。

（2）安装有 GX Developer 编程软件的计算机 1 台，FX-20P-E 手持编程器 1 只。

（3）PLC 交通灯控制模块 1 只。

3. 实验内容

（1）控制要求。交通灯控制示意图如图 4-5-1所示。启动后，南北红灯亮并维持 20s。在南北红灯亮的同时，东西绿灯也亮，1s 后，东西车灯亮即甲亮。到 15s 时，东西绿灯闪亮，3s 后熄灭，在东西绿灯熄灭后东西黄灯亮，同时甲灭。黄灯亮 2s 后灭，东西红灯亮。与此同时，南北红灯灭，南北绿灯亮。1s 后，南北车灯亮即乙亮。南北绿灯亮了 20s 后闪亮，3s 后熄灭，同时乙灭。黄灯亮 2s 后熄灭，南北红灯亮，东西绿灯亮。往返循环。

（2）I/O 分配及编程元件表。PLC 交通灯控制是一个时间控制程序。设计时可以选择一些定时器来表示这些时间，其触点实现各信号灯的输出控制规律。其 I/O 分配及编程元件表如表 4-5-1 所示。

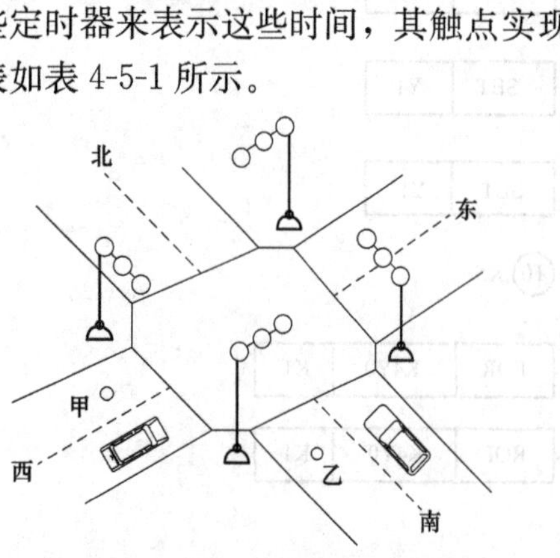

图 4-5-1 交通灯控制示意图

表 4-5-1 I/O 分配及编程元件表

输入端子	输出端子	内部元件
交通灯工作开关：X0 交通灯停止开关：X1	南北红灯：Y0 南北黄灯：Y1 南北绿灯：Y2 东西红灯：Y3 东西黄灯：Y4 东西绿灯：Y5 南北车灯：Y6 东西车灯：Y7	T0：南北红灯工作 20s T12：东西绿灯工作 1s T6：东西车灯工作 15s T22：东西绿灯闪烁 3s T3：东西黄灯工作 2s T1：东西红灯工作 20s T13：南北绿灯工作 1s T4：南北车灯工作 30s T22：南北绿灯闪烁 3s T5：南北黄灯工作 2s

（3）PLC 交通灯控制参考梯形图如图 4-5-2 所示。

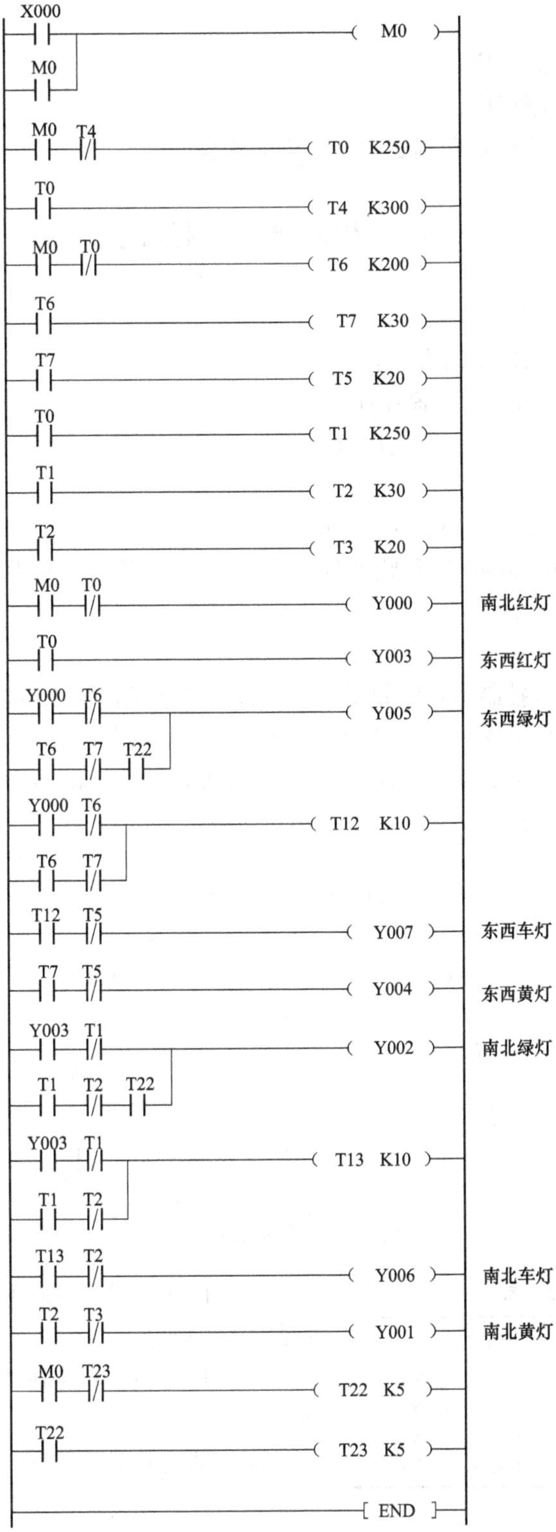

图 4-5-2　PLC 交通灯控制参考梯形图

4. 思考题

交通灯的控制程序能否用状态指令完成?

5. 实验报告要求

(1) 编写梯形图控制程序。

(2) 调试梯形图控制程序。

(3) 整理调试程序的步骤和调试中观察到的现象。

4-6 PLC 喷 泉 控 制

1. 实验目的及能力目标

(1) 熟悉设计和调试程序的方法。

(2) 学会用 PLC 构成喷泉控制系统。

(3) 掌握编程器或编程软件的使用方法。

2. 实验设备

(1) FX_{0N}、FX_{1N}或 FX_{2N}系列 PLC 1 台。

(2) 安装有 GX Developer 编程软件的计算机 1 台，FX-20P-E 手持编程器 1 只。

(3) PLC 喷泉控制模块 1 只。

3. 实验内容

(1) 控制要求。喷泉控制示意图如图 4-6-1 所示，隔灯闪烁：L1 亮 0.5s 后灭，接着 L2 亮 0.5s 后灭，接着 L3 亮 0.5s 后灭，接着 L4 亮 0.5s 后灭，接着 L5、L9 亮 0.5s 后灭，接着 L6、L10 亮 0.5s 后灭，接着 L7、L11 亮 0.5s 后灭，接着 L8、L12 亮 0.5s 后灭，L1 亮 0.5s 后灭，如此循环下去。

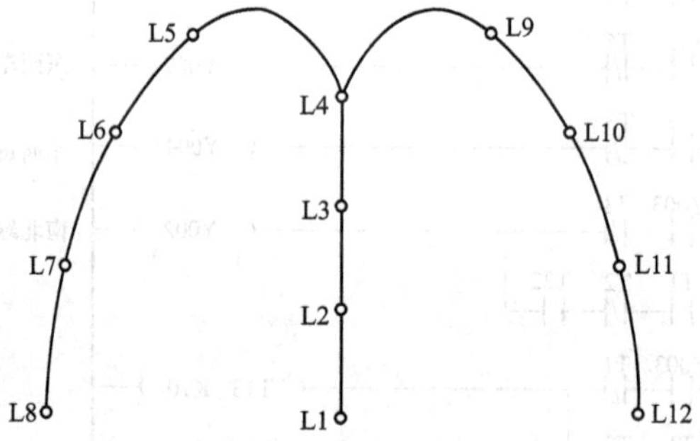

图 4-6-1 数码显示模块

表 4-6-1 I/O 分 配 表

输入端子	输出端子
启动按钮：X0 停止按钮：X1	L1：Y0 L5、L9：Y4 L2：Y1 L6、L10：Y5 L3：Y2 L7、L11：Y6 L4：Y3 L8、L12：Y：7

(2) I/O 分配。PLC 数码显示控制 I/O 分配如表 4-6-1 所示。

(3) PLC 喷泉控制参考梯形图如图 4-6-2 所示。

(4) 调试并运行程序。

4. 实验报告要求

(1) 根据数码显示要求画出梯形图。

(2) 总结 PLC 的使用及应用。

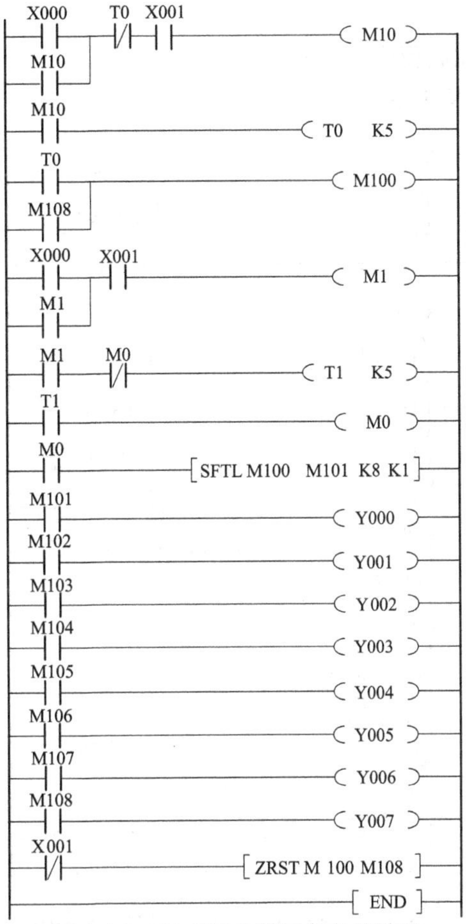

图 4-6-2　PLC 喷泉控制参考梯形图

4-7　PLC 水塔水位控制

1. 实验目的及能力目标

(1) 通过调试程序，熟悉 FX 系列 PLC 移位指令的设计和调试方法。

(2) 学会用 PLC 构成水塔水位控制系统。

2. 实验设备

(1) FX_{0N}、FX_{1N}或 FX_{2N}系列 PLC 1 台。

(2) PLC 水塔水位控制模块 1 只。

3. 实验内容

(1) 控制要求。水塔水位控制示意图如图 4-7-1 所示。按下 SB4，水池需要进水，灯 L2 亮；直到按下 SB3，水池水位到位，灯 L2 灭；按 SB2，表示水塔水位低需进水，灯 L1 亮，进行抽水；直到按下 SB1，水塔水位到位，灯 L1 灭，过 2s 后，水塔放完水后重复上述过程即可。

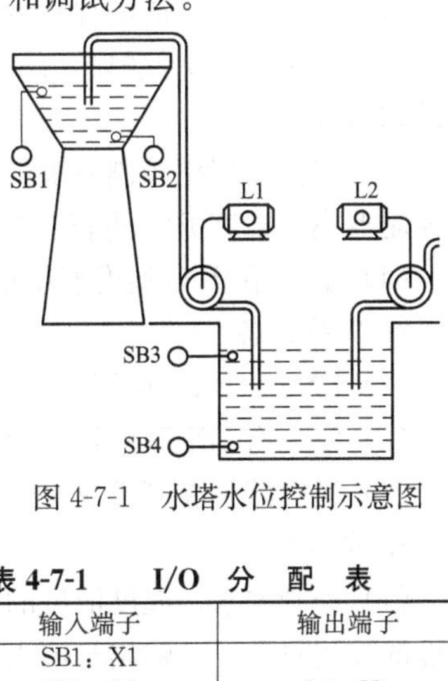

图 4-7-1　水塔水位控制示意图

(2) I/O 分配。PLC 水塔水位控制 I/O 分配如表 4-7-1 所示。

表 4-7-1　I/O 分配表

输入端子	输出端子
SB1：X1	
SB2：X2	L1：Y1
SB3：X3	L2：Y2
SB4：X4	

(3) PLC 水塔水位控制参考梯形图如图 4-7-2 所示。

(4) 调试并运行程序。

4. 实验报告要求

(1) 根据梯形图写出控制程序。

(2) 总结 PLC 的使用及应用。

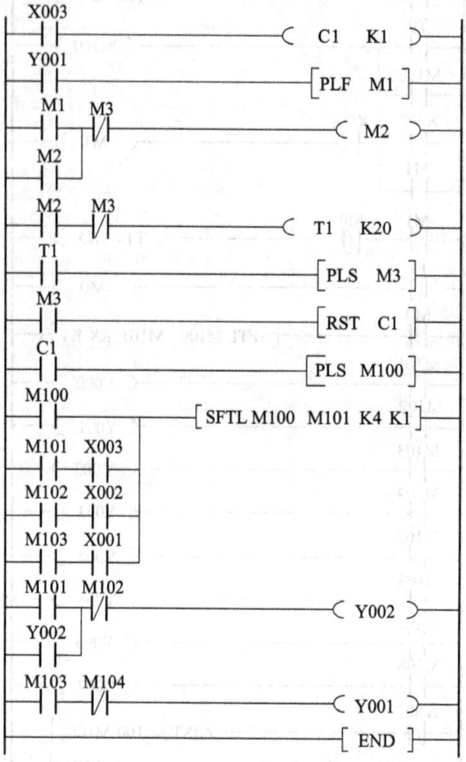

图 4-7-2 PLC 水塔水位控制参考梯形图

4-8 PLC温度液位控制

1. 实验目的及能力目标

(1) 掌握编程器或编程软件的使用方法。

(2) 通过实验掌握熟悉可编程控制器，熟悉液位、温度等采用单片机模拟实际控制对象的动态过程。

(3) 掌握单回路控制系统的构成；熟悉 PID 参数对控制系统质量指标的影响，用可编程控制器模拟数字 PID 进行其参数的调整和自动控制的投入运行。

(4) 学会用 PLC 温度液位控制系统。

2. 实验设备

(1) FX_{0N}、FX_{1N}或 FX_{2N}系列 PLC 1 台。

(2) 安装有 GX Developer 编程软件的计算机 1 台，FX-20P-E 手持编程器 1 只。

(3) 温度液位控制模块 1 块。

3. 实验内容

(1) 控制要求。温度液位的模拟控制示意图如图 4-8-1 所示。液位和温度采用的是一阶惯性的控制对象，其输出与输入的函数关系如图 4-8-2所示。其模拟过程方程为

$$Q_{n+1}=Q_n+K_iU_i-K_nQ_n$$

式中，K_i 为输入给定值的时间常数，设置为 1/128；K_n 对于液位控制是阀门输出给定的时

间常数，对于温度控制是维持温度平衡的冷却过程的时间常数，设置为 1/64；U_i 为给定输入量；Q_n 为第 n 次累加值；Q_{n+1} 为第 $n+1$ 次累加值。

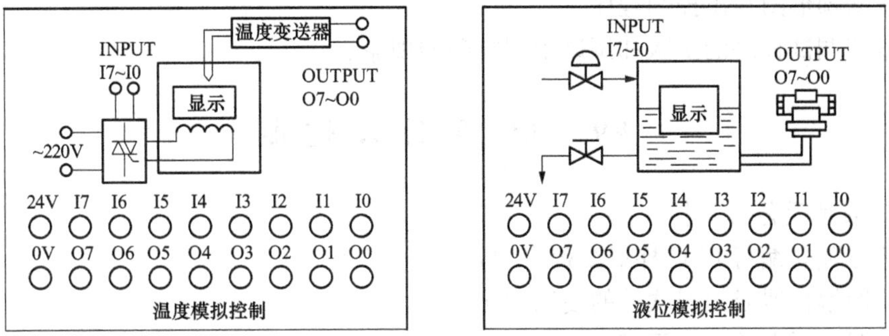

图 4-8-1 温度液位模拟控制示意图

注：每个模块中的上层为八个十六进制的输入口，下层为八个十六进制的输出口，而数码显示值是其真实输出值的 1/2.55 倍，显示为十进制数。例如：输出值是 80H 则其显示的值应该为十进制数 128/2.55，约为 50。

(2) I/O 分配。输入量 00～07，PLC 输入端相对应于 X0～X7；PLC 输出端 Y0～Y7，相对应于 I0～I7。

接线时 X0～X7 为 PLC 的输入端，分别与模型的下层输出端 O0～O7 连接；Y0～Y7 为 PLC 的输出端，分别与模型的上层输入端 I0～I7 连接。

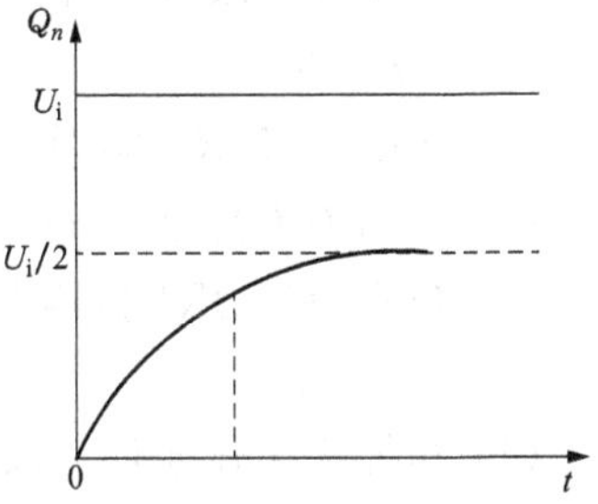

图 4-8-2 控制系统的输入输出关系曲线

PLC 主机为三菱时，输入输出如上接，输入的共同端接 0V，输出的共同端接＋24V。PLC 主机为西门子或欧姆龙时，输入输出如上接，输入的共同端接＋24V，输出的共同端接＋24V。

(3) 温度液位控制梯形图。PLC 温度液位控制梯形图如图 4-8-3 所示。

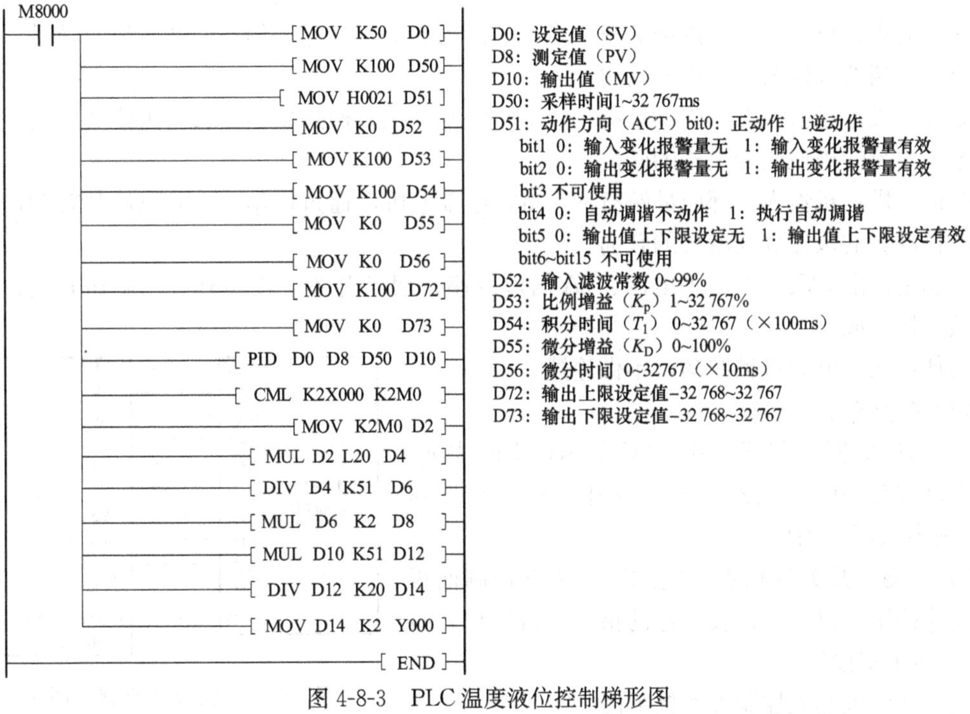

图 4-8-3 PLC 温度液位控制梯形图

(4) 调试并运行程序。

4. 实验报告要求

(1) 根据梯形图写出控制程序。

(2) 整理调试程序的步骤和调试中观察到的现象。

4-9　PLC 机器人控制

1. 实验目的及能力目标

(1) 练习独立编写 PLC 梯形图程序的方法。

(2) 掌握编程器或编程软件的使用方法。

(3) 掌握机器人的工作原理。

(4) 学会用 PLC 控制机器人系统。

2. 实验设备

(1) FX_{0N}-60MR 教学实验装置 1 台。

(2) 安装有 GX Developer 编程软件的计算机 1 台，FX-20P-E 手持编程器 1 只。

(3) QSPLC-JQR1 机器人实训模型 1 套，导线若干。

3. 实验内容

(1) 机器人工作原理。该机器人有手动和自动两种运行模式。手动模式下：通过对触发开关的通断实现机器人的前进后退、左转右转、头部的左右转。自动模式下：通过 PLC 来控制机器人，机器人的动作按编程语句来执行。机器人组成如图 4-9-1 所示。

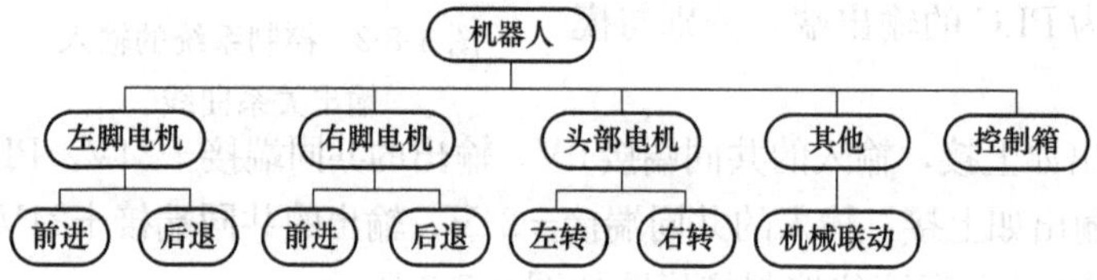

图 4-9-1　机器人组成

左脚电机：机器人左脚内部装有一个 3V 直流电机，通过供给 3V 电压使其转动，通过改变电机两端的极性改变电机的转向。

右脚电机：机器人右脚内部装有一个 3V 直流电机，通过供给 3V 电压使其转动，通过改变电机两端的极性改变电机的转向。

头部电机：机器人头部内部装有一个 3V 直流电机，通过供给 3V 电压使其转动，通过改变电机两端的极性改变电机的转向。

控制箱：由 3V、3A 开关电源、1A 熔丝及座、船型开关、按钮开关、旋钮开关、继电器及接线柱组成。

其他：此部分为机械结构，不做论述。

(2) 控制要求。

1) 编写机器人程序，在 PLC 的 RUN 模式下，按下启动按钮 SB1，机器人开始动作，按停止按钮 SB2，机器人停止动作。

2) 将旋钮开关打到手动模式下，按下控制面板上的动作按钮，机器人将会按你的指示进行动作，按图 4-9-2所示图接线。

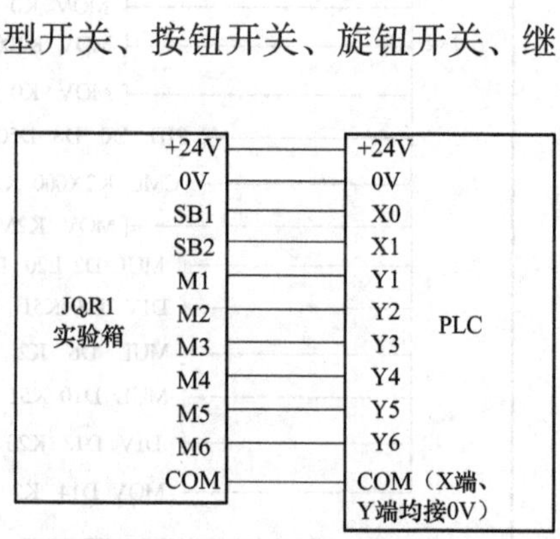

图 4-9-2　机器人实验接线图

(3) PLC 机器人控制参考梯形图。

PLC 机器人控制参考梯形图如图 4-9-3 所示。

（4）调试并运行程序。

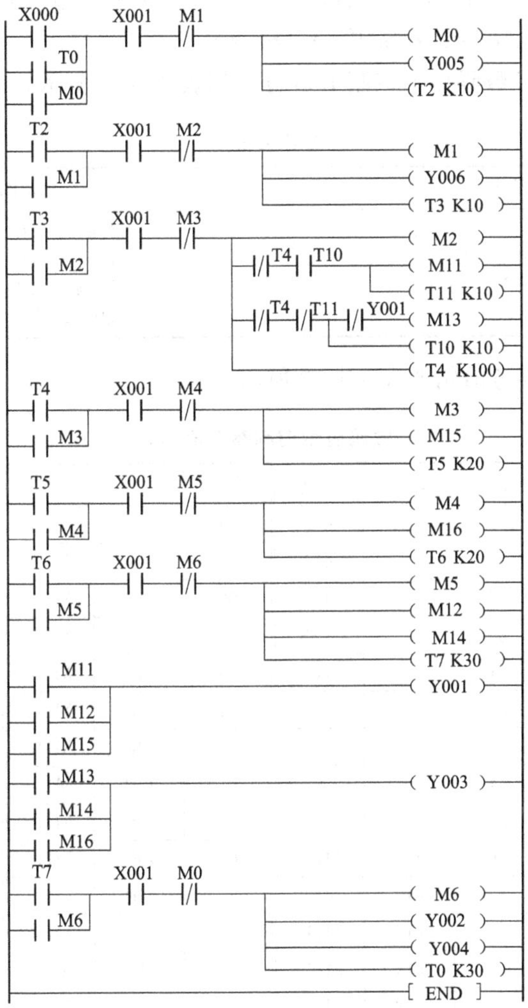

图 4-9-3　PLC 机器人控制参考梯形图

4. 实验报告要求

（1）写出本程序的调试步骤和观察结果。

（2）总结 PLC 的使用及应用。

4-10　PLC 数码显示控制

1. 实验目的及能力目标

（1）通过调试程序，熟悉 FX 系列 PLC 移位指令和区间复位指令的设计和调试方法。

（2）学会用 PLC 构成数码显示控制系统。

2. 实验设备

（1）FX_{0N}、FX_{1N}或 FX_{2N}系列 PLC 1 台。

（2）PLC 数码显示控制模块 1 只。

3. 实验内容

(1) 控制要求。数码显示模块如图 4-10-1 所示，如按下面顺序循环显示：a→b→c→d→e→f→g→h→abcdef→bc→abdeg→abcdg→bcfg→acdfg→acdefg→abc→abcdefg→abcdfg→a→b→c……

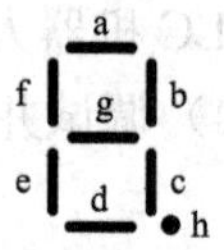

图 4-10-1 数码显示

(2) I/O 分配。PLC 数码显示控制 I/O 分配如表 4-10-1 所示。

表 4-10-1　I/O 分配表

输入端子	输出端子
数码显示工作开关：X0 数码显示停止开关：X1	数码 a：Y0　数码 b：Y1 数码 c：Y2　数码 d：Y3 数码 e：Y4　数码 f：Y5 数码 g：Y6　数码 h：Y7

(3) 数码显示控制参考语句如表 4-10-2 所示。

表 4-10-2　数码显示控制参考语句表

序号	显示	语句	序号	显示	语句	序号	显示	语句	序号	显示	语句
0	LD	X000	27	FNC	35	54	OR	M118	81	OUT	Y004
1	OR	M1	28		M100	55	OUT	Y001	82	LD	M106
2	AND	X001	29		M101	56	LD	M103	83	OR	M109
3	OUT	M1	30		K18	57	OR	M109	84	OR	M113
4	LD	M1	31		K1	58	OR	M110	85	OR	M114
5	LNI	M0	32			59	OR	M112	86	OR	M115
6	OUT	T0	33			60	OR	M113	87	OR	M117
7	SP	K20	34			61	OR	M114	88	OR	M118
8			35			62	OR	M115	89	OUT	Y005
9	LD	T0	36	LD	M101	63	OR	M116	90	LD	M107
10	OUT	M0	37	OR	M109	64	OR	M117	91	OR	M111
11	LD	M1	38	OR	M111	65	OR	M118	92	OR	M112
12	OUT	T1	39	OR	M112	66	OUT	Y002	93	OR	M113
13	SP	K30	40	OR	M114	67	LD	M104	94	OR	M114
14			41	OR	M115	68	OR	M109	95	OR	M115
15	ANI	T1	42	OR	M116	69	OR	M111	96	OR	M117
16	OUT	M10	43	OR	M117	70	OR	M112	97	OR	M118
17	LD	M10	44	OR	M118	71	OR	M114	98	OUT	Y006
18	OR	M2	45	OUT	Y000	72	OR	M115	99	LD	M108
19	OUT	M100	46	LD	M102	73	OR	M117	100	OUT	Y007
20	LD	M118	47	OR	M109	74	OR	M118	101	LDI	X001
21	OUT	T2	48	OR	M110	75	OUT	Y003	102	FNC	40
22	SP	K20	49	OR	M111	76	LD	M105	103		M101
23			50	OR	M112	77	OR	M109	104		M118
24	ANI	T2	51	OR	M113	78	OR	M111	105		
25	OUT	M2	52	OR	M116	79	OR	M115	106		
26	LD	M0	53	OR	M117	80	OR	M117	107	END	

(4) 调试并运行程序。

4. 实验报告要求

(1) 根据数码显示要求画出梯形图。

(2) 总结 PLC 的使用及应用。

4-11 PLC 温度检测和控制

1. 实验目的及能力目标

(1) 通过调试程序，熟悉 FX 系列 PLC 传送指令、PID 回路运算指令和 FROM 读特殊功能模块指令的使用和调试方法。

(2) 学会用 PLC 构成温度的检测和控制系统。

2. 实验设备

(1) FX_{0N}、FX_{1N}或 FX_{2N}系列 PLC 1 台。

(2) 安装有 GX Developer 编程软件的计算机 1 台，FX-20P-E 手持编程器 1 只。

(3) 温度检测和控制模块 1 块。

3. 实验内容

(1) 控制要求。温度控制原理：通过电压加热电热丝产生温度，温度再通过温度变送器变送为电压。加热电热丝时根据加热时间的长短可产生不一样的热能，这就需用到脉冲。输入电压不同就能产生不一样的脉宽，输入电压越大，脉宽越宽，通电时间越长，热能越大，温度越高，输出电压就越高。

PID 闭环控制：通过 PLC＋A/D＋D/A 实现 PID 闭环控制。比例、积分、微分系数取得合适系统就容易稳定，这些都可以通过 PLC 软件编程来实现。

(2) 梯形图。模拟量模块以 FX_{0N}-3A 为例的 PLC 控制梯形图如图 4-11-1 所示。

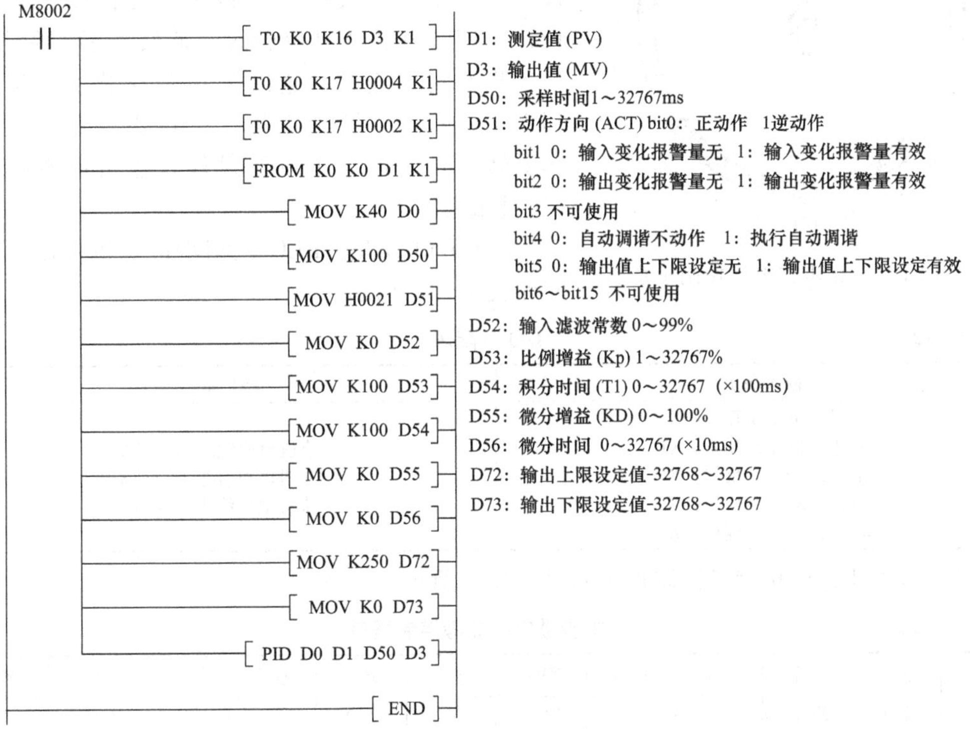
M8002
T0 K0 K16 D3 K1
T0 K0 K17 H0004 K1
T0 K0 K17 H0002 K1
FROM K0 K0 D1 K1
MOV K40 D0
MOV K100 D50
MOV H0021 D51
MOV K0 D52
MOV K100 D53
MOV K100 D54
MOV K0 D55
MOV K0 D56
MOV K250 D72
MOV K0 D73
PID D0 D1 D50 D3
END
D1：测定值 (PV)
D3：输出值 (MV)
D50：采样时间1～32767ms
D51：动作方向 (ACT) bit0：正动作 1逆动作
bit1 0：输入变化报警量无 1：输入变化报警量有效
bit2 0：输出变化报警量无 1：输出变化报警量有效
bit3 不可使用
bit4 0：自动调谐不动作 1：执行自动调谐
bit5 0：输出值上下限设定无 1：输出值上下限设定有效
bit6～bit15 不可使用
D52：输入滤波常数 0～99%
D53：比例增益 (Kp) 1～32767%
D54：积分时间 (T1) 0～32767 (×100ms)
D55：微分增益 (KD) 0～100%
D56：微分时间 0～32767 (×10ms)
D72：输出上限设定值-32768～32767
D73：输出下限设定值-32768～32767

图 4-11-1 PLC 温度检测控制梯形图

(3) 写出控制程序并运行程序。

4. 实验报告要求

(1) 根据梯形图写出控制程序。

(2) 总结 PLC 的使用及应用。

4-12 PLC 三相步进电动机控制

1. 实验目的及能力目标

(1) 通过调试程序，熟悉 FX 系列 PLC 脉冲指令和转移指令的设计和调试方法。

(2) 掌握编程器或编程软件的使用方法。

(3) 学会用 PLC 构成三相步进电机控制系统。

2. 实验设备

(1) FX_{0N}、FX_{1N}或FX_{2N}系列 PLC 1 台。

(2) 安装有 GX Developer 编程软件的计算机 1 台，FX-20P-E 手持编程器 1 只。

(3) 三相步进电动机控制模块 1 台。

(4) 导线若干。

3. 实验内容

(1) 控制要求。图 4-12-1 为三相步进电动机控制示意图。当钮子开关拨到单步时，必须每按一次启动，电机才能旋转一个角度；当钮子开关拨到连续时，按一次启动，电机旋转，直到按停止；当钮子开关拨到三拍时，旋转的角度为 3°；当钮子开关拨到六拍时，旋转的角度为 1.5°；当钮子开关拨到正转时，旋转按顺时针旋转；当钮子开关拨到反转时，旋转按逆时针旋转；当单步要转到连续、连续要单步连续、三拍要转到六拍、六拍要转到三拍、正转要转到反转或反转要转到正转，均可以通过停止也可以直接转换(通过编程)。

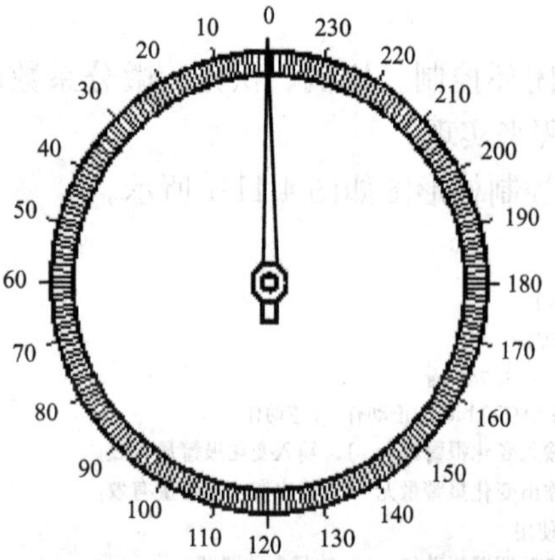

图 4-12-1 三相步进电机控制示意图

(2) I/O 分配。PLC 三相步进电机控制 I/O 分配如表 4-12-1 所示。

表 4-12-1 I/O 分配表

输入端子	输出端子
步进电机工作开关：X0 步进电机停止开关：X1 正转：X2 反转：X3 三拍：X4 六拍：X5 单步：X6 连续：X7	步进电机绕组 A2：Y2 步进电机绕组 B2：Y3 步进电机绕组 C2：Y4

(3) 三相步进电机参考控制程序如表 4-12-2 所示。

表 4-12-2 三相步进电机参考控制程序

序号	显示	程序	序号	显示	程序	序号	显示	程序	序号	显示	程序
0	LD	X000	2	AND	X001	4	LD	M1	6	OUT	T0
1	OR	M1	3	OUT	M1	5	ANI	M0	7	SP	K1

续表

序号	显示	程序	序号	显示	程序	序号	显示	程序	序号	显示	程序
8			52		M102	96	ANI	X004	140		M101
9	LD	T0	53		K3	97	ANI	M108	141		M102
10	OUT	M0	54		K1	98	ANI	M118	142		K3
11	LD	M1	55			99	ANI	M218	143		K1
12	MPS		56			100	FNC	35	144		
13	ANI	T1	57			101		M100	145		
14	OUT	M2	58			102		M202	146		
15	MPP		59	LD	M0	103		K6	147		
16	OUT	T1	60	AND	X003	104		K1	148	LD	M3
17	SP	K2	61	ANI	X006	105			149	AND	X003
18			62	AND	X007	106			150	ANI	X007
19	PLS	M99	63	AND	X004	107			151	AND	X006
20			64	ANI	X005	108			152	AND	X004
21	LD	M99	65	ANI	M108	109	LD	M0	153	ANI	X005
22	OR	M104	66	ANI	M208	110	AND	X003	154	ANI	M108
23	OR	M114	67	ANI	M218	111	ANI	X006	155	ANI	M208
24	OR	M207	68	FNC	35	112	AND	X007	156	ANI	M218
25	OR	M217	69		M100	113	AND	X005	157	FNC	35
26	OUT	M101	70		M112	114	ANI	X004	158		M101
27	LD	M2	71		K3	115	ANI	M108	159		M112
28	OR	M104	72		K1	116	ANI	M118	160		K3
29	OR	M114	73			117	ANI	M208	161		K1
30	OR	M207	74			118	FNC	35	162		
31	OR	M217	75			119		M100	163		
32	OUT	M100	76			120		M212	164		
33	LD	M102	77	LD	M202	121		K6	165		
34	OR	M103	78	OR	M203	122		K1	166	LD	M3
35	OR	M104	79	OR	M204	123			167	AND	X002
36	OUT	M108	80	OR	M205	124			168	ANI	X007
37	LD	M112	81	OR	M206	125			169	AND	X006
38	OR	M113	82	OR	M207	126			170	AND	X005
39	OR	M114	83	OUT	M208	127	LD	X000	171	ANI	X004
40	OUT	M118	84	LD	M212	128	PLS	M3	172	ANI	M108
41	LD	M0	85	OR	M213	129			173	ANI	M118
42	AND	X002	86	OR	M214	130	LD	M3	174	ANI	M218
43	ANI	X006	87	OR	M215	131	AND	X002	175	FNC	35
44	AND	X007	88	OR	M216	132	ANI	X007	176		M101
45	AND	X004	89	OR	M217	133	AND	X006	177		M202
46	ANI	X005	90	OUT	M218	134	AND	X004	178		K6
47	ANI	M118	91	LD	M0	135	ANI	X005	179		K1
48	ANI	M208	92	AND	X002	136	ANI	M108	180		
49	ANI	M218	93	ANI	X006	137	ANI	M118	181		
50	FNC	35	94	AND	X007	138	ANI	M208	182		
51		M100	95	AND	X005	139	FNC	35	183		

续表

序号	显示	程序	序号	显示	程序	序号	显示	程序	序号	显示	程序
184	LD	M3	197		K1	210	OUT	Y002	223	OR	M204
185	AND	X003	198			211	LD	M104	224	OR	M205
186	ANI	X007	199			212	OR	M113	225	OR	M215
187	AND	X006	200			213	OR	M205	226	OR	M216
188	AND	X005	201			214	OR	M206	227	OR	M217
189	ANI	X004	202	LD	M102	215	OR	M207	228	OUT	Y004
190	ANI	M108	203	OR	M112	216	OR	M213	229	LDI	X001
191	ANI	M118	204	OR	M202	217	OR	M214	230	FNC	40
192	ANI	M208	205	OR	M203	218	OR	M215	231		M0
193	FNC	35	206	OR	M207	219	OUT	Y003	232		M300
194		M101	207	OR	M212	220	LD	M103	233		
195		M212	208	OR	M213	221	OR	M114	234		
196		K6	209	OR	M217	222	OR	M203	235		END

(4) 调试并运行程序。

4. 实验报告要求

写出本程序的调试步骤和观察结果。

4-13 PLC三相异步电动机正反转和Y—△减压启动的设计与调试

1. 实验目的及能力目标

(1) 熟悉PLC的I/O接线。

(2) 掌握编程器或编程软件的使用方法。

(3) 熟悉简单PLC控制系统的设计与调试方法。

(4) 培养查阅图书资料、工具书的能力。

(5) 培养工程绘图、书写技术报告的能力。

2. 实验设备

(1) FX_{0N}-60MR教学实验装置1台。

(2) 安装有GX Developer编程软件的计算机1台，FX-20P-E手持编程器1只。

(3) 三相异步电动机1台。

(4) 导线若干。

3. 实验内容与步骤

(1) 三相异步电动机正、反转控制。

1) 画出三相异步电动机正反转控制的PLC I/O接线图。

2) 编写三相异步电动机正、反转控制程序，并将程序写入PLC。

3) 根据I/O接线图接线。

4) 进行程序调试，使结果符合控制要求。

(2) 三相异步电动机Y—△降压启动控制。

1) 画出三相异步电动机Y—△降压启动控制的PLC I/O接线图。

2) 编写三相异步电动机Y—△降压启动控制程序，并将程序写入PLC。

3) 根据I/O接线图接线。

4）进行程序调试，使结果符合控制要求。

4. 实验报告要求

（1）实验报告中应该有调试前与调试后的程序以及输入/输出状态的时序图。

（2）实验总结。

4-14 PLC 抢答器的设计与调试

1. 实验目的及能力目标

（1）熟悉所用 PLC 的编程指令。

（2）学会独立编写 PLC 梯形图程序的方法。

（3）掌握编程器或编程软件的使用方法。

2. 实验设备

（1）FX_{0N}-60MR 教学实验装置 1 台。

（2）安装有 GX Developer 编程软件的计算机 1 台，FX-20P-E 手持编程器 1 只。

（3）导线若干。

3. 实验内容

（1）简单抢答器的程序设计与调试。参加智力竞赛的 A、B、C 三人的桌上各有一个抢答按钮，分别为 SB1、SB2 和 SB3，用三盏灯 HL1～HL3 显示他们的抢答信号。当主持人接通抢答允许开关 Q 后，抢答开始。最先按下按钮的抢答者对应的灯亮，与此同时应禁止另外两个抢答者，指示灯在主持人断开开关 Q 后熄灭。

将编制好的程序写入 PLC，检查无误后运行该程序，调试程序时应按以下各项逐一检查，直到完全满足要求为止：

1）开关 Q 没有接通时，各按钮是否不能使对应的灯亮。

2）Q 接通时，按某一个按钮是否能使对应的灯亮。

3）某一灯亮后，另外两个抢答者的灯是否不能被点亮。

4）断开 Q，是否能使已亮的灯熄灭。

（2）复杂抢答器的程序设计与调试。抢答者分为三组，儿童组 2 人，他们的控制按钮为 SB11 和 SB12，其中任何一个按钮被按下，灯 HL1 都亮；学生组 1 人，用按钮 SB21 控制灯 HL2；教授组 2 人，当他们同时按下按钮 SB31 和 SB32 时灯 HL3 才会亮。主持人按下复位按钮 SB41，亮的灯全部熄灭；在主持人接通开关 Q 的 10s 内，如果参赛者按下按钮，电磁开关接通，使彩球摇动，10s 后禁止摇动。写出梯形图程序，将程序写入 PLC，运行和调试程序，直至满足要求为止。

4. 实验要求

（1）整理出运行调试后的抢答器梯形图程序，写出该程序的调试步骤和观测结果。

（2）实验前应该根据要求预先设计好梯形图程序。

（3）实验总结。

4-15 PLC 自动感应门控制系统的设计与调试

1. 实验目的及能力目标

（1）熟悉 PLC 的编程指令。

（2）掌握独立编写 PLC 梯形图程序的方法。

（3）掌握编程器或编程软件的使用方法。

（4）掌握一般 PLC 控制系统的设计与调试方法。

（5）培养查阅图书资料、工具书的能力。

（6）培养工程绘图、书写技术报告的能力。

2. 实验设备

（1）FX_{0N}-60MR 教学实验装置 1 台。

（2）安装有 GX Developer 编程软件的计算机 1 台，FX-20P-E 手持编程器 1 只。

（3）导线若干。

3. 实验内容

当感应器感应到有人时发出信号（按钮 X4 按下）时，自动门高速开门（Y4 输出）。高速开门一段时间后，碰到低速开门开关（按钮 X5 按下），则自动跳入低速开门（Y5 输出）的过程。自动门开始低速开门直到碰到开门极限开关（按钮 X6 按下），电机停转，此时，自动门完全打开，并启动定时器 T0，定时时间为 2s。在定时过程中，感应器如检测到有人（按钮 X4 再次被按下），则定时器 T0 重新开始定时，定时时间仍为 2s；如果感应器检测到无人，当定时完成时，系统自动进入高速关门（Y6 输出）的过程，直到碰到低速关门开关（按钮 X7 按下），系统转入低速关门（Y7 输出）过程。此期间，若碰到关门极限开关（按钮 X14 按下），则电机停转，关门过程结束。而且，如果在低速关门和高速关门期间，感应器检测到有人（按钮 X4 按下），电机都会停转，停止关门，同时启动定时器 T1 定时 2s，定时时间一到，立刻进入高速开门阶段（Y4 输出），再重复以上过程，直至关门过程结束。这时，感应器继续检测有人、无人，而进入下一个开、关门的过程。

4. 实验报告要求

（1）确定控制系统所需要的 I/O 点数，列出 I/O 地址分配表。

（2）画出 PLC 外部 I/O 端子的电气接线图。

（3）编写梯形图控制程序。

（4）调试梯形图控制程序。

（5）整理调试程序的步骤和实验结果。

4-16 PLC 控制系统的施工设计

PLC 控制系统在完成原理设计和程序模拟调试之后，就要进入施工设计阶段，施工设计的目的是为了满足电气控制设备的制造和使用要求。PLC 控制系统施工设计的内容包括 PLC 与其他电气元件的布置、电气接线图的绘制、电气控制柜（箱）的设计等，它是 PLC 控制系统非常关键的设计环节。

1. 绘图原则

为了便于电气控制系统的设计、分析、安装、调整、使用和维修，需要将电气控制系统中的各电气元件及其连接，用一定的图形表达出来。电气图的种类很多，不同种类电气图的表达方式和适用范围，GB/T 6988—2008 系列已作了明确的规定和划分。对不同专业和不同场合，只要是按照同一用途绘制的电气图，不仅在表达方式上必须是统一的，而且在图的分类与属性上也应该一致。绘制电气线路时，一般应遵循以下原则：

（1）表示导线、信号通路、连接线等的图线都应是交叉和折弯最少的直线。图线可以水平地布置或者垂直地布置，也可以采用斜的交叉线。

（2）电路或元件应按功能布置，并尽可能按其工作顺序排列，对因果次序清楚的简图，其布置顺序应该是从左到右和从上到下。

（3）元器件和设备的可动部分通常应表示在非激励或不工作的状态或位置。

（4）所有图形符号应符合 GB/T 4728.1—2005《电气图用图形符号》的规定。如果采用上述标准中未规定的图形符号时，必须加以说明。当 GB/T 4728.1—2005 给出几种形式时，选择符号应遵循这样的原则：尽可能采用优选形式；在满足需要的前提下，尽量采用最简单的形式；在同一图号的图中使用同一种形式。

（5）同一电气元件的不同部分的线圈和触点均采用同一文字符号标明（文字符号的国标为 GB 7158—1987）。

2. 电气布置图

电气布置图主要用来表明各种电气设备在机械设备上和电气控制柜中的实际安装位置，为电气控制设备的制造、安装、维修提供必要的资料。电气布置图包括电气设备布置图和电气元件布置图两种。

（1）电气设备布置图。在绘制电气设备布置图时，所有能见到的以及需表示清楚的电气设备均用粗实线绘制出简单的外形轮廓，其他设备的轮廓用双点画线表示。电气设备或元件的安装位置首先要根据生产机械的结构与要求，如电动机要和被拖动的机械部件在一起，行程开关应放在要取得信号的地方，操作元件要放在操纵台及悬挂操纵箱等操作方便的地方，一般 PLC 等电气元件应放在控制柜内。

电气设备布置图设计要使整个系统集中、紧凑，同时在场地允许条件下，对发热厉害、噪声振动大的电气部件，如电动机组，启动电阻箱等尽量放在离操作者较远的地方或隔离起来，对于多工位加工的大型设备，应考虑两地操作的可能。设计合理与否将影响到 PLC 控制系统工作的可靠性，并关系到电气系统的制造、装配质量、调试、操作及维护是否方便等。

（2）电气元件布置图。电气元件布置图是指在电气设备中电气元件的布置图，由控制柜（箱）或控制板的电气元件布置图、操纵台或悬挂操纵箱或操作面板的电气元件布置图等组成。在同一单元组件中，电气元件的布置应注意以下几个问题：

1）体积大和较重的电气元件应安装在电器板的下面，而发热元件应安装在电器板的上面。

2）强电弱电分开安装并注意屏蔽，防止外界干扰。

3）需要经常维护、检修、调整的电气元件的安装位置不宜过高或过低。

4）电气元件的布置应考虑整齐、美观、对称。外形尺寸与结构类似的电器安放在一起，以利加工、安装和配线。

5）电气元件布置不宜过密，要留有一定的间距，若采用板前走线槽配线方式，应适当加大各排电器间距，以利布线和维护。

各电气元件的位置确定以后，便可绘制电气元件布置图。电气元件布置图是根据电气元件的外形绘制，并标出各元件间距尺寸。每个电气元件的安装尺寸及其公差范围，应严格按产品手册标准标注，作为底板加工依据，以保证各电器的顺利安装。

在电气元件布置图设计中，还要根据本部件进出线的数量和采用导线规格，选择进出线方式，并选用适当接线端子板或接插件，按一定顺序标上进出线的接线号。

3. 电气接线图绘制

（1）电气接线图。电气接线图是为电气设备和电气元件的安装配线和检查维修电气线路故障服务的，它是表示成套装置、设备或装置的内部、外部各种连接关系的一种简图。也可用接线表（以表格形式表示连接关系）来表示这种连接关系。接线图和接线表只是形式上的不同，可以单独使用，也可以组合使用，一般以接线图为主，接线表予以补充。以下主要介绍接线图。

电气接线图根据电气原理图和电气布置图进行绘制。电气接线图的绘制应符合 GB/T 6988.1—2008《电气技术用文件的编制　第1部分：规则》的规定。在电气接线图中要表示出各电气设备的实际接线情况，标明各连线从何处引出，连向何处，即各线的走向，并标注出外部接线所需的数据。电气接线图一般包括单元接线图和互连接线图。

电气接线图应按以下要求绘制：

1）电气接线图中的电气元件按外形绘制（如正方形、矩形、圆形或它们的组合），并与布置图一致，偏差不要太大。器件内部导电部分（如触点、线圈等）按其图形符号绘制。

2）在接线图中各电气元件的文字符号、元件连接顺序、接线号都必须与原理图一致。接线号应符合 GB/T 4026—2010《人机界面标志标识的基本和安全规则设备端子和导体终端的标识》。

3）与电气原理图不同，在接线图中同一电气元件的各个部分（触头、线圈等）必须画在一起。

4）除大截面导线间，各单元的进出线都应经过接线端子板，不得直接进出。端子板上各接点按接线号顺序排列，并将动力线、交流控制线、直流控制线分类排列。

5）接线图中的连接导线与电缆一般应标出配线用的各种导线的型号，规格、截面积及颜色要求。

（2）单元接线图。单元接线图是表示电气单元内部各项目连接情况的图，通常不包括单元之间的外部连接，但可给出与之有关的互连接线图的图号。

单元接线图走线方式有板前走线及板后走线两种，一般采用板前走线，对于复杂单元一般是采用线槽走线。

单元接线图中的各电气元件之间的接线关系有直接连线和间接标注两种表示方法。对于简单电气控制单元，电气元件数量较少，接线关系不复杂，可直接画出电气元件之间的连线；对于复杂单元，电气元件数量多，接线较复杂，因此只要在各电气元件上标出接线号，不必画出各元件间连线。

单元接线图的绘制方法如下：

1）在单元接线图上，代表项目的简化外形和图形符号是按照一定规则布置的，这个规则就是大体按各个项目的相对位置进行布置，项目之间的距离不以实际距离为准，而是以连接线的复杂程度而定。

2）单元接线图的视图选择，应最能清晰地表示出各个项目的端子和布线情况。当一个视图不能清楚地表示多面布线时，可用多个视图。

3）项目间彼此叠成几层放置时，可把这些项目翻转或移动后画出视图，并加注说明。

4）对于PLC、转换开关、组合开关之类的项目，它们本身具有多层接线端子，上层端子遮盖下层端子，这时可延长被遮盖的端子，以标明各层的接线关系。

（3）互连接线图。互连接线图用于表示成套装置或设备内各个不同单元之间的连接情况，通常不包含所涉单元的内部连接，但可以给出与之有关的电路图或单元接线图的图号。

互连接线图中各单元的视图应画在同一平面上，以表示各单元之间的连接关系。

4. 电气控制柜（箱）的设计

在电气控制比较简单时，控制电器可以附在生产机械内部，而在控制系统比较复杂，或为满足生产环境及操作的需要时，通常都带有单独的电气控制柜（箱），以利制造、使用和维护。电气控制柜（箱）可设计成立柜式、工作台式、手提式或悬挂式等。在设计电气控制柜（箱）时，主要应该考虑以下几个问题：

（1）根据面板及箱内各电气部件的尺寸确定总体尺寸及结构方式。

（2）结构紧凑、外形美观，要与生产机械相匹配，并提出一定的装饰要求。

（3）根据面板及箱内电气部件的安装尺寸，设计柜（箱）内安装支架，并标出安装孔或焊接安装螺栓尺寸，或注明采用配作方式。

（4）从方便安装、调整及维修的要求出发，设计其开门方式。

（5）为利于箱内电器的通风散热，在箱体适当部位设计通风孔或通风槽。

（6）为便于搬动，应设计合适的起吊勾、起吊孔、扶手架或箱体底部带活动轮。

根据以上要求，先勾画出箱体的外形草图，估算出各部分尺寸，然后按比例画出外形图，再从对称、美观、使用方便等方面考虑进一步调整各尺寸比例。外形确定以后，再按上述要求进行各部分的结构设计，并注明加工要求。

第 5 章　电 工 技 能 训 练

5-1　常用机床和电动葫芦的控制

1. 实验目的及能力目标

（1）了解普通车床的电气控制。

（2）分析 X62W 铣床控制线路。

（3）了解电动葫芦的电气控制。

（4）养成良好的安全实验习惯。

2. 实验原理

（1）C620 普通车床电气控制电路。如图 5-1-1 所示，M1、M2 为容量小于 10kW 的电机，采用全压直接启动，均为单方向旋转。M1 由接触器 KM 实现启动、停止控制，M2 由转换开关 QS2 控制。M1、M2 分别由热继电器 FR1、FR2 实现电动机长期过载保护，由熔断器 FU1、FU2 实现 M2 电机、控制电路及照明电路的短路保护。照明电路由变压器 T 供给电压控制照明灯 EL。

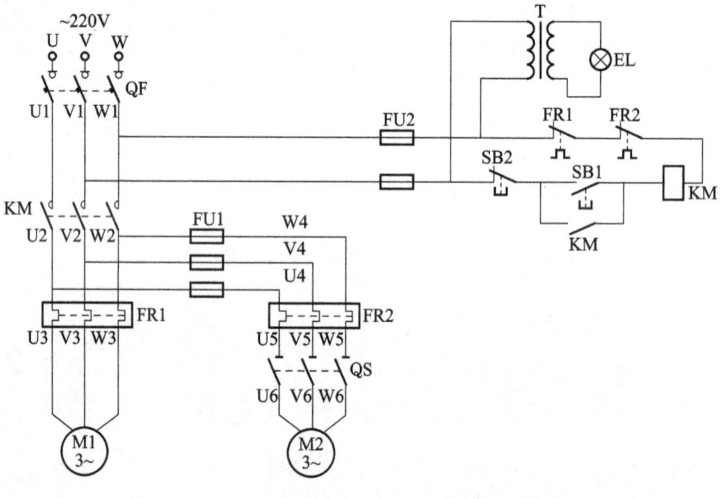

图 5-1-1　C620 普通车床电气控制电路

（2）X62W 铣床模拟控制电路。如图 5-1-2 所示，读者自行分析其工作原理。

（3）电动葫芦电气控制电路。电动葫芦是将电动机、减速器、卷筒、制动器和运行小车等紧凑地合为一体的起重机械，由于它轻巧、灵活，广泛地用于中小型物体的起重吊装中。

图 5-1-3 所示为电动葫芦电气控制电路图。提升电动机 M1 由上升、下降接触器 KM1、KM2 控制，移动电动机 M2 由向前、向后接触器 KM3、KM4 控制。它们都由电动葫芦悬挂按钮站上的复式按钮 SB1～SB4 实现电动控制，SQ 为提升行程开关。

3. 实验设备

（1）三相四线制交流电源 1 台。

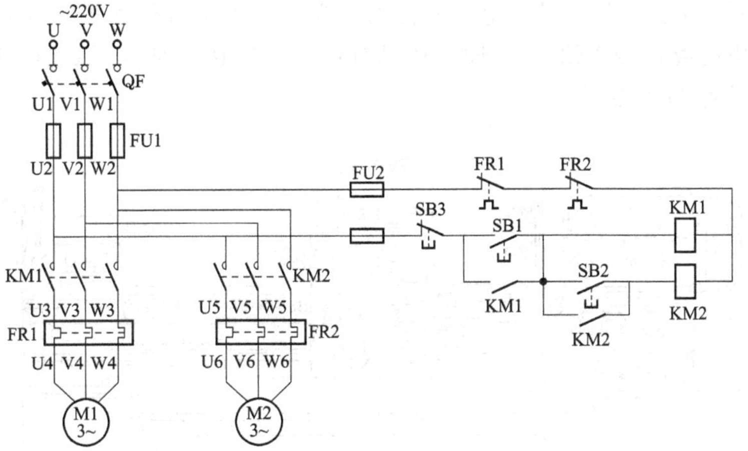

图 5-1-2　X62W 铣床模拟控制电路

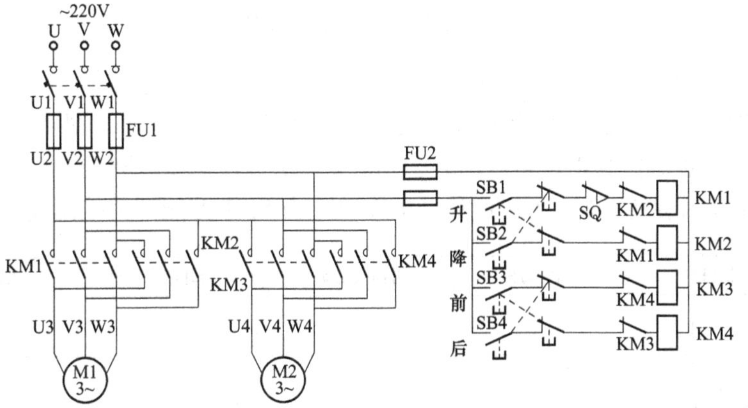

图 5-1-3　电动葫芦电气控制电路

（2）三相异步电动机 1 台。

（3）继电接触箱 1 个，三相可变电阻 1 个，导线若干。

4. 实验内容

按图 5-1-1～图 5-1-3 接线及操作，观察各电路功能。

5. 实验总结

分析 X62W 铣床模拟控制线路的控制原理。

5-2　典型机床的电气控制

5-2-1　C6150 车床的电气控制

C6150 车床能够车削外圆、内圆、端面、螺纹和螺杆，能够切削定型表面，并可用钻头、铰刀等刀具进行钻孔、镗孔、倒角、割槽及切断等加工工作。

1. C6150 普通车床的主要结构

C6150 普通车床的主要结构如图 5-2-1 所示。它主要由床身、床头箱、尾座、床鞍、刀架、溜板箱、走刀箱、挂轮箱、中心架和电动机装置组成。车削的主运动是主轴通过长盘式顶尖带动工件的旋转运动，它承受车削加工时主要切削功率。进给运动是溜板带动刀架的纵向或横向运动。为了保证螺纹加工的质量，要求工件的旋转速度与刀具的移动速度之间具有严格的比例关系。为此，运动从主电动机传到床头箱，当接通电磁离合器 YC1 时使主轴正转。如果接通电磁离合器 YC2 时，通过传动链使主轴反转，速度不变换，通过变速手柄，可得到正、反转各 17 种转速。

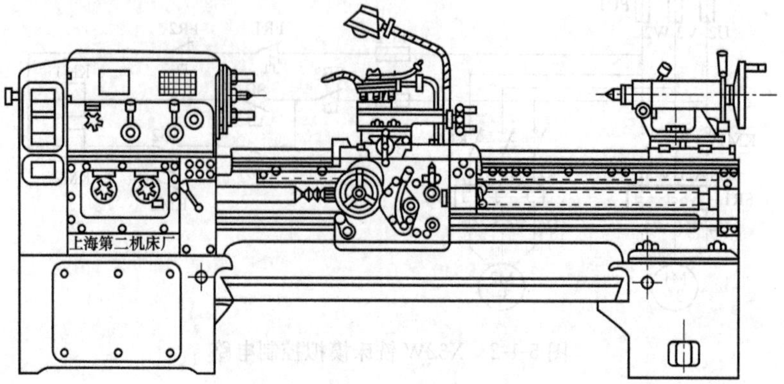

图 5-2-1　C6150 普通车床

2. C6150 普通车床的电气控制系统

(1) 主电路。C6150 普通车床电气控制主电路如图 5-2-2 所示。图中 M4 为主电动机，由 KM1、KM2 接触器控制正反转。M3 为润滑泵电动机，KM3 控制旋转。M2 为冷却液电动机，由 KM4 控制旋转。M4 为快速移动电动机，由 SA1 万能开关控制其正反转。

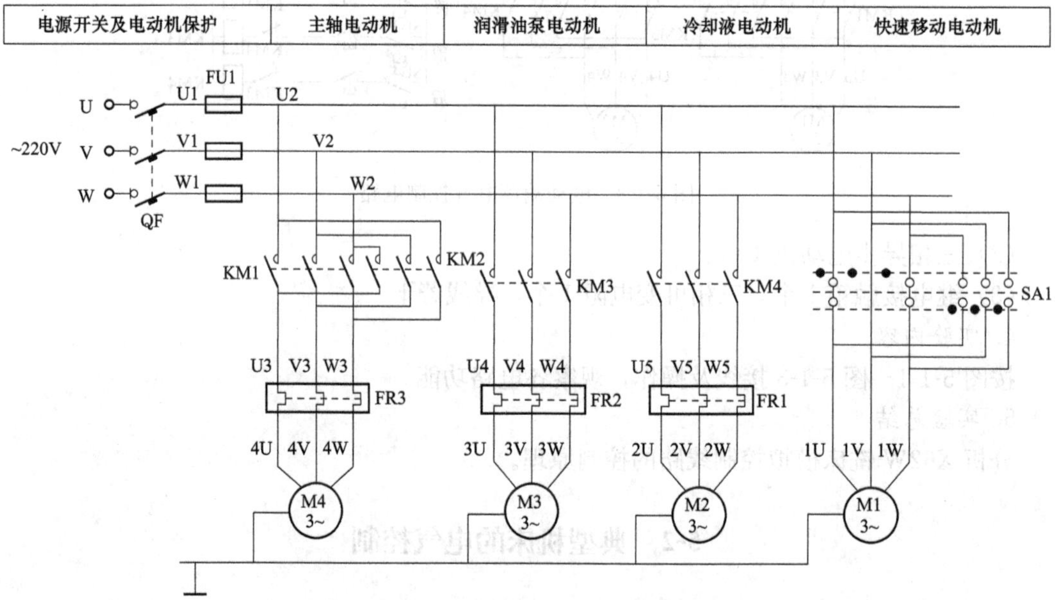

图 5-2-2　C6150 普通车床电气控制主电路

(2) 控制电路。C6150 普通车床电气控制电路如图 5-2-3 所示。主电动机转向的变换由 SA2 主令开关来实现。主轴的转向与主电动机的转向无关，而是取决于走刀箱或溜板箱操作手柄的位置。手柄的动作使行程开关、继电器及电磁离合器产生相应的动作，使主轴得到正确的转向。

当 SA2 在主电动机正转 (11—12) 接通时，按下启动按钮 SB3，KM1 接触器线圈通电，KM1 主触头接通，M4 主电动机正转。同时 KM1 的辅助触点将 305 和 307 两点接通，而

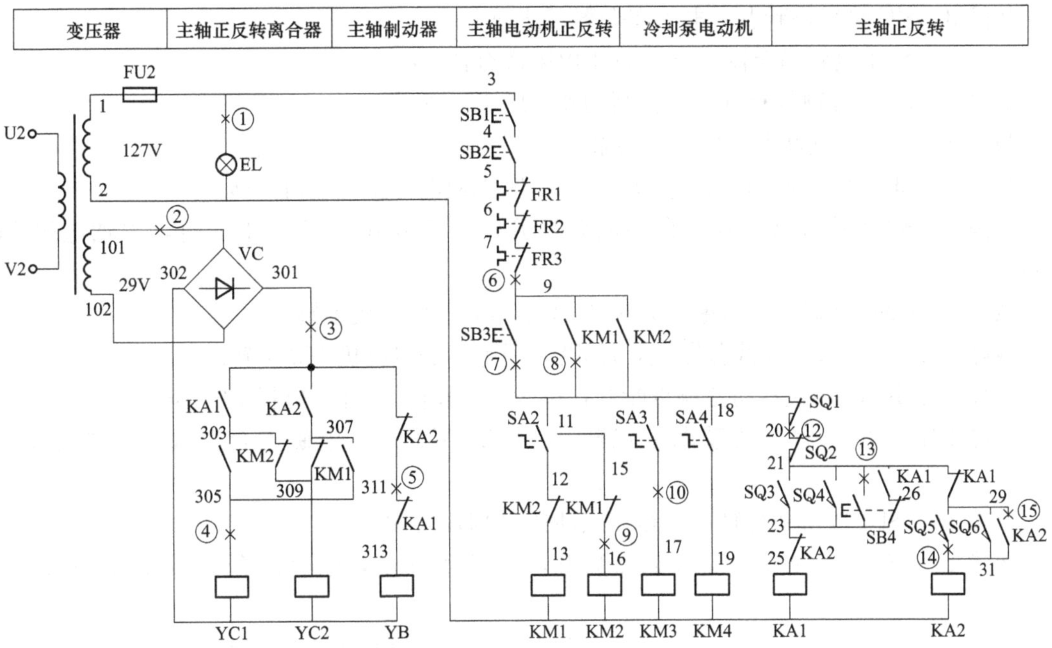

图 5-2-3 C6150 普通车床电气控制电路

KM2 的常闭触点将 303 和 309 两点接通。此时如把操作手柄拉向右面（或向上面），SQ3 或 SQ4 组合行程开关的触电接通，主轴正转继电器 KA1 线圈通电，KA1 动合触点闭合，YC2 电磁离合器通电，带动主轴正转。若把操作手柄拉向左面（或向下），SQ5 或 SQ6 组合行程开关的触点闭合，主轴反转继电器 KA2 线圈通电，KA2 动合触点闭合，YC1 电磁离合器通电，带动主轴反转。

当 SA2 在主电动机反转（11—15）接通时，按下 SB3 按钮，KM2 接触器线圈通电，KM2 主触头接通，M4 主电动机正转。同时 KM2 的辅助触点将 303 和 305 两点接通，而 KM1 的动断触点将 307 和 309 两点接通。此时如把操作手柄拉向右面（或向上面），SQ3 或 SQ4 组合行程开关的触电接通，KA1 继电器线圈通电，KA1 动合触点闭合，将使 YC1 电磁离合器通电，带动主轴正转。若把操作手柄拉向左面（或向下），SQ5 或 SQ6 组合行程开关的触点闭合，KA2 继电器线圈通电，KA2 动合触点闭合，YC2 电磁离合器通电，带动主轴反转。

操作者控制主轴的正反转是通过走刀箱操作手柄或溜板箱操作手柄来进行的。

操作手柄有两个空挡、正转、反转、停止等五挡位置。若需要正转，只要把手柄向右（或向上）一拉，手放松后，手柄自动回到右面（或上面）的空挡位置，因 KA1 继电器吸合后触点自锁，保持主轴正转。若需要反转，只要把手柄向左（或向下）一拉，手放松后，手柄自动回到左面（或下面）的空挡位置，因 KA2 继电器吸合后触点自锁，保持主轴反转。若需要主轴停止（制动），只要把手柄放在中间位置，SQ1 或 SQ2 组合行程开关常闭触电断开，切断 KA1 和 KA2 继电器电源，YC1 和 YC2 电磁离合器断电，主轴制动电磁离合器 YB 通电，使主轴制动。如果需要微量转动主轴，可以按 SB4 点动按钮。

3. 常见车床故障分析

发生如图 5-2-3 控制电路中所标示的 15 个断点故障时，情况如下：

故障 1：EL 指示灯断点，EL 指示灯不亮。

故障 2：T 变压器断点，控制回路失电。

故障 3：VC 整流块断点，电磁离合器不能通电。

故障 4：YC1 电磁离合器断点，YC1 电磁离合器不亮。

故障 5：KA1 接触器断点，主轴制动器 YB 灯不亮。

故障 6：FR2 熔丝断点，控制回路未通电。

故障 7：SB3 按钮开关动合触点开路，KM1 未通电，主轴电机不转。

故障 8：KM1 接触器断点，自锁回路断开，按钮放开，KM1 不通电，主轴电机 M4 不转。

故障 9：KM2 接触器线包断点，KM2 不通电，主轴电机不转。

故障 10：KM3 接触器线包断点，KM3 不通电，润滑电机 M2 不转。

故障 11：KM1 接触器动合触点断开，KM4 不通电，冷却泵电机 M3 不转。

故障 12：SQ2 行程开关动断触点断开，KA1 不通电，电磁离合器 YC1 不吸合，灯不亮。

故障 13：SB4 按钮动合触点开路，点动按钮 SB4 失效。

故障 14：SQ5 行程开关动合触点断开，KA2 不通电，电磁离合器 YC2 不吸合，灯不亮。

故障 15：KA2 接触器动合触点断开，现象同上。

5-2-2 Z3040 摇臂钻床的电气控制

钻床是一种孔加工机床，可用来钻孔、扩孔、铰孔、攻丝及修刮端面等各种形式的加工，如图 5-2-4 所示。

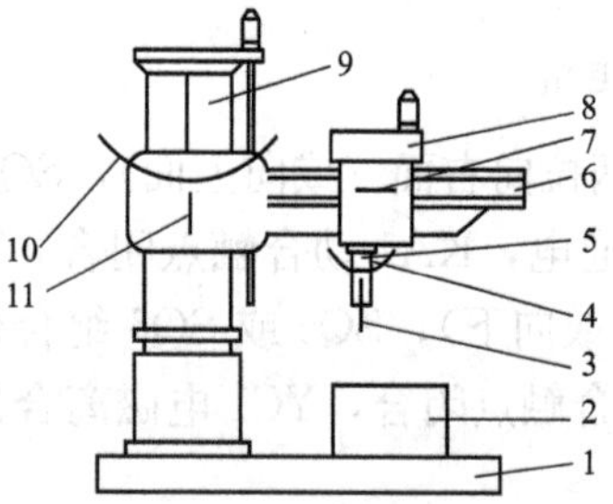

图 5-2-4 Z3040 摇臂钻床

1—底座；2—工作台；3—主轴纵向进给；4—主轴旋转主运动；5—主轴；6—摇臂；7—主轴箱沿摇臂径向运动；8—主轴箱；9—内、外立柱；10—摇臂回转运动；11—摇臂垂直运动

1. Z3040 摇臂钻床的主要结构及运行情况

摇臂钻床主要由底座、内立柱、外立柱、摇臂、主轴箱及工作台等组成。内立柱固定在底座的一端，在它的外面套有外套筒，它套装在外立柱，外立柱可绕内立柱回转 360°。摇臂的一端为套筒，它套装在外立柱上，并借助丝杆的正反转，可沿着外立柱作上下移动。由于丝杆与外立柱连成一体，而升降螺母固定在摇臂上，所以摇臂不能绕外立柱转动，只能与外立柱一起绕内立柱回转。主轴箱是一个复合部件，它由主传电动机、主轴和主轴传动机构、进给和变速机构、机床的操作机构等部分组成。主轴箱安装在摇臂的水平导轨上，可以通过手轮操作，使其在水平导轨上沿摇臂移动。当进行加工时，由特殊的加紧装置将主轴箱紧固在摇臂导轨上，外立柱紧固在内立柱上，摇臂紧固在外立柱上，然后进行钻削加工。钻削加工时，钻头一面旋转进行切削，同时进行纵向进给。摇臂钻床的主运动为主轴的旋转运动；进给运动为主轴的纵向进给。辅助运动有摇臂沿外立柱垂直移动、主轴箱沿摇臂长度方向的移动以及摇臂与外立柱一起绕内立柱的回转运动。

该摇臂钻床具有两套液压系统，一个是操纵机构液压系统，一个是加紧机构液压系统。前者装在主轴箱内，用以实现主轴正反转、停车制动、空挡、预选及变速；后者安装在摇臂背后的电器盒下部，用以加紧松开主轴箱、摇臂及立柱。

（1）操纵机构液压系统。该系统压力油由主轴电动机拖动齿轮泵送出，由主轴变速、正反转及空挡操作手柄来改变两个操纵阀的相互位置，其中上为“空挡”，下为“变速”，里为“反转”，外为“正转”，中间位置为“停车”。主轴转速及主轴进给量各由一个旋钮预选，然后操作手柄。

启动主轴时，首先按下主轴电动机启动按钮，主轴电动机旋转，拖动齿轮泵，送出压力油，然后操纵手柄，扳至所需转向位置。于是两个操纵阀相互位置改变，使一般压力油将制动摩擦离合器松开，为主轴旋转创造条件；另一股压力油压紧正转（反转）摩擦离合器，接通主轴电动机到主轴的传动链，驱动主轴正转或反转。

在主轴正转或反转过程中，也可旋转变速按钮，改变主轴转速或主轴进给量。

主轴停车时，将操纵手柄扳回中间位置，这时主轴电动机仍拖动齿轮泵旋转，但此时整个液压系统为低压油，无法松开制动摩擦离合器，而在制动弹簧作用下将制动离合器压紧，使制动轴上的齿轮不能转动，主轴实现停车。所以，主轴停车时主轴电动机仍在旋转，只是不能将动力传到主轴。

主轴变速与进给变速：将操纵柄扳至“变速位置”，于是改变两个操纵阀的相互位置，使齿轮泵送出压力油进入主轴预选阀和主轴进给预选阀，然后进入各变速油缸。各变速油缸为差动油缸，具体哪个油缸上腔进压力油或回油，决定所选定的主轴转速和给进量大小，与此同时，另一条油路系统扒动拔叉缓慢移动，逐渐压紧主轴正转摩擦离合器，接通主轴电动机到主轴的传动链，使主轴缓慢转动，称为缓速，缓速的目的在于使滑移齿轮能比较顺利地进入啮合位置，避免出现齿顶齿的现象，当变速完成、松开操作手柄，此时将在弹簧作用下由“变速”位置自动复位到主轴“停车”位置，这时便可操纵轴正转或反转，主轴将在新的转速或进给量下工作。

主轴空挡：将操作手柄扳向“空挡”位置，这时由于两个操纵阀相互位置改变，压力油使主轴传动系统中滑移齿轮处于中间位置，这时可用手轻便地转动主轴。

（2）夹紧机构液压系统。主轴箱、立柱和摇臂的夹紧与松开，是由液压泵电动机拖动液压泵送出压力油，推动活塞棱形块来实现的，其中主轴箱和立柱的夹紧与放松由一个油路控制，摇臂的夹紧与松开，因与摇臂升降构成自动循环，所以由另一个油路单独控制，这两个油路均由电磁阀操纵。

欲夹紧或松开主轴箱及立柱时，首先启动液压电动机，拖动液压泵，送出压力油，在电磁阀操纵下，使压力油经二通阀流入夹紧或松开油腔，推动活塞和棱形块实现夹紧或松开。由于液压泵电动机是点动控制，所以主轴箱和立柱的夹紧与松开是点动的。

2. Z3040 摇臂钻床的电气控制系统

（1）主电路。Z3040 摇臂钻床电气控制主电路如图 5-2-5 所示。其中，M1 为主轴电动机，M2 为摇臂升降电动机，M3 为液压泵电动机，M4 为冷却泵电动机。

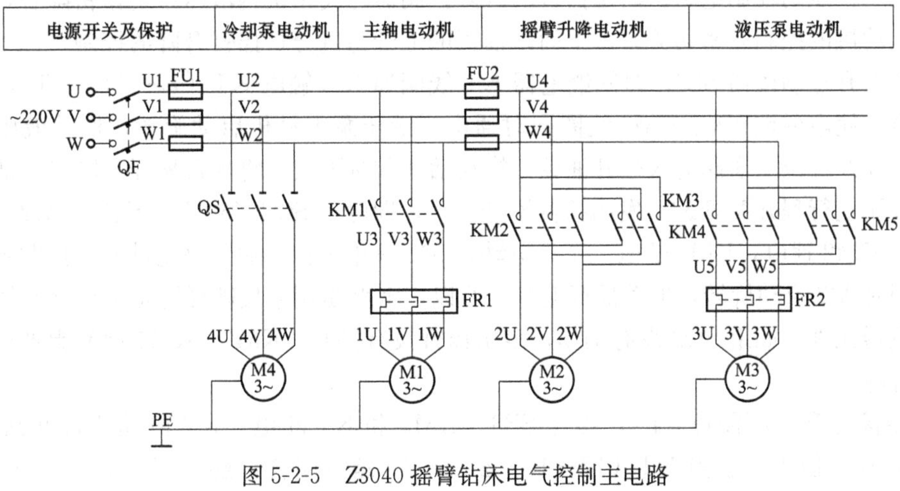

图 5-2-5 Z3040 摇臂钻床电气控制主电路

M1 为单方向旋转，由 KM1 控制，主轴的正反转则由机床液压系统操纵机构配合正反转摩擦离合器实现的，并由热继电器 FR1 作电动机长期过载保护。

M2 由接触器 KM2 和 KM3 控制实现正反转。控制电路保证在操纵摇臂升降时，首先使液压泵电动机启动旋转，供出压力油，经液压系统将摇臂松开，然后才使电动机 M2 启动，拖动摇臂上升或下降。当移动到位后，控制电路又保证 M2 先停下，再自动通过液压系统将摇臂夹紧，最后液压泵电动机才停下。M2 为短时工作，不用设长期过载保护。

M3 由 KM4、KM5 实现正反转控制，并由热继电器 FR2 作长期过载保护。

M4 电动机容量小，仅 0.125kW，由开关 QS 控制。

（2）控制电路。Z3040 摇臂钻床电气控制电路如图 5-2-6 所示。由按钮 SB1、SB2 与 KM1 构成主轴电动机 M1 的单向启动与停止电路。M1 启动后，指示灯 HL3 点亮表示主轴电动机在旋转。

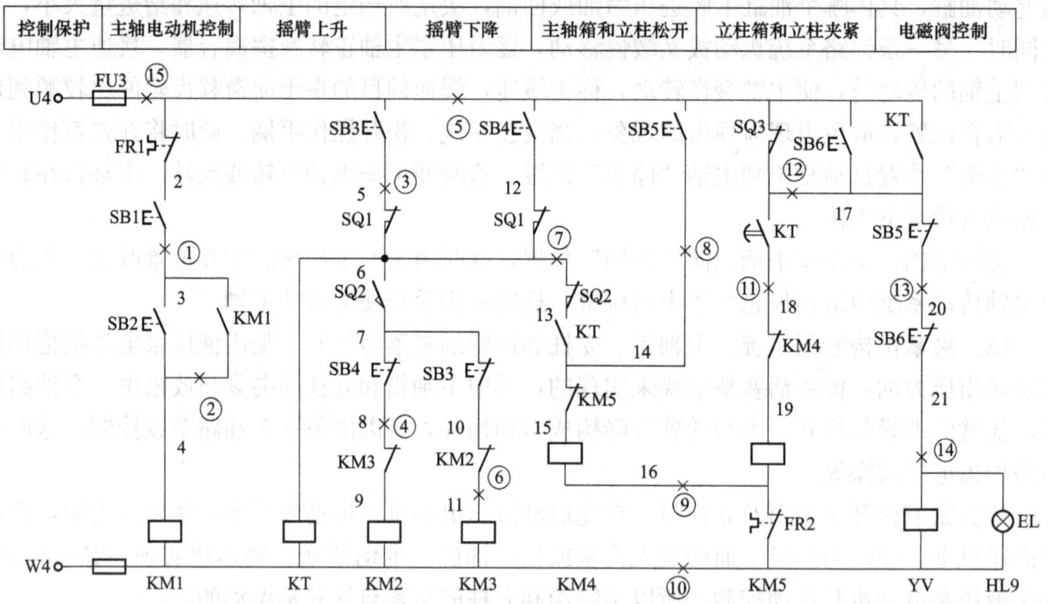

图 5-2-6　Z3040 摇臂钻床电气控制电路

由摇臂上升按钮 SB3、下降按钮 SB4 及正反转接触器 KM2、KM3 组成具有双重互锁的电动机正反转点动控制电路。由于摇臂的升降控制需与夹紧机构液压系统紧密配合，所以与液压泵电动机的控制有密切关系。下面以摇臂的上升为例分析摇臂升降的控制。

按下上升点动按钮 SB3，时间继电器 KT 线圈通电，触电 KT（1—17）、KT（13—14）立即闭合，使电磁铁 YV、KM4 线圈同时通电，液压泵电动机启动旋转，拖动液压泵送出压力油，并经二位六通阀进入松开油腔，推动活塞和棱形块，将摇臂松开。同时，活塞杆通过弹簧片压上行程开关 SQ2，发出摇臂松开信号，即触点 SQ2（6—7）闭合，SQ2（6—13）断开，使 KM2 通电，KM4 断电。于是电动机 M3 停止旋转，油泵停止供油，摇臂维持松开状态，同时 M2 启动旋转，带动摇臂上升。所以，SQ2 是用来反映摇臂是否松开并发出松开信号的电器元件。如果 SQ2 没有动作，表示摇臂没有松开，KM2、KM3 就不能吸和，摇臂就不能升降。

当摇臂上升到所需位置时，松开 SB3，KM2 和 KT 断电，M2 电动机停止旋转，摇臂停止上升。但由于触点 KT（17—18）经 1～3s 延时闭合，触点 KT（1—17）经同样延时断开，所以KT线圈断电经1～3s延时后，KM5通电，YV断电。此时M3反向启动，拖动液压泵，送出压力杆通过弹簧片压下行程开关SQ3，使触点SQ3（1—17）断开，使KM5断电，油泵电动机M3停止转动，摇臂夹紧完成。所以，SQ3为摇臂夹紧信号开关。

时间继电器KT是为保证夹紧动作在摇臂升降电动机停止运转后进行夹紧而设的。KT延时长短根据摇臂升降电动机切断电源到停止的惯性大小来调整，应保证摇臂停止运动后才夹紧。

摇臂升降的极限由组合开关SQ1来实现。SQ1有两对动断触点，当摇臂上升或下降到极限位置时相应触点动作，切断对应上升或下降接触器KM2与KM3，使M2停止转动，摇臂停止移动，实现极限保护。SQ1开关两对触点平时调整在同时接通位置，一旦动作时，应使一对触点断开，另一对触点仍保持闭合。

摇臂自动夹紧程度油行程开关SQ3控制。如果夹紧机构液压系统出现故障不能夹紧，那么触点SQ3（1—17）断不开，或者SQ3开关安装调整不当，摇臂夹紧后仍不能压下SQ3。这时都会使电动机M3处于长期过载状态，易将电动机烧坏，为此M3采用热继电器FR2作过载保护。

主轴箱和立柱松开与夹紧的控制：主轴箱和立柱的夹紧与松开是同时进行的。当按下松开按钮SB5，KM4通电，M3电动机正转，拖动液压泵，送出压力油，这时YV处于断电状态，压力油经二位六通阀，进入主轴箱松开油腔与立柱松开油腔，推动活塞和棱形块，使主轴箱和立柱实现松开。在松开的同时，通过行程开关SQ4控制指示灯发出信号，当主轴箱与立柱松开，开关SQ4不受压，触点SQ4（101—102）闭合，指示灯HL1亮，表示确已松开，可操作主轴箱与立柱移动。当夹紧时，将SQ4触点（101—103）闭合，指示灯HL2亮，可进行钻削加工。

3. 常见摇臂钻床故障分析

发生如图5-2-6控制电路中所标示的15个断点故障时，情况如下：

故障1：SB1按钮开关动合断点，按启动按钮SB2时，KM1不通电，主轴电机M1不转。

故障2：KM1接触器断点，自锁回路断开，按钮放开，KM1不通电，主轴电机M1不转。

故障3：SB3按钮开关动合断点，按SB3按钮，摇臂升降电动机M2不启动。

故障4：KT时间继电器线包断点，KT时间继电器失效。

故障5：电源线断开，液压泵电动机，电磁阀失效。

故障6：KM2接触器动合触点断开，KM3不通电，液压泵电动机M3不转。

故障7：SQ2行车开关动合触点开路，KM4未通电，液压泵电动机M3不转。

故障8：SB5按钮开关动合触点断点，KM4未通电，液压泵电动机M3不转。

故障9：KM4接触器动合触点断点，KM2不通电，M3不转。

故障10：电源线开路，KM5未通电，M3反转不能启动。

故障11：KT时间继电器动合触点开路，现象同上。

故障12：SB6动合触点断开，SB6失效，KM5失电，液压泵电动机不转。

故障13：SB5按钮动断触点开路，电磁阀失效。

故障14：SB6动断触点断开，现象同上。

故障15：FU3熔丝开路，EL照明灯不亮。

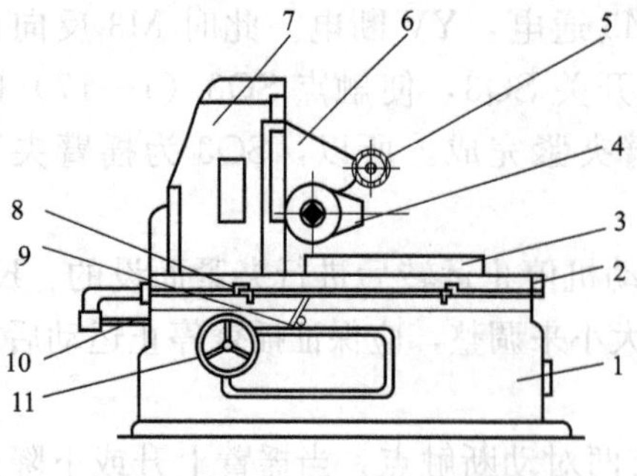

图 5-2-7 M7130 卧轴矩台平面磨床

1—床身；2—工作台；3—电磁吸盘；4—砂轮箱；5—砂轮箱横向移动手轮；6—滑座；7—立柱；8—工作台换向撞块；9—工作台往复运动换向手柄；10—活塞杆；11—砂轮箱垂直进刀手轮

5-2-3 M7130 卧轴矩台平面磨床的电气控制

磨床是用砂轮的周边或端面来加工精密机床。砂轮的旋转是主运动，工件或砂轮的往复运动为进给运动，而砂轮架的快速移动及工作台的移动为辅助运动。M7130 卧轴矩台平面磨床的外形如图 5-2-7 所示。

1. M7130 卧轴矩台平面磨床的主要结构及运动情况

在箱形床身 1 中，装有液压传动装置，工作台 2 通过活塞杆 10 由油压推动作往复运动，床身导轨有自动润滑装置进行润滑。工作台表面有 T 形槽，用以固定电磁吸盘，再由电磁吸盘来吸持加工工件。工作台的行程长度可用过调节装在工作台正面槽中的工作台换向撞块 8 的位置来改变。工作台换向撞块 8 是通过碰撞工作台往复运动换向手柄 9 以改变油路来实现工作台的往复运动的。

在床身上固定有立柱 7，沿立柱 7 的导轨上装有滑座 6，砂轮箱 4 能沿其水平导轨移动。砂轮轴由装入式电动机直接拖动。在滑座 6 内部往往也装有液压传动机构。

滑块 6 可在立柱 7 导轨上作上下移动，并可由砂轮箱垂直进刀手轮 11 操作。砂轮箱 4 的水平轴向移动可由砂轮箱横向移动手轮 5 操作，也可由液压传动作连续或间接移动，前者用于调节运动或修整砂轮，后者用于进给。

M7130 卧轴矩台平面磨床砂轮的旋转运动式主运动。进给运动有垂直进给，即滑座在立柱上的上下运动；横向进给，即砂轮箱在滑座上的水平运动；纵向进给，即工作台沿床身的往复运动。工作台每完成一次往复运动时，砂轮箱作一次间断性的横向进给；当加工完整各平面后，砂轮箱作一次间断性的垂直进给。

2. M7130 卧轴矩台平面磨床的电气控制系统

M7130 卧轴矩台形平面磨床电气控制系统电路如图 5-2-8 所示。

(1) 主电路。主电路由砂轮电动机 M1、液压泵电动机 M3 与冷却泵电动机 M2 组成，其中 M1、M2 由接触器 KM1 控制，再经插销 X1 供电给 M2，电动机 M3 由接触器 KM2 控制。

三台电动机共用熔断器 FU1 作短路保护，M1、M2、M3 分别由 FR1、FR2 作长期过载保护。

(2) 控制电路。由控制按钮 SB1、SB2 与接触器 KM1 构成砂轮电动机 M1 单方向旋转启动或停止控制电路；由 SB3、SB4 与 KM2 构成液压泵电动机单方向启动或停止控制电路。但电动机的启动必须在电磁吸盘 YH 工作，且欠电流继电器 KA 通电吸合，触点 KA (3—4) 闭合，或 YH 不工作，转换开关 SA1 置于“去磁”位置，触点 SA1 (3—4) 闭合后可进行。

(3) 电磁吸盘控制电路。它由整流装置、控制装置及保护装置等部分组成。

1) 整流装置。由整流变压器 T2 与桥式整流器 VD 组成，输出 32V 直流电压对电磁吸盘供电。

2) 控制装置。电磁吸盘集中由转换开关 SA1 控制，SA1 有充磁、断电与去磁三个位置。当开关位置于“充磁”位置时，触点 (14—16) 与触点 (15—17) 接通；当开关置于“去磁”位置时，触点 (14—18)、(16—15) 及 (4—3) 接通；开关置于“断电”位置时，

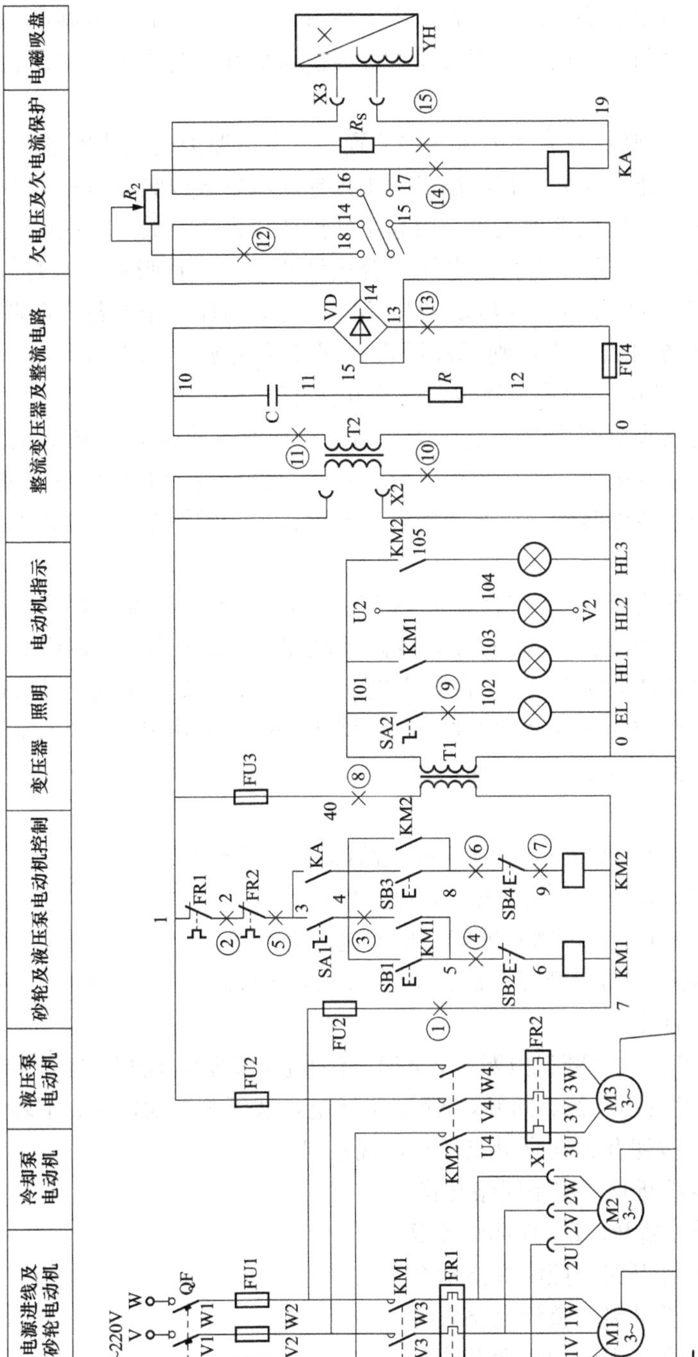

图5-2-8 M7130卧轴矩台平面磨床电气控制系统电路

SA1所有触点都断开，对应开关SA1各位置，电路工作情况如下：当SA1扳至“退磁”位置时，电磁吸盘通入反方向电流，并在电路中串入可变电阻R_2，用以限制并调节反向去磁电流的大小，达到既退磁又不致反向磁化的目的。退磁结束将SA1扳到“断电”位置，便可取下工件。若工件对去磁要求严格，在取下工件后，还要用交流去磁器进行处理。交流去磁器是平面磨床的一个附件，使用时将交流去磁器插头插在床身的插座X2上，再将工件放在去磁器上即可去磁。

3）保护环节。电磁吸盘具有欠电流保护装置、过电压保护装置及短路保护等。

欠电流保护：为防止平面磨床在磨削过程中出现断电事故或吸盘电流减小，致使电磁吸盘失去吸力或吸力减小，造成工件飞出，引起工件损坏或人身事故，故在电磁吸盘线圈电路中串入欠电流继电器KA。只有当直流电压符合设计要求，并且吸盘具有足够吸力时，KA才吸合，触点KA（3—4）闭合，为启动M1、M3进行磨削加工作准备，否则就不能开动磨床进行加工；若已在磨削加工中，则KA因电流过小而释放，触点（3—4）断开，KM1、KM2线圈断电，M1、M3立即停车旋转，避免事故发生。

过电压保护：电磁吸盘匝数多，电感大，通电工作时储有大量磁场能量。当线圈断电时，在线圈两端将产生高电压，若无放电回路，将使线圈绝缘及其他电气设备损坏。为此，在吸盘线圈两端应设置放电装置，以吸收断开电源后放出的磁场能量。电磁吸盘两端并联了电阻R_3，作为放电电阻。

短路保护：在整流变压器T2二次侧或整流装置输出端有熔断器作短路保护。

此时，在整流装置中还设有R、C串联支路并联在T2二次侧，用以吸收交流电路产生的过电压和直流侧电路通断时在T2二次侧产生的浪涌电压，实现整流装置的过电压保护。

（4）照明电路。由照明变压器T1将380V降为36V，并由开关SA2控制照明灯EL。在T1一次侧装有熔断器FU3作短路保护。

3. 磨床故障

发生如图5-2-8电路中所标示的15个断点故障时，情况如下：

故障1：FU2熔丝断开，电源线开路，电机停转。

故障2：FR1热继电器动断触点断点，砂轮电动机停转。

故障3：KM1接触器动合断点，放开SB3按钮，KM1常开未自锁，KM1不通电，摇臂升降电动机M2不启动。

故障4：SB2按钮开关动断触点断开，KM1不通电，砂轮电动机M1停转。

故障5：KA接触器动合触点断开，KM2不通电，液压泵电动机M2不转。

故障6、7：SB4按钮开关动合触点开路，现象同上。

故障8：FU3熔丝断开，控制回路开路。

故障9：SA2开关断开，EL照明灯不亮。

故障10：T变压器开路，照明灯指示灯不亮。

故障11：T变压器开路，整流电路失电。

故障12：SA1开关断开，电磁吸盘失效。

故障13：VD整流块断开，电磁吸盘失效。

故障14：KA时间继电器断开，KM2失电，液压泵电动机M2不转。

故障15：连线断开，电磁吸盘失效。

5-2-4 T68卧式镗床的电气控制

卧式镗床加工各种复杂和大型工件，还可以进行镗孔、钻、扩、铰孔、车削内外螺纹用丝锥攻丝，车外圆柱面和端面，用端铣刀与圆柱铣刀铣削平面等多种工作。

1. T68 卧式镗床的主要结构及运动情况

T68 卧式镗床结构如图 5-2-9 所示。床身由整体的铸件制成，在它的一端装着固定不动的前立柱，在前立柱的垂直导轨上装有镗头架，它可上下移动，在镗头架上集中了主轴部件、变速箱、进给箱与操纵机构等部件。切削刀具安装在镗轴前端的锥孔里，或装在平旋盘的刀具溜板上。在工作过程中，镗轴一面旋转，一面沿轴向作进给运动。平旋盘只能旋转，装在它上面的刀具溜板可以在垂直于主轴轴线方向的径向作进给运动，平旋盘主轴是空心轴，镗轴穿过其中空部分，通过各自的传动链传动，因此可独立转动，在大部分工作情况下使用镗轴加工，只有在用车刀切削端面时才使用平旋盘。

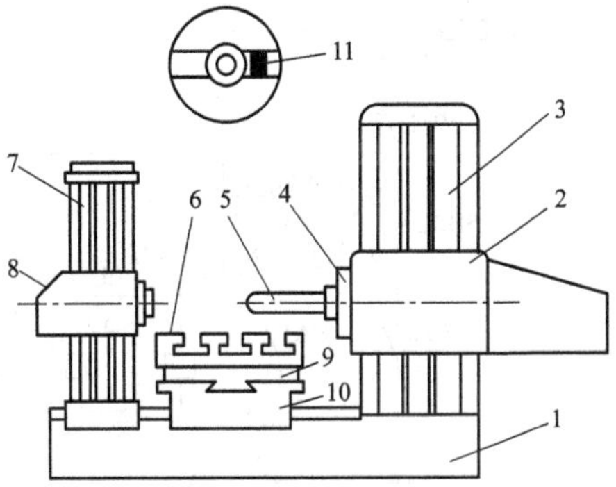

图 5-2-9 T68 卧式镗床结构

1—床身；2—镗头架；3—前立柱；4—平旋盘；5—镗轴；6—工作台；7—后立柱；8—尾座；9—上溜板；10—下溜板；11—刀具溜板

后立柱上的尾座用来夹持装载在镗轴上的镗杆的末端，它可以随镗头架同时升降，因而两者的轴心线始终在同一直线上，后立柱可沿床身导轨在镗轴轴线方向上调整位置。

安装工件的工作台安放在床身中部的导轨上，它有下溜板、上溜板与刀具溜板，工作台相对于上溜板可回转。这样，配合镗头架的垂直移动，工作台的横向、纵向移动和回转，就可加工工件上一系列与轴心线相互平行或垂直的孔。

2. T68 卧式镗床的电气控制系统

图 5-2-10、图 5-2-11 所示分别为 T68 卧式镗床电气控制系统的主电路和控制电路。图中 M1 为主轴与进给电动机，M2 为快速移动电动机。其中 M1 为一台 4/2 极的双速电动机，绕组接法为△/YY。

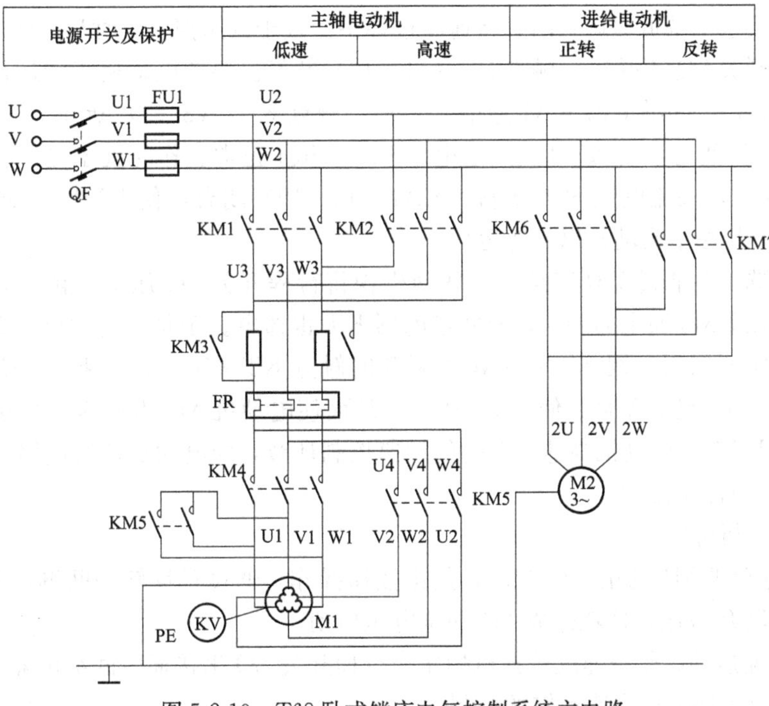

图 5-2-10 T68 卧式镗床电气控制系统主电路

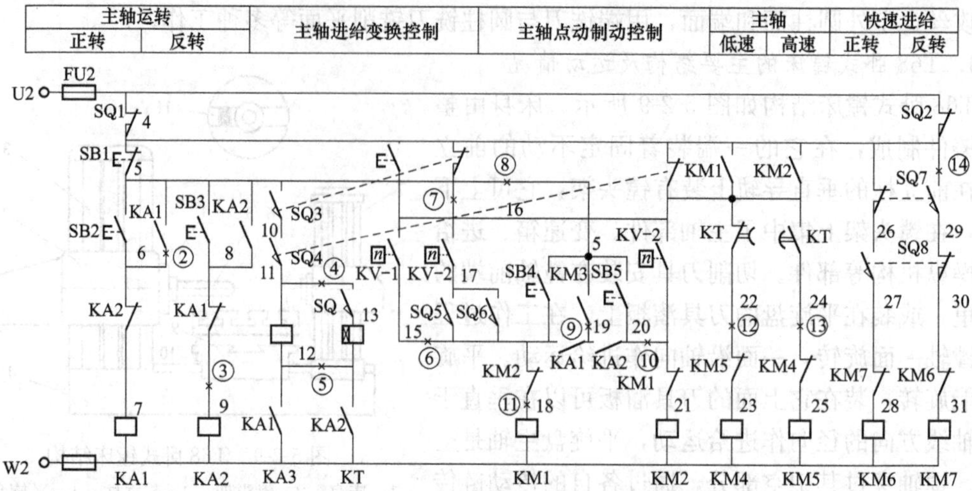

图 5-2-11 T68 卧式镗床电气控制系统控制电路

电动机 M1 由 5 只接触器控制，其中 KM1、KM2 为电动机正、反转接触器，KM3 为制动电阻短接接触器，KM4 为低速运转接触器，KM5 为高速运转接触器（KM5 为一只双线圈接触器或由两只接触器并联使用）。主轴电动机正反转停车时，均由速度继电器 KV 控制，实现反接制动，另外还设有短路保护和过载保护。

电动机 M2 由接触器 KM6、KM7 实现正反转控制，设有短路保护，因快速移动为点动控制，所以 M2 为短时运行，无须过载保护。

（1）主轴电动机的正、反向启动控制。合上电源开关 Q，信号灯 EL 亮，表示电源接通。调整好工作台和镗头架的位置后，便可开动主轴电动机 M1 拖动镗轴或平旋盘正反转启动运行。电路由正、反转启动按钮 SB2、SB3、正反转中间继电器 KA1、KA2 和正反转接触器 KM1、KM2 等构成主轴电动机启动控制环节。另设有高、低速选择手柄，选择高速或低速运行。当要求主轴低速运行时，将速度选择手柄置于低速挡，此时与速度选择手柄有联动关系的行程开关 SQ 不受压，触点 SQ（11—13）断开。要使电动机正转运行，可按下正转启动按钮 SB2，中间继电器 KA1 通电并自锁，触点 KA1（8—9）断开了 KA2 电路；触点 KA1（12—1）闭合，使 KM3 线圈通电（SQ3、SQ4 正常工作时处于受压状态，因此动合触点是闭合的），限流电阻 R 被短接；KA1（15—19）闭合，使 KM1、KM4 相继通电。电动机 M1 在△接法下启动并以低速运行。

若将速度选择手柄置于高速挡，经联动机构将行程开关 SQ 压下，触点 SQ（11—13）闭合。这样，在 KM3 通电的同时，时间继电器 KT 也通电。于是，电动机 M1 在低速△接法启动并经一定时限后，因 KT 通电延时断开的触点 KT（16—22）断开，使 KM4 断电；触点 KT（16—24）延时闭合，使 KM5 通电。从而使电动机 M1 由低速△接法自动换接成YY接法，构成了双速电动机高速运转时的加速控制环节，即电动机按低速挡启动再自动换接成高速挡运转的自动控制。

根据上述分析可知：

1）主轴电动机 M1 的正反转控制，是由按钮操作，通过正反转中间继电器使 KM3 通电，将限流电阻 R 短接，这就构成 M1 的全电压启动。

2）M1 高速启动，是由速度选择机构压合行程开关 SQ 来接通时间继电器 KT，从而实现由低速启动自动换接成高速运转的控制。

3）与 M1 联动的速度继电器 KV，在电动机正反转时，都有对应的触点 KV-1 或 KV-2 的动合触点闭合，为正反转停车时的反接制动作准备。

（2）主轴电动机的点动控制。主轴电动机由正反转点动按钮 SB4、SB5，接触器 KM1、KM2 和低速接触器 KM4 构成正反转低速点动控制环节，实现低速点动调整。点动控制时，由于 KM3 未通电，所以电动机串入电阻接成△接法低速启动，点动按钮送开后，电动机自然停车，若此时电动机转速较高，则可按下停车按钮 SB1，但要按到底，以实现反接制动，实现迅速停车。

（3）主轴电动机的停车与制动。主轴电动机 M1 在运行中可按下停止按钮 SB1，来实现主轴电动机的停车与反接制动（将 SB1 按到底）。由 SB1、KV、KM1、KM2 和 KM3 构成主轴电动机正反转反接制动控制环节。

以主轴电动机运行在低速正转状态为例，此时 KA1、KM1、KM3、KM4 均通电吸合，速度继电器 KV-2（16—20）闭合，为正转反接制动做准备。当停车时，按下 SB1，触点 SB1（4—5）断开，KA1、KM3 断电释放，使主轴电动机定子串入限流电阻，触点 KA1（15—19）、KM3（5—19）断开，使 KM1 断电，切断主轴电动机正向电源。而 KM1 触点（20—21）闭合，使 KM2 通电，其触点（4—16）不合，使 KM4 继续保持通电，于是主轴电动机进行反接制动。当电动机转速降低到 KV 释放值时，触点 KV（16—20）释放，使 KM2、KM4 相继断电，反接制动结束。

若主轴电动机已运行在高速正转状态，当按下 SB1 后，立即使 KA1、KM3、KT 断电，再使 KM1 断电，KM2 通电，同时 KM5 断电，KM4 通电。于是主轴电动机串入限流电阻，接成△接法，进行反接制动，直至 KV 释放，反接制动结束。

（4）主运动与进给运动变速控制。其通过变速操纵盘改变传动链的传动比来实现。电气上要求电动机先制动，然后在低速状态下实现机械换挡，接着再启动。图 5-2-11 中，行程开关 SQ3、SQ4 起到速度变换时使电动机制动、启动的作用，SQ5、SQ6 则起到冲动啮合齿轮的作用。下面以主轴变速为例，说明其变速控制。

1）变速操作过程。主轴变速时，首先将变速操纵盘上的操纵手柄拉出，然后转动变速盘，选好速度后，将变速操纵手柄推回，在拉出或推回变速操纵手柄的同时，与其联动的行程开关 SQ3（主轴变速时自动停车与启动开关）、SQ5（主轴变速齿轮啮合冲动开关）相应动作，在手柄拉出时开关 SQ3 不受压，SQ5 受压。推上手柄时压合情况正好相反。

2）主轴运行中的变速控制过程。主轴在运行中需要变速，可将主轴变速操纵手柄拉出，这时与变速操纵手柄有联动关系的行程开关 SQ3 不再受压，触点 SQ3（5—10）断开，KM3、KM1 断电，将限流电阻串入 M1 定子电路，另一触点 SQ3（4—16）闭合，且 KM1 已断电释放，于是 KM2 经 KV（16—20）触点而通电吸合，使电动机定子串入电阻 R 进行反接制动。若电动机原运行在低速挡，此时 KM4 仍保持通电，电动机接成△接法串入电阻进行反接制动，若电动机原运行在高速挡，则此时将YY接法换接成△接法，串入 R 进行反接制动。然后，转动变速操纵盘，转至所需转速位置，速度选好后，将变速操纵手柄推回原位。若此时因齿轮啮合不上而变速操纵手柄推不上时，行程开关 SQ5 受压，触点 SQ5（17—15）闭合，KM1 经触点 KV-2（16—17）、SQ（4—16）接通电源，同时 KM4 通电，使主轴电动机串入电阻 R、接成△接法而低速启动。当转速升到速度继电器动作值时，KV-2 的动断触点断开，使 KM1 断电释放；动合触点闭合，使 KM2 通电吸合，对主轴电动机进行反接制动，使转速下降。当速度降至速度继电器释放值时，

KV-2复位，反接制动结束。若此时变速操纵手柄仍推合不上时，则电路重复上述过程，从而使主轴电动机处于间歇启动合制动状态，获得变速时的低速冲动，便于齿轮啮合，直至变速操纵手柄推合为止。手柄推合后，压下SQ3，而SQ5不再受压，上述变速冲动才结束，变速过程才完成。此时由触点SQ5切断上述瞬动控制电路，而触点SQ3（5—10）闭合，使KM3、KM1相继通电吸合，主轴电动机自行启动，拖动主轴在新选定的转速下旋转。

至于在主轴电动机未启动前，主轴速度的操作方法及控制过程与上述完全相同。

进给变速控制与主轴变速控制相同。它是由进给操纵盘来改变进给传动链的传动比来实现的，其变速操作过程与主轴变速时相似。首先，将进给变速操纵手柄拉出，此时与其联动的行程开关SQ4、SQ6相应动作（当手柄拉出时SQ4不受压，SQ6将受压；当变速手柄推回时，则情况相反）；然后转动进给变速操纵盘，选好进给速度；最后将变速操纵手柄推合。若手柄推合不上，则电动机进给间歇的低速起制动，获得低速变速冲动，有利于齿轮啮合，制止手柄推合上，变速控制结束。

（5）镗头架、工作台快速移动控制。为缩短辅助时间，提高生产率，由快速电动机M2经传动机构拖动镗头架和工作台做各种快速移动。运动部件及其运动方向的预选，由装设在工作台前方的操纵手柄进行，而控制则用镗头架上的快速操作手柄控制。当扳动快速操作手柄时，将相应压合行程开关SQ7或SQ8，接触器KM6或KM7通电，实现M2的正反转，再通过相应的传动机构，使操纵手柄预选的运动部件按选定方向快速移动。当镗头架上的快速移动操作手柄复位时，行程开关SQ8或SQ7不再受压，KM6或KM7断电释放，M2停止旋转，快速移动结束。

（6）机床的联锁保护。如当工作台或镗头架自动进给时，不允许主轴或平旋盘刀架进行自动进给，否则将发生事故，为此设置了两个联锁保护行程开关SQ1和SQ2。其中SQ1是工作台和镗头架自动进给手柄联动的行程开关，SQ2是与主轴和平旋盘刀架自动进给手柄联动的行程开关。将SQ1、SQ2动断触点并联后串接在控制电路中，若扳动两个自动进给手柄，将使触点SQ1（3—4）与SQ2（3—4）断开，切断控制电路，使主轴电动机停止，快速移动电动机也不能启动，实现联锁保护。

3. 常见镗床故障分析

发生图5-2-11控制电路中所标示的14个断点故障时，情况如下：

故障1：FU3熔丝断开，HL信号灯不亮。

故障2：KA1接触器动合触点断开，放开SB2按钮，KA1动合触点未自锁，KA1、KM1未通电，主轴电动机M1停转。

故障3：KA1接触器动断触点断开，KA2未通电，主轴电动机M1停转。

故障4：SQ行车开关动合触点断开，KT未通电，主轴低速，高速失效。

故障5：KM3和KT连接线断开，KM3未通电，主轴低速，高速失效。

故障6：KV-1速度继电器动合触点开路，现象同上。

故障7：SQ3行程开关动断触点开路，KM1不通电，主轴电动机M1不转。

故障8：连接线断开，主轴点动控制失效。

故障9：KM3接触器动合触点断开，主轴点动控制失效。

故障10：连接线断开。

故障11：KM2接触器动断触点断开，KM1线包未通电，主轴电动机停转。

故障12：KT延时动断触点断开，KM4未通电，主轴电动机停转。

故障 13：SQ7 行车开关动合触点断开，KM7 未通电，主轴进给电动机反转失效。

故障 14：SQ8 行车开关动合触点断开，KM6 未通电，主轴进给电动机正转失效。

5-2-5　X62W 卧式万能铣床的电气控制

1. X62W 卧式万能铣床的主要结构

X62W 卧式万能铣床具有主轴转速高、调速范围宽、操作方便和加工范围广等特点。这种机床主要由底座、床身、悬梁、刀杆支架、工作台和升降台等部分组成，如图 5-2-12 所示。

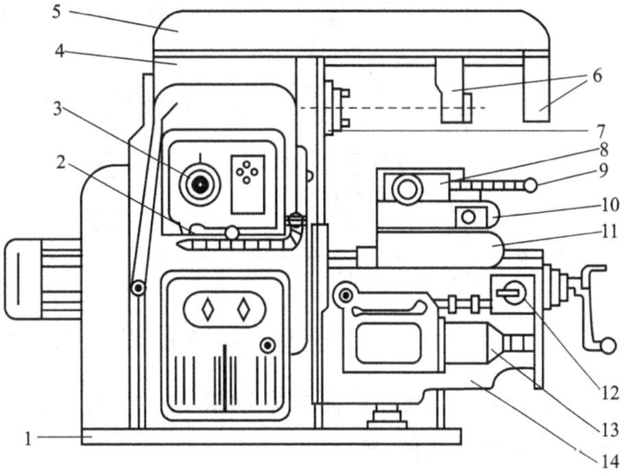

图 5-2-12　X62W 卧式万能铣床

1—底座；2—主轴变速手柄；3—主轴变速数字盘；4—床身；5—悬梁；6—刀杆支架；7—主轴；8—工作台；9—工作台纵向操作手柄；10—回转台；11—床鞍；12—工作台升降及横向操作手柄；13—进给变速手轮及数字盘；14—升降台

2. X62W 卧式万能铣床的电气控制系统

图 5-2-13、图 5-2-14 分别为 X62W 卧式万能铣床电气控制系统的主电路和控制电路。

（1）主电路。图 5-2-13 中，M1 为主电动机，其正反转由换向组合开关 SA4 实现，正常运行时由 KM1 控制。KM2 的主触点串联两相电阻与速度继电器配合，实现 M1 的停车反接制动，还可以进行变速冲动控制。M2 为工作台电动机，由正反转接触器 KM3、KM4 主触点控制，YA 为快速移动电磁铁，由 KM5 控制。M3 为冷却泵电动机，由 KM6 控制。

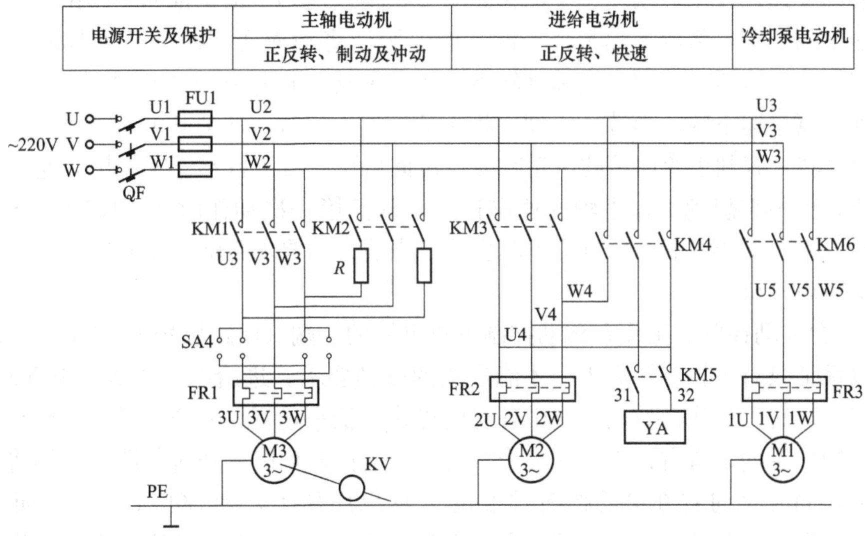

图 5-2-13　X62W 卧式万能铣床电气控制系统主电路

（2）控制电路。

1）主电动机的启停控制。在非变速状态，同主轴变速手柄关联的主轴变速冲动限位开关 SQ7 不受压。根据所用的铣刀，由 SA4 选择转向，合上 QS，按动 SB3 和 SB4 两地操作

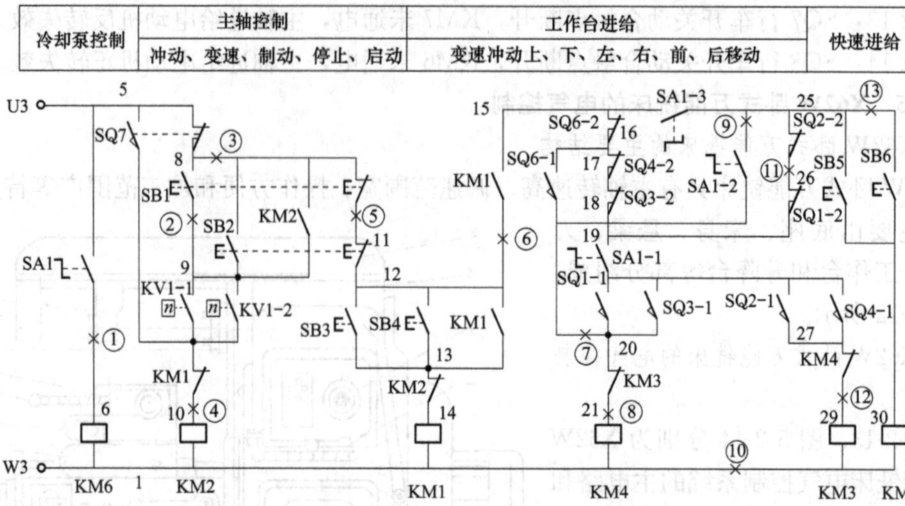

图 5-2-14　X62W 卧式万能铣床电气控制系统控制电路

就可使得 KM1 通电，进而主电动机 M1 启动运行。由于本机床较大，为方便操作和提高安全性，可在两处启停 M1。

需停车时，按动 SB1 或 SB2，显见 KM1 随即断电，但应注意到速度继电器的正向触点 KV-1 和反向触点 KV-2 总有一个闭合着，故 KM1 断电后，制动接触器 KM2 就立即通电，进行反接制动，直至电动机转速接近为 0 时，速度继电器触点全部断开，制动结束。

2）主轴变速冲动控制。主轴变速时，首先将主轴变速手柄微微压下，使它从第一道槽内拔出，然后拉向第二道槽。当落入第二道槽内后，再旋转主轴变速盘，选好速度，将手柄以较快速度推回原位。若推不上使，再一次拉回来、推过去，直至手柄推回原位，变速操作才完成。

在上述的变速操作中，就在将手柄拉到第二道槽或从第二道槽推回到原位的瞬间，通过变速手柄连接的凸轮，将压下弹簧杆一次，而弹簧杆将碰撞变速冲动开关 SQ7，使其动作一次并随即复位。这样，若原来主轴旋转着，当将变速手柄拉到第二道槽时，主电动机 M1 被反接制动速度迅速下降。当选好速度、将手柄推回原位时，冲动开关又动作一次，主电动机 M1 低速反转，有利于变速后的齿轮啮合。由此可见，可进行不停车直接变速。若原来处于停车状态，则不难想到，在主轴变速操作中，SQ7 第一次动作时 M1 反转一下，SQ7 第二次动作时 M1 又反转一下，故也可停车变速。当然，若要求主轴在新的速度下运行，则需要重新启动主电动机。

3）工作台移动控制。工作台移动控制电路电源的一端（回路标号 15），串入 KM1 的自锁触点，以保证只有主轴旋转后工作才能进给的联锁要求。进给电动机 M2 由 KM3、KM4 控制，实现正反转。工作台移动方向由各自的操作手柄来选择。有两个操作手柄，一个为左右（纵向）操作手柄，有右、中、左三个位置，当扳向右面时，通过其联动机构将纵向进给离合器挂上，同时将向右进给的按钮式限位开关 SQ1 压下，则 SQ1-1 闭合，而常闭触点 SQ1-2 断开；当扳向左时，SQ2 受压。另一个为前后（横向）和（升降）十字操作手柄，该手柄有五个位置，即上、下、前、后和中间零位。当扳动十字操纵手柄时，通过联动机构，将控制运动方向的机械离合器合上，同时压下相应的限位开关。若向下或向前扳动，则 SQ3 受压；若向上或向后扳动，则 SQ4 受压。

图 5-2-14 中的 SA1 为圆工作台转换开关，它是一种二位式选择开关。当使用圆工作台

时，SA1-2 接通，SA1-1 与 SA1-3 均断开；当不使用圆工作台而使用普通工作台时，SA1-1 和 SA1-3 均闭合，SA1-2 断开。图 5-2-14 中的 SQ6 为进给变速冲动开关。

4）工作台各运动方向的联锁。在同一时间内，工作台只允许向一个方向移动，各运动方向之间的联锁是利用机械和电气两种方法来实现的。

工作台的向左、向右控制，是同一手柄操作的，手柄本身起到左右移动的联锁作用。同理，工作台的前后和上下四个方向的联锁，是通过十字手柄本身来实现的。

工作台的左右移动同上下及前后移动之间的联锁是利用电气方法来实现的，电气联锁原理已在工作台移动控制原理分析中讲到了，此处不再赘述。

5）工作台进给变速冲动控制。与主轴变速类似，为了使变速时齿轮易于啮合，控制电路中也设置了瞬时冲动控制环节。变速应在工作台停止移动时进行，操作过程是：先启动主电动机 M1，拉出蘑菇形变速手轮，同时转动止所需要的进给速度，再把手轮用力往外一拉，并立即推回原位。

在手轮拉到极限位置时，其连杆机构推动冲动开关 SQ6，使得 SQ6-2 断开，SQ6-1 闭合，由于手轮被很快推回原位，故 SQ6 短时动作，KM4 短时通电，电动机 M2 短时冲动。KM4 通电的电流通路为：回路标号 15—25—26—18—17—16—20—21—1。

可见，若左右操作手柄和十字手柄中只要有一个不在中间停止位置，此电流通路便被切断，保证了变速冲动只能在工作台停止移动时进行。

6）圆工作台控制。在使用圆工作台时，要将圆工作体转换开关 SA1 置于远工作台“接通”位置，而且必须将左右操作手柄和十字手柄置于中间停车位置。接下去，按动主轴启动按钮 SB3 或 SB4，主电动机 M1 便启动，而进给电动机 M2 也因 KM4 的通电而旋转，由于圆工作台的机械传动已接上，故也跟着旋转。这时，KM4 的通电电流通路为：回路标号 15—16—17—18—26—25—20—21—1。

显见，通路中的 SQ1～SQ4 四个常闭触点为联锁触点，起着圆工作台转动与工作台三种移动的联锁保护作用，即只有在移动手柄处于“停止”位置时，工作台才能转动。圆工作台也可通过蘑菇形变速手轮变速。另外，当圆工作台转换开关 SA1 置于“断开”位置，而左右及十字操作手柄置于中间“零位”时，也可用手动机械方式使它旋转。

7）冷却泵电动机的控制。冷却崩电动机 M3 的启停由转换开关 SA3 直接控制，无失压保护功能，不影响安全操作。

(3) 辅助电路及保护环节分析。机床的局部照明由变压器 T 供给 36V 安全电压，灯开关为 SA2。M1、M2 和 M3 为连续工作制，由 FR1、FR2 和 FR3 实现过载保护。由 FU1 实现主电路的短路保护，FU2 实现控制电路的短路保护，FU3 实现照明电路的短路保护。

3. 常见铣床故障分析

发生图 5-2-14 控制电路中所标示的 15 个断点故障时，情况如下：

故障 1：SA3 开关断开，KM6 未通电，冷却电动机 M3 停转。

故障 2：SB1 按钮开关动合触点断点，KM2 未通电，进给电动机 M2 停转。

故障 3、5：主轴控制回路断开，主轴电动机和进给电动机 M1、M2 停转。

故障 4：KM1 接触器动断触点断开，KM2 未通电，进给电动机 M2 停转。

故障 6：KM1 接触器动合触点断开，进给电动机 M2 停转。

故障 7：SQ6-1 行程开关动合触点断开，KM4 不通电，进给电动机 M2 不转。

故障 8：KM3 接触器动断触点开路，现象同上。

故障9：SA1-2主令开关动合触点开路，KM4不通电，进给电动机M2不转。

故障10：SQ3-1行车开关断开，KM3未通电，进给电动机停转。

故障11：SQ2-2行车开关断开，KM4未通电，进给电动机M2不转。

故障12：KM4接触器动合触点断开，KM3未通电，进给电动机M2不转。

故障13：SB6按钮动合触点断开，KM5线包未通电，YA电磁阀失效。

5-3 电工技能训练项目

5-3-1 机床电气控制原理图和电气接线图的绘制

1. 机床电气控制原理图的绘制方法

在实际工作中，常常会遇到这样的情况，由于电气设备使用日久，原有机床的电气控制线路图已丢失，这会给电气设备及电气控制线路的检修带来诸多不便。所以有必要根据实物测绘机床的电气设备的控制电路原理图，其方法是：

(1) 了解机床的基本结构及运动形式，有哪些运动是电气控制的，有哪些运动是机械传动的，有哪些运动是液压传动的；液压传动时，电磁阀的动作情况如何；另外，电气控制中哪些需要联锁、限位，需要什么保护等。

(2) 在熟悉机械动作情况的同时让机床的操作者开动机床，展示各运动部件的动作情况。了解哪些是正反转控制，哪些是顺序控制，哪台电机需制动控制等。

(3) 根据各部件的动作情况，在电气控制箱（盘）中观察各电气元件的动作情况，根据动作情况绘制电气控制原理图。绘制的步骤如下：

1) 先绘制主运动、辅助运动及进给运动的主电路的控制线路图。

2) 绘制主运动、辅助运动及进给运动的控制线路图。

3) 将绘制的原理图按实物编号。

4) 将绘制好的电气控制原理图与实物进行对照，检查是否正确。

(4) 将绘制好的控制电路图对照实物进行实际操作，检查绘制的电气控制原理图的操作控制与实际操作的电器动作情况是否相符，如果与实际操作情况相符，即完成了电气原理图的绘制。否则须进行修改，直到与实际动作相符为止。

2. 电气接线图的绘制

电气接线图根据生产机械运动形式对电气设备的要求绘制而成，是用来协助理解电气设备的各种功能，而不考虑其实际位置的一种简图。

电气接线图是根据电气设备和电气元件的实际位置和安装情况进行绘制的，以表示电气设备各个单元之间的接线关系，主要用于安装接线和线路检查维修。在实际应用中，电气接线图通常与原理图一起使用。绘制电气接线图时，应注意以下几点：

(1) 电气接线图中各个电气元件的图形符号及文字符号必须与原理图完全一致，并应符合国家标准。每一个电气元件的所有部件应画在一起，并用虚线框起来。

(2) 导线编号标示。首先应在电气原理图上编写线号，再编写电气接线图线号。电气接线图的线号和实际安装的线号应与电气原理图编写的线号一致。线号的编写方法如下：

1) 主回路线号的编写。三相电源自上而下编号为L1、L2和L3，经电源开关后出线上依次编号为U11、V11和W11，每经过一个电气元件的接线桩编号要递增，如U11、V11和W11递增后为U12、V12和W12……如果是多台电动机的编号，为了不引起混淆，可在字母的前面冠以数字来区分，如1U、1V和1W；2U、2V和2W。

2）控制回路线号的编写。应从上至下，从左到右每经过一个电气元件的接线桩，编号要依次递增。编号的起始数字，除控制回路必须从阿拉伯数字1开始，1依次递增为2、3…照明电路编号从101开始；信号电路从201开始。

（3）各个电气元件上凡是需要接线的部件及接线桩都应绘出，且一定要标注端子线号。各端子编号必须与电气原理图上相应的编号一致。

（4）安装板内、外的电气元件之间的连线，都应通过接线端子板进行连接。

（5）接线图中的导线可用连续线和中断线来表示，也可用束线来表示。

5-3-2 机床电气设备安装配线

1. 控制箱（板）内部配线方法

控制箱（板）常用的配线方法有板前明线配线、板前线槽配线和板后配线三种。板前明线配线适用于电气元件数较少、较简单的电气系统；板后配线的方法较少采用；在较复杂的电气控制线路中，多采用控制板前线槽配线的方法。板前线槽配线的具体工艺要求是：

（1）所有导线的截面积在不小于0.5mm^2时，必须采用软线；所有导线的最小截面积，考虑机械强度的原因，在控制箱外为1mm^2，在控制箱内为0.75mm^2，但对控制箱内很小电流的电路连线，如一些电子逻辑电路，可用0.2mm^2截面积导线，而且可以采用硬线，但只能用于不移动又无振动的场合。

（2）布线时，严禁损伤线芯和导线绝缘。

（3）控制板上各电气元件接线端子引出导线的走向，以元件的水平中心线为界限，在水平中心线以上，接线端子引出的导线必须进入元件上面的走线槽；在水平中心线以下，接线端子引出的导线必须进入元件下面的走线槽。任何导线都不允许从水平方向进入走线槽内。

（4）各电气元件接线端子上引出或引入的导线，除间距很小和元件机械强度很差允许直接架空敷设外，其他导线必须经过走线槽进行连接。

（5）各电气元件与走线槽之间的外露导线，应走线合理，并尽可能做到横平竖直，变换走向要垂直。同时，同一个元件上位置一致的端子和同型号电气元件中位置一致的端子上引出或引入的导线，应敷设在同一平面上，并应做到高低一致或前后一致，不得交叉。

（6）进入走线槽内的导线要完全置于走线槽内，并应尽可能避免交叉，装线时不要超过走线槽容量的70%，以便于能方便地盖上线槽盖，也便于以后的装配和维修。

（7）所有接线端子、导线线头上都应套有与原理图上相应接点一致线号的编码套管，并按线号进行连接，连接必须牢靠，不得松动。

（8）接线端子必须与导线截面积和材料性质相适应。当接线端子不适合连接软线或较小截面积的软线时，可以在导线端头穿上针形或叉形轧头并压紧。

（9）一般一个接线端子只能连接一根导线，如果采用专门设计的端子，可以连接两根或多根导线，但导线的连接方式必须是公认的、在工艺上成熟的各种方式，如夹紧、反接、焊接、绕接等，并应严格按照连接工艺工序要求进行。

2. 机床电气设备安装穿管配线

凡在机床本身而不在配电柜内的导线都应穿管。配电柜与外部电器连接的导线，在配电柜内的导线端应穿塑料管或用线绳、布带、塑料带绑扎，在配电柜外的导线一般应穿金属软管，对于承受压力的地方应穿铁管。

（1）铁管配线。

1）引向机床、电机组和配电柜的电线管应尽量取最短距离，管子的弯曲次数尽量减少（一般不多于三个弯）。

2）管子弯后不能有裂缝和凹陷现象，管口不能有毛刺，管内不能有杂物。管路引出地面时，距地面高度不得小于200mm。铁管弯曲时，其弯曲半径不能小于管子外径的4～6倍。

3）预埋的管路，管口应有木塞，明设管路应横平竖直，铁管应可靠地保护接零或接地。

4）不同电压、不同回路、不同频率的导线不能穿在同一管内。

5）穿管导线不得有接头，铜线截面积不得小于1.5mm^2，铝线截面积不得小于2.5mm^2，所穿导线总截面积应比管内径截面积小40%。管路穿线时，用钢丝作引线，一人送线另一人拉线。若线管较长、弯曲次数多、穿钢丝引线有困难时，可将两根钢丝引线的一端弯成小钩，同时从管子两端穿入，当两根引线在管中相遇时，同时转动两根引线使其挂在一起，然后拉出引线。穿管导线每10根应增加一根备用线。

（2）金属软管配线。

1）根据所穿导线选金属软管，金属软管内径截面积应大于所穿导线截面积。

2）金属软管的两头应有接头连接，中间部分应用卡子固定。金属软管不能有脱节、凹陷现象。移动的金属软管应有足够余量。

（3）配电盘的配线。

1）配线的种类。配电盘配线有明配线、暗配线和线槽配线三种，最需用的是明配线。①明配线：明配线又称板前配线，其特点是线路整齐美观，导线去向清楚，检查故障方便。②暗配线：暗配线又称板后配线，其特点是配线速度快，能长时间保持板面整齐，缺点是检查故障困难。③线槽配线：线槽配线适用于电气元件多、控制线路复杂的设备。它具有配线速度快，能长时间保持板面整齐，缺点是成本高，检查故障困难。

2）配线的要求。根据负荷选择导线截面；根据不同回路，选择不同颜色的导线；配电盘配线应整齐美观，横平竖直，转角处应成直角，成排的导线应用铜精扎或卡子固定；应尽最减少导线交叉和架空导线；导线敷设不能妨碍电气元件的拆卸；导线端头应套异形塑料管或白色塑料管，在套管上标上线号；单股单线的线头应弯成圆环，圆环的旋向应与螺钉的旋向一致；多股导线的线头应弯成圆环后搪焊锡。

（4）配线方法。

1）配线前应认真消化图纸。

2）根据图纸要求和电气元件的布局，仔细考虑导线的去向。

3）先配主电路，后配控制电路。

4）配完线后，应根据图纸仔细检查接线是否正确。确认无误时将所有螺钉紧固。

5-3-3 基本控制线路的安装步骤及要求

1. 基本控制线路的安装步骤

（1）在电气原理图上编写线号。

（2）按电气原理图及负载电动机功率的大小配齐电气元件，检查电气元件。检查电气元件时，应注意以下几点：

1）外观检查。外壳有无裂纹，各接线桩螺栓有无生锈，零部件是否齐全。

2）电气元件的电磁机构动作是否灵活，有无衔铁卡阻等不正常现象。用万用表检查电磁线圈的通断情况。

3）检查电气元件触头有无熔焊、变形、严重氧化锈蚀现象，触点开距、超程是否符合要求。核对各电气元件的电压等级、电流容量、触头数目及开闭状况等。

（3）确定电气元件安装位置，固定安装电气元件，绘制电气接线图。在确定电气元件安装位置时，应做到既方便安装时布线，又要便于检修。

（4）按图安装布线。

2. 基本控制线路的安装要求

（1）电气元件固定应牢固、排列整齐，防止电气元件的外壳压裂损坏。

（2）按电气接线图确定的走线方向进行布线，可先布主回路线，也可先布控制回路线。对于明露敷设的导线，走线应合理，尽量避免交叉，做到横平竖直。敷设线路时不得损伤导线绝缘及线芯。所有从一个接线桩到另一个接线桩的导线必须是连续的，中间不能有接头。接线时，可根据接线桩的情况，将导线直接压接或将导线顺时针方向煨成稍大于螺栓直径的圆环，加上金属垫圈压接。

（3）主回路和控制回路的线号套管必须齐全，每一根导线的两端都必须套上编码套管。套管上的线号可用环乙酮与龙胆紫调合，不易褪色。在遇到 6 和 9 或 16 和 91 这类倒顺都读数的号码时，必须做记号加以区别，以免造成线号混淆。

5-3-4 机床电气设备的调整试车

1. 试车前的准备工作

安装完毕的控制线路板，必须经过认真检查和明确试车目的后，才能通电试车，以防止错接、漏接造成不能实现控制功能或短路事故。检查内容有：

（1）准备好电工用工具、测量仪表和电气图纸资料。

（2）认真消化图纸，检查各部分接线是否正确和各电气元件是否在正常位置。

（3）紧固接线螺钉。

（4）按电气原理图或电气接线图从电源端开始，逐段核对接线及接线端子处线号。重点检查主回路有无漏接、错接及控制回路中容易接错之处。检查导线压接是否牢固，接触良好，以免带负载运转时产生打弧现象。

（5）用万用表检查线路的通断情况。可先断开控制回路，用Ω挡检查主回路有无短路现象。然后断开主回路再检查控制回路有无开路或短路现象，自锁、联锁装置的动作及可靠性。

（6）用 500V 兆欧表测量 380V 电动机和线路的对地绝缘电阻值与相间绝缘电阻值时，不应小于 1MΩ。

（7）对于不能逆转的机械应与电动机脱开。待电动机转向确定后，再与机械连接。对于有可能造成事故的机械部位，应与电动机脱开。待调整好后，再与电动机连接。

（8）所有控制电器的手柄应置于零位，调速装置的手柄应置于最低速位置。

（9）正确判断反馈系统中信号的极性。

2. 通电试车

为保证人身安全，在通电试运转时，应认真执行安全操作规程的有关规定，一人监护，一人操作。试运转前应检查与通电试运转有关的电气设备是否有不安全的因素存在，查出后应立即整改，方能试运转。通电试运转的顺序如下：

（1）通电试车时，应由机修钳工和操作工人配合。清理配电柜内及周围环境的杂物。

（2）接通电源开关。

（3）按电气控制图逐级试车。启动按钮应采用点动，观察电动机的旋转方向是否正确，各部分电器在工作过程中是否处于正常状态。

（4）空载试运转。接通三相电源，合上电源开关，用试电笔检查熔断器出线端，氖管亮则电源接通。按动操作按钮，观察接触器动作情况是否正常，并符合线路功能要求；观察电气元件动作是否灵活，有无卡阻及噪声过大等现象，有无异味。检查负载接线端子三相电源是否正常。经反复几次操作，均正常后方可进行带负载试运转。

(5) 带负载试运转。带负载试运转时，应先接上检查完好的电动机连线后，再接三相电源线，检查接线无误后，再合闸送电。按控制原理启动电动机。当电动机平稳运行时，用钳形电流表测量三相电流是否平衡。

(6) 通电试运行完毕，停转、断开电源。先拆除三相电源线，再拆除电动机线，完成通电试运转。试完车后，即可进行最后的整理工作，如装好防护罩，用线绳或塑料带绑扎导线等。

5-3-5 机床电气设备故障的排除方法

现代化的生产设备，需要有一定理论知识和丰富实践经验的工人去安装、调试、维护与修理，以保证生产设备的正常工作，这是提高企业经济效益的重要环节。

电气设备在工作过程中，由于各种原因，会产生各种故障，有些故障又往往与机械交错在一起，难以分辨。作为维修电工，如何能熟练、准确、迅速、安全地找出原因并加以排除，这是十分关键的。只要我们善于学习，不断总结经验，找出规律，就能掌握正确的排除故障方法。下面介绍排除故障的一般步骤及方法。

1. 故障调查

电修人员来到故障现场首先应做以下几方面的调查研究，以便确定故障部位：

(1) 问。向操作者了解故障现象，这对找出故障原因和排除故障是十分重要的。向机床操作者询问故障发生的部位、故障发生的前后情况、故障发生时有哪些异常现象，如冒烟、打火、有响声、有焦臭味等。询问操作时有无频繁启动或误操作。

(2) 看。对电气设备的外观进行检查，因为有些故障是有明显征兆的，很容易发现。检查熔断器是否熔断，热继电器是否动作，电气元件有无烧毁、发热、断线的，接线头有无脱落，连接螺钉有无松动。

(3) 听。通过声音异常发现和分析故障。接通电源，听听电动机、变压器等有关元件工作时，声音是否正常。闻闻有无焦臭味来判定电动机、变压器、电磁线圈电流是否过大及可能产生的原因。

(4) 摸。电机的温升和振动，可通过用手去摸的感觉去分析判断故障。切断电源，用手触摸电动机、变压器、电磁线圈是否显著过热。

2. 逻辑法

逻辑法，即优选法。当设备发生故障时，不是对每根导线和电气元件全部检查，这样不但浪费时间，而且容易造成人为故障，而是根据电气控制图的控制程序和它们之间的联系，结合故障调查结果进行分析，缩小检查范围，找出可能引起故障的因素，通过仪表测量找出故障点。

检修人员应充分反复地阅读电气原理图，分析机床电气控制线路，明了其工作原理，掌握电气设备之间的联系、前后顺序、控制要求，逐一分析解决。对于机械、电气、液压共同控制的机床，线路复杂，除了明确电气控制的过程以外，还要明确与机械传动、液压传动之间的关系。因此，在检修电气故障的同时，应调整和排除机械、液压方面的故障，最好与机修人员配合进行。

3. 通电试验检查法

有些故障的现象不清或故障点难以判断，可通过试车进行观察、分析故障。

首先应检测机床电源电压和控制电路电压是否正常，然后对控制线路进行检测。在通电情况下可用试验灯法。按照原理图上各元件的位置顺序测量（试验灯一端接电源），另一端自前往后测试灯亮的为正常。若到哪个触点前边灯还亮，后边就不亮，说明故障就出在此处。这是维修电工常用的方法。在不通电的情况下，用万用表测量线路通断，配合以用手按动按钮、限位开关等检查其触点接触是否良好。

4. 检修故障时应注意的问题

（1）尽量切断电源。

（2）需要通电检查时，应和操作者配合，防止再出现新的故障，更不要随便触及带电部位。

（3）注意设备、人身安全。

以上所述是检修机床电气设备故障的一般步骤和方法，仅供参考，应灵活掌握。

5-3-6 电工技能训练任务

1. 训练目的及能力目标

（1）掌握电气控制系统的设计原则、设计内容。

（2）掌握电气控制系统的设计方法，具备综合运用专业及基础知识的能力。

（3）熟悉常用控制电器的结构原理、用途、型号及选择。

（4）具备电气设备的安装、调试、运行及维护能力。

（5）查阅图书资料、产品手册、各种工具书的能力及工程绘图能力。

（6）理解并掌握电气装置控制的基本方法，能够在多学科背景下担当团队成员及负责人的角色。

（7）养成良好的安全实验习惯。

2. 电气控制设计的原则

（1）最大限度满足生产机械和生产工艺对电气控制的要求。

（2）在满足要求的前提下，使控制系统简单、经济、合理、便于操作、维修方便、安全可靠。

（3）电气元件选用合理、正确，使系统能正常工作。

（4）为适应工艺的改进，设备能力应留有裕量。

3. 电气控制设计的基本内容

电气控制设计的基本内容包括电气原理图设计和电气工艺设计两部分。

（1）电气原理图设计内容。

1）拟定电气设计任务书。

2）选择电力拖动方案和控制方式。

3）确定电动机的类型、型号、容量、转速。

4）设计电气控制原理图。

5）选择电气元件及清单。

6）编写设计计算说明书。

（2）电气工艺设计内容。

1）设计电气设备的总体配置，绘制总装配图和总接线图。

2）绘制各组件电气元件布置图与安装接线图，标明安装方式、接线方式。

3）编写使用维护说明书。

4. 训练任务及要求

（1）任务1：M125外圆磨床电气控制线路的设计与实践。

M125 外圆磨床是用砂轮进行加工的精密机床，该机床采用四台鼠笼型交流异步电动机进行分散拖动：砂轮电动机（17kW，2860r/min）；水泵电动机（0.12kW）；工件电动机（3kW，1410r/min）；油泵电动机（7.5kW，1410r/min）。要求如下：

1）工件电动机要求可逆运转，反转为点动控制。

2）砂轮、水泵、油泵电动机同时启停，且单方向运转。

3）有必要的电气保护和联锁。

4）应有照明及工作状况显示。

（2）任务 2：两处装卸货物小车控制线路的设计与实践。要求如下：

1）运货小车由三相笼型异步电动机拖动，电动机规格：380V，7.5kW，2940r/min。

2）电动机可在 A、B 间任何处启动，启动后正转，小车行进到 A 处，电动机自动停转，装货，停 5min 后电动机自动反转。

3）小车行进到 B 处，电动机自动停转，卸货，停 5min 后电动机自动正转，小车到 A 处装货。

4）有零压、过载和短路保护。

5）小车可停在 A、B 间任何位置。

6）应有照明及工作状况显示。

（3）任务 3：双向启动、反接制动控制线路的设计与实践。要求如下：

1）要求对一交流鼠笼型异步电动机（22kW，1410r/min）双向启动。

2）为了准确停车，要求采用反接制动控制。

3）有必要的电气保护和联锁。

4）应有照明及工作状况显示。

（4）任务 4：三相异步电动机顺序控制线路的设计与实践。要求如下：

1）两台三相异步电动机规格分别为：7.5kW，2900r/min；0.75kW，1390r/min。

2）第二台启动 10s 后，方允许第一台直接启动。

3）第一台停车后，方允许第二台停车。

4）有必要的保护措施。

5）有照明及工作状况指示。

（5）任务 5：某小车运行电气控制线路设计与实践。现有一台小车，拖动电机为 3kW、960r/min，其运行动作程序如下：

1）小车由原位开始前进，到终端后自动停止。

2）在终端停留 2min 后自动返回原位停止。

3）要求能在前进或后退途中任意位置都能停止或再次启动。

4）有必要的电气保护和联锁。

5）应有工作状况指示。

（6）任务 6：时间继电器Y-△启动控制线路设计与实践。要求如下：

1）电动机规格：30kW，960r/min，正常运行时为△形接法。

2）采用Y-△启动。

3）有必要的电气保护和联锁。

4）应有照明及工作状况显示。

（7）任务 7：钻床刀架运动控制线路设计与实践。钻削加工时，刀架的运动要求在一定距离内进给后再返回。要求如下：

1）刀架电动机 13kW、1440r/min，能可逆运转。

2）利用行程开关实现停止进给，并延时一定时间后返回起始位置。

3）有必要的限位及其他联锁保护措施。

4）有照明及工作状况显示。

（8）任务 8：CA6140 型普通车床电气控制系统设计与实践。CA6140 型普通车床由三台电动机拖动：主轴电机（22kW，1450r/min）；冷却泵电机（90W）；刀架快速移动电机（3kW，1360r/min）。要求如下：

1）主轴电机单向运行，直接启停。

2）主轴电机启动后，冷却泵电机才能启动。

3）刀架的快速移动采用点动控制。

4）有必要的电气保护和联锁。

5）应有照明及工作状况显示。

（9）任务 9：工作台自动往返循环控制线路设计与实践。有些生产机械要求工作台能在一定距离内自动往返，对工件连续加工。要求如下：

1）拖动电动机 13kW、1440r/min，能可逆运转。

2）利用行程开关实现自动往返。

3）有必要的限位及其他联锁保护措施。

4）有照明及工作状况显示。

5. 总结报告要求

（1）根据任务书设计与绘制电气控制原理图，选择电气元件，制定元件目录表。

（2）根据原理图进行组件划分，设计并绘制电器板元件和控制板元件的布置接线图。

（3）电器板安装、配线及调试。

（4）编制设计说明书、使用说明书及小结。

（5）列出设计参考资料目录。

第6章 电子技术实验

6-1 常用电子元器件简介

1. 电阻器的识别与型号

电阻器是一种耗能元件。在电子电路中，电阻器作为负载、限流、分流、降压、分压、取样等器件而被大量使用。选用电阻器时应考虑电阻器的类型、阻值、精度和额定功率。

（1）电阻器的分类。电阻器一般可分为固定电阻器、可变电阻器和敏感电阻器三大类；按电阻体材料的不同，又分为膜式电阻器、实芯式电阻器、绕线式电阻器和特殊电阻器四种类型。常用的电阻器有金属膜电阻器和碳膜电阻器。

（2）电阻器的指标。

1）额定功率。电阻器的额定功率分为0.05、0.125、0.25、0.5、1、2、5、7、10、20W等19个等级。电阻器的额定功率与体积的大小有关，电阻器的体积越大，额定功率数值越大。实际应用中，电阻器的额定功率应大于电路中耗散功率的2倍。在电路图上，用图形符号表示电阻的额定功率，如图6-1-1所示。

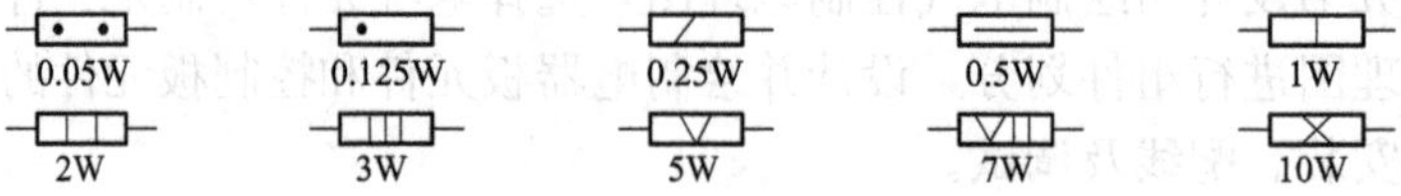

图6-1-1 电阻额定功率的图形符号

2）标称阻值。标称阻值是按一定的科学规律设计的阻值数列。任何固定电阻的阻值都符合表中所列数值乘以10^n，其中n为整数，单位为欧（Ω）、千欧（kΩ）、兆欧（MΩ）等。

3）允许误差。允许误差是指电阻器实际阻值对于标称值的最大偏差范围，它表示产品的精度。电阻器部分允许误差等级如表6-1-1所示。

表6-1-1 电阻器部分允许误差等级

级别	005（D）	01（F）	02（G）	Ⅰ（J）	Ⅱ（K）	Ⅲ（M）
允许误差	±0.5%	±1%	±2%	±5%	±10%	±20%

（3）电阻器主要指标标注方法。电阻器主要指标标注方法有直标法、文字符号法和色标法三种。

1）直标法：是指在元件表面直接标注它的主要参数和技术性能的一种方法，阻值用阿拉伯数字，允许误差用百分数表示，如（2±5%）kΩ。

2）文字符号法：是用数字与文字组合在一起表示元件的主要参数和技术性能的方法。一种组合规律是文字符号Ω、kΩ、MΩ前面的数字表示整数阻值，文字符号后面的数字表示小数点后面的小数阻值，允许误差用字母符号，例如5ΩⅠ（J）表示（5.1±5%）Ω。另一种组合规律是前两位是有效数值，第三位是0的个数，第四位是误差，如51kΩⅡ（K）表示（51±10%）kΩ。

3）色标法：小型电阻一般采用色标法，是用标在电阻体上不同颜色的色环或色点作为标称阻值和允许误差，颜色代表的数字和允许偏差见表 6-1-2。

表 6-1-2　色标法颜色代表的数字和允许偏差

颜色	银色	金色	黑色	棕色	红色	橙色	黄色	绿色	蓝色	紫色	灰色	白色	无色
有效数字	—	—	0	1	2	3	4	5	6	7	8	9	—
乘数	10^{-2}	10^{-1}	10^{0}	10^{1}	10^{2}	10^{3}	10^{4}	10^{5}	10^{6}	10^{7}	10^{8}	10^{9}	—
误差（%）	±10	±5	—	±1	±2	—	—	±0.5	±0.2	±0.1	—	+50	±20

电阻器的色环标准有两种：普通精度的电阻器用四环表示，第一、二环是有效数字，第三环是 10 的 n 次方（10^n），第四环是允许误差；精密电阻器用五环表示，前三环是有效数字，第四环是 10 的 n 次方（10^n），第五环是允许误差。电阻器色环标注实例如图 6-1-2 所示。

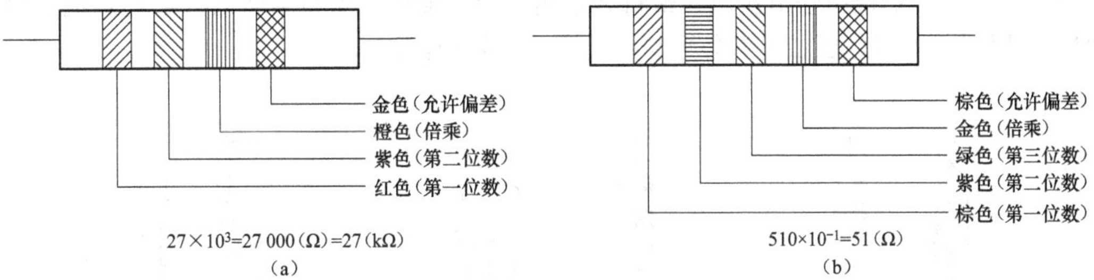

图 6-1-2　电阻器色环标注实例

（a）四环电阻器；（b）五环电阻器

（4）电阻器的简单测试。测量电阻的方法有直接测量法和间接测量法。直接测量法是用欧姆表、电桥和数字欧姆表直接测量阻值。间接测量法是根据欧姆定律 $R=U/I$，通过测量流过电阻的电流、电阻上的压降来间接测量电阻值。当测量精度要求较高时，采用电桥来测量电阻值。

一般用万用表测试电阻值。图 6-1-3（a）给出了 MF-10 型万用表的外形图。注意：指针式万用表的电阻挡，黑表笔接表内电池的正极，红表笔接表内电池的负极，其电阻挡等效电路如图 6-1-3（b）所示。而在数字式万用表的电阻挡，红表笔接表内电池的正极，黑表笔接表内电池的负极。

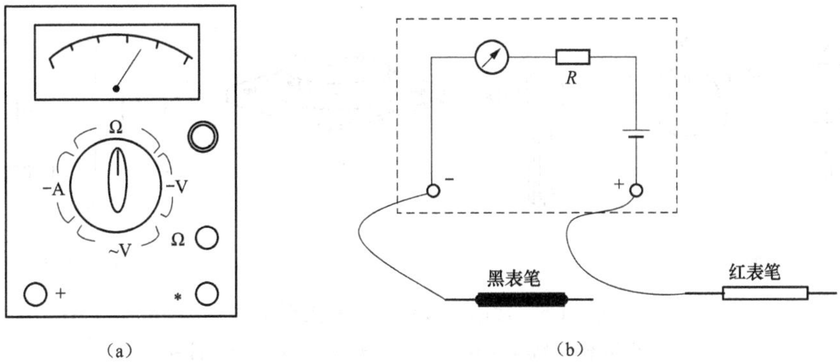

图 6-1-3　MF-10 型万用表和电阻挡等效电路

（a）万用表的外形示意图；（b）欧姆挡等效电路

测量电阻的方法：首先将万用表的两只表笔接到“Ω”和“ * ”位置，再将选择开关置电阻挡，量程适当；将两只表笔短接，表头指针应在刻度线零点，若不在零点，则要调节万用表的电阻微调旋钮，使表针回零（调零）；然后把被测电阻串接于两只表笔之间，此时表头指针偏转，待稳定后可从刻度盘上直接读出数字，再乘上事先所选择的量程，即可得到被测电阻的阻值，每换一次量程，需重新调零。

2. 常用半导体分立器件的识别与测试

半导体分立器件是指半导体二极管、三极管、场效应管、晶闸管和单结晶体管等，其功能是在电路中起整流、检波、开关、放大等作用。由于半导体材料的特殊性能及 PN 结的单向导电性，使半导体器件在电路中得到广泛的应用。

（1）半导体分立器件的分类。半导体二极管按材料可分为锗二极管、硅二极管和砷化钾二极管等；按结构可分为点接触型和面接触型二极管；按用途可分为整流二极管、检波二极管、开关二极管、稳压二极管、变容二极管、发光二极管等。常用二极管外形及图形符号如图 6-1-4 所示。其中稳压管由玻璃、塑料和金属封装，玻璃、塑料封装的外形与普通二极管相似，金属封装的双稳压二极管外形与小功率三极管相似。

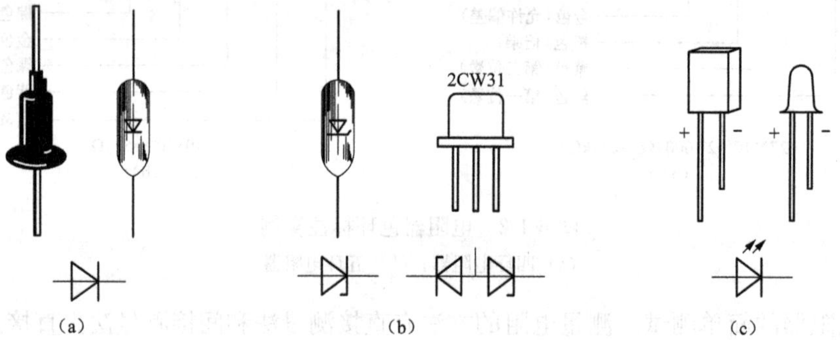

图 6-1-4　常用二极管外形及图形符号

（a）普通二极管；（b）稳压二极管；（c）发光二极管

半导体三极管按材料分为锗管和硅管；按结构分为点接触型和面接触型；按工作频率分为低频管、高频管和开关管；按导电性能分为 NPN、PNP 管等。常用三极管外形及图形符号如图 6-1-5 所示。场效应管分为结型场效应管（简称 JEFT）、绝缘栅型场效应管（简称 IGFET）、金属氧化物半导体场效应管（简称 MOS-FET）三种，另外还有 N 沟道、P 沟道之分。

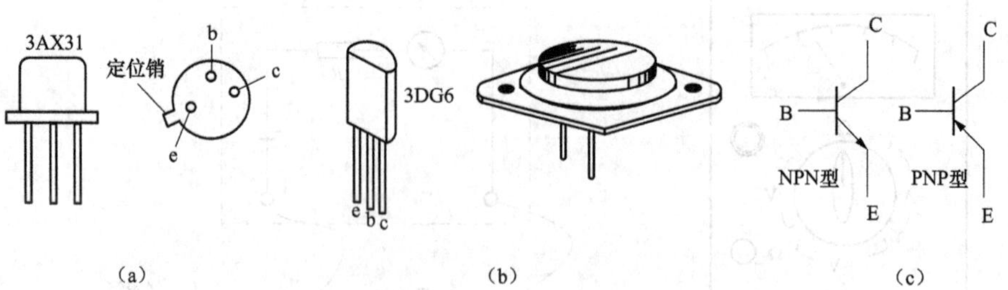

图 6-1-5　常用三极管外形及图形符号

（a）小功率三极管；（b）大功率三极管；（c）三极管符号

（2）普通二极管。普通二极管的主要参数：①最大整流电流 I_F，是指管子长期运行时，允许通过的最大正向平均电流；②反向击穿电压 U_{BR}，最高反向工作电压是击穿电压的一半；③还有反向电流、极间电容等。选用二极管时，不能超过上述参数的极限值，并根据设计原则要留有一定的余量。

根据二极管的单向导电特性，可以用指针式万用表判别二极管的好坏与极性。在测试时，需将万用表选择开关置于电阻挡的 $R\times100\Omega$ 或 $R\times1k\Omega$ 位置，用红、黑表笔分别接二极管的两个极，观察指针的偏转情况，然后交换红、黑表笔再测一次。若两次测量呈现的电阻值一大一小，说明二极管是好的。在测量中，呈现电阻较小（指针偏转较大）时，黑表笔接触的引脚是二极管的正极，如图 6-1-6 所示。一般二极管的正向电阻为几十欧到几千欧，反向电阻是几百千欧以上，正、反向电阻差值应在几百倍以上。测试时若正、反向电阻都为零，则管子内部短路；若正、反向电阻都为∞，则管子内部开路；若正、反向电阻接近，则管子性能差。如采用数字万用表测量二极管的正、反向电阻时，注意红、黑表笔分别接在万用表内部电源的正极和负极（与指针式万用表相反），即呈现电阻较小时，红表笔所接引脚为正极。也可直接用数字万用表的二极管挡进行测量。

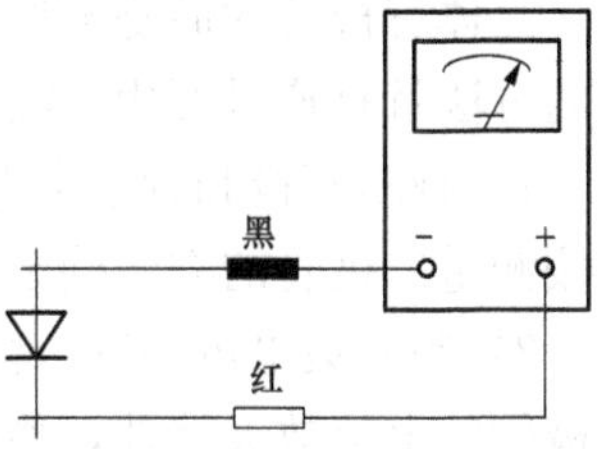

图 6-1-6 二极管极性判别

用万用表测量二极管的方法如下：

1）选用 $R\times1k$ 挡。

2）因为二极管的核心是一个 PN 结，所以把二极管当做一个被测元件放在万用表两表笔之间。若红表笔（电源负极）接在二极管 N 极，黑表笔（电源正极）接在二极管 P 极，则二极管正向导通，这时，测量回路里电流较大，指示的电阻较小。

3）反之，若红表笔（电源负极）接在二极管 P 极，黑表笔（电源正极）接在二极管 N 极，则二极管反向不导通，这时，测量回路里电流较小，指示的电阻很大。

4）若正反向测量时，二极管所呈现电阻都很小，则这只二极管是被击穿通路的（坏）。

5）若正反向测量时，二极管所呈现电阻都很大，则这只二极管是断路的（坏）。

6）若正向测量二极管时，表针指示在满刻度的 80%～90%（这时参考直流 0～10 刻度），则这只二极管为锗管。

7）若正向测量二极管时，表针指示在满刻度的 60%左右，则这只二极管为硅管。

（3）稳压二极管。稳压二极管的主要参数：稳压二极管工作在反向击穿区，其反向击穿电压即稳压管的稳定电压值 U_Z；稳定电流 I_Z 和最大稳定电流 I_{ZM}；还有耗散功率、动态电阻等。

稳压二极管极性的判别与普通二极管极性的判别类似。稳压值 U_Z 的测试可按图 6-1-7 连接电路，使直流电源电压缓慢增加，用直流电压表观察稳压管两端电压变化情况，当电源电压上升、稳压管两端电压不再变化时，电压表所指示的电压值即稳压二极管的稳压值。

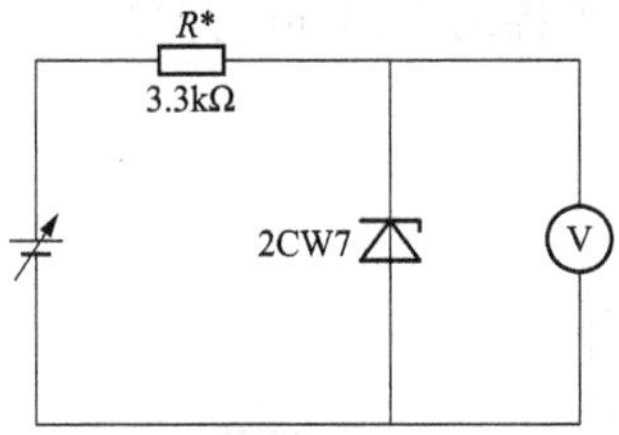

图 6-1-7 稳压二极管稳压值测试电路

（4）发光二极管（LED）。

1）发光二极管的功能。发光二极管的功能是将电信号变为光信号，与普通二极管一样具有单向导电性，并在正向导通时才能发光。发光二极管的发光颜色有红、绿、黄、蓝、白等，形状有圆形、长方形等。其正向工作电压一般为 1.5～3V，允许通过的电流为 2～20mA，电流的大小决定发光的亮度。电压和电流的大小，依器件型号不同而稍有差异。当与 TTL 组件相连接使用时，一般需串接一个降压电阻（根据发光二极管的参数定，一般取 470Ω），以防止器件的损坏。

2）发光二极管（LED）极性的判别。发光二极管在出厂时，一根引线做得比另一根引线长，通常较长的引线表示正极，另一根表示负极，如图 1-3-4 所示。若辨别不出引线的长短，则可以用判别普通二极管极性的方法来判断发光二极管的正极或负极。

(5) 晶体三极管。

晶体三极管的主要参数：电流放大系数 β 表示三极管的电流放大能力，集电极最大允许电流 I_{CM}、集电极最大耗散功率 P_{CM} 和反向击穿电压规定了三极管的安全使用范围。

晶体三极管的简易测试：在电子装配中经常需要知道三极管的类型、极性和好坏，最简单的方法就是通过万用表测量来判断。

1) 判断基极和管子类型。三极管可以等效为两个串接的二极管，如图 6-1-8 (a) 所示。先按测量二极管的方法确定基极，同时也就确定了三极管的好坏和类型（NPN、PNP）。

2) 判断集电极和发射极。用指针式万用表判断三极管发射极和集电极的方法，利用了三极管的电流放大特性，测试原理如图 6-1-8 (b) 所示。如果被测三极管是 NPN 型管，先假设一个电极为集电极，接万用表的黑表笔，用红表笔接另一个电极，然后用人体电阻代替图中的电阻 R，即用手指捏住 C 极和 B 极（C 极和 B 极不要碰在一起），观察指针的偏转角度。再假设另一个电极为集电极，重复上述的测试，比较指针偏转角度的大小，指针偏转角度大的一次，黑表笔接的是三极管的集电极。若指针偏转角度太小，可将手指湿润后重测。PNP 型管的判别方法与 NPN 管相同，但极性相反。注：由于晶体三极管的集电区的掺杂浓度低于发射区的掺杂浓度，故 C 极和 E 极不能互换。

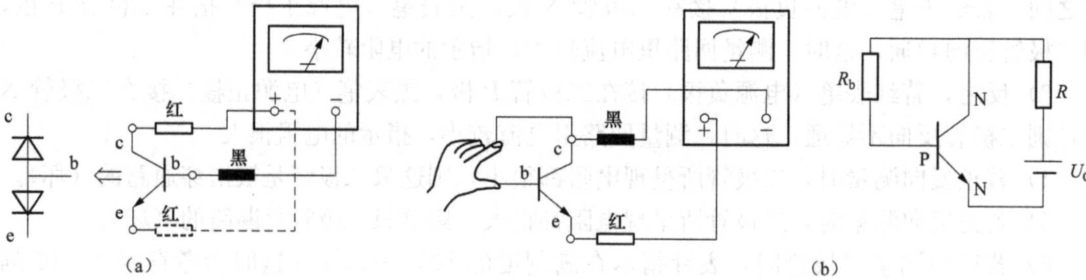

图 6-1-8 判别晶体三极管引脚极性

(a) 判断基极；(b) 判断集电极和发射极

(6) 晶闸管（可控硅）。晶闸管是在晶体管基础上发展起来的一种大功率半导体器件，主要用于整流、逆变、调压、开关等方面。

1) 晶闸管结构。它是具有三个 PN 结的四层结构，如图 6-1-9 所示。它与具有一个 PN 结的二极管相比，差别在于晶闸管正向导通受控制极电流的控制；与具有两个 PN 结的晶体管相比，差别在于晶闸管对控制极电流没有放大作用，仅相当于可控的单向导电开关。

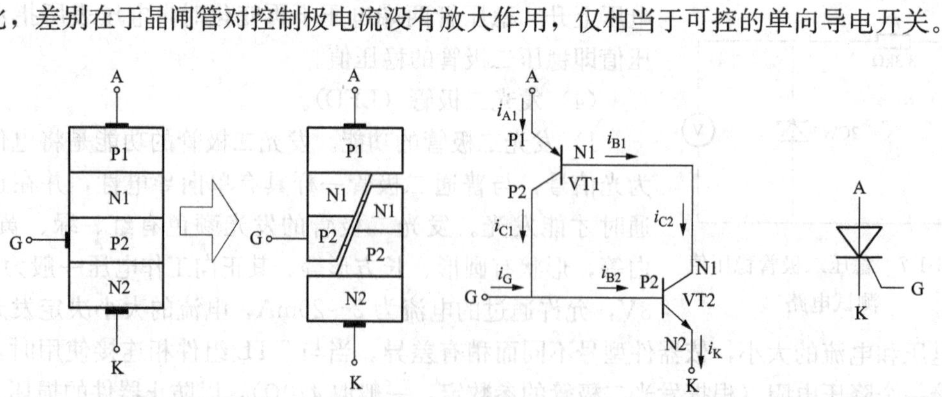

图 6-1-9 晶闸管结构及符号

2）晶闸管电原理。导通条件：晶闸管 VT2 处于正向偏置，产生控制极电流 i_G，i_G 就是晶体管 VT2 的基极电流 i_{B2}，VT2 的集电极电流 $i_{C2}=\beta_2 i_G$，而 i_{C2} 又是晶体管 VT1 的基极电流，VT1 的集电极电流 $i_{C1}=\beta_1 i_{C2}=\beta_1\beta_2 i_G=i_A$（$\beta_1$ 和 β_2 分别为晶体管 VT1 和 VT2 的电流放大系数）。此电流又流入 VT2 的基极，再一次放大，这样循环下去，形成了强烈的正反馈，使两个晶体管很快达到饱和导通 $i_K=i_{E2}$。导通后，其压降很小，电源电压几乎全部加在负载上，晶闸管中流过负载电流。

关断条件：晶闸管导通之后，它的导通状态依靠管子本身的正反馈作用来维持，控制极失去控制作用，要想关断晶闸管，必须将阳极电流减小到使之不能维持正反馈过程，或者在晶闸管的阳极 A 和阴极 K 之间加一个反向电压。

3）晶闸管极性判别。将万用表选择开关置于 $R\times1\text{k}\Omega$ 挡，用红、黑表笔分别接晶闸管任意两个极，指针偏转较大的一次，黑表笔接触的引脚是控制极 G，红表笔接触的引脚是阴极 K，余下的引脚是阳极 A；再用黑表笔接触阳极，红表笔接触阴极，当用控制极引脚碰黑表笔时指针偏转，当控制极引脚离开黑表笔时指针维持偏转，说明该管性能良好。

（7）单结晶体管。单结晶体管称为双基极晶体管，因为它有一个发射极和两个基极，常用来构成输出尖脉冲信号的触发电路，可以给晶闸管的控制极提供一个触发信号，使晶闸管导通。

1）单结晶体管的结构。单结晶体管的外形与普通三极晶体管相似，但其内部结构只有一个 PN 结，图 6-1-10 所示为单结晶体管的结构示意图和表示符号。在一块高电阻率的 N 型硅片一侧的两端各引出一个电极，分别称为第一基极 B1 和第二基极 B2。而在硅片的另一侧较靠近 B2 处掺入 P 型杂质，形成 PN 结，并引出一个铝质电极，称为发射极 E。它的两个基极之间的电阻称为 R_{BB}，在 2～15kΩ 之间。$R_{BB}=R_{B1}+R_{B2}$，其中 $R_{B1}=R_{EB1}$、$R_{B2}=R_{EB2}$，分别为两个基极至发射极之间的电阻。

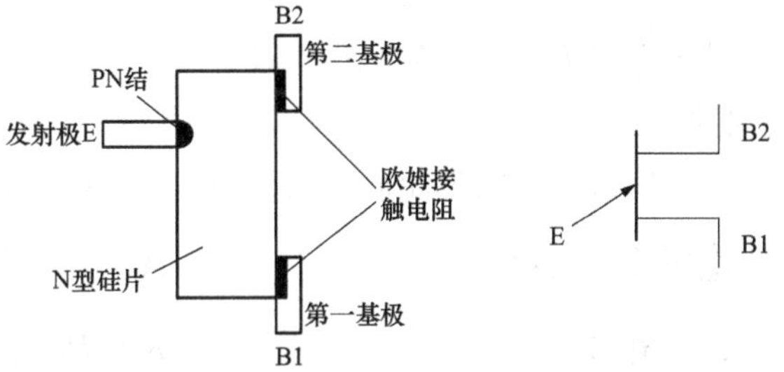

图 6-1-10 单结晶体管的结构示意图和表示符号

2）单结晶体管的极性判别。将万用表的黑表笔接单结晶体管的假定发射极，用红表笔分别接触另外两个极，观察指针的偏转情况。对调两只表笔重复上述测量。表针偏转一大一小的一次，黑表笔接的是单结晶体管的发射极 E；表针偏转较大一次（电阻值小），红表笔接触是第二基极极 B2；表针偏转较小的一次（电阻值大），红表笔接触是第一基极极 B1。

6-2 单管共射放大电路

1. 实验目的及能力目标

（1）学习对放大电路静态工作点、直流扫描分析、交流扫描分析、瞬态分析、参数扫描等 Multisim 仿真方法。

（2）掌握放大电路直流工作点的调整和测量方法。

（3）了解直流工作点对放大电路动态性能的影响。

（4）了解放大电路主要性能指标的测量方法。

（5）进一步熟悉常用电子仪器及电子技术实验装置的使用方法。

2. 实验原理

(1) 实验电路。图 6-2-1 为典型静态工作点稳定的共射极放大电路。图中，可变电阻 RP 是为调节晶体管静态工作点而设置的；电流表采用模电实验台上的数字式电流表，作用是测量集电极电流 I_C。

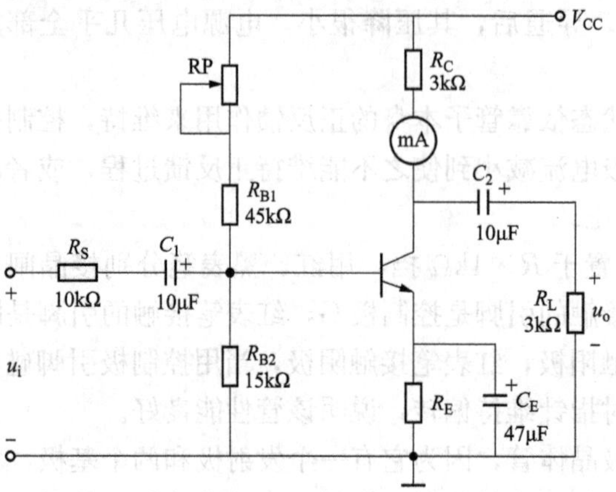

图 6-2-1 共射极放大电路

(2) 静态工作点的估算和调整。在图 6-2-1 电路中，参数选择要使流过偏置电阻 R_{B1} 的电流 I_1 远大于晶体管的基极电流 I_B，则它的静态工作点估算式为

$$U_B \approx \frac{R_{B2}}{R_{B1}+R_{B2}}V_{CC}$$

$$I_E = \frac{U_B - U_{BE}}{R_E} \approx I_C$$

$$U_{CE} = V_{CC} - I_C(R_C + R_E)$$

对阻容耦合放大电路来说，改变电路参数 V_{CC}、R_C、R_{B1}、R_{B2} 都会引起静态工作点的变化。在实际工作中，通常采用改变上偏置电阻 R_{B1}（即调节电位器 RP）来调节静态工作点，如减小 R_{B1}，静态工作点提高（I_C 增加）。

(3) 放大电路的电压放大倍数 A_u、输入电阻 R_i 和输出电阻 R_o 的估算。

电压放大倍数 $$A_u = -\beta\frac{R_C//R_L}{r_{be}}$$

输入电阻 $$R_i = R_{B1}//R_{B2}//r_{be}$$

输出电阻 $$R_o \approx R_C$$

(4) 放大电路电压放大倍数的频率特性。放大电路由于有耦合电容和结电容的影响，使其对不同频率的信号具有不同的放大能力，即电压增益是频率的函数，一般当信号频率等于下限频率 f_L 或上限频率 f_H 时，放大电路的增益下降 3dB。电压增益的大小与频率的函数关系即幅频特性（见图 6-2-5），通常用逐点法进行测量。测量时要保持输入信号的幅度不变，改变信号的频率，逐点测量不同频率点的电压增益，由各点数据描绘出特性曲线。由曲线确定出放大电路的上、下限截止频率 f_H、f_L 和频带宽度 $f_{BW} = f_H - f_L$。

3. 实验资源及设备

(1) 装有 Multisim 软件的计算机。

(2) 数字存储示波器 GDS-1102B。

(3) 信号发生器 AFG-2225。

(4) 数字万用表 GDM-8341。

(5) 模拟电子技术实验装置（含稳压电源）。

4. 实验内容

按图 6-2-1 连接实验电路。各电子仪器和实验电路可按图 6-2-2 所示方式连接，为防止干扰，各仪器的公共端必须连在一起。

(1) 放大器静态工作点的调整和测量。静态工作点是否合适，对放大器的性能和输出波形都有很大影响。如工作点偏高，放大器在加入交流信号以后易产生饱和失真，此时 u_o 的负半周将被削底，如图 6-2-3（a）所示；如工作点偏低则易产生截止失真，即 u_o 的正半周被缩顶（一般截止失真不如饱和失真明显），如图 6-2-3（b）所示；如工作点适中，输入信号过大，也会产生失真，如图 6-2-3（c）所示。所以在初步选定工作点以后还必须进行动态调试。

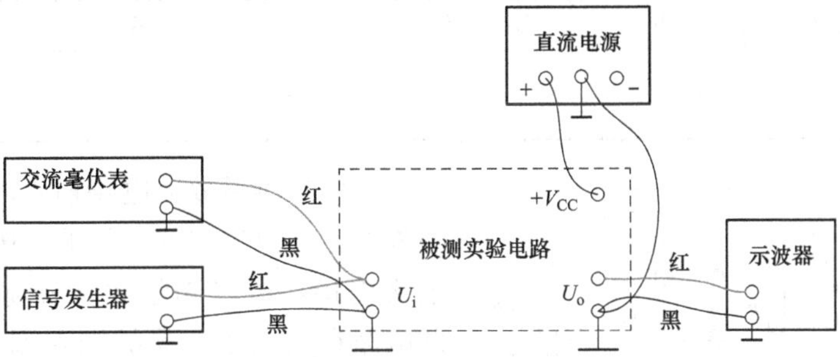

图 6-2-2　电子仪器与实验电路连接

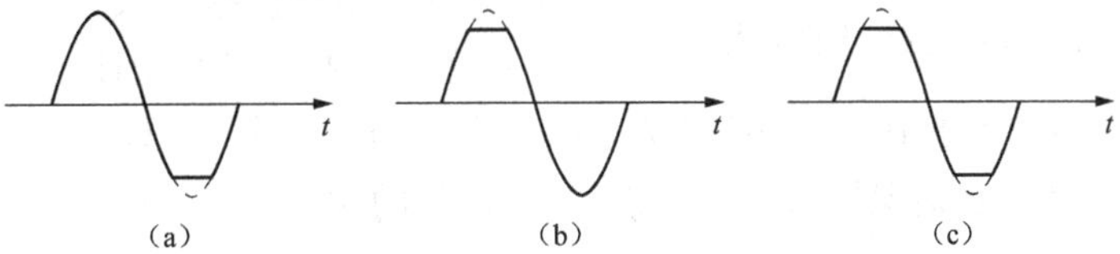

图 6-2-3　失真波形

（a）饱和失真；（b）截止失真；（c）信号过大产生的失真

1）放大器静态工作点的调整。首先置 $R_C=3k\Omega$、$R_L=\infty$，再将 RP 调到最大，接通 12V 直流电源。在放大器输入端加入频率为 1kHz 的正弦交流信号 u_i，用示波器观察放大器输出电压 u_o 的波形。当 u_i 由小（5mV）到大慢慢增加时，输出波形将会出现饱和（截止）失真，这说明静态工作点不在交流负载线的中点，调节 R_P 消除失真。如此反复，直至输入信号略有增加，输出波形同时出现饱和与截止失真，如图 6-2-3（c）所示，再将 R_P 回调，使失真消除，此时的静态工作点称为最佳静态工作点。

2）静态工作点的测量。保持 R_P 不变，断开输入信号后，选用量程合适的直流电压表，分别测量晶体管各极对地的电压 U_B、U_C 和 U_E，并从直流毫安表或数字万用表上读出 I_C，记入表 6-2-1。

表 6-2-1　　静态工作点的测量

测量值				计算值		
U_B（V）	U_E（V）	U_C（V）	I_C（mA）	U_{BE}（V）	U_{CE}（V）	I_C（mA）

（2）测量电压放大倍数。保持放大器静态工作点不变，在放大器输入端引入频率为 1kHz、幅值为 5mV 的正弦交流信号 u_i，用交流毫伏表或数字万用表测量下述三种情况下 u_o 的值；用数字存储示波器观察放大器输出电压 u_o 的波形，把结果记入表 6-2-2 中。

表 6-2-2　　电压放大倍数测量

R_C（kΩ）	R_L（kΩ）	U_o（V）	A_u	观察记录一组 u_o 和 u_i 波形
1.5	∞			
3	∞			
3	3			

（3）观察静态工作点对输出波形的影响。置 $R_C=3k\Omega$，$R_L=\infty$，保持上一步 u_i 的值，调节 RP 分别使 I_C 达到最小值、最大值时，测出 I_C 和 U_{CE}值，观察输出电压 u_o 的波形，把

结果记入表 6-2-3 中。

表 6-2-3　静态工作点对输出波形的影响

条件	u_o 波形	I_C	U_{CE}（V）	U_o（V）	A_u	管子工作状态
R_B 最大						
R_B 最小						

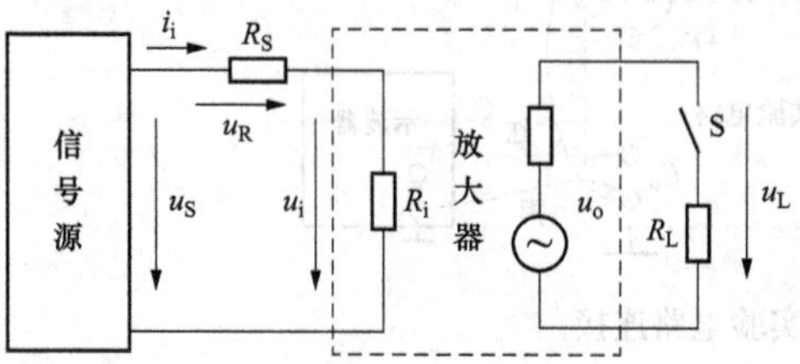

图 6-2-4　输入、输出电阻测量电路连接图

*（4）测量放大电路输入电阻和输出电阻。在静态工作点适中的条件下，按图 6-2-4 所示的电路连接，可以测量放大器输入、输出电阻。此电路在被测放大器的输入端与信号源之间串入一已知电阻 $R_S=10k\Omega$，在放大器输出端开路的情况下，用交流毫伏表或数字万用表测出 u_i、u_s、u_o 的值；接入负载电阻 $R_L=3k\Omega$，测量输出电压 u_L 的值，记入表 6-2-4 中，并根据输入、输出电阻的定义式，求输入、输出电阻值（测量值）。在测试中应注意，必须保持 R_L 接入前后输入信号的大小不变，有

表 6-2-4　输入、输出电阻测量

U_S	U_i	R_i（kΩ）		U_o	U_L	R_o（kΩ）	
（mV）	（mV）	测量值	计算值	（V）	（V）	测量值	计算值

$$R_i=\frac{U_i}{I_i}=\frac{U_i}{U_R}R_S=\frac{U_i}{U_S-U_i}R_S$$

$$R_o=\left(\frac{U_o}{U_L}-1\right)R_L$$

式中，U_S、U_i、U_o、U_L、I_i 均为交流电压、电流的有效值。

*（5）测量幅频特性曲线。在静态工作点适中的情况下，保持输入信号 u_i 的幅度不变，改变信号源频率 f，逐点测出相对应的输出电压 u_o，记入表 6-2-5 中。当输出电压下降到中频值的 0.707 倍，即为上限截止频率 f_H 或下限截止频率 f_L，计算 f_{BW}，幅频特性曲线如图 6-2-5 所示。

表 6-2-5　幅频特性曲线测量

				f_L			f_o			f_H				
f（kHz）														
U_o（V）														
$A_u=U_o/Ui$														

注意：在改变频率时，要保持输入信号的幅度不变；测量时应注意取点要恰当，在上限截止频率 f_H 或下限截止频率 f_L 附近应多测几点，在中频段可以少测几点。

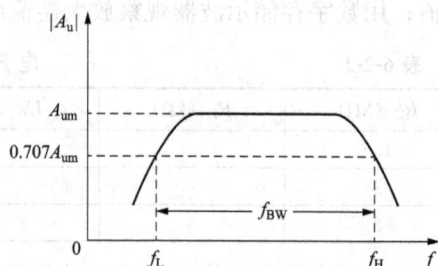

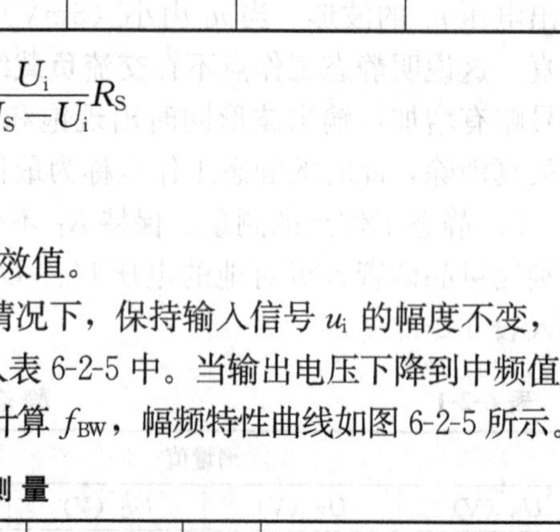

图 6-2-5　幅频特性曲线

5. 预习要求与思考题

（1）复习基本放大电路的工作原理。

（2）在图 6-2-1 所示电路中：$V_{CC}=12V$、$R_C=3k\Omega$、$R_{B2}=15k\Omega$、$R_{B1}=45k\Omega$、$C_E=47\mu F$、$C_1=$

$C_2=10\mu F$，估算放大电路的性能指标（设$\beta=50$）。

（3）测试中，如果将信号源、交流毫伏表或数字万用表、数字存储示波器中任意一台仪器的两个测试端子换位（即各仪器的接地端不连在一起），将会出现什么问题?

（4）本实验在测量放大电路输出电压时，使用晶体管电压表，而不用万用表，为什么?

（5）改变静态工作点对放大器的输入电阻 R_i 有影响吗? 改变负载电阻 R_L 对输出电阻 R_o 有影响吗?

6. 实验报告

（1）整理实验数据，总结静态工作点调整的原理与方法。将测量获得的电压放大倍数与理论计算值相比较（取一组数据进行比较），分析产生误差的原因。

（2）分析静态工作点变化对放大电路输出波形的影响。

（3）总结放大电路主要性能指标的测试方法。

（4）实验总结。

6-3　负反馈放大电路

1. 实验目的及能力目标

（1）学习掌握 Multisim 负反馈放大电路设计、仿真及操作流程。

（2）学习在放大电路中引入负反馈的方法。

（3）了解负反馈对放大器各项性能指标的影响。

（4）掌握两级放大器开环、闭环性能指标的测试方法。

2. 实验原理

（1）负反馈的类型。在放大电路中，为了改善放大电路各方面的性能，总会引入不同形式的负反馈。根据输出端取样方式和输入端比较方式不同，可以把负反馈放大电路分成电流串联负反馈、电压串联负反馈、电流并联负反馈和电压并联负反馈四种基本组态。在研究放大器的反馈时，主要抓住三个基本要素：第一是反馈信号的极性；第二是反馈信号与输出信号的关系；第三是反馈信号与输入信号的关系。

（2）负反馈对放大电路性能的影响。负反馈虽然使放大器的放大倍数降低，但能在多方面改善放大器的动态参数，如稳定放大倍数，改变输入、输出电阻，减小非线性失真和展宽通频带等。

1）负反馈使放大器的放大倍数下降，有　$A_f=\dfrac{A}{1+AF}$

式中，$1+AF$ 为反馈深度；A 为开环电压放大倍数；F 为负反馈系数。

2）负反馈提高放大电路的稳定性，有　$\dfrac{dA_f}{A_f}=\dfrac{1}{1+AF}\cdot\dfrac{dA}{A}$

式中，dA_f/A_f 为闭环电压放大倍数相对变化量；dA/A 为开环电压放大倍数相对变化量。

3）串联负反馈使输入电阻增加　$R_{if}=(1+AF)R_i$

并联负反馈使输入电阻下降　$R_{if}=\dfrac{R_i}{1+AF}$

电压负反馈使输出电阻下降　$R_{of}=\dfrac{R_o}{1+A_oF}$

电流负反馈使输出电阻增加　$R_{of}=(1+A_oF)R_o$

4）负反馈使上限截止频率增高　$f_{Hf}=(1+AF)f_H$

负反馈使下限截止频率下降　$f_{Lf}=f_L/(1+AF)$

从而展宽了放大器的通频带宽度。

5）负反馈可以改善放大器的非线性失真。

3. 实验资源及设备

（1）装有 Multisim 软件的计算机。

（2）数字存储示波器 GDS-1102B。

（3）信号发生器 AFG-2225。

（4）数字万用表 GDM-8341。

（5）模拟电子技术实验装置（含稳压电源）。

（6）负反馈实验电路板。

4. 实验内容

可引入电压串联负反馈的两级阻容耦合放大电路如图 6-3-1 所示。

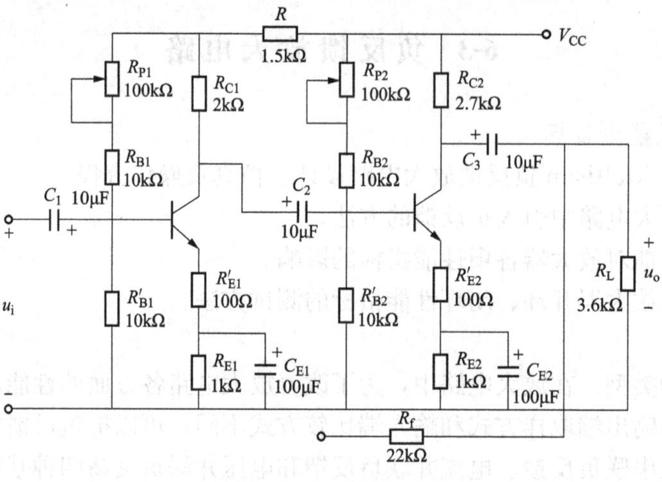

图 6-3-1　可引入电压串联负反馈的两级阻容耦合放大电路

（1）测量静态工作点。按图 6-3-1 连接实验电路，检查无误后接通电源。参照共射单管放大电路器静态工作点的调试方法，分别调整、测试第一级、第二级静态工作点，记入表 6-3-1 中。

表 6-3-1　　测量静态工作点

级数	U_B（V）	U_E（V）	U_C（V）	I_C（mA）
第一级				
第二级				

（2）测试基本放大器的动态参数（开环）。

1）测量阻容耦合放大器开环电压放大倍数。在阻容耦合两级放大器的输入端引入 $f=1\text{kHz}$，$u_i=5\text{mV}$ 的正弦信号，用数字存储示波器观察输出电压波形，在波形不失真的情况下，用交流毫伏表或数字万用表测量空载时的 u_i、u_o 和接负载电阻 R_L 时的 u_L 值（保持 u_i 不变），分别计算电压放大倍数 A_u，记入表 6-3-2 中。

表 6-3-2　　测量阻容耦合放大器电压放大倍数

放大器	U_i（mV）	U_o（mV）	A_{uo}	U_L（mV）	A_u
基本放大器					
负反馈放大器					

2）测量阻容耦合放大器通频带。保持 u_i 不变，接入负载电阻 R_L，然后增加和减小输入信号的频率，找出上、下限频率 f_H 和 f_L，记入表 6-3-3 中。

3）测量阻容耦合放大器输入电阻、输出电阻，测量阻容耦合放大器的输入电阻 R_i 和输出电阻 R_o，记入表 6-3-3 中。

表 6-3-3　测量阻容耦合放大器通频带及输入输出电阻

放大器	U_S	U_i	R_i	U_o	U_L	R_o	f_L	f_h	通频带 f_{BW}
基本放大器									
负反馈放大器									

（3）测量负反馈放大器的各项性能指标（闭环）。接通反馈电阻 R_f，构成电压串联负反馈放大电路。重复上述实验的内容。

*（4）稳定性的测试。改变放大器的直流电源电压±4V（即将直流电压调到 8V 和 16V），测量其对输出电压 u_o 的影响。将结果记入表 6-3-4 中。

表 6-3-4　稳定性的测试

项目	$V_{cc}=8V$		$V_{cc}=16V$		稳定度
	U_o	A_u	U_o	A_u	$\Delta A_u/A_u$
开环					
闭环					

（5）观察负反馈对非线性失真的改善。断开反馈电阻，在放大电路输入端加入 $f=$ 1kHz 的正弦信号，输出端接示波器，逐渐增大输入信号的幅度，使输出波形出现失真，记下此时的波形和输出电压的幅度；再接通反馈电阻，观察输出波形的变化。

5. 预习要求与思考题

（1）复习有关负反馈放大器的内容。

（2）图 6-3-1 所示的实验电路中，上偏置电阻 R_{B1} 由可调电阻 R_{P1} 和固定电阻 R 组成，试问固定电阻 R 的作用是什么？是否可以去掉？

（3）估算基本放大器的 A_u、R_i 和 R_o，估算负反馈放大器的 A_{uf}、R_{if} 和 R_{of}（取电流放大倍数 $\beta_1=\beta_2=50$）。

（4）如输入信号存在失真，能否用负反馈来消除？

6. 实验报告要求

（1）整理实验数据，用波形图说明负反馈对非线性失真的改善。

（2）将基本放大器和负反馈放大器动态参数的实测值进行比较。

（3）根据实验结果，总结电压串联负反馈对放大器性能的影响。

（4）实验总结。

6-4　集成运算放大器的应用（基本运算电路）

1. 实验目的及能力目标

（1）学习对集成运算放大器 Multisim 仿真方法。

（2）掌握用集成运算放大器设计比例、加法、减法、积分等模拟运算电路的方法。

（3）了解由集成运算放大器组成的电路中，负反馈电路的作用。

（4）掌握集成运算放大器电路的分析方法。

2. 实验原理

集成运算放大器是由多级直接耦合放大电路组成的高增益模拟集成电路。运算电路是以集成运算放大器作为基本元件，加入反馈网络，以输入电压作为自变量，以输出电压作为函数的电路。运算电路利用反馈网络，能够实现模拟信号之间的加、减、乘、除、积分、微分、对数等多种数学运算。

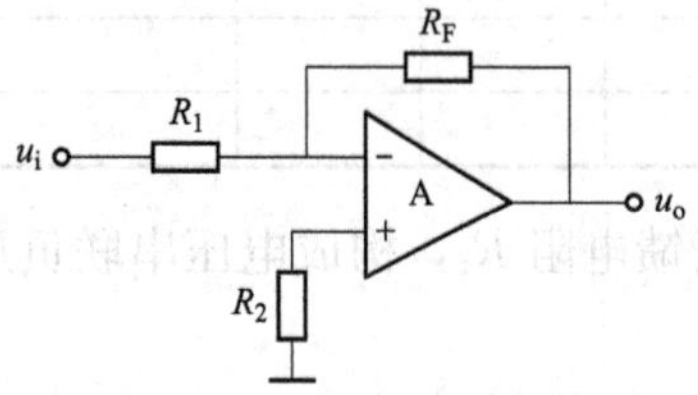

图 6-4-1　反相比例运算电路

（1）反相比例运算电路。反相比例运算电路如图 6-4-1 所示。将输入信号通过 R_1 加到运算放大器的反相输入端，R_f 引入电压并联负反馈，同向输入端经补偿电阻 R_2 接地，接入该电阻的目的是使运算放大器两输入端直流电阻平衡，以减少运算放大器偏置电流产生的不利影响，从而提高运算精度。根据理想运算放大器的条件，输出电压和输入电压之间的反相比例运算关系为

$$u_o=-\frac{R_F}{R_1}u_i$$

当 $R_1=R_F$ 时，$u_o=-u_i$，称为反相器。

（2）同相比例运算电路。同相比例运算电路如图 6-4-2 所示。输入信号接到同相输入端，反相输入端通过 R_1 接地，R_F 引入了电压串联负反馈。由于理想运放的净输入电流为 0，不难推出输出电压与输入电压之间的关系为

$$u_o=\left(1+\frac{R_F}{R_1}\right)u_i$$

当 $R_F=0$ 时，$u_o=u_i$，称为跟随器。

（3）反相加法运算电路。反相加法运算电路如图 6-4-3 所示。输入信号 u_{i1} 和 u_{i2} 分别通过 R_1、R_2 加入反相输入端，其输出电压与输入电压之间的关系为

$$u_o=-\left(\frac{R_F}{R_1}u_{i1}+\frac{R_F}{R_2}u_{i2}\right)$$

（4）减法运算电路。减法运算电路如图 6-4-4 所示。该电路实现两个输入信号 u_{i1} 和 u_{i2} 相减的运算，从电路结构上来看，它是反相输入和同相输入相结合的放大电路，即为差分比例运算放大电路。用叠加原理求解输出电压 u_o 与输入电压 u_{i1}、u_{i2} 之间的运算关系为

$$u_o=\left(1+\frac{R_F}{R_1}\right)\frac{R_3}{R_2+R_3}u_{i2}-\frac{R_F}{R_1}u_{i1}$$

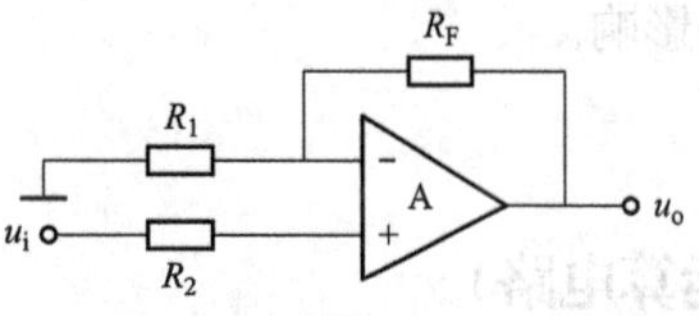

图 6-4-2　同相比例运算电路

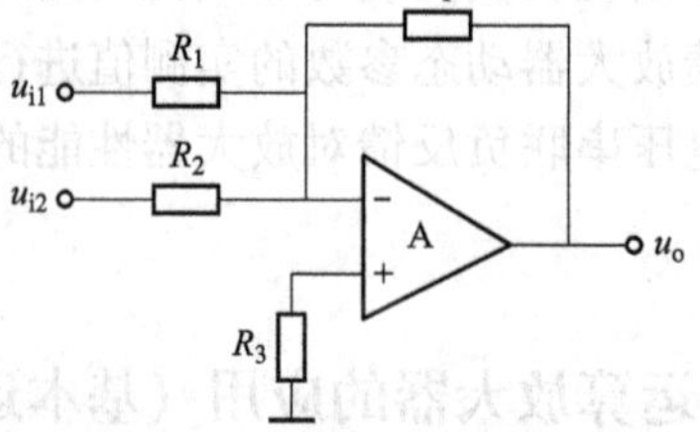

图 6-4-3　反相加法运算电路

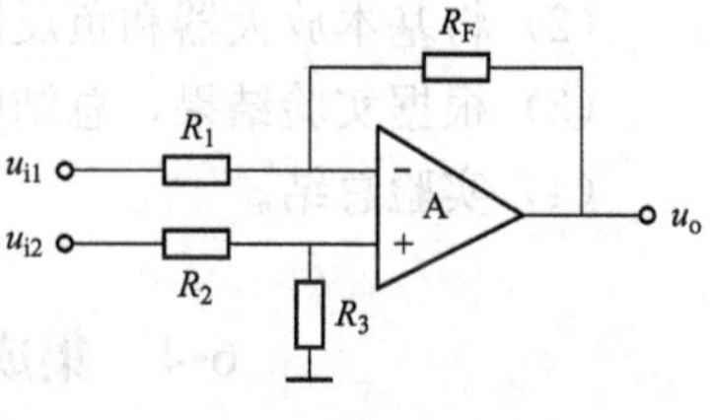

图 6-4-4　减法运算电路

当 $R_1=R_2=R_3=R_F$ 时，$u_o=u_{i1}-u_{i2}$。

（5）积分运算电路。反相积分运算电路如图 6-4-5 所示。在理想化条件下，输出电压为

$$u_o(t)=-\frac{1}{RC}\int_0^t u_i\,\mathrm{d}t+u_C(0)$$

式中，$u_C(0)$ 是 $t=0$ 时刻，电容 C 两端的电压值，即初始值。如果 $u_i(t)$ 是幅值为 E 的阶跃电压，并设 $u_C(0)=0$，则

$$u_o=-\frac{1}{RC}\int_0^t E\mathrm{d}t=-\frac{E}{RC}t$$

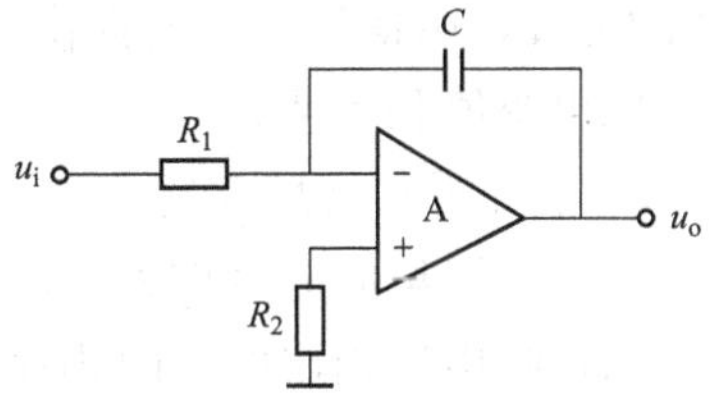

图 6-4-5　反相积分运算电路

3. 实验资源及设备

(1) 装有 Multisim 软件的计算机。

(2) 数字存储示波器 GDS-1102B。

(3) 信号发生器 AFG-2225。

(4) 数字万用表 GDM-8341。

(5) 模拟电子技术实验装置（含稳压电源）。

(6) 集成运算放大器 μA741、LM324，电位器、电阻电容等。

4. 实验内容

实验前要注意集成运算放大器各引脚的作用，切忌正、负电源极性接反和输出端短路，否则将会损坏集成块。图 6-4-6 给出了三种集成运算放大器的引脚排列图，供实验时选用。

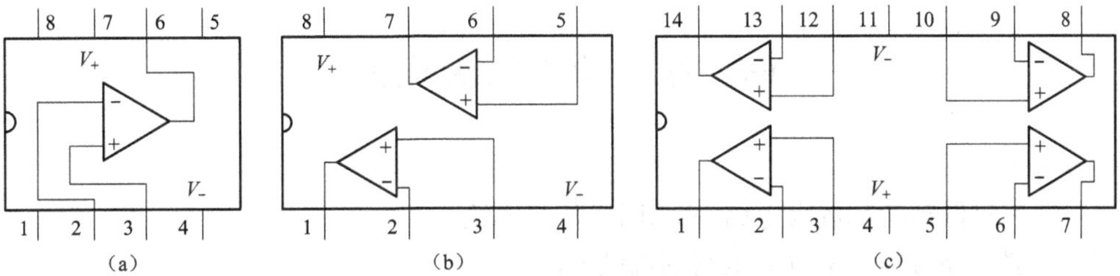

图 6-4-6　集成运算放大器引脚排列图

(a) μA741 引脚排列图；(b) LM358 引脚排列图；(c) LM324 引脚排列图

说明：1) μA741 是八脚双列直插式集成电路，②脚和③脚为反相和同相输入端，⑥脚为输出端，⑦脚和④脚为正、负电源端，①脚和⑤脚为失调电压调整端，①、⑤脚之间可接入一只几十千欧的电位器并将滑动触头接到负电源端。⑧脚为空脚；

2) LM358、LM324 引脚“+”为同相输入端、“−”为反相输入端、“V_+”为正电源端、“V_-”为负电源端（单电源时为 GND）；

3) μA741 的电源电压（±3～±18）V，LM358 的电源电压（±16、±32）V，LM324 的电源电压（±18、±32）V。

(1) 设计并组装反相比例运算电路，要求输入阻抗 $R_i=20\text{k}\Omega$，闭环放大倍数 $A_{uf}=-5$；可参考图 6-4-1 所示的电路，电源电压为±12V。输入信号采用直流电压信号，由简易直流信号源提供，简易直流信号源电路如图 6-4-7 所示；测试并记录实验数据。

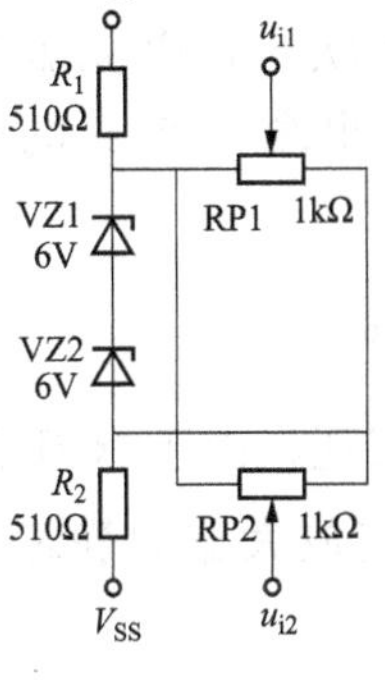

图 6-4-7　简易直流信号源电路

(2) 设计并组装同相比例运算电路，要求闭环放大倍数 $A_{uf}=6$；可参考图 6-4-2 所示的电路，电源电压为±12V。输入信号由简易直流信号源提供；测试并记录实验数据。

(3) 设计并组装反相比例加法运算电路、减法运算电路，参数自定；可参考图 6-4-3 和图 6-4-4，电源电压为±12V；输入信号由简易直流信号源提供；测试并记录实验数据，分析运算结果。

(4) 用 LM324 实现 $u_o=3u_{i2}-2u_{i1}$ 的运算。设计并组装此运算电路，通过测量，分析运算结果。

*（5）积分运算电路。图 6-4-5 中，电源电压为±12V。输入信号为 $f=500\text{Hz}$，幅值为 1V 的方波，由信号发生器提供。用数字存储示波器同时观察 u_i、u_o 的波形，记录在坐标纸上，标出幅值和周期。

5. 预习要求及思考题

（1）复习集成运算放大器的原理与应用的有关内容。

（2）画出反相比例、同相比例、反相比例加法和减法的运算电路，确定实验电路参数，计算运算结果。

（3）设计实现 $u_o=3u_{i2}-2u_{i1}$ 运算关系的电路（提示：多级运算电路），画出实验电路。

（4）设计记录实验数据的表格。

6. 实验报告要求

（1）画出自己设计的实验电路，整理实验数据，填好记录表格。

（2）将理论计算结果和实测数据相比较，分析产生误差的原因。

*（3）画出积分电路的输入、输出波形。

（4）实验总结。

6-5 低频功率放大电路

1. 实验目的及能力目标

（1）学习对低频功率放大电路 Multisim 仿真方法。

（2）了解互补对称功率放大电路的调试方法。

（3）学习测量互补对称功率放大电路的最大输出功率和效率的方法。

2. 实验原理

（1）OTL 电路工作原理。图 6-5-1 所示为 OTL 低频功率放大电路。其中 V2、V3 是一对参数对称的 NPN 和 PNP 型晶体三极管，它们组成互补推挽 OTL 功放电路。由于每一个管子都接成射极输出器形式，因此具有输出电阻低、负载能力强等优点，适合于作功率输出级。V1 工作于放大状态，它的集电极电流 I_{C1} 由电位器 RP1 进行调节。I_{C1} 的一部分流经电位器 RP2 及二极管 VD，给 V2、V3 提供偏压。调节 RP2，可以使 V2、V3 得到合适的静态电流而工作于甲、乙类状态，以克服交越失真。静态时要求输出端中点 A 的电位为

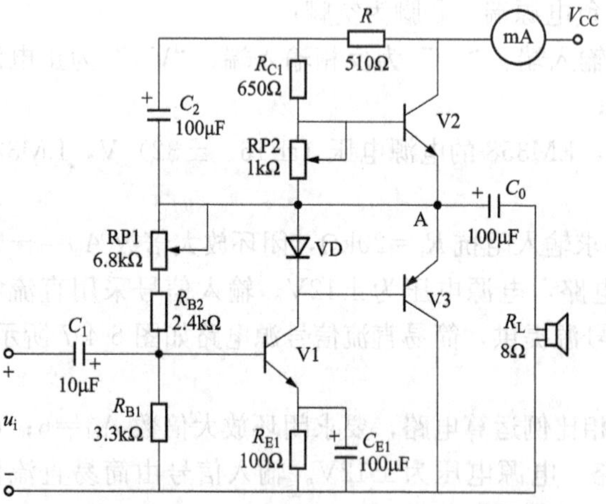

图 6-5-1 OTL 低频功率放大电路

$$U_A=\frac{1}{2}V_{CC}$$

可以通过调节 RP1 来实现，由于 RP1 的一端接在 A 点，在电路中引入交、直流电压并联负反馈，一方面能够稳定放大器的静态工作点，另一方面也改善了非线性失真。

当输入正弦交流信号 u_i 时，经 V1 放大、倒相后同时作用于 V2、V3 的基极，u_i 的负半周使 V2 管导通、V3 管截止，有电流通过负载 R_L，同时向电容 C_o 充电，在 u_i 的正半周，

V3 导通、V2 管截止，则已充好电的电容器 C_o 起着电源的作用，通过 V3 管和负载 R_L 构成放电回路，这样在 R_L 上就得到完整的正弦波。C_2 和 R 构成自举电路，用于提高输出电压正半周的幅度，以得到较大的动态范围。

（2）OTL 电路的主要性能指标。

1）最大不失真输出功率 P_{om}。功率放大电路在输入正弦波信号基本不失真的情况下，负载上能够获得的最大交流功率，称为最大不失真输出功率 P_{om}。理想情况下

$$P_{om}=\frac{1}{8}\cdot\frac{V_{CC}^2}{R_L}$$

在实验中可通过测量 R_L 两端的电压有效值 U_o 来求得实际功率

$$P_{om}=\frac{U_o^2}{R_L}$$

2）效率 η。效率反映了功率放大器的利用率，它是实际消耗功率即最大不失真输出功率 P_{om}和电源所提供的平均功率之比，即

$$\eta=\frac{P_{om}}{P_E}\times100\%$$

式中，$P_E=V_{CC}I_{av}$，I_{av}是电源供给的平均电流 I_{av}。理想情况下 $\eta_{max}=78.5\%$。

3）频率响应。交流放大器输出幅值随输入信号的频率变化，称为放大器的频率响应。

4）输入灵敏度。输入灵敏度是指输出最大不失真功率时，输入信号 u_i 之值。

3. 实验设备及器件

（1）装有 Multisim 软件的计算机。

（2）数字存储示波器 GDS-1102B。

（3）信号发生器 AFG-2225。

（4）数字万用表 GDM-8341。

（5）模拟电子技术实验装置（含稳压电源）。

（6）晶体三体管 3DG6×1（9011×1）、3CG12×1（9013×1）、3CD12×1（9012×1），晶体二极管 2CP×1、音乐芯片。

4. 实验内容

在整个测试过程中，电路不应有自激现象。

（1）静态工作点的测试。按图 6-5-1 连接电路，接通直流 5V 电源，调节 R_{P1}使 $U_A=V_{CC}/2=2.5$V，调节 R_{P2}使直流电源提供的电流 $I_C=5$mA 左右。从减小交越失真角度而言，应适当加大输出级静态电流，但是电流过大，会使效率降低，所以一般以 5～10mA 左右为宜。由于毫安表串在电源进线中，因此测得的是整个放大器的电流。但一般 V1 的集电极电流 I_{C1}较小，从而可以把测得的总电流近似当做末级的静态电流，也可从总流中减去 I_{C1}之值。输出级电流调好以后，测量各级静态工作点。注意：①在调整 R_{P2}时，一是要注意旋转方向，不要调得过大，更不能开路，以免损坏输出管；②输出管静态电流调好后，如无特殊情况，不得随意旋动 R_{P2}的位置。

（2）测量最大输出功率 P_{om}。输入端接 $f=1$kHz 的正弦信号 u_i，用数字存储示波器观察输出电压 u_o 波形。逐渐增大 u_i，使输出电压达到最大不失真输出，用交流毫伏表或数字万用表测出负载 R_L 上的电压有效值 U_{om}，计算最大输出功率 P_{om}。

（3）测量效率 η。当输出电压为最大不失真输出时，读出数字直流毫安表中的电流值，此电流即为直流电源供给的平均电流 I_{av}（有一定误差），由此可近似求得 P_E，再根据上面

测得的 P_{om}，则可求出效率 η。

(4) 输入灵敏度测试。根据输入灵敏度的定义，只要测出输出功率 $P_o=P_{om}$ 时的输入电压有效值 U_i 即可。

(5) 功率放大器频带宽度的测试。测试方法同实验 6-1。在测试时，为保证电路的安全，应在较低电压下进行，通常取输入信号为输入灵敏度的 50%。在整个测试过程中，应保持 u_i 为恒定值，且输出波形不得失真。

*(6) 噪声电压的测试。测量时将输入端短路（$u_i=0$），用数字存储示波器观察输出噪声波形，并用交流毫伏表或数字万用表测量输出电压，即为噪声电压 U_N，本电路若 $U_N<$ 15mV，即满足要求。

*(7) 试听。输入信号改为录音机输出（或音频交流信号），输出端接扬声器及示波器，开机试听，并观察输出信号的波形。

5. 预习要求与思考题

(1) 为什么引入自举电路能够扩大输出电压的动态范围？

(2) 交越失真产生的原因是什么？怎样克服交越失真？

(3) 电路中电位器 RP2 如果开路或短路，对电路工作有何影响？

(4) 自拟记录数据的表格。

6. 实验报告要求

(1) 整理实验数据，计算静态工作点、最大不失真输出功率 P_{om}、效率 η 等，并与测量值进行比较。

(2) 根据测试数据画出电路的频率响应曲线。

(3) 实验总结。

6-6 整流、滤波和稳压电路

1. 实验目的及能力目标

(1) 学习掌握 Multisim 整流、滤波、稳压电路设计、仿真及操作流程。

(2) 了解整流、滤波、稳压电路的功能，加深对直流电源的理解。

(3) 掌握直流稳压电源主要技术指标的测试方法。

(4) 了解集成稳压器的功能及典型应用。

(5) 学会绘制稳压电源与整流电路的外特性曲线。

2. 实验原理

电子设备一般都需要直流电源供电。直流电源除了少数直接利用干电池和直流发电机外，大多数是采用把交流电（市电）转变为直流电的直流稳压电源。直流稳压电源由电源变压器、整流、滤波和稳压电路四部分组成，其组成原理框图如图 6-6-1 (a) 所示。

电网供给的交流电压 u_1（220V，50Hz）经电源变压器降压后，得到符合电路需要的交流电压 u_2，然后由整流电路变换成方向不变、大小随时间变化的脉动电压 u_3，再用滤波器滤去其交流分量，就可得到比较平直的直流电压 u_o，但这样输出的直流电压，还会随交流电网电压的波动或负载的变化而变化，在对直流供电要求较高的场合，还需要使用稳压电路，以保证输出直流电压更加平滑稳定。

图 6-6-2 所示为串联型稳压电源的实验电路图。其中，整流部分采用了由四个二极管组成的桥式整流电路（也可用整流桥）。滤波电容 C_1、C_2 一般选取几百至几千微法。稳压部

分采用了集成稳压器。当稳压器距离整流滤波电路比较远时，应考虑在稳压器输入端、输出端接入电容器 C_3、C_4（数值为 0.33μF、0.1μF），输入电容用以抵消线路的电感效应，防止产生自激振荡，输出端电容用以滤除输出端的高频信号，改善电路的暂态响应。

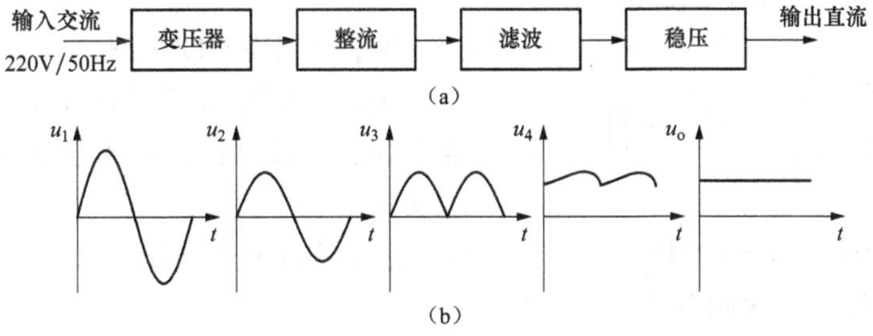

图 6-6-1　直流电源的组成及各部分波形

（a）组成原理框图；（b）各部分波形

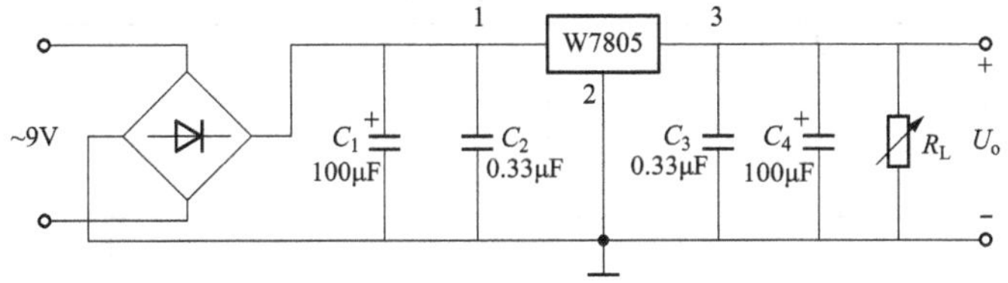

图 6-6-2　串联型稳压电源的实验电路

集成稳压器的内部电路实际上就是一个串联式稳压电源。由于集成稳压器具有体积小、外接线路简单、使用方便、工作可靠等优点，因此在各种电子设备中应用十分普遍。集成稳压器的种类很多，应根据设备对直流电源的要求来进行选择。对于大多数电子仪器、设备和电子电路来说，通常是选用集成稳压器。而在这种类型的器件中，又以三端式稳压器应用最为广泛。

W78××、W79××系列三端集成稳压器的输出电压是固定的，是预先调好的。W78××三端稳压器输出正极性电压，一般有 5、6、9、12、15、18、24V 七个挡次，输出电流最大可达 1.5A（加散热片）。同类型 W78M 系列稳压器的输出电流为 0.5A，W78L 系列稳压器的输出电流为 0.1A。若要求输出负极性电压，则可选用 W79 系列稳压器。图 6-6-3 所示为塑封 W7805 的外形及引脚功能。它有三个引出端：1 端是输入端（不稳定电压输入端），2 端是公共端，3 端是输出端（稳定电压输出端）。它的主要参数有输出直流电压+5V，输出电流 L 为 0.1A、M 为 0.5A，电压调整率：10mV/V，输出电阻 $r_o=0.15\Omega$，输入电压 U_i 的范围为 12～16V。一般 U_i 要比 U_o 大 3～5V，才能保证集成稳压器工作在线性区。

图 6-6-4 所示为正负双电压输出电路，例如需要 $U_{o1}=+5V$，$U_{o2}=-5V$，则可选用 W7805 和 W7905 三端稳压器，这时的 U_i 应为单电压输出时的 2 倍。

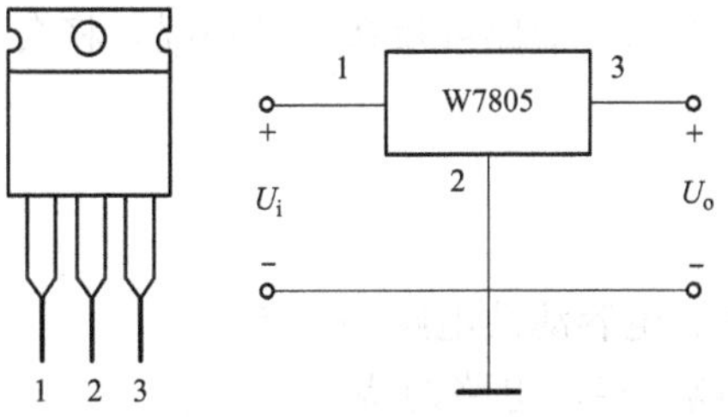

图 6-6-3　塑封 W7805 的外形及引脚功能

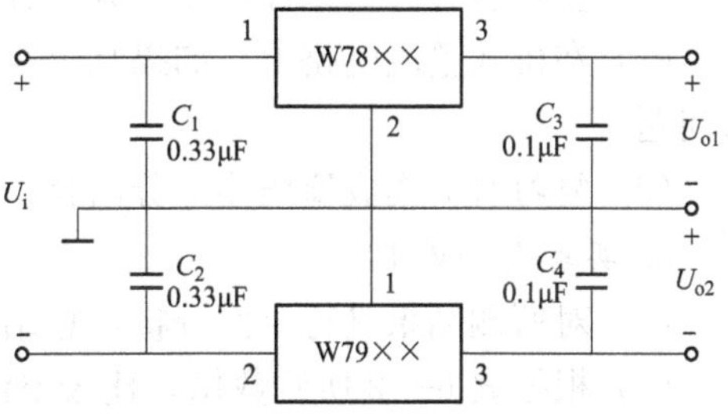

图 6-6-4　正负双电压输出电路

3. 实验设备与器件

（1）装有 Multisim 软件的计算机。

（2）数字存储示波器 GDS-1102B。

（3）信号发生器 AFG-2225。

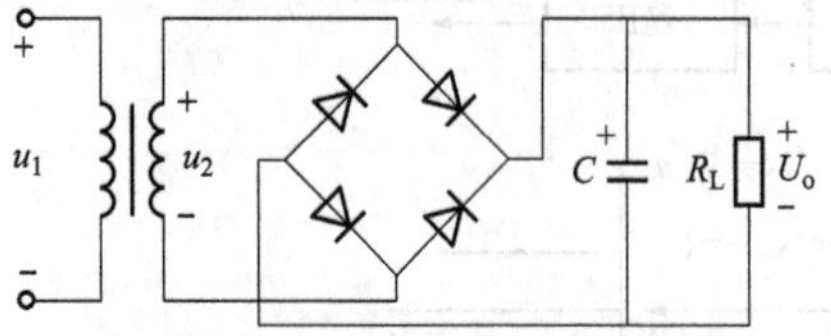

图 6-6-5 整流滤波实验电路

（4）数字万用表 GDM-8341。

（5）整流二极管 2CZ54B×4（或整流桥）、三端稳压器 7805、滤波电容、负载电阻等。

4. 实验内容

（1）整流滤波电路测试。按图 6-6-5 所示电路连接实验电路，变压器二次侧电压 $U_2=9V$。

1）取 $R_L=1k\Omega$，断开滤波电容，测量变压器二次侧交流电压有效值 U_2 及负载两端直流电压 U_L，并用示波器观察 u_2 和 U_L 波形，记入表 6-6-1 中。

表 6-6-1 整流滤波电路测试

电路形式	U_2（V）	U_o（V）	U_o 波形
$R_L=1k\Omega$			
$R_L=1k\Omega$ $C=470\mu F$			
$R_L=1k\Omega$ $C=1000\mu F$			

2）取 $R_L=1k\Omega$，$C=470\mu F$，重复内容 1）的测量。

3）取 $R_L=1k\Omega$，$C=1000\mu F$，重复内容 1）的测量。

注意：每次改接电路时，必须切断电源；在观察输出电压 u_L 波形的过程中，“Y 轴灵敏度”旋钮位置调好以后，不要再变动，否则将无法比较各波形的变化情况。

（2）测量整流电源与稳压电源的外特性。

1）在桥式整流电容滤波时测试其外特性。按图 6-6-5 连接电路，先断开负载电阻 R_L，即 $I_o=0$ 时测量其输出电压 U_o；然后接入负载 R_L，并调节其大小使 I_o 为 10、20、40、60、80、90mA 时，分别测量对应于每一个输出电流时的输出电压，并记入表 6-6-2 中。

表 6-6-2 测量整流电源与稳压电源的外特性

条件	I_o（mA）	0	10	20	40	60	80	90
无稳压	U_o（V）							
有稳压	U_o（V）							

2）测试串联型稳压电源的外特性。按图 6-6-2 连接实验电路（不接 C_2、C_3），测试时先断开负载，使 $I_o=0$，$U_o=5V$，然后接入负载电阻 R_L，重复 1）的测试内容，并记入表 6-6-2 中。

5. 预习要求及思考题

（1）复习有关分立元件稳压电源部分的内容。

（2）在桥式整流电路中，如果某个二极管发生开路、短路或反接三种情况，将会出现什么问题？

（3）复习有关集成稳压器部分内容。

6. 实验报告要求

（1）对所测结果进行全面分析，总结桥式整流、电容滤波电路的特点。

（2）根据表 6-6-2 所测数据，比较整流滤波电路与稳压电路的特点。

（3）作出稳压电源的外特性曲线与整流电路的外特性曲线。

（4）实验总结。

6-7　基本逻辑门电路的应用

1. 实验目的及能力目标

（1）学习掌握 Multisim 基本门电路设计、仿真及操作流程。

（2）掌握基本门电路构成组合逻辑电路的设计方法。

（3）掌握组合逻辑电路的测试方法。

2. 组合逻辑电路的设计

组合逻辑电路的特点是在任一时刻的输出信号仅取决于该时刻的输入信号组合，而与信号作用前电路的输出状态无关。对于每一个逻辑图，有一个逻辑表达式与其对应。一个特定的逻辑问题，其对应的真值表是唯一的，但实现它的逻辑电路是多种多样的。在实际设计工作中，由于某些原因无法获得某些门电路时，可以通过变换逻辑表达式改变逻辑电路，达到使用其他器件来代替该器件目的。本节研究用小规模数字集成器件（SSI）组成组合逻辑电路的方法。

（1）组合逻辑电路设计的一般步骤。分析设计要求确定输入、输出逻辑变量；根据设计要求列出真值表（设计的成败主要取决于真值表）；根据真值表写出逻辑表达式；用卡诺图或代数化简法，求出最简逻辑表达式（最简是指电路所用的元器件最少，而且器件之间的连线最少）；用标准器件构成逻辑电路；通过实验来验证设计的正确性。用 SSI 构成组合逻辑电路的一般步骤如图 6-7-1 所示。

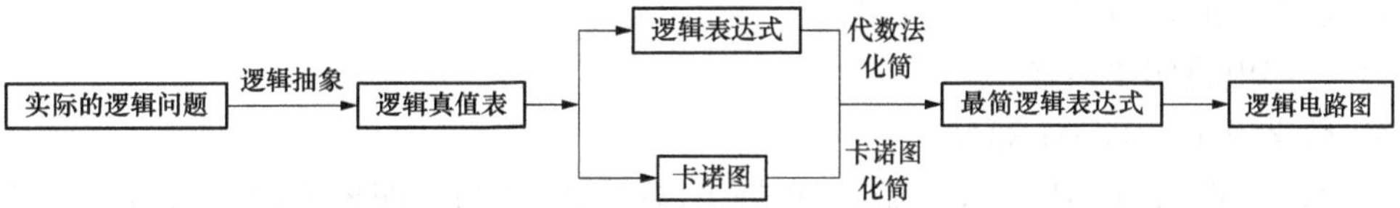

图 6-7-1　用 SSI 构成组合逻辑电路的一般步骤

在较复杂的电路中，还要求逻辑清晰易懂，所以最简的设计不一定是最佳的。但一般来说，在保证速度、稳定可靠与逻辑清晰的条件下，尽量选择使用最少的器件。

（2）简单组合逻辑电路设计。设计一个三人表决电路，能完成多数通过的表决功能。即对某一事件进行表决，当有两个或两个以上人同意时，事件通过，否则不通过。要求用与非门实现其功能。

1）设计步骤。逻辑抽象：取三个人的态度（同意、不同意）为输入变量，分别用 A、B、C 表示，表决结果（通过、不通过）为输出变量，用 F 表示；设同意用“1”表示，不同意用“0”表示，通过用“1”表示，不通过用“0”表示。

2）真值表。根据题意可列出三人表决器的真值表，见表 6-7-1。

表 6-7-1　　三人表决器真值表

输入			输出
A	B	C	F
0	0	0	0
0	0	1	0
0	1	0	0
0	1	1	1

续表

输入			输出
1	0	0	0
1	0	1	1
1	1	0	1
1	1	1	1

3）逻辑函数式。由真值表（表 6-7-1）求出逻辑函数式

$$F=\bar{A}BC+A\bar{B}C+AB\bar{C}+ABC$$

4）卡诺图。用卡诺图将上述函数式化简成最简与或表达式 F＝AB＋BC＋AC，如图 6-7-2 所示。

5）逻辑图。题目要求用与非门实现其功能，所以要将化简后的与或逻辑表达式，再变换为与非逻辑表达式，即

$$F=\overline{\overline{AB}\cdot\overline{BC}\cdot\overline{AC}}$$

由此逻辑函数式可以画出由与非门组成的逻辑图，如图 6-7-3 所示。

6）逻辑功能功能测试。按图 6-7-3 在数字电路实验装置上插接电路，输入变量用实验装置上的逻辑开关模拟（上扳输出 1，下扳输出 0），逻辑电路输出端连到实验装置上的指示器（输出为 1，发光二极管亮；输出为 0，发光二极管灭），再按真值表依次改变输入变量，观察相应的输出结果，验证其逻辑功能。

3. 实验资源及设备

（1）装有 Multisim 软件的计算机。

（2）数字电路实验装置。

（3）数字万用表 GDM-8341。

（4）2 输入四与门 74LS08，2 输入四或门 74LS32，2 输入四异或门 74LS86，2 输入四与非门 74LS00，4 输入两与非门 74LS20 等元件。

4. 实验内容

（1）检验集成门电路逻辑功能。2 输入四与门 74LS08 的引脚排列如图 6-7-4 所示（74LS32、74LS86、74LS00 的引脚排列类似）。

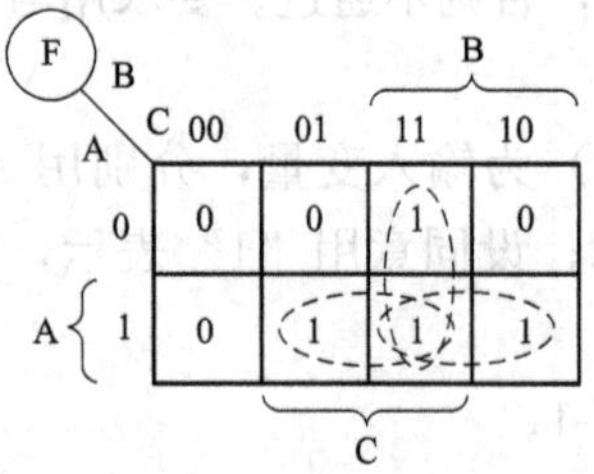

图 6-7-2 卡诺图化简

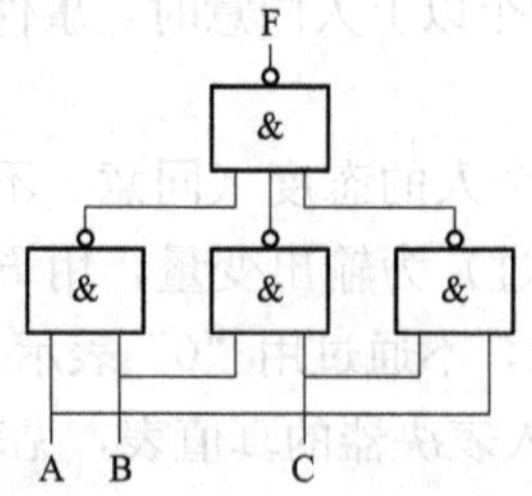

图 6-7-3 三人表决器逻辑图

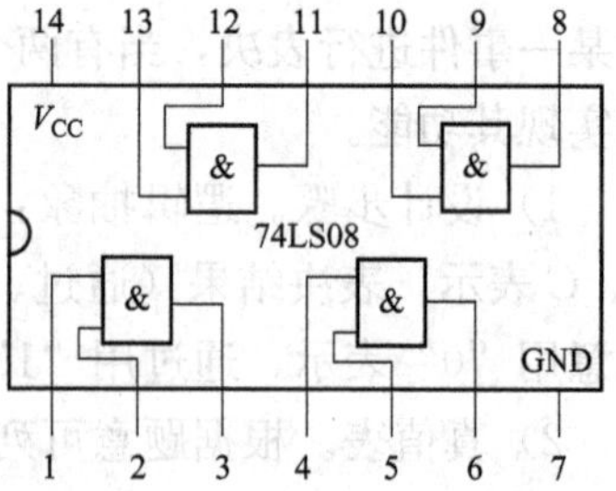

图 6-7-4 74LS08 的引脚排列图

（2）组合逻辑电路的设计。

1）设计一位全加器电路。其加数 A_i、被加数 B_i、低位端来的进位用 C_{i-1} 表示，本位和用 S_i 表示，进位用 C_i 表示，用异或门、与门、或门实现。要求写出设计的全过程，最后画出逻辑图，并通过实验，分析其逻辑功能，记录实验数据。参考电路如图 6-7-5 所示。

2）设计一位数值比较器，要求列出真值表，写出逻辑表达式，用与非门实现其逻辑功能。

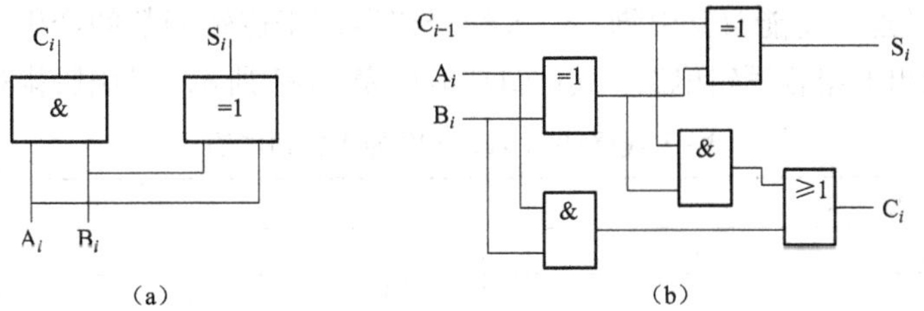

图 6-7-5 全加器的逻辑电路及半加器的连接示意图

(a) 半加器；(b) 全加器的逻辑电路

3）设计一个电子防盗锁电路。要求在锁上设置三个按键 A、B、C，当 A、C 两个键被同时按下锁被打开；若按错，接通电铃报警；用与非门实现其逻辑功能。

4）用红、黄两个指示灯监视三台电动机的工作情况，当一台电动机出故障时黄灯亮，两台电动机出故障时红灯亮，当三台电动机出故障时，红、黄两灯都亮，设计一个满足此要求的控制电路。

5）某同志参加一个进修班，有四门考试课程（A、B、C、D），规定课程 A 及格得 1 学分，课程 B 及格得 2 学分，课程 C 及格得 3 学分；课程 D 及格得 4 学分，若所得总学分大于 7 分（含 7 分）就可以结业。试用所学的基本门电路实现发结业证书的逻辑控制电路。

5. 预习要求及思考题

（1）复习用 SSI 构成组合逻辑电路的方法。

（2）设计满足实验要求的组合逻辑电路（2 个以上）。

（3）设计记录测试数据用的表格。

（4）与非门能否作为非门使用，其多余的输入端如何处理？

6. 实验报告要求

（1）说明组合逻辑电路设计过程，按设计要求画出逻辑电路图。

（2）按照逻辑电路图的要求选择相应器件，在实验装置上搭接实验电路，测试其逻辑功能。

（3）记述在实验中遇到的问题及解决方法。

（4）总结组合逻辑电路的设计体会。

6-8 中规模组合逻辑器件的应用

1. 实验目的及能力目标

（1）学习对中规模集成译码器、中规模集成数据选择器 Multisim 的设计与仿真。

（2）学习中规模集成译码器、中规模集成数据选择器的逻辑功能及使用方法。

（3）学习掌握用中规模集成译码器、中规模集成集成数据选择器设计组合逻辑电路方法。

2. 实验原理

（1）译码器。译码器是逻辑电路中的主要部件，其可分为两种类型：一种是将一系列代码转化成与之一一对应的有效信号，这种译码器可称为唯一地址译码器，它常用于计算机中对存储器芯片或接口芯片的译码，即将每一个地址代码转换成一个有效信号，从而选中对应芯片；另一种是将一种代码转换成另一种代码，所以也称为代码变换器。根据用途的不同，有不同的型号，如 4—10 线译码器、七段专用译码器、3—8 线译码器等。这里介绍一种常用的 3—8 线译码器 74LS138。

1）74LS138 的逻辑功能及其引脚。3—8 线译码器用于逻辑函数的产生和数据的分配，是一种多输入、多输出的组合逻辑电路。其逻辑功能如表 6-8-1 所示，其引脚排列如图 6-8-1 所示。

表 6-8-1　　3—8 线译码器 74LS138 的逻辑功能表

输入						输出							
G_1	$\bar{G}_{2A}$	$\bar{G}_{2B}$	A_2	A_1	A_0	$\bar{Y}_0$	$\bar{Y}_1$	$\bar{Y}_2$	$\bar{Y}_3$	$\bar{Y}_4$	$\bar{Y}_5$	$\bar{Y}_6$	$\bar{Y}_7$
×	H	×	×	×	×	H	H	H	H	H	H	H	H
×	×	H	×	×	×	H	H	H	H	H	H	H	H
L	×	×	×	×	×	H	H	H	H	H	H	H	H
H	L	L	L	L	L	L	H	H	H	H	H	H	H
H	L	L	L	L	H	H	L	H	H	H	H	H	H
H	L	L	L	H	L	H	H	L	H	H	H	H	H
H	L	L	L	H	H	H	H	H	L	H	H	H	H
H	L	L	H	L	L	H	H	H	H	L	H	H	H
H	L	L	H	L	H	H	H	H	H	H	L	H	H
H	L	L	H	H	L	H	H	H	H	H	H	L	H
H	L	L	H	H	H	H	H	H	H	H	H	H	L

2）74LS138 的应用。例如用一片 74LS138 实现函数 L＝BC＋AB。

方法是首先将函数式变换为最小项之和的形式

$$L = \overline{A}BC + A\,\overline{B}\overline{C} + AB\overline{C} + ABC$$

然后将输入变量 A、B、C 分别接入 74LS138 译码器的 A_2、A_1、A_0 端，并将使能端接有效电平；由于 74LS138 译码器的输出是低电平有效，所以要将最小项变换成为反函数的形式即

$$L = \overline{\overline{Y_0} \cdot \overline{Y_4} \cdot \overline{Y_6} \cdot \overline{Y_7}}$$

根据此逻辑函数只要在 74LS138 译码器的输出端加一个与非门，即可实现上述的组合逻辑函数，其逻辑电路如图 6-8-2 所示。

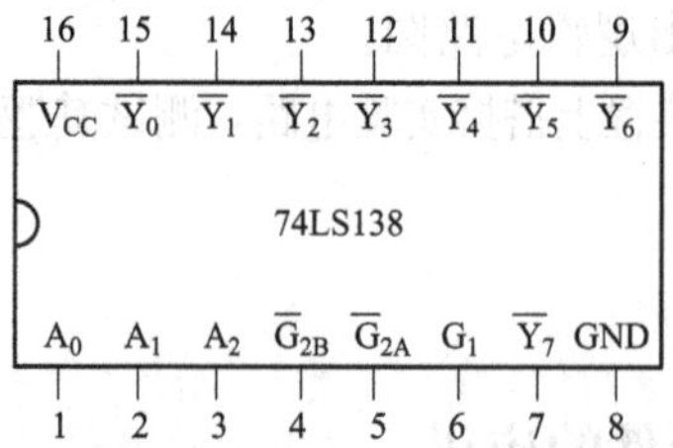

图 6-8-1　74LS138 的引脚排列图

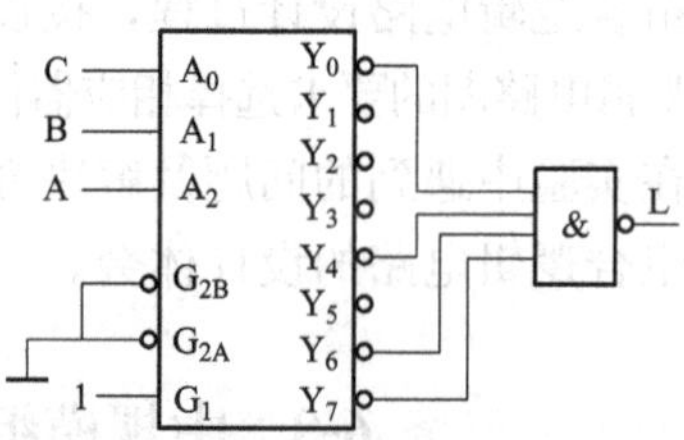

图 6-8-2　用 74LS138 构成的逻辑电路

（2）数据选择器。数据选择器也是常用的组合逻辑部件之一。它由组合逻辑电路对数字信号进行控制来完成较复杂的逻辑功能。它有若干个数据输入端 D_0、D_1、…，若干个控制输入端（地址端）A_0、A_1…和输出端 Y、$\bar{Y}$。在控制输入端加上适当的信号，即可从多个输入数据源中，将所需的数据信号选择出来，送到输出端。使用时也可以在控制输入端上加上一组二进制编码程序的信号，使电路按要求输出一串信号，所以它也是一种可编程的逻辑部件。

1）中规模集成芯片 74LS153 为双四选一数据选择器，其中 D_0、D_1、D_2、D_3 为四个数据输入端，Y 为输出端，A_1、A_0 作为地址端同时控制两个四选一数据选择器的工作，$\bar{G}$ 为使能端。74LS153 的逻辑功能如表 6-8-2 所示，当 $\bar{G}$＝1 时电路不工作，此时无论 A_1、A_0 处于什么状态，输出 Y 总为零，即禁止所有数据输出，当 $\bar{G}$＝0 时，电路正常工作，被选择的数据送到输出端，如 A_1A_0＝01，则选中数据 D_1 输出。当 $\bar{G}$＝0 时，74LS153 的逻辑表达式为

$$Y=\bar{A}_1\bar{A}_0D_0+\bar{A}_1A_0D_1+A_1\bar{A}_0D_2+A_1A_0D_3$$

表 6-8-2　　74LS153 的逻辑功能

输入			输出
$\bar{G}$	A_1	A_0	Y
1	×	×	0
0	0	0	D_0
0	0	1	D_1
0	1	0	D_2
0	1	1	D_3

2）中规模集成芯片 74LS151 为八选一数据选择器，引脚排列如图 6-8-3 所示。其中 D_0～D_7 为数据输入端，Y、$\bar{Y}$ 为输出端，A_2、A_1、A_0 为地址端，74LS151 的逻辑功能如表 6-8-3所示。逻辑表达式为

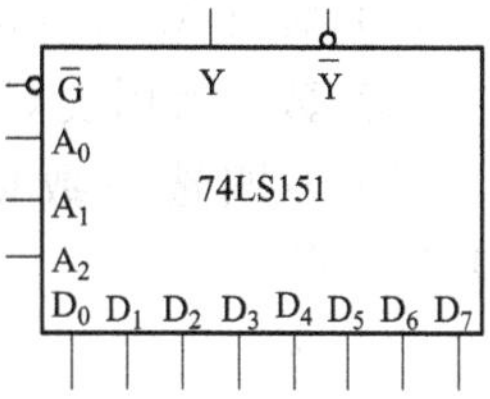

图 6-8-3　74LS151 的引脚排列图

$$Y=\bar{A}_2\bar{A}_1\bar{A}_0D_0+\bar{A}_2\bar{A}_1A_0D_1+\bar{A}_2A_1\bar{A}_0D_2+\bar{A}_2A_1A_0D_3+A_2\bar{A}_1\bar{A}_0D_4+A_2\bar{A}_1A_0D_5+A_2A_1\bar{A}_0D_6+A_2A_1A_0D_7$$

表 6-8-3　　74LS151 的逻辑功能

输入				输出	
$\bar{G}$	A_2	A_1	A_0	Y	$\bar{Y}$
1	×	×	×	0	1
0	0	0	0	D_0	$\bar{D}_0$
0	0	0	1	D_1	$\bar{D}_1$
0	0	1	0	D_2	$\bar{D}_2$
0	0	1	1	D_3	$\bar{D}_3$
0	1	0	0	D_4	$\bar{D}_4$
0	1	0	1	D_5	$\bar{D}_5$
0	1	1	0	D_6	$\bar{D}_6$
0	1	1	1	D_7	$\bar{D}_7$

数据选择器是一种通用性很强的中规模集成电路，除了能传递数据外，还可用它设计成数码比较器、变并行码为串行及组成函数发生器等。

3）数据选择器应用。用数据选择器可以产生任意组合的逻辑函数，而且线路简单。对于任何给定的两变量、三变量逻辑函数，可用四选一数据选择器来实现；对于三变量、四变量逻辑函数，可以用八选一数据选择器来实现。应当指出，数据选择器实现逻辑函数时，要求将逻辑函数式变换成最小项表达式，因此，对函数化简是没有意义的。

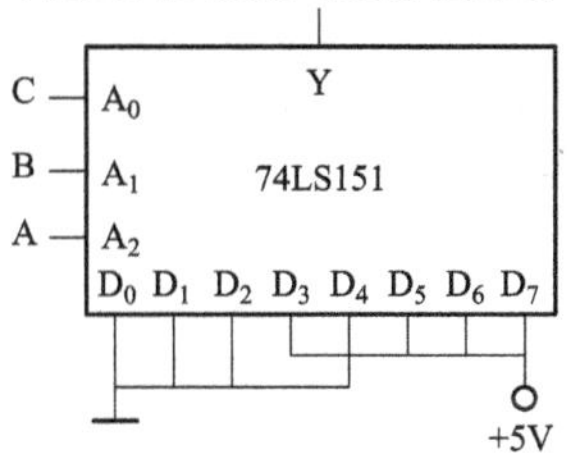

图 6-8-4　三人表决器的逻辑电路图

【例 6-8-1】　用八选一数据选择器实现逻辑函数 F＝AB＋BC＋CA（三人表决器），写出 F 的最小项表达式 $F=AB+BC+CA=\bar{A}BC+A\bar{B}C+AB\bar{C}+ABC$。先将函数 F 的输入变量 A、B、C 加到八选一的地址端 A_2、A_1、A_0，再将上述最小项表达式与八选一逻辑表达式进行比较不难得出 $D_0=D_1=D_2=D_4=0$；$D_3=D_5=D_6=D_7=1$。其逻辑电路如图 6-8-4 所示。

【例 6-8-2】　用双四选一数据选择器 74LS153 和基本门电路

实现全加器逻辑功能，逻辑电路如图 6-8-5 所示。由于选择器只有两个地址端 A_1、A_0，而全加器有加数 A_i、被加数 B_i、低位端来的进位 C_{i-1}三个输入变量，先把变量 A_i、B_i、C_{i-1}分成两组，任选其中两个变量如 A_i、B_i，作为一组加到选择器的地址端 A_1、A_0，余下的一个变量 C_{i-1}作为另一组加到选择器的数据输入端，将全加器的逻辑函数式与四选一数据选择器的逻辑函数式相比较，确定每个数据输入端 1D0～1D4、2D0～2D4 的状态；本位和 S_i 从 Y_1 端输出；进位 C_i 从 Y_2 端输出。

当函数 F 的输入变量小于数据选择器的地址端时，应将不用的地址端及不用的数据输入端都做接地处理。

3. 实验设备与器件

(1) 装有 Multisim 软件的计算机。

(2) 数字万用表 GDM-8341。

(3) 双四选一数据选择器 74LS153、八选一数据选择器 74LS151、3—8 线译码器 74LS138 等。

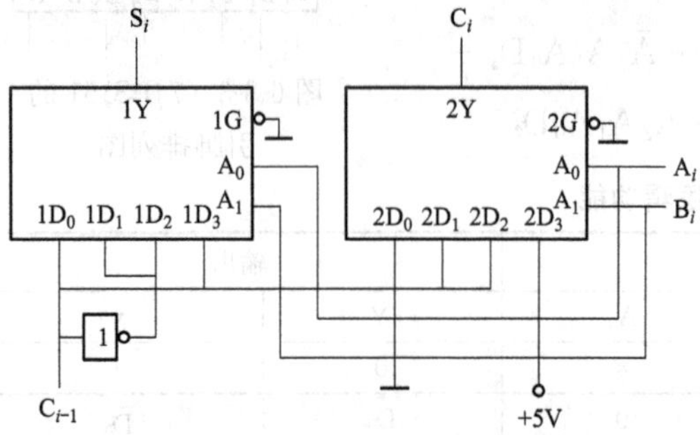

图 6-8-5　用 74LS153 实现全加器的逻辑电路图

4. 实验内容

(1) 分析图 6-8-5 所示逻辑电路的工作原理，写出对应于四选一数据选择器的逻辑函数式，从而确定每个数据输入端 $1D_0$～$1D_4$、$2D_0$～$2D_4$ 的状态。

(2) 用 3—8 线译码器 74LS138 和基本门电路，实现全加器逻辑功能。

(3) 用八选一数据选择器 74LS151 实现任意逻辑函数。

(4) 某机械装置有四个传感器 A、B、C、D，如果传感器 A 的输出为 1，且 B、C、D 三个中至少有两个的输出为 1，则整个装置处于正常工作状态，否则装置异常工作，报警设备应发声，即输出为 1。试设计推动报警电路的逻辑电路。要求写出设计的全过程，画出逻辑图，将实验结果填入自己设计的表格（用中规模集成器件实现）。

5. 预习要求

(1) 复习译码器和数据选择器的工作原理。

(2) 对实验内容中的题目进行预设计，画出所需要的实验线路图及记录表格。

6. 实验报告

(1) 写出用集成数据选择器和集成译码器设计组合逻辑电路的过程，画出逻辑电路图。

(2) 进行功能测试、记录实验数据。

(3) 总结用中规模集成组合逻辑器件设计组合逻辑电路的体会。

6-9　触　发　器

1. 实验目的及能力目标

(1) 学习 Multisim 触发器设计、仿真及操作流程。

(2) 掌握基本 RS 触发器、JK 触发器、D 触发器的逻辑功能。

(3) 了解触发器的测试方法。

(4) 熟悉各类触发器之间逻辑功能相互转换的方法。

2. 实验原理

触发器是具有记忆功能的二进制信息存储器件，是时序逻辑电路的基本单元之一。触发器按逻辑功能可分为 RS、JK、D 触发器等；按电路触发方式可分为主从型触发器和边沿型触发器两大类。

（1）基本 RS 触发器。图 6-9-1 所示电路是由两个“与非”门交叉耦合而成的基本 RS 触发器，其功能是完成置“0”和置“1”的任务，是组成各种功能触发器的最基本单元。

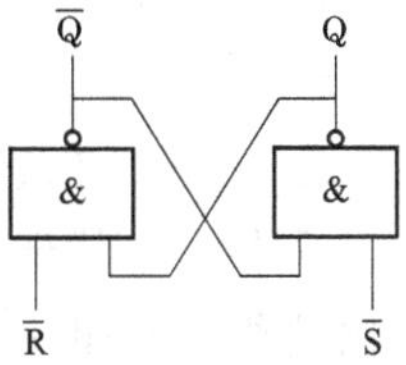

图 6-9-1 基本 RS 触发器

（2）JK 触发器。JK 触发器是一种逻辑功能完善、通用性强的集成触发器，在结构上可分为主从型 JK 触发器和边沿型 JK 触发器，在产品中应用较多的是下降边沿触发的边沿型 JK 触发器。JK 触发器的状态方程 $Q^{n+1}=J\bar{Q}^n+\bar{K}Q^n$。其功能表见表 6-9-1，表中“↓”表示时钟脉冲下降边沿触发，$\bar{R}_D$ 为复位端，$\bar{S}_D$ 为置数端。J=K=1 时，触发器翻转的次数可用来计算 CP 端时钟脉冲的个数（触发器的计数状态）。图 6-9-2 所示为双 JK 集成触发器 74LS112 引脚排列图。

表 6-9-1　　JK 触发器 74LS112 功能表

输入					输出	
$\bar{S}_D$	$\bar{R}_D$	CP	J	K	Q^{n+1}	$\bar{Q}^{n+1}$
0	1	×	×	×	1	0
1	0	×	×	×	0	1
0	0	×	×	×	φ	φ
1	1	↓	0	0	Q^n	$\bar{Q}^n$
1	1	↓	1	0	1	0
1	1	↓	0	1	0	1
1	1	↓	1	1	$\bar{Q}^n$	Q^n

注 ×：任意态；↓：高到低电平跳变；↑：低到高电平跳变；Q^n（$\bar{Q}^n$）：现态；Q^{n+1}（$\bar{Q}^{n+1}$）：次态；φ：不定态。

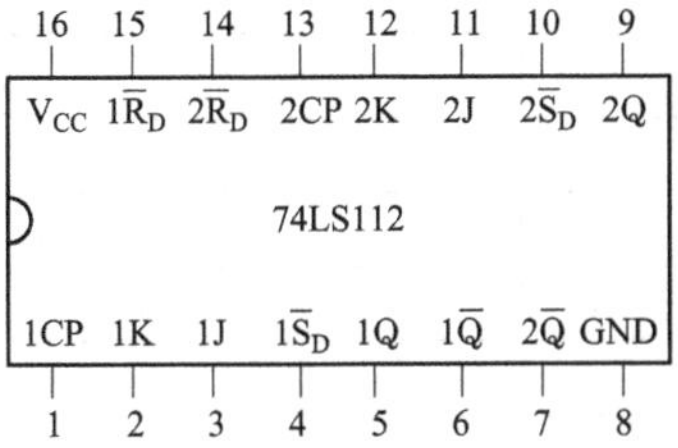

图 6-9-2 双 JK 集成触发器 74LS112 引脚排列

（3）D 触发器。D 触发器是另一种使用广泛的触发器，它的基本结构多为维持阻塞型。D 触发器多是在时钟脉冲上升沿触发翻转，触发器的状态取决于 CP 脉冲到来之前 D 端的状态。D 触发器的状态方程为 $Q^{n+1}=D$。其功能表见表 6-9-2，表中“↑”表示时钟脉冲上升沿触发，$\bar{R}_D$ 为复位端，$\bar{S}_D$ 为置数端。图 6-9-3 所示为双 D 集成触发器 74LS74 引脚排列图。

表 6-9-2　　D 集成触发器 74LS74 功能表

输入				输出	
$\bar{S}_D$	$\bar{R}_D$	CP	D	Q^{n+1}	$\bar{Q}^{n+1}$
0	1	×	×	1	0
1	0	×	×	0	1
0	0	×	×	φ	φ
1	1	↑	1	1	0
1	1	↑	0	0	1

注 ×：任意态；↓：高到低电平跳变；↑：低到高电平跳变；Q^n（$\bar{Q}^n$）：现态；Q^{n+1}（$\bar{Q}^{n+1}$）：次态；φ：不定态

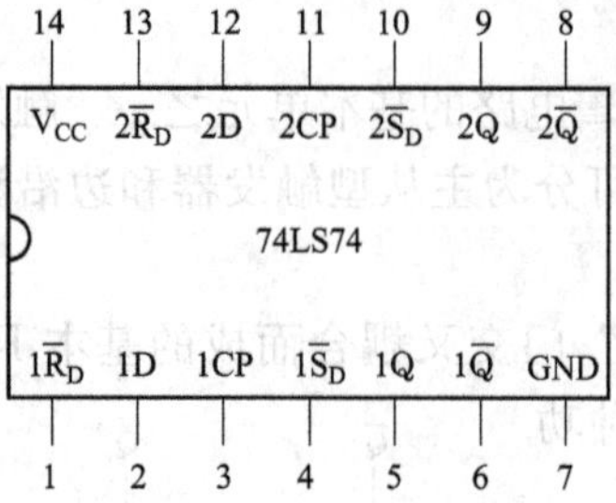

图 6-9-3　双 D 集成触发器 74LS74 引脚排列

（4）触发器之间的转换。在集成触发器的产品中，每一种触发器都有固定的逻辑功能，可以利用转换的方法得到其他功能的触发器。例如果把 JK 触发器的 J、K 端连在一起（称为 T 端），就构成 T 触发器，状态方程为 $Q^{n+1}=T\bar{Q}^n+\bar{T}Q^n$，在 CP 脉冲作用下，当 T＝0 时，$Q^{n+1}=Q^n$，T＝1 时，$Q^{n+1}=\bar{Q}^n$。工作在 T＝1 时的 JK 触发器称为 T′触发器，即每来一个 CP 脉冲，触发器便翻转一次（触发器的计数状态）。同样，若把 D 触发器的 $\bar{Q}$ 端和 D 端相连，便转换成 T′触发器。T 和 T′触发器广泛应用于计数电路中。

3. 实验资源及设备

（1）装有 Multisim 软件的计算机。

（2）数字电子技术实验装置。

（3）数字存储示波器 GDS-1102B。

（4）双 JK 触发器 74LS112×1，双 D 触发器 74LS74×1，2 输入四与非门 74LS00。

4. 实验内容

（1）测试的逻辑功能。按图 6-9-1 所示，用与非门 74LS00 构成基本 RS 触发器。输入端 $\bar{R}$、$\bar{S}$ 接逻辑开关，输出端 Q、$\bar{Q}$ 接电平指示器，按表 6-9-3 的要求测试逻辑功能。

（2）测试双 JK 触发器 74LS112 逻辑功能。

1）测试 $\bar{R}_D$、$\bar{S}_D$ 的复位、置位功能。将 JK 触发器的 $\bar{R}_D$、$\bar{S}_D$、J、K 端接逻辑开关，CP 端接单次脉冲源，Q、$\bar{Q}$ 端接电平指示器，按表 6-9-3 要求改变 $\bar{R}_D$、$\bar{S}_D$（J、K、CP 处于任意状态），并在 $\bar{R}_D=0$（$\bar{S}_D=1$）或 $\bar{S}_D=0$（$\bar{R}_D=1$）作用期间，任意改变 J、K 及 CP 的状态，观察 Q、$\bar{Q}$ 状态。

表 6-9-3　　RS 触发器的测试

$\bar{R}$	$\bar{S}$	Q	$\bar{Q}$
1	1→0		
1	0→1		
1→0	1		
0→1	1		
0	0		

2）测试 JK 触发器的逻辑功能。按表 6-9-4 要求改变 J、K、CP 端状态，观察 Q、$\bar{Q}$ 状态变化，观察触发器状态更新是否发生在 CP 脉冲的下降沿（即 CP 由 1→0）。

表 6-9-4　　JK 触发器的功能测试表

控制		时钟	Q^{n+1}	
J	K	CP	$Q^{n=0}$	$Q^{n=1}$
0	0	0→1		
0	0	1→0		
0	1	0→1		
0	1	1→0		

续表

控制		时钟	Q^{n+1}	
J	K	CP	$Q^{n=0}$	$Q^{n=1}$
1	0	0→1		
1	0	1→0		
1	1	0→1		
1	1	1→0		

3）测试T触发器的逻辑功能。将JK触发器的J、K端连在一起，构成T触发器。CP端输入1kHz连续脉冲，用电平指示器观察Q端变化情况。CP端输入1kHz连续脉冲，用双踪示波观察CP、Q、$\bar{Q}$的波形。

4）测试双D触发器74LS74的逻辑功能。测试$\bar{R}_D$、$\bar{S}_D$的复位、置位功能。测试D触发器的逻辑功能按表6-9-5的要求进行测试，并观察触发器状态更新，是否发生在CP脉冲的上升沿（即由0→1）。

表6-9-5　　D触发器的功能测试表

D	CP	Q^{n+1}	
		$Q^{n=0}$	$Q^{n=1}$
0	0→1		
0	1→0		
1	0→1		
0	1→0		

5）测试T′触发器的逻辑功能。将D触发器的$\bar{Q}$端与D端相连接，构成T′触发器，测试逻辑功能。

5. 预习要求及思考题

（1）复习有关触发器部分的内容。

（2）画出测试各触发器功能的图。

（3）JK触发器和D触发器在实现正常逻辑功能时，$\bar{R}_D$、$\bar{S}_D$应处于什么状态？

6. 实验报告

（1）列表整理各类型触发器的逻辑功能。

（2）当J=K=1时，画出JK触发器的输出Q、$\bar{Q}$端，及随CP变化的波形。

（3）总结JK触发器74LS112和D触发器74LS74的特点。

6-10 计 数 器

1. 实验目的及能力目标

（1）学习Multisim计数器设计、仿真及操作流程。

（2）掌握用D触发器、JK触发器构成计数器的方法。

（3）熟悉中规模集成计数器的逻辑功能及测试方法。

（4）学习掌握用中规模集成计数器设计任意进制计数器的方法。

2. 实验原理

所谓计数，就是统计脉冲的个数。计数器是实现计数操作的时序逻辑电路，计数器的应用十分广泛，不仅用来计数，也可以实现分频、定时等功能。计数器按计数功能可分加法、减法和可逆计数器；根据计数体制可分为二进制和任意进制计数器；根据计数脉冲引入方式又可分为同步和异步计数器。

（1）用D触发器构成异步二进制加法计数器和减法计数器。图6-10-1所示为用四只D触发器构成的四位二进制异步加法计数器，它的连接特点是将每只D触发器接成T′触发器形式，再由低位触发器的Q端和高一位的CP端相连接，即构成异步加法计数方式。若把图6-10-1稍加改动，即将低位触发器的Q端和高一位的CP端相连接，即构成了减法计数功能。

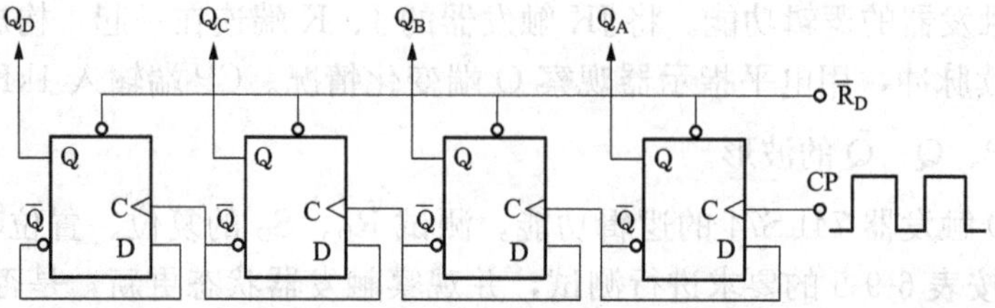

图6-10-1 四位二进制异步加法计数器

（2）用JK触发器构成同步十进制加法计数器。所谓同步即每一个触发器的CP端用同一个时钟脉冲触发。各触发器在脉冲触发下是否翻转，取决于J、K端的控制信号。同步十进制加法计数器逻辑图如图6-10-2所示。

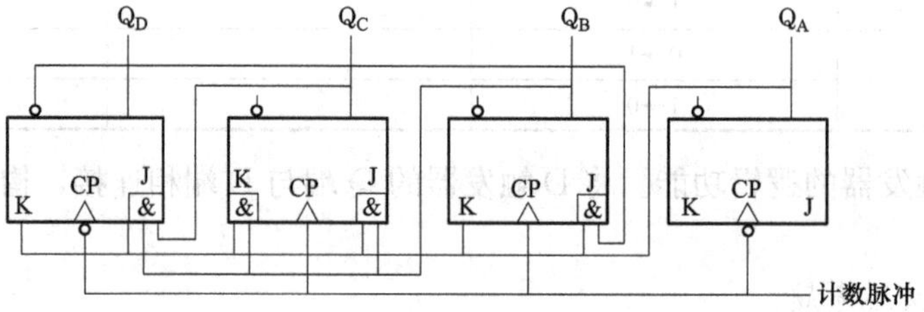

图6-10-2 同步十进制加法计数器逻辑图

（3）中规模集成计数器应用。中规模集成计数器品种多、功能完善，通常具有预置、保持、计数等多种功能。常用的有4位二进制同步计数器74LS161、同步十进制可逆计数器74LS192和二—五—十进制计数器74LS290等。

1）同步十进制可逆计数器74LS192。表6-10-1为74LS192的功能表。74LS192同步十进制可逆计数器，具有双时钟输入，可以执行十进制加法和十进制减法计数，并具有清除、置数等功能。其引脚排列如图6-10-3所示。其中$\overline{LD}$为置数端；CP_U为加计数端；CP_D为减计数端；$\overline{CO}$为非同步进位输出端；$\overline{BO}$为非同步借位输出端；Q_A、Q_B、Q_C、Q_D为计数器输出

表6-10-1　　74LS192的功能表

输入					输出
清零	预置	时钟		预置数据输入	
CR	$\overline{LD}$	CP_U	CP_D	$D_DD_CD_BD_A$	$Q_DQ_CQ_BQ_A$
1	×	×	×	× × × ×	0 0 0 0
0	0	×	×	D_3^* D_2^* D_1^* D_0^*	D_3^* D_2^* D_1^* D_0^*
0	1	↑	1	× × × ×	加计数
0	1	1	↑	× × × ×	减计数

注　D_n^*表示CP脉冲上升沿之前瞬间D_n的电平；$\overline{CO}$为进位端，当加计数计到9时，$\overline{CO}$端发出进位下跳变脉冲；$\overline{BO}$为借位端，当减计数计到0时，$\overline{BO}$端发出借位下跳变脉冲。

端；D_A、D_B、D_C、D_D 为数据输入端；$\overline{CR}$为清零端。

2）4位二进制同步计数器74LS161。74LS161是同步16进制加法计数器，其功能表如表6-10-2所示。从表中可以看出，该计数器具有上升沿触发的加法计数功能，还具有异步清零、同步置数、正常保持和不进位保持等功能。其引脚排列如图6-10-4所示。

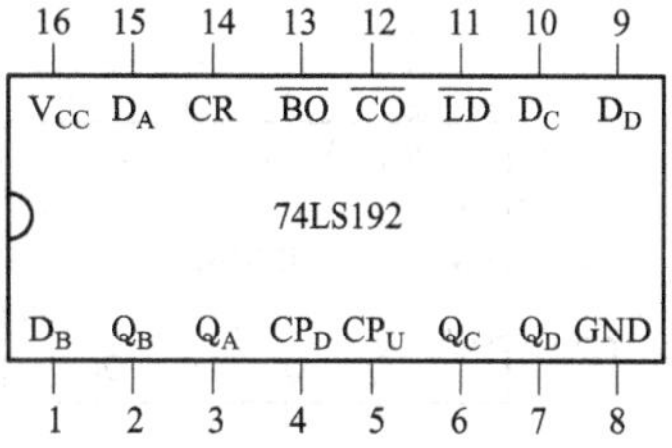

图6-10-3 74LS192引脚排列

表6-10-2 74LS161的功能表

输入						输出
清零	预置	使能		时钟	预置数据输入	
$\overline{CR}$	$\overline{LD}$	EP	ET	CP	$D_3D_2D_1D_0$	$Q_3Q_2Q_1Q_0$
L	×	×	×	×	× × × ×	L L L L
H	L	×	×	↑	$D_3^* D_2^* D_1^* D_0^*$	$D_3^* D_2^* D_1^* D_0^*$
H	H	L	×	×	× × × ×	保持
H	H	×	L	×	× × × ×	保持
H	H	H	H	↑	× × × ×	计数

注 D_n^* 表示CP脉冲上升沿之前瞬间 D_n 的电平；进位端 $CO=ET.Q_3Q_2Q_1Q_0$。

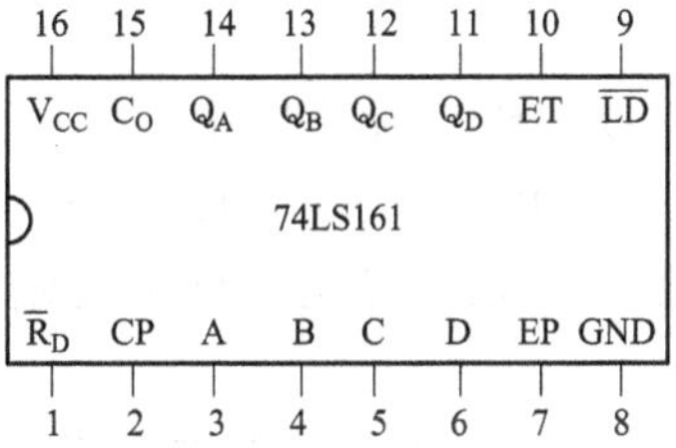

图6-10-4 74LS161引脚排列

3）用集成计数器构成任意进制计数器。尽管集成计数器的种类很多，但也不可能任一进制都有其对应的产品。在需要时，可以用成品计数器外加适当的门电路连接成任意进制计数器。

74LS161在计数过程中有16种状态，它可以实现16进制以内的任意进制计数功能。图6-10-5（a）、（b）所示为用反馈清零法构成的9进制计数器的逻辑图、状态转换图；图6-10-6（a）、（b）所示为用反馈置数法构成的9进制计数器的逻辑图、状态转换图。

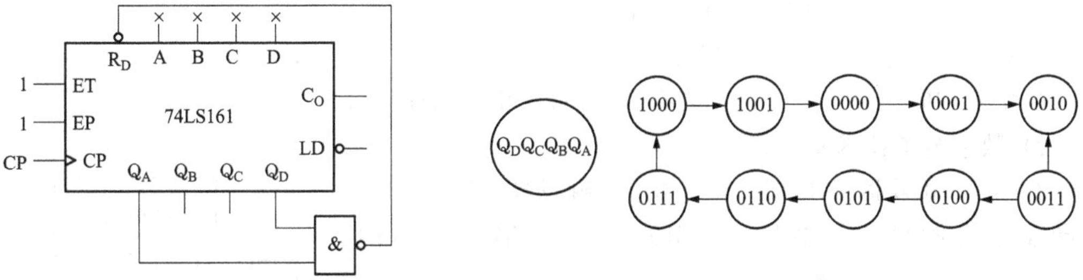

（a）　（b）

图6-10-5 用反馈清零法构成的9进制计数器

（a）逻辑图；（b）状态转换图

4）计数器的级联使用。一只十进制计数器只能计0～9十个数，在实际应用中要计的数往往很大，一位数是不够的，解决这个问题的办法是把几个十进制计数器级联使用，以扩大计数范围。图6-10-7所示为用两片74LS192构成的30进制递减计数器逻辑图。

（4）译码及显示。计数器输出端的状态反映了计数脉冲的多少，为了把计数器的输出显示为相应的十进制数，需要接上译码器和显示器。二—十进制译码器，是将二进制代码译成十进制数字，去驱动十进制的数字显示器件，显示0～9十个数字，由于各种数字显示器件的工作方式不同，因而对译码器的要求也不一样。中规模集成七段译码器CD4511用于共阴

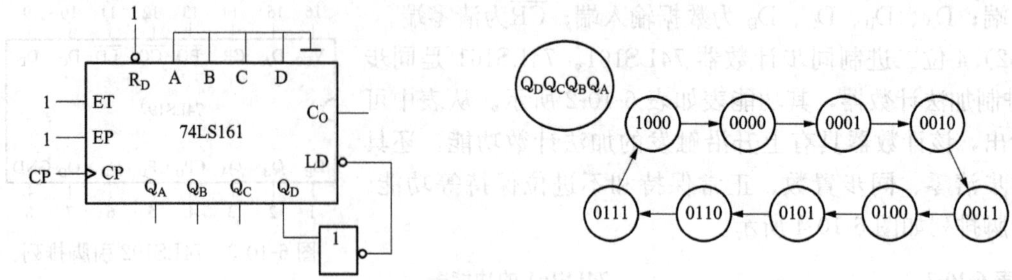

(a)　　　　　　　　(b)

图 6-10-6　反馈置数法构成的 9 进制计数器

(a) 逻辑图；(b) 状态转换图

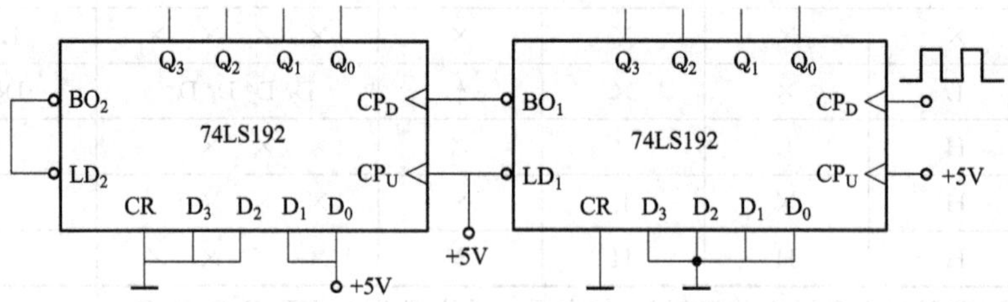

图 6-10-7　30 进制递减计数器逻辑图

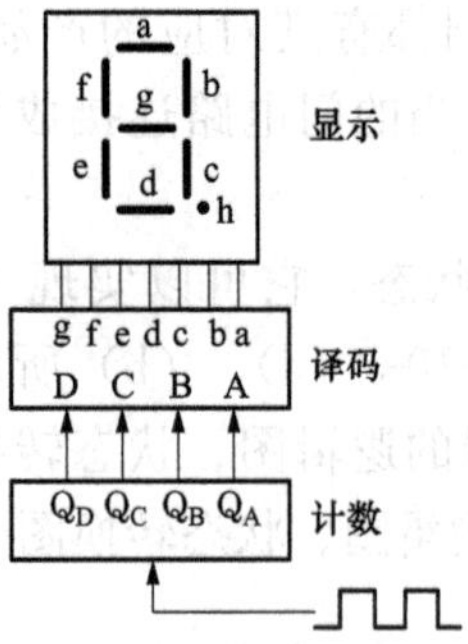

图 6-10-8　计数、译码、显示的结构框图

极显示器，可以与 LED 数码管 BS201 或 BS202 配套使用。CD4511 可以把 8421 编码的十进制数译成七段输出 a、b、c、d、e、f、g，用以驱动共阴极 LED。图 6-10-8 所示为计数、译码、显示的结构框图。

在实验装置上还配置了两只已完成了译码器和显示器之间连接的数码管，实验时只要将十进制计数器的输出端 Q_A、Q_B、Q_C、Q_D 直接连接到译码器的相应输入端 A、B、C、D，即可显示 0～9 十个数字，如图 6-10-9 所示。

3. 实验设备与器件

(1) 装有 Multisim 软件的计算机。

(2) 数字电子技术实验装置。

(3) 双 D 触发器 74LS74×2、双 JK 触发器 74LS112×2、同步十进制可逆计数器 74LS192×2、2 输入四与门 74LS00×1。

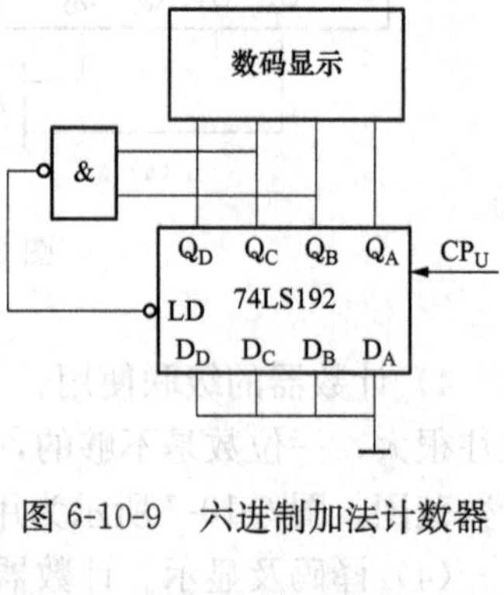

图 6-10-9　六进制加法计数器

4. 实验内容

(1) D 触发器的应用。

1) 测试 D 触发器 74LS74 芯片的逻辑功能。

2) 用 74LS74 芯片构成四位二进制异步计数器。取两片 74LS74，先把 D 触发器接成 T′ 触发器，验证逻辑功能，待各触发器工作正常后，再把它们按图 6-10-1 所示的电路进行连接。R_D 端接低电平，最低位的 CP 端接单次脉冲源，输出端 Q_0～Q_7 接电平指示器。为防止干扰各触发器 S_D 端应接高电平。清零后，由最低位触发器的 CP 端逐个送入单次脉冲，用实验装置上的显示器（发光二极管）观察其计数结果，并列表记录 Q_0～Q_7 状态；将单次脉冲改为频率为 1kHz 的连续脉冲，用双踪示波器观察 CP、Q_0～Q_7 波形。

3）将图 6-10-1 所示电路中的低位触发器的 Q 端和高一位触发器的 CP 端相连接，构成减法计数器，重复上述内容。

*（2）JK 触发器的应用。

1）测试 JK 触发器的逻辑功能。

2）用两片 74LS112 和一片 74LS00 连接成同步十进制加法计数器，其逻辑电路如图 6-10-2 所示。用 LED 七段显示器（数码管）观察计数结果。

（3）集成计数器 74LS161 的应用。

1）测试 74LS161 四位二进制进制加法计数器的逻辑功能，计数脉冲由单次脉冲源提供，清零端$\overline{CR}$、置数端$\overline{LD}$、数据输入端 D_A、D_B、D_C、D_D 分别接逻辑开关，输出端 Q_A、Q_B、Q_C、Q_D 分别接实验台上译码器的相应输入端 A、B、C、D，按表 6-10-2 逐项测试 74LS161 逻辑功能，判断此集成块功能是否正常。

2）参考图 6-10-5 和图 6-10-6，将 74LS161 连接成任意进制加法计数器，观察其计数状态。

（4）十进制可逆计数器 74LS192 的应用。

1）测试 74LS192 十进制可逆计数器的逻辑功能。计数脉冲由单次脉冲源提供，清零端$\overline{CR}$、置数端$\overline{LD}$、数据输入端 D_A、D_B、D_C、D_D 分别接逻辑开关，输出端 Q_A、Q_B、Q_C、Q_D 分别接实验台上译码器的相应输入端 A、B、C、D。按表 6-10-1 逐项测试 74LS192 逻辑功能，判断此集成块功能是否正常。

2）参考图 6-10-9 将 74LS192 连接成任意进制加法计数器。

*3）用两片 74LS192 构成的 30 进制递减计数器，输出端接数码显示器。按图 6-10-7 插接电路，分别观测每一片的测试结果，分析其工作过程。

5. 预习要求

（1）复习有关计数器部分的内容。

（2）拟出实验中所需测试表格。

（3）分析 30 进制递减计数器的工作原理；设计 30 进制递加计数的逻辑电路。

*（4）设计一个用 74LS161 及 74LS00 构成的 24 进制加法计数器。

6. 实验报告

（1）画出实验用逻辑电路。

（2）整理实验数据，并画出波形图。

（3）总结用中规模集成计数器设计任意进制计数器的方法。

6-11 移位寄存器的应用

1. 实验目的及能力目标

（1）学习 Multisim 中规模四位双向移位寄存器设计、仿真及操作流程。

（2）掌握中规模四位双向移位寄存器的逻辑功能及测试方法。

（3）学习掌握用移位寄存器构成串行、并行及环形计数器的方法。

2. 实验原理

在数字系统中能寄存二进制信息，并进行移位的逻辑部件称为移位寄存器。其根据移位存储信息的方式可分为串入串出、串入并出、并入串出和并入并出四种，按移位方向有左移、右移两种。

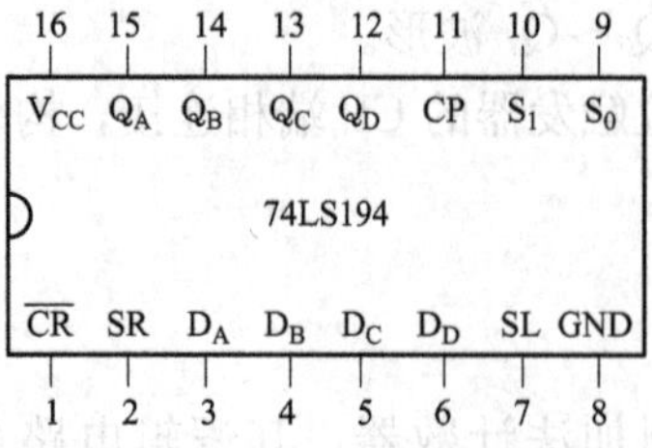

图 6-11-1　74LS194 引脚排列图

本实验采用四位双向通用移位寄存器，型号为 74LS194，引脚排列如图 6-11-1 所示。D_A、D_B、D_C、D_D 为并行输入端；Q_A、Q_B、Q_C、Q_D 为并行输出端；D_{SR}为右移串行输入端，D_{SL}为左移串行输入端；S_1、S_0 为操作模式控制端；$\overline{CR}$为直接无条件清零端；CP 为时钟输入端。74LS194 有四种不同的操作模式：S_1S_0＝00 为保持；S_1S_0＝01 为右移；S_1S_0＝10 为左移；S_1S_0＝11 为并行寄存。74LS194 的功能表如表 6-11-1 所示。

表 6-11-1　　74LS194 的功能表

输入					输出
清零 $\overline{CR}$	控制 S_1S_0	串行输入 左移 SL 右移 SR	时钟 脉冲 CP	并行输入 $D_AD_BD_CD_D$	$Q_AQ_BQ_CQ_D$
L	× ×	× ×	×	××××	L L L L
H	× ×	× ×	H (L)	××××	$Q_A^nQ_B^nQ_C^nQ_D^n$
H	H H	× ×	↑	$D_0^*D_1^*D_2^*D_3^*$	$D_0^*D_1^*D_2^*D_3^*$
H	L H	× H	↑	××××	$HQ_A^nQ_B^nQ_C^n$
H	L H	× L	↑	××××	$LQ_A^nQ_B^nQ_C^n$
H	H L	H ×	↑	××××	$Q_A^nQ_B^nQ_C^nH$
H	H L	L ×	↑	××××	$Q_A^nQ_B^nQ_C^nL$
H	L L	× ×	×	××××	$Q_A^nQ_B^nQ_C^nQ_D^n$

移位寄存器应用很广，可构成移位寄存器型计数器；顺序脉冲发生器、串行累加器、可用作数据转换，即把串行数据转换为并行数据，或把并行数据转换为串行数据等。本实验研究移位寄存器用作环形计数器和串行累加器的情况。

把移位寄存器的输出反馈到它的串行输入端，就可以进行循环移位，如图 6-11-2（a）所示。图中把输出 Q_D 和右移串行输入端 SR 相连接，置初始状态 $Q_AQ_BQ_CQ_D$＝1000，则在时钟脉冲作用下 $Q_AQ_BQ_CQ_D$ 将依次变为 0100→0010→0001→1000→…，其波形如图 6-11-2（b）所示，可见它是一个具有四个有效状态的计数器。图 6-11-2（a）所示的电路，可以由寄存器的各个输出端输出在时间上有先后顺序的脉冲，因此也可作为顺序脉冲发生器。

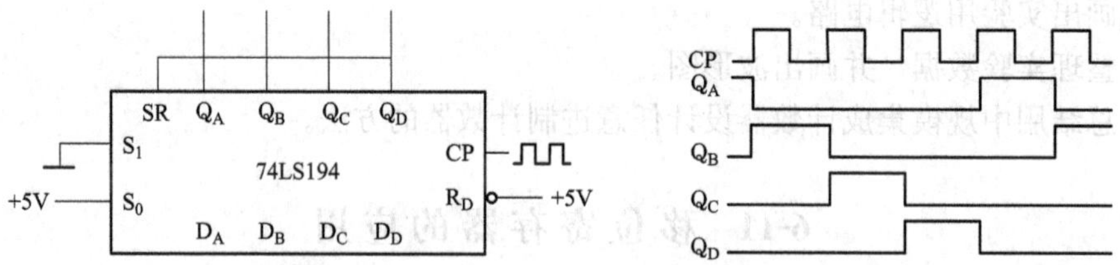

（a）　　　　　　　　（b）

图 6-11-2　环形计数器

（a）逻辑电路；（b）输出波形

中规模集成移位寄存器，其位数往往以四位居多，当需要的位数多于四位时，可把几片移位寄存器用级联的方法来扩展位数。

3. 实验资源及设备

（1）装有 Multisim 软件的计算机。

（2）数字电子技术实验装置。

（3）数字存储示波器 GDS-1102B。

(4) 数字万用表 GDM-8341。

(5) 四位双向移位寄存器 74LS194、两输入四与非门 74LS00。

4. 实验内容

(1) 测试 74LS194 的逻辑功能。按图 6-11-3 接线，$\overline{CR}$、S_1、S_0、D_{SL}、D_{SR}、D_A、D_B、D_C、D_D分别接逻辑开关，Q_A、Q_B、Q_C、Q_D接电平指示器，CP 接单次脉冲源，按表 6-11-2 所规定的输入状态，逐项进行测试，并将结果记入表 6-11-2 中。

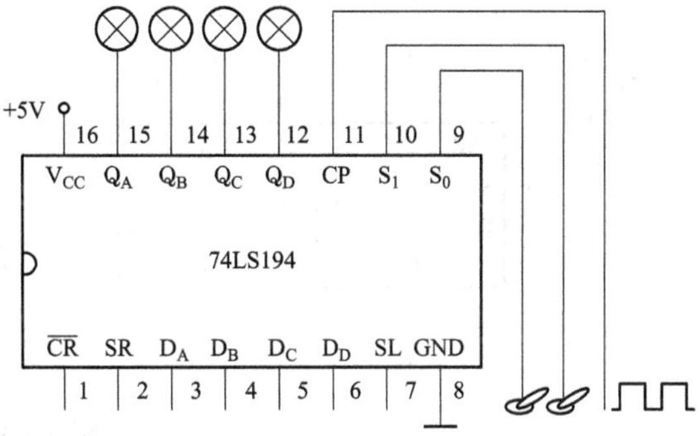

图 6-11-3 74LS194 的逻辑功能测试图

表 6-11-2　74LS194 的逻辑功能测试

清除	模式		时钟	串行		输入	输出	功能总结
$\overline{CR}$	S1	S0	CP	D_{SL}	D_{SR}	$D_AD_BD_CD_D$	$Q_AQ_BQ_CQ_D$	说明
0	×	×	×	×	×	××××		
1	1	1	↑	×	×	1010		
1	0	1	↑	×	0	××××		
1	0	1	↑	×	1	××××		
1	0	1	↑	×	0	××××		
1	0	1	↑	×	0	××××		
1	1	0	↑	1	×	××××		
1	1	0	↑	1	×	××××		
1	1	0	↑	1	×	××××		
1	1	0	↑	1	×	××××		
1	0	0	↑	×	×	××××		

注 CMOS CC4194 四位双向移位寄存器与 TTL 74LS194 功能相同。

1) 清零。令$\overline{CR}=0$，其他输入均为任意状态，这时寄存器输出 Q_A、Q_B、Q_C、Q_D 均为零。清零功能完成后，置$\overline{CR}=1$。

2) 置数。令$\overline{CR}=S_1=S_0=1$，送入任意四位二进制数，如 $D_AD_BD_CD_D=1010$，加 CP 脉冲，观察 CP=0、CP 由 0→1、CP 由 1→0 三种情况下寄存器输出状态的变化，分析寄存器输出状态变化是否发生在 CP 脉冲上升沿。

3) 右移。令$\overline{CR}=1$、$S_1=0$、$S_0=1$，清零或用并行送数预置寄存器输出。由右移输入端 SR 送入二进制数码如“0101”，由 CP 端连续加四个脉冲，观察输出端情况。

4) 左移。令$\overline{CR}=1$、$S_1=1$、$S_0=0$，先清零或预置数，由左移输入端 SL 送入二进制数码如 0101，连续加四个 CP 脉冲，观察输出端情况。

5) 保持。寄存器预置任意四位二进制数码“1101”，令$\overline{CR}=1$、$S_1=S_0=0$，加 CP 脉冲，观察寄存器输出状态。

(2) 循环形移位。将图 6-11-4 电路中的 Q_D 与 D_{SR} 直接连接，其他接线均不变动，用并行置数法，预置寄存器输出为某二进制数码（如“0001”），然后进行右移循环，观察寄存器输出端变化，记录其变化规律。

*(3) 移位集成寄存器的级联。用两片 74LS194 寄存器，构成 8 位双向移位寄存器，电路如图 6-11-4 所示。

(4) 序列脉冲产生器。用 74LS194 设计一个序列脉冲产生器，序列信号“11010”。

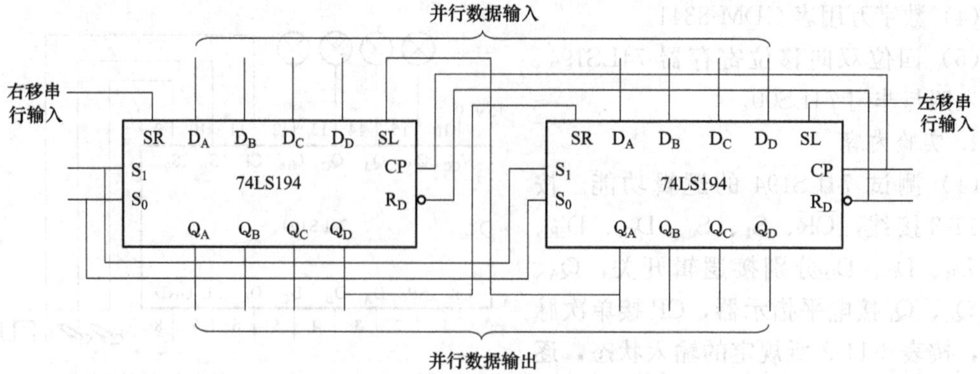

图 6-11-4 8 位双向移位寄存器

5. 预习要求

(1) 熟悉 74LS194 引脚的逻辑功能。

(2) 画出实验电路，列出测试用的表格。

(3) 若进行循环左移，电路应如何连接?

6. 实验报告

(1) 分析表 6-11-2 的实验结果，总结移位寄存器 74LS194 的逻辑功能。

(2) 根据实验内容（2）的结果，画出四位环形计数器的状态转换图及波形图。

6-12 简易电子秒表

1. 实验目的及能力目标

(1) 学习 Multisim 电子秒表设计、仿真及操作流程。

(2) 了解秒表的功能及组成原理。

(3) 综合应用多谐振荡器、RS 触发器、计数、译码、显示等单元电路构组成电子秒表。

(4) 学习掌握秒脉冲发生器的设计方法和计数器、译码器的工作原理。

(5) 学习掌握电子秒表的调试方法。

2. 实验原理

图 6-12-1 所示为电子秒表的原理图。其按功能分成四个单元进行分析。

(1) 基本 RS 触发器。图 6-12-1 所示为用集成与非门构成的基本 RS 触发器，属低电平直接触发的触发器，有直接置位、复位的功能。它的一路输出作为组合电路的一个输入，是允许清零的控制端；另一路输出作为组合电路的另一个输入，是允许秒脉冲通过的控制信号。

(2) 时钟脉冲发生器。图 6-12-1 中用 555 定时器构成的多谐振荡器和 74LS161 构成的分频器组成了秒脉冲发生器，作为计数器的时钟脉冲。

(3) 计数及译码显示。图 6-12-1 中两片计数器 74LS192 构成 0～99 进制加法计数器，是电子秒表的计数单元。其输出端与实验台上译码显示单元的相应输入端连接，可显示 1～99s 的计时。

3. 实验资源及设备

(1) 装有 Multisim 软件的计算机。

(2) 数字电子技术实验装置。

(3) 数字存储示波器 GDS-1102B。

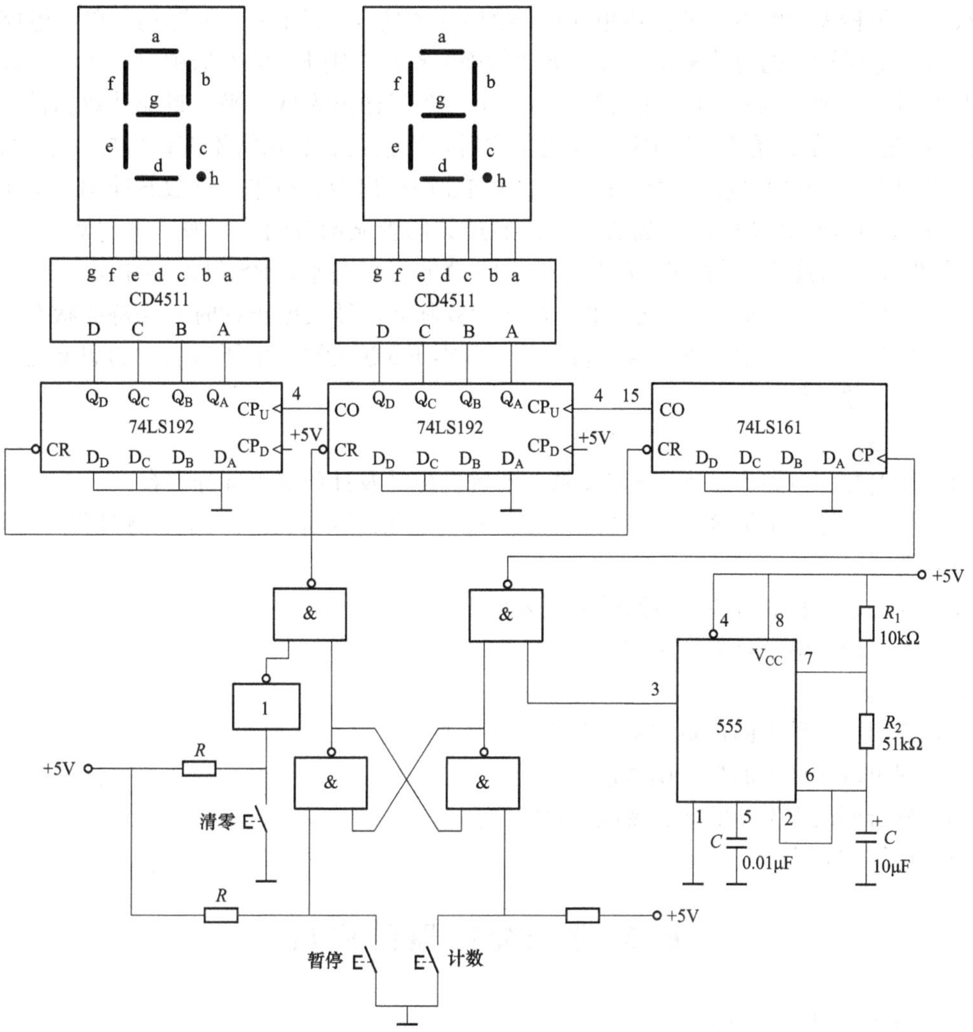

图 6-12-1　电子秒表原理图

（4）数字万用表 GDM-8341。

（5）555 定时器，与非门 74LS00，加减计数器 74LS192，CD4511 译码器，数码显示器。

4. 实验内容

插接组装电路之前，需合理安排各器件在实验台上的位置，以便连线时电路逻辑清楚，接线较短。实验时将各单元电路逐个进行接线和调试，即分别测试基本 RS 触发器、时钟脉冲发生器及各计数器的逻辑功能，待各单元电路工作正常后，再将有关电路逐级连接起来进行测试，直到完成电子秒表整个电路功能的测试。这样的测试方法有利于检查和排除故障，保证实验顺利进行。

（1）基本 RS 触发器测试。置开关 K1 于暂停位置，则门 1 输出为 1；门 2 输出为 0，再置开关 K1 于启动位置，门 2 输出由 0 变为 1。

（2）辅助时序控制电路。当门输出为 1、门 2 输出为 0 时，按动按钮 KA，计数器清 0；当门输出为 0、门 2 输出为 1 时，计数器开始计数。

（3）时钟脉冲发生器的测试。时钟脉冲发生器由 555 构成的多谐振荡器和分频电路等组成，多谐振荡器的工作原理和测试方法见本章 6-13 节 555 定时器的应用。

（4）计数器的测试。引入单次脉冲，分别检查两片计数器的功能。

(5) 电子秒表的整体测试。各单元电路测试正常后，按图 6-12-1 把几个单元电路连接起来，进行电子秒表的总体测试。按一下"暂停"按钮，则 RS 触发器中对应于"暂停"按钮的与非门输出为高电平，RS 触发器中另一个与非门输出为低电平，封锁计数脉冲；按动"清零"按钮，计数器清零；"清零"按钮复位后，计数器状态保持不变；再按一下"计数"按钮，则 RS 触发器中对应于"计数"按钮的与非门输出为高电平，计数脉冲加到 74161 的 CP 端，启动秒表计数功能；计数器计数并通过数码管显示时间，再按一下"暂停"按钮，则 RS 触发器中对应于"暂停"按钮的与非门输出为高电平，RS 触发器中另一个对应于"计数"按钮的与非门则输出为低电平，封锁计数脉冲，秒表停止计时并保持原状态，即保持所计的数字，等待读取数据，直至被清零。基本 RS 触发器在电子秒表中的职能是启动和暂停秒表的计数工作。

5. 预习要求

(1) 复习数字电路中基本 RS 触发器、时钟发生器及计数器等部分内容。

(2) 计算确定多谐振荡器的参数，以及 74LS161 的计数状态，完成秒脉冲发生器功能，画出电路图。

(3) 列出电子秒表各单元电路的测试表格。

(4) 列出调试电子秒表的步骤。

6. 实验报告

(1) 说明电子秒表的逻辑结构，分析其工作原理。

(2) 列出电子秒表的整个调试过程。

(3) 分析调试中发现的问题及故障排除方法。

(4) 总结实验体会。

6-13 集成定时器的应用

1. 实验目的及能力目标

(1) 学习 Multisim 集成定时器电路设计、仿真及操作流程。

(2) 了解集成定时器的电路结构和工作原理。

(3) 熟悉集成定时器的典型应用。

2. 实验原理

集成定时器是一种模拟、数字混合型的中规模集成电路，只要外接适当的电阻、电容等元件，可方便地构成单稳态触发器、多谐振荡器、施密特触发器等脉冲产生或波形变换电路。经常使用的是单定时器和双定时器两种。单定时器是在一个芯片上集成一个定时电路，型号是 555；双定时器是在一个芯片上集成两个相同的定时电路，型号是 556。它们可以用双极型工艺制成，也可以采用 CMOS 工艺制成，结构和工作原理基本相似。采用 CMOS 工艺制成的器件型号是 7555、7556。通常双极型定时器具有较大的驱动能力，而 CMOS 定时器则具有功耗低、输入阻抗高等优点。555、556 的引脚排列如图 6-13-1 (a)、(b) 所示，555 定时器的功能表见表 6-13-1。

(1) 单稳态触发器。单稳态触发器在外来脉冲作用下，能够输出一定幅度与宽度的脉冲，输出脉冲的宽度就是暂稳态的持续时间 t_w。图 6-13-2 (a) 所示电路是由 555 定时器和外接定时元件 R、C 构成的单稳态触发器。触发信号 u_i 加于触发输入端 2 脚，输出信号 u_o 由脚 3 引出。

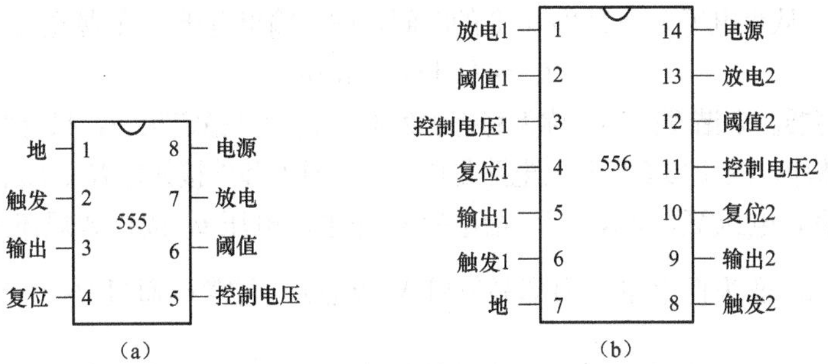

图 6-13-1　集成定时器的引脚图

(a) 555 定时器引脚图；(b) 556 定时器引脚图

表 6-13-1　555 定时器的功能表

输入			输出	
阈值输入（u_{i1}）	触发输入（u_{i2}）	复位（$\bar{R}_D$）	输出（u_o）	放电管（V）
×	×	0	0	导通
$<\frac{2}{3}V_{CC}$	$<\frac{1}{3}V_{CC}$	1	1	截至
$>\frac{2}{3}V_{CC}$	$>\frac{1}{3}V_{CC}$	1	0	导通
$<\frac{2}{3}V_{CC}$	$>\frac{1}{3}V_{CC}$	1	不变	不变

在触发输入端未加触发信号时，电路处于初始稳态，单稳态触发器的输出 u_o 为低电平。在 $t=t_1$ 时，在 u_i 端加一个具有一定幅值的负脉冲，2 端电位小于$\frac{1}{3}V_{CC}$，电路翻转，3 端 u_o 从低电平跳变为高电平（内部放电晶体管截止），电源电压 V_{CC}经 R 给电容 C 充电，暂稳态开始。u_C 按指数规律增加，当 u_C 上升到$\frac{2}{3}V_{CC}$时，输出 u_o 从高电平返回低电平，暂稳态终止。同时内部晶体管导通，电容 C 上的电压经其放电，u_C 迅速下降到零，电路回到初始稳态，为下一个触发脉冲的到来做好准备，其工作波形如图 6-13-2（b）所示。输出电压脉宽即暂稳态的持续时间 t_w 取决于外接元件 R、C 的大小，改变 R、C 可使 t_w 在几个微秒到几十分钟之间变化。如果忽略晶体管 V

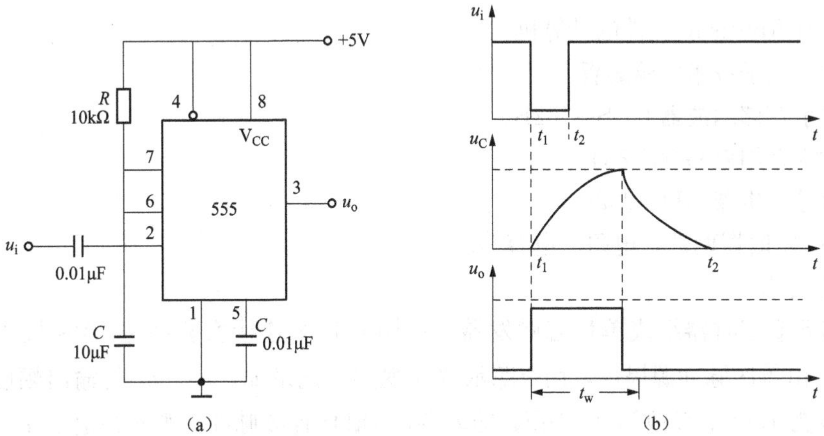

图 6-13-2　单稳态触发器电路及工作波形

(a) 单稳态触发器电路；(b) 工作波形

的饱和压降，则 u_C 从零电平上升到 $2V_{CC}/3$ 的时间，即为输出电压 u_o 的脉宽 t_w，则

$$t_w = RC\ln 3 \approx 1.1RC$$

(2) 多谐振荡器。多谐振荡器也称无稳态触发器，它没有稳定状态，只有两个暂稳态，而且不需要外接触发脉冲。图 6-13-3 所示的电路是由 555 定时器和外接元件 R_1、R_2、C 构成的多谐振荡器。接通电源后，电压 V_{CC} 经 R_1、R_2 给电容 C 充电，电压 u_C 按指数规律上升。当 u_C 上升到 $\frac{2}{3}V_{CC}$ 时，输出 u_o 变为低电平（内部晶体管 V 导通），电容 C 通过 R_2 和 V 放电。当 u_C 下降到 $\frac{1}{3}V_{CC}$ 时，输出 u_o 变为高电平（内部晶体管 V 截止），V_{CC} 又经 R_1、R_2 给电容 C 充电，自动重复上述过程。其工作波形如图 6-13-3（b）所示。改变 R_1、R_2 的值，可以改变输出波形的占空系数，改变 C 的值，可以改变周期，而不影响占空系数。

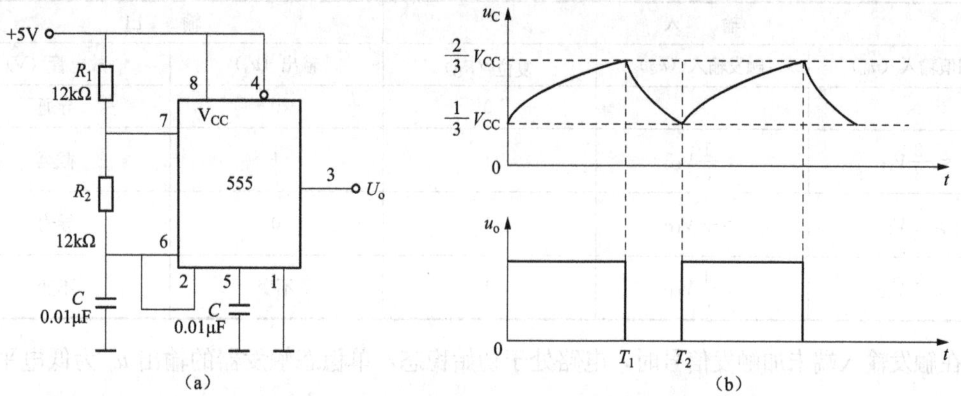

图 6-13-3　多谐振荡器电路原理及工作波形

(a) 多谐振荡器电路原理；(b) 多谐振荡器工作波形

$$T_1 = (R_1 + R_2)C\ln 2 \approx 0.7(R_1 + R_2)C$$

$$T_2 = R_2C\ln 2 \approx 0.7R_2C$$

$$f = \frac{1}{T_1 + T_2} = \frac{1.43}{(R_1 + 2R_2)C}$$

3. 实验资源及设备

(1) 装有 Multisim 软件的计算机。

(2) 数字电子技术实验装置。

(3) 数字存储示波器 GDS-1102B。

(4) 数字万用表 GDM-8341。

(5) 信号发生器 AFG-2225。

(6) 555 定时器两片，电阻、电容等。

4. 实验内容

(1) 用 555 定时器组成单稳态触发器。按图 6-13-2 连接实验线路。V_{CC} 接 +5V 电源，输入信号 u_i 由单次脉冲源提供，用双踪示波器观察并记录 u_i、u_C、u_o 的输出幅度与暂稳时间。将 R 改为 10kΩ、C 改为 0.01μF，输入端送 1kHz 连续脉冲，观察并记录 u_i、u_C、u_o 波形，标出幅度与暂稳时间。

(2) 多谐振荡器。按图 6-13-3 连接实验线路。用示波器观察并记录 u_C、u_o 的波形，标

出幅度和周期。

(3) 双音频信号发生器。用两片 555 定时器构成一个双音频信号发生器，参考电路如图 6-13-4 所示。调节定时元件，振荡器Ⅰ振荡频率较低，并将其输出 u_{o1} 接到振荡器Ⅱ的电压控制端，当振荡器Ⅰ输出高电平时，振荡器Ⅱ的振荡频率较低，当振荡器Ⅰ输出低电平时，振荡器Ⅱ的振荡频率较高，从而使振荡器Ⅱ输出两种频率有明显差别的信号。按图 6-13-4 接好实验线路，调换外接阻容元件，试听音响效果。

5. 预习要求与思考题

(1) 设计实验数据记录用的表格。

(2) 555 定时器构成的单稳态触发器输出脉宽和周期由什么决定?

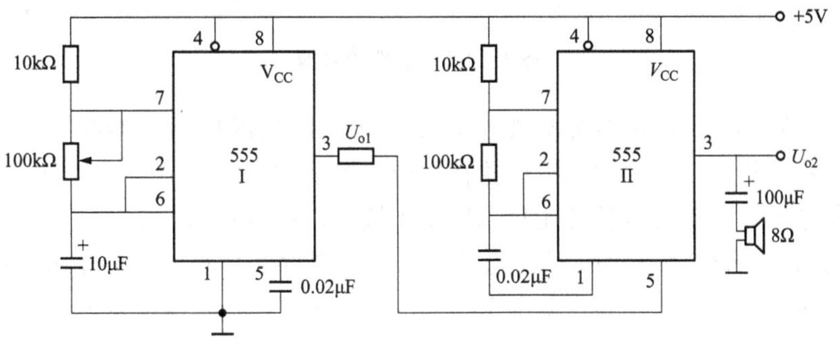

图 6-13-4 双音频信号发生器

(3) 单稳电路的输出脉冲宽度 t_w 大于触发信号的周期将会出现什么现象?

(4) 计算多谐振荡器的振荡周期。

6. 实验报告

(1) 画出实验电路，整理实验数据并与理论值进行比较。

(2) 绘出电路中各点的波形，分析实验结果。

6-14 负反馈放大电路性能分析虚实结合实验

1. 实验目的及能力目标

(1) 学习掌握自激振荡放大电路的分析。

(2) 学习掌握自激振荡的消除。

(3) 学习给定最大输入信号，反馈电阻 R_f 线性范围的测量。

(4) 学习给定反馈电阻 R_f，最大不失真动态输入、输出电压测量。

2. 实验设备

负反馈放大电路性能分析虚实结合实验采用真实电路、虚拟仪器，实验需要通过实验管理系统获取硬件资源。实验电路可自由搭建，电阻、电容、二极管、运算放大器等在左侧器件库，鼠标拖放；鼠标左键单击元器件端点可以连线，右键可撤消连线；函数信号源、示波器可根据需求接入电路。

(1) 虚拟信号源。虚拟信号源如图 6-14-1 所示。虚拟信号源能产生：正弦波，方波，三角波，半波，全波，锯齿，复杂信号、直流信号等。使用鼠标滚轮调节频率和峰峰值，通过单击信号名称切换信号种类。

稳压源：稳压源集成在信号源里，单击直流信号，调节幅度，范围−3V～+3V。

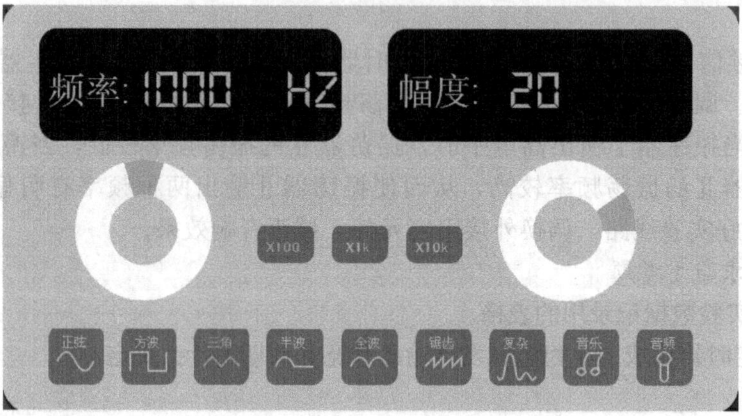

图 6-14-1 虚拟信号源

（2）虚拟示波器。虚拟示波器如图 6-14-2 所示。内嵌虚拟示波器有 4 个通道，每个通道都可以测量各个测量点；使用鼠标滚轮在相应位置滚动可以调节扫描时间、垂直缩放、垂直偏移、触发电平等；单击示波器上的 MATH 按钮，可以进行＋、－、＊、FFT 等运算；单击 Display 按键选择余晖观察眼图、选择 XY 模式观察信号轨迹；单击 menu 按键选择触发边沿、触发通道、触发方式等；单击 DC/AC 按键设置对应通道耦合方式；单击示波器面板右上方 SINGLE 键，示波器波形只扫一次，按 RUN 键可取消单次功能。

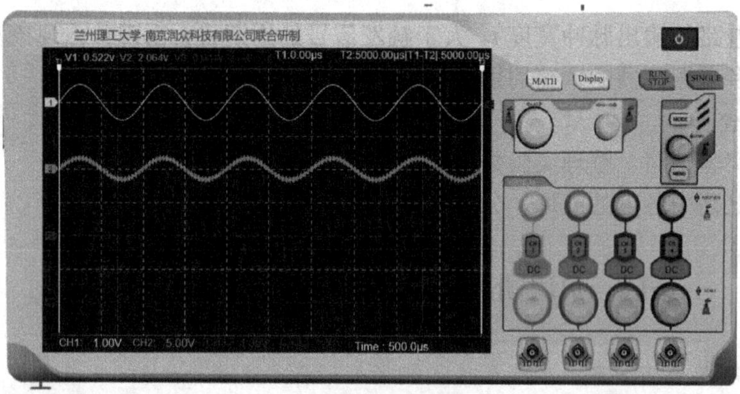

图 6-14-2 虚拟示波器

（3）波特仪。将波特图示仪输入和输出分别接到信号输入端和放大电路的输出端后启动扫描，即可获得环路幅频特性与相频特性曲线，实验电路图如图 6-14-3 所示。

拖动浮标可以查看各个频率对应的幅度和相位，频率特性分析结果如图 6-14-4 所示。

3. 实验内容

（1）实验线路。负反馈对放大电路实验原理线路如图 6-14-5 所示。在线实验接线如图 6-14-3 所示。连线规则是相同颜色的实心点可以连接空心点，如红色实心点可以连接红色空心点。

（2）自激振荡放大电路分析。在放大电路的设计中，引入负反馈可以改善放大电路的性能，其性能的改善程度取决于反馈深度，反馈越深，放大电路的性能越优良。但反馈过深，也会引起电路的不稳定而产生自激振荡。

在一般情况下，负反馈放大电路的环路增益必须包含至少三个转折频率，才可能产生自

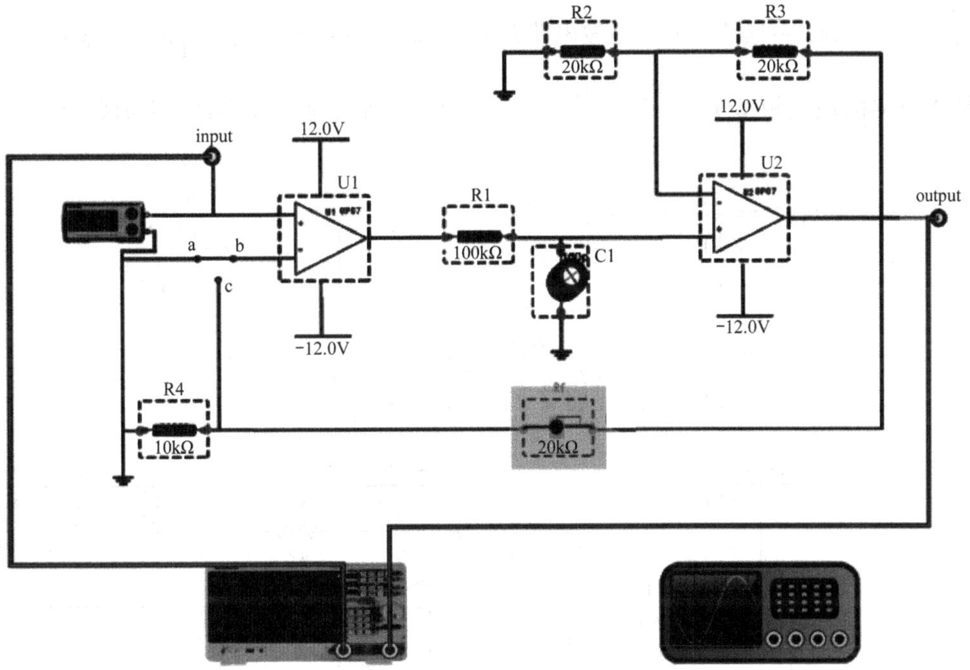

图 6-14-3　实验电路图

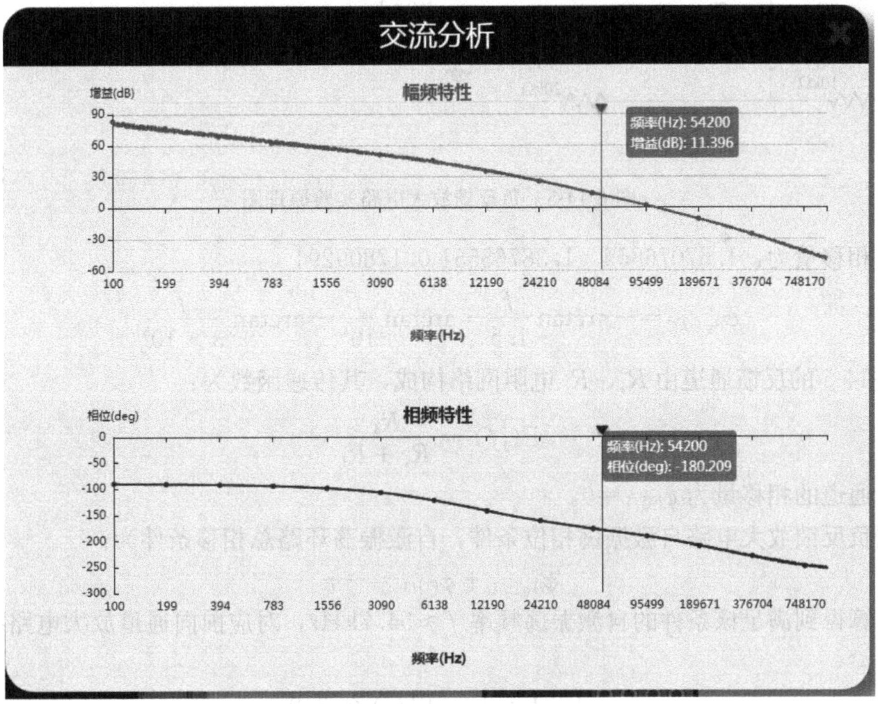

图 6-14-4　频率特性分析结果

激振荡。在图 6-14-5 所示实验电路中，其前向通道由一个由型号为 OP07 的运放 U_1 构成的开环放大器和一个由 R_1C_1 及运放 U_2 组成增益为 2 的有源低通滤波电路组成。从 OP07 的参数手册中可知，其开环放大倍数 A_{VO} 的典型值为 4×10^5，单位增益带宽的典型值为 0.6MHz，因此该电路前向通道由三个截止转折频率点，开环运放 U_1 的截止频率 $f_{c_1}=$

$\frac{0.6\times10^6}{4\times10^5}=1.5\text{Hz}$、一阶 RC 低通滤波电路 R_1C_1 的截止频率 $f_{c_2}=\frac{1}{2\pi R_1C_1}$、增益为 2 的同相比例放大电路的截止频率 $f_{c_3}=\frac{0.6\times10^6}{2}=3\times10^5\text{Hz}$。所以前向通道的传递函数为：

$$A_V(jf)=\frac{A_{VO}}{\left(1+j\frac{f}{\frac{0.6\times10^6}{A_{VO}}}\right)\left(1+j\frac{f}{\frac{1}{2\pi R_1C_1}}\right)}\times\frac{1+\frac{R_3}{R_2}}{1+j\frac{f}{\frac{0.6\times10^6}{1+\frac{R_3}{R_2}}}}$$

$$=\frac{8\times10^5}{\left(1+j\frac{f}{1.5}\right)\left(1+j\frac{f}{10^4}\right)\left(1+j\frac{f}{3\times10^5}\right)}$$

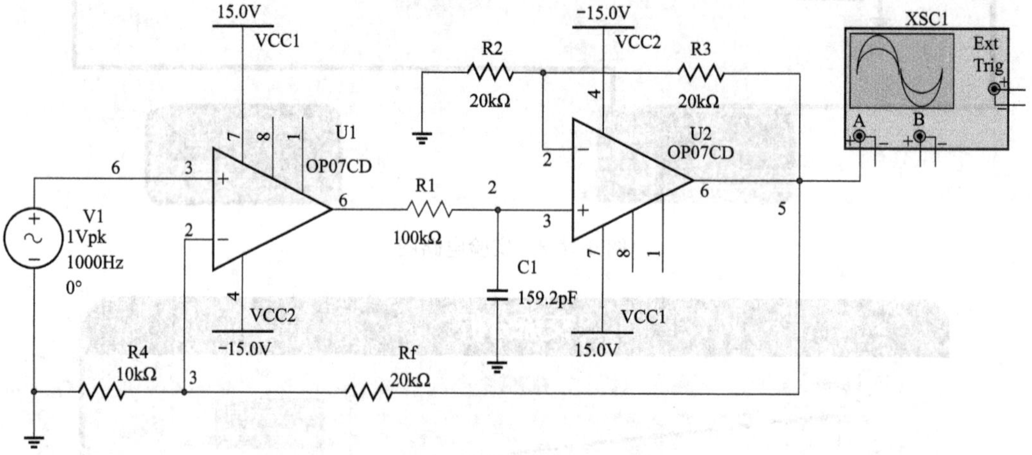

图 6-14-5 负反馈放大电路实验原理图

对应相移量为：1.57076855　1.38768551 0.17809294

$$\varphi_{A_V(jf)}=-\arctan\frac{f}{1.5}-\arctan\frac{f}{10^4}-\arctan\frac{f}{3\times10^5}$$

图 6-14-5 的反馈通道由 R_4、R_f 电阻网络构成，其传递函数为：

$$F(jf)=\frac{R_4}{R_4+R_f}$$

反馈通道的相移量为 $\varphi_{F(jf)}=0$。

根据负反馈放大电路自激振荡相位条件，自激振荡环路总相移条件为：

$$\varphi_{A_V(jf)}+\varphi_{F(jf)}=-\pi$$

可计算得到满足该条件的自激振荡频率 $f\approx54.7\text{kHz}$，对应前向通道放大电路的放大倍数为：

$$A_V(f=54.7\text{kHz})\approx3.9$$

根据负反馈放大电路自激振荡幅度条件，自激振荡的环路增益条件为：

$$|A_{VO}(jf)F(jf)|>1$$

则在 $f\approx54.7\text{kHz}$ 时，$|A_{VO}(jf)F(jf)|=3.9\times\frac{1}{2}=1.95>1$，即当环路相移量为 $-\pi$ 时对应的环路增益大于 1，所以该电路是不稳定的，将会自激振荡，其自激振荡频率约为 54.7kHz。要消除自激，应设法在环路相移为 $-\pi$ 时，$|A_{VO}(jf)F(jf)|<1$，即：

$$3.9\times\frac{R_4}{R_f+R_4}<1 \text{ 或 } R_f>2.9R_4$$

1）对输出进行波形测量与频谱分析。根据上述分析，图 6-14-5 所示电路参数下应将产生自激振荡，现对其进行分析，设置输入信号为峰值 1V、频率为 1kHz 的正弦信号，其输出仿真结果如图 6-14-6 所示。显然输出结果中存在高频自激。

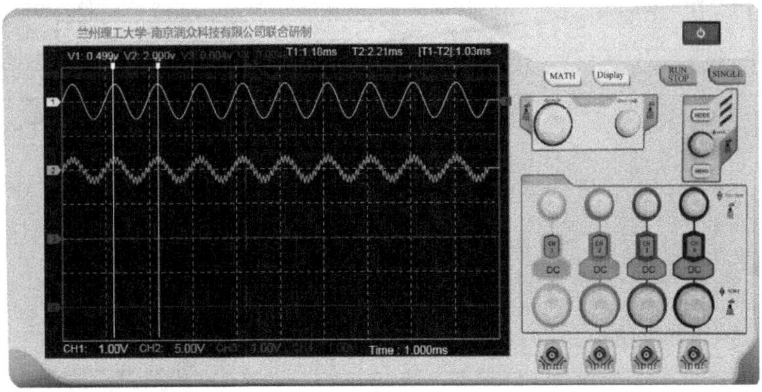

图 6-14-6　输出信号的分析结果

2）对输出信号 V 进行频谱分析。为了获得该电路振荡时的振荡频率，对其输出信号进行频谱分析，结果如图 6-14-7 所示，测得自激振荡频率约为 50kHz，与理论计算的 54.7kHz 非常接近。

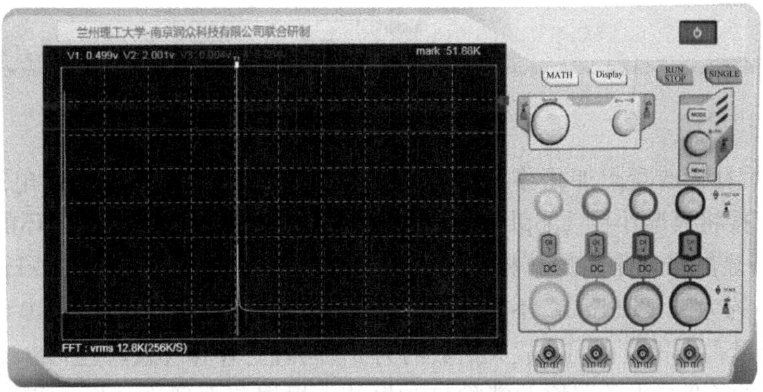

图 6-14-7　输出信号的 Fourier 仿真分析结果

3）对电路环路频率特性分析。实验系统所带的波特图示仪（Bode Plotter）可以对电路进行频率特性分析，以观察在环路总相移为 180°时，环路增益的大小，来判断电路的稳定性。

进行电路环路频率特性分析时，应将 U_1 的 2 端与反馈网络断开并将其接地，将波特图示仪输入和输出分别接到信号输入端和放大电路的输出端后启动扫描，即可获得环路幅频特性与相频特性曲线，并测得环路相移为－180°时对应的环路增益，来判断放大电路的稳定性。图 6-14-8 为该电路的交流分析结果，环路相移为－180°的频率为 54.2kHz，与理论分析结果 54.7kHz 基本一致，对应的环路增益为 11.396dB（即环路放大倍数约 3.9），电路符合自激振荡的条件，是不稳定的。

（3）自激振荡的消除。只要附加电路破坏产生自激振荡的幅度或平衡条件其中之一，就可以消除自激，即一种是加补偿电容改变附加相移，使环路总相移为－180°对应的频率信号的环路增益小于 1；另一种是减小反馈深度使环路增益大于 1 时没有一个频率信号的环路总相移量为－180°。

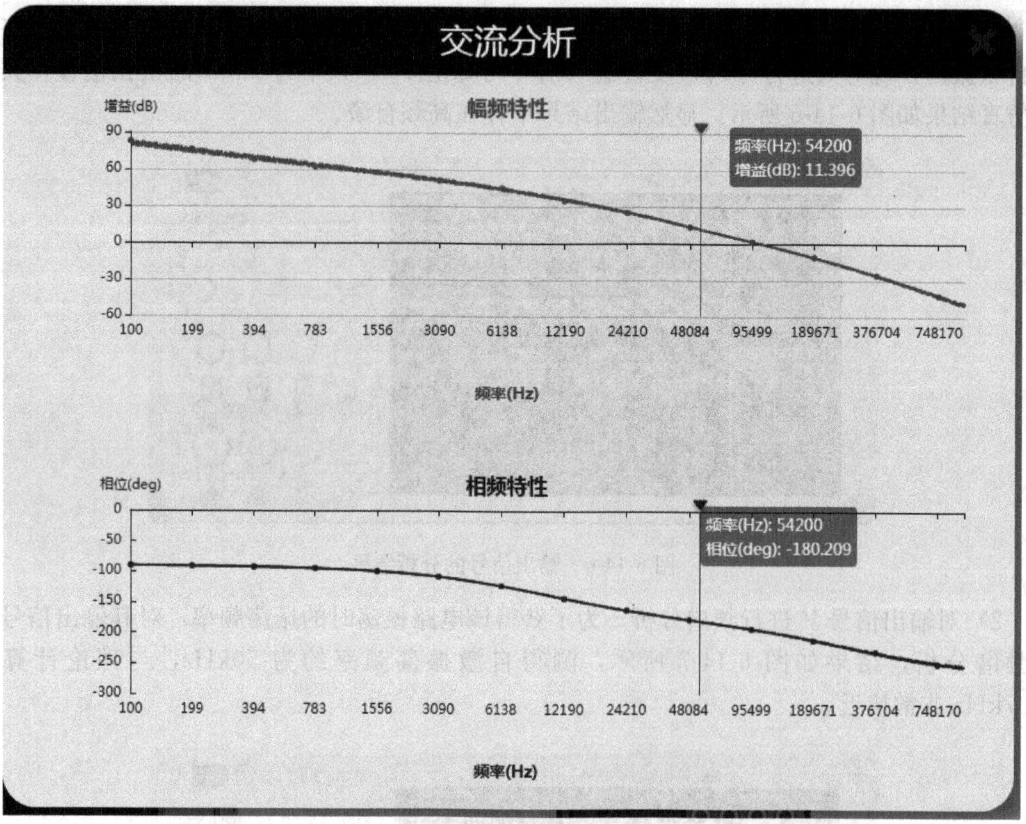

图 6-14-8 频率特性分析结果

1）电容滞后补偿改变附加相移消除自激振荡。改变在图 6-14-5 实验电路中的 C_1 两端电容，实验时直接将其减小到 1.6pF，再分别使用波特图示仪分析电路开环的频率特性，如图 6-14-9 所示，显然当环路附加总相移为－180°时，对应频率约为 547.1kHz，该频率信号对应的环路增益约为－1.214dB，不满足自激振荡的幅度条件。而图 6-14-10 给出的负反馈电路输入、输出结果看，相位相同，放大倍数约为 3，与理论计算一致，且无自激振荡现象。

2）减小反馈深度减小环路增益消除自激振荡。根据前面理论分析，若使图 6-14-5 中的 $R_f > 2.9R_4$，即可破坏自激振荡环路增益条件，从而消除自激。因此增大 R_f，使其在 30kΩ 以上，如设为 50kΩ，图 6-14-11 给出的电路输入、输出结果看，相位相同，放大倍数约为 6，与理论计算一致，且无自激振荡现象。

（4）给定最大输入信号，反馈电阻 R_f 线性范围的测量。在给定电路最大输入电压下，如最大输入电压为峰峰值 2V、频率为 1kHz，在图 6-14-5 电路参数基础上，调整 R_f 的值，使输出稳定，获得其线性可调范围。根据前面关于降低反馈深度，使 $R_f > 2.9R_4$ 即可使电路消除自激的理论分析，改变 R_f 使其为 25kΩ、30kΩ、32kΩ、33kΩ、35kΩ、60kΩ、90kΩ、100kΩ、110kΩ、120kΩ，使用示波器测量输出结果，并分析使输出较好线性的 R_f 的范围。图 6-14-12 为 $R_f = 120\text{k}\Omega$ 时输出信号波形及其失真度，可以看出此时输出波形已经出现严重的饱和失真。

（5）给定反馈电阻 R_f，最大不失真动态输入、输出电压测量。当放大电路设计完成后，反馈电阻 R_f 值一定情况下，测量电路在输出不失真的条件下的输入峰峰值电压范围（其有效值自行换算）。实验时设定 R_f 为 4 中线性范围的某一值，如选为 50kΩ，则理论上其放大倍数为 6 倍。改变输入信号峰值，频率选 1kHz 不变，做好相应记录，以分析电路最大不失真输入电压值。图 6-14-13 为输入信号峰峰值为 5V 时的输出信号波形，显然，此时的输出已经出现严重失真。

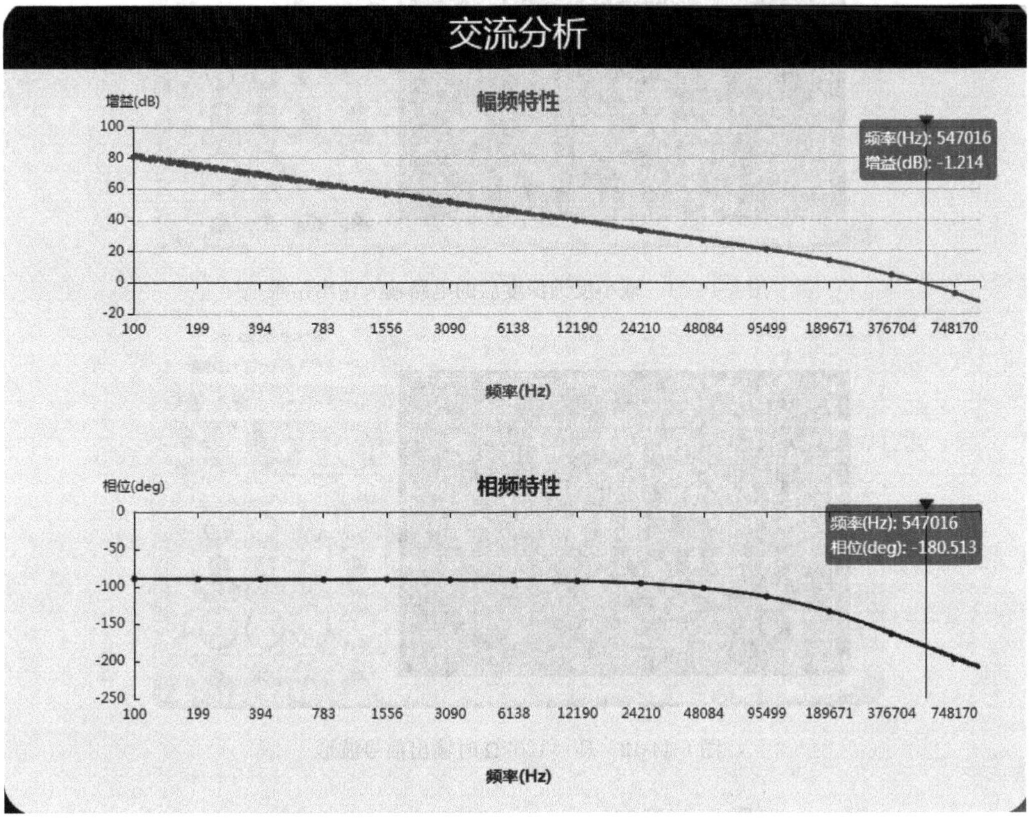

图 6-14-9　电容滞后补偿后的 ACSWEEP 分析结果

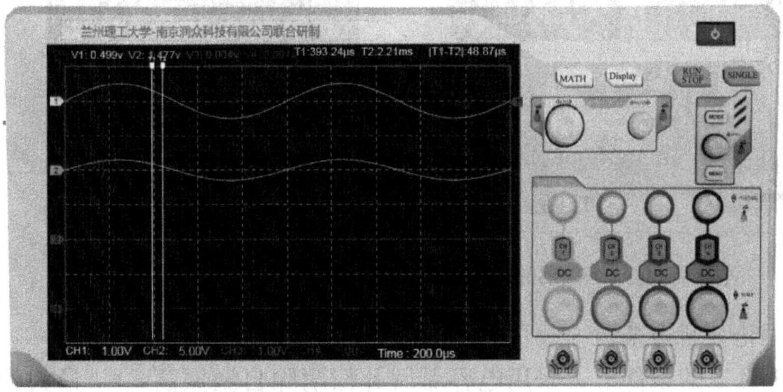

图 6-14-10　电容滞后补偿后电路输入输出仿真结果

4. 实验数据处理与成效分析

（1）根据实验数据性质，拟定相应实验表格、实验波形等，对数据进行整理，计算不同条件下电路的放大倍数、相移、频带宽度。

（2）分析实验数据与理论计算的差异。

（3）分析改变反馈电阻 R_f、线路旁路电容 C_1 等变化对电路的放大倍数、相移、频带宽度的影响。

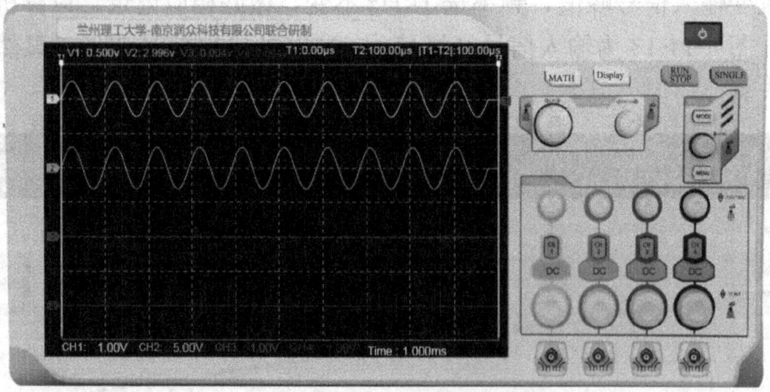

图 6-14-11 减小反馈深度后的电路输入输出结果

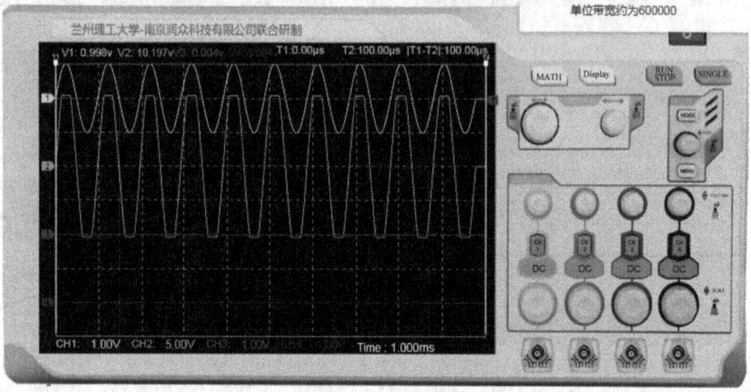

图 6-14-12 R_f=120kΩ 时输出信号波形

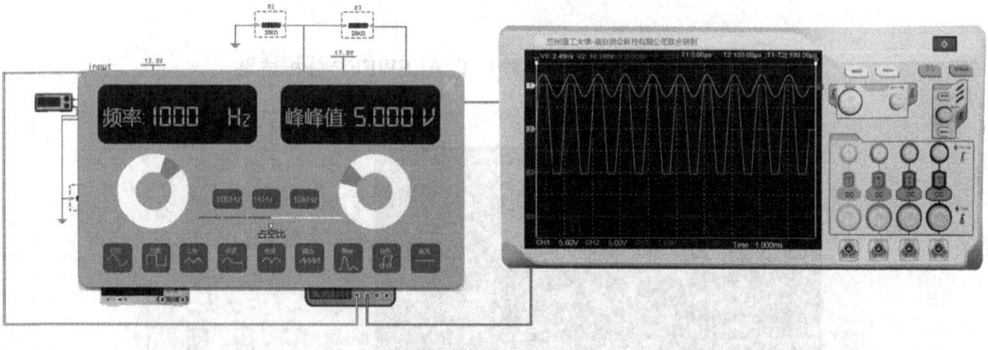

图 6-14-13 R_f=50kΩ、输入信号峰峰值为 5V 时输出信号波形

5. 进一步理论分析与实验

(1) 在图 6-14-5 的条件下，采用电容滞后补偿消除自激振荡，C_1 最大为多少才能破坏原电路自激振荡产生的相位平衡条件，并验证其正确性，得到实际 C_1 电容的最大值。

(2) 改变第二级运放 U2 同相比例放大电路的放大倍数，如将其放大倍数变为 3.5 倍(第二级运放的反馈电阻设置为 50kΩ)，测量环路频度特性、附加相移为−180°时的频率及环路增益及闭环时自激振荡现象、自激振荡频率。比较附加相移为−180°时的频率和闭环时自激振荡频率的一致性，并分析原因；计算消除自激振荡的 R_f 值并验证之。

(3) 分析运放 OP07 数据手册上的特征参数与实际电路测量参数是否一致。

第7章　电机及控制实验

电机及控制实验目的在于培养学生基本的实验方法与操作技能。

1. 实验前准备

实验前应复习教科书有关章节，了解实验目的、项目、方法与步骤，明确实验过程中的注意事项（有些内容可到实验室对照实验预习）。认真做好实验前的准备工作，对于培养同学独立工作能力，提高实验质量和保护实验设备都是很重要的。

2. 实验进行

（1）建立小组，合理分工。每次实验都以小组为单位进行，实验进行中的接线、调节负载、保持电压或电流、记录数据等工作应有明确的分工，以保证实验操作协调，记录数据准确可靠。

（2）选择组件和仪表。实验前先熟悉实验所用的组件，记录电机铭牌和选择仪表量程，然后依次排列组件和仪表便于测取数据。

（3）按图接线。根据实验线路图及所选组件、仪表、按图接线，线路力求简单明了，按接线原则是先接串联主回路，再接并联支路。为查找线路方便，每路可用相同颜色的导线或插头。

（4）启动电机，观察仪表。正式实验开始之前，先熟悉仪表，然后按规范启动电机，观察仪表是否正常。如果出现异常，应立即切断电源，并排除故障；如果一切正常，即可正式开始实验。

（5）测取数据。预习时对电机的试验方法及所测数据的大小作到心中有数。正式实验时，根据实验步骤逐次测取数据。

（6）认真负责，实验有始有终。实验完毕，须将数据交指导教师审阅。经指导教师认可后，才允许拆线并把实验所用的组件、导线及仪器等物品整理好。

3. 实验报告

实验报告是根据实测数据和在实验中观察和发现的问题，经过自己分析研究或分析讨论后写出的心得体会。实验报告要简明扼要、字迹清楚、图表整洁、结论明确。实验报告要求如下：

（1）实验名称、专业班级、学号、姓名、实验日期、室温（℃）。

（2）列出实验中所用组件的名称及编号，电机铭牌数据（P_N、U_N、I_N、n_N）等。

（3）列出实验项目并绘出实验时所用的线路图，并注明仪表量程，电阻器阻值等。

（4）数据的整理和计算，将记录及计算的数据用坐标纸画出曲线，图纸尺寸不小于8cm×8cm，曲线要用曲线尺或曲线板连成光滑曲线，不在曲线上的点仍按实际数据标出。根据数据和曲线进行计算和分析，说明实验结果与理论是否符合，可对某些问题提出一些自己的见解并最后写出结论。

（5）每次实验每人独立完成一份报告，按时送交指导教师批阅。

4. 实验安全操作规程

学生实验时，要严格遵守如下规定的安全操作规程。

（1）实验时，人体不可接触带电线路，接线或拆线都必须在切断电源的情况下进行。

（2）学生独立完成接线或改接线路后须经指导教师检查和允许，并使组内同学引起注意后方可接通电源。实验中如发生事故，应立即切断电源，经查清问题和妥善处理故障后，才能继续实验。

（3）起动电机前，应先检查功率表及电流表的电流量程是否符合要求，以免损坏仪表或电源。

7-1 他励直流电动机

1. 实验目的及能力目标

（1）熟悉他励直流电动机的运行特性。

（2）学习掌握他励直流电动机固有机械特性的实验方法。

（3）学习掌握他励直流电动机调速方法。

（4）学会绘制他励直流电动机的工作特性和调速特性曲线。

（5）养成良好的电机操作和安全实验习惯。

2. 预习要点

（1）什么是直流电动机的工作特性和机械特性？

（2）直流电动机调速原理是什么？

3. 实验项目

（1）工作特性和机械特性。保持$U=U_N$和$I_f=I_{fN}$不变，测取n、T_2、$\eta=f(I_a)$及$n=f(T_2)$。

（2）调速特性。改变电枢电压调速：保持$U=U_N$、$I_f=I_{fN}=$常数，$T_2=$常数，测取$n=f(U_a)$。改变励磁电流调速：保持$U=U_N$，$T_2=$常数，$R_1=0$，测取$n=f(I_f)$。

4. 实验设备及仪器

（1）电机导轨及测功机。

（2）直流电机励磁电源、可调直流稳压电源（含直流电压表、电枢电流表、励磁电流表）。

（3）他励直流电动机 M03。

5. 实验方法

实验线路如图 7-1-1 所示，图中U_1为可调直流稳压电源；U_2为直流电机励磁电源；R_1为电枢调节电阻；R_f为磁场调节电阻。

（1）他励直流电动机的启动。将R_1顺时针调至最大，R_f顺时针调至最小，电压表V_1量程为 300V 挡，检查涡流测功机与 MEL-13 是否相连，将 MEL-13“转速控制”和“转矩控制”选择开关扳向“转矩控制”，“转矩设定”电位器逆时针旋到底，这时打开直流电机励磁电源和可调直流稳压电源的船形开关，再按下可调直流稳压电源的复位按钮，启动直流电机，并调整电机的旋转方向，使电机正转（转速显示为正值）。

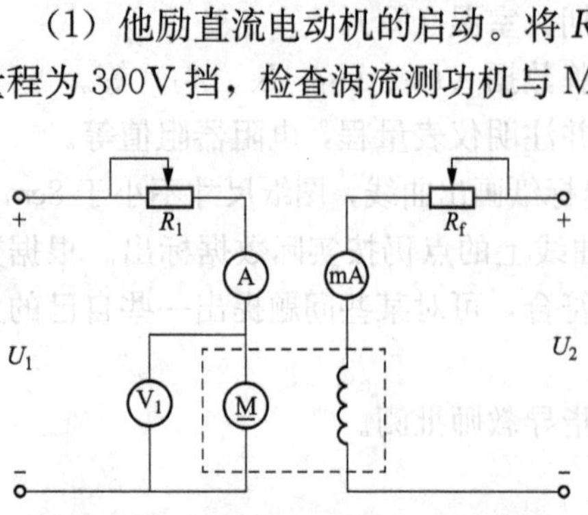

图 7-1-1 他励直流电动机实验接线图

（2）测定他励直流电动机的固有机械特性。

1）按上述方法启动直流电机后，将电枢电阻R_1调至零，调节直流可调稳压电源的输出至 220V，再分别调节“转矩设定”电位器和磁场调节电阻 R_f，使电动机达到额定值：$U=U_N=220V$，$I_a=I_N=1.1A$，$n=n_N=1600r/min$，此时直流电机的励磁电流 $I_f=I_{fN}$（额定励磁电流），并记录于表上空格中。

2）保持 $U=U_N$，$I_f=I_{fN}$不变的条件下，逐次减小电动机的负载，即逆时针调节“转矩设定”电位器，测取电动机电枢电流 I_a、转速 n 和转矩 T_2，测取数据 7～8 组填入表 7-1-1 中。

表 7-1-1　　$U=U_N=220V$　　$I_f=I_{fN}=$　　mA　　$R_a=$　　Ω

实验数据	I_a（A）								
	n（r/min）								
	T_2（N·m）								
计算数据	P_2（W）								
	P_1（W）								
	η（%）								
	Δn（%）								

（3）测定他励直流电动机的调速特性。

1）改变电枢端电压的调速。

① 按上述方法电机正常启动后，将电阻 R_1 调至零，并同时调节直流稳压电源、“转矩设定”电位器（即调节负载）和磁场调节电阻 R_f，使 $U=U_N$，$I_a=0.5I_N$，$I_f=I_{fN}$，记录此时的 I_{fN}、T_2 于表 7-1-2 空格中。

② 保持 T_2 不变，$I_f=I_{fN}$不变，逐次增加 R_1 的阻值，即降低电枢两端的电压 U_a，R_1 从零调至最大值，每次测取电动机端电压 U_a、转速 n 和电枢电流 I_a，测取 7～8 组数据填入表 7-1-2 中。

表 7-1-2　　$I_f=I_{fN}=$　　mA　　$T_2=$　　N·m

U_a（V）								
n（r/min）								
I_a（A）								

2）改变励磁电流的调速。

① 按上述方法电机正常启动后，将电枢调节电阻 R_1 和磁场调节电阻 R_f 调至零，调节可调直流电源的输出为 220V，调节“转矩设定”电位器，使电动机的 $U=U_N$，$I_a=0.5I_N$，记录此时的 T_2。

② 保持 T_2 和 $U=U_N$ 不变，逐次增加磁场电阻 R_f 阻值，直至 $n=1.3n_N$，每次测取电动机的 n、I_f 和 I_a，取 7～8 组数据填写入表 7-1-3 中。

表 7-1-3　　$U=U_N=220V$　　$T_2=$　　N·m

I_f（mA）								
n（r/min）								
I_a（A）								

（4）电动机的停机。

1）R_f 顺时针调至最小，R_1 顺时针调至最大。

2）“转矩设定”电位器逆时针旋到底。

3）先断开可调直流稳压电源的船形开关，再断开直流电机励磁电源的船形开关，最后断开总电源。

6. 注意事项

(1) 他励直流电动机启动时，须将励磁回路串联的电阻 R_f 调到最小，先接通励磁电源，使励磁电流最大，同时必须将电枢串联启动电阻 R_1 调至最大，然后方可接通电源，使电动机正常启动，启动后，将启动电阻 R_1 调至最小，使电机正常工作。

(2) 他励直流电机停机时，必须先切断电枢电源，然后断开励磁电源。同时，必须将电枢串联电阻 R_1 调回最大值，励磁回路串联的电阻 R_f 调到最小值，为下次启动做好准备。

(3) 测量前注意仪表的量程及极性，接法。

7. 实验报告

(1) 由表 7-1-1 计算出 P_2 和 η，并绘出 n、T_2、$\eta=f(I_a)$ 及 $n=f(T_2)$ 的特性曲线。

电动机输出功率为

$$P_2=0.105nT_2$$

电动机输入功率为

$$P_1=UI$$

电动机效率为

$$\eta=\frac{P_2}{P_1}\times 100\%$$

由工作特性求出转速变化率为

$$\Delta n=\frac{n_0-n_N}{n_N}\times 100\%$$

(2) 绘出他励电动机调速特性曲线 $n=f(U_a)$ 和 $n=f(I_f)$。分析在恒转矩负载时两种调速的电枢电流变化规律以及两种调速方法的优缺点。

(3) 实验总结。

8. 思考题

(1) 他励电动机的转速特性 $n=f(I_a)$ 为什么是略微下降？是否会出现上翘现象？为什么？上翘的转速特性对电动机运行有何影响？

(2) 当电动机的负载转矩和励磁电流不变时，减小电枢端电压，为什么会引起电动机转速降低？

(3) 当电动机的负载转矩和电枢端电压不变时，减小励磁电流会引起转速的升高，为什么？

(4) 他励电动机在负载运行中，当磁场回路断线时是否一定会出现“飞速”？为什么？

7-2 单相变压器

1. 实验目的及能力目标

(1) 通过空载和短路实验测定变压器的变比和参数。

(2) 学习掌握变压器空载特性和短路特性的实验方法。

(3) 学会绘制变压器空载特性和短路特性的曲线。

(4) 养成良好的安全实验习惯。

2. 预习要点

(1) 变压器的空载和短路实验有什么特点？实验中电源电压一般加在哪一方较合适？

（2）在空载和短路实验中，各种仪表应怎样连接才能使测量误差最小？

（3）如何用实验方法测定变压器的铁耗及铜耗。

3. 实验项目

（1）空载实验：测取空载特性 $U_0=f(I_0)$，$P_0=f(U_0)$。

（2）短路实验：测取短路特性 $U_K=f(I_K)$，$P_K=f(I_K)$。

4. 实验设备及仪器

（1）MEL 系列电机教学实验台主控制屏（含交流电压表、交流电流表）。

（2）功率及功率因数表。

（3）三相组式变压器或单相变压器。

5. 实验方法

（1）空载实验。实验线路如图 7-2-1 所示，变压器 T 选用单相变压器，$P_N=77W$，$U_{1N}/U_{2N}=220V/55V$，$I_{1N}/I_{2N}=0.35A/1.4A$。实验时，空载变压器时低压线圈 2U1、2U2 接电源，高压线圈 1U1、1U2 开路。

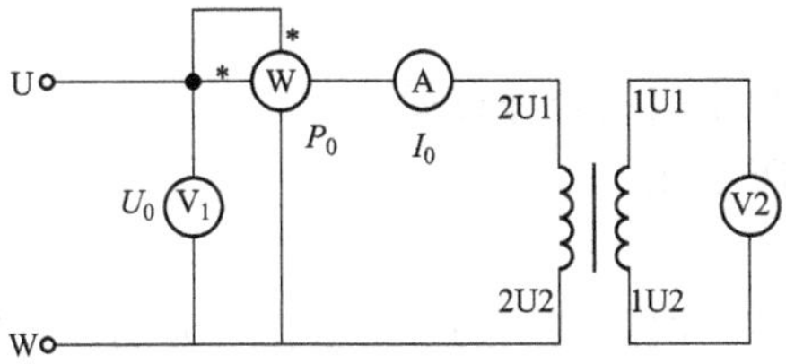

图 7-2-1 变压器空载实验接线图

1）在三相交流电源断电的条件下，将调压器旋钮逆时针方向旋转到底，并合理选择各仪表量程。

2）合上交流电源总开关，即按下绿色“闭合”开关，顺时针调节调压器旋钮，使变压器空载电压 $U_0=1.2U_N$。

3）逐次降低电源电压（调节电源调压器），在（1.2～0.5）U_N 的范围内，测取变压器的 U_0、I_0、P_0，记录于表 7-2-1 中。其中 $U=U_N=55V$ 的点必须测，并在该点附近测的点应密些。为了计算变压器的变比，测取原边电压 U_0 的同时测取副边电压 $U_{1U1.1U2}$。

4）测量数据以后，务必将电源调压器调至零位，并断开三相电源，以便为下次实验做好准备。

表 7-2-1　　空载实验数据

序号	实验数据				计算数据
	U_0（V）	I_0（A）	P_0（W）	$U_{1U1.1U2}$	$\cos\varphi_0$
1					
2					
3					
4					
5					
6					

（2）短路实验。实验线路如图 7-2-2 所示，改接线路时，要关断电源。实验时，变压器 T 的高压线圈接电源，低压线圈直接短路。

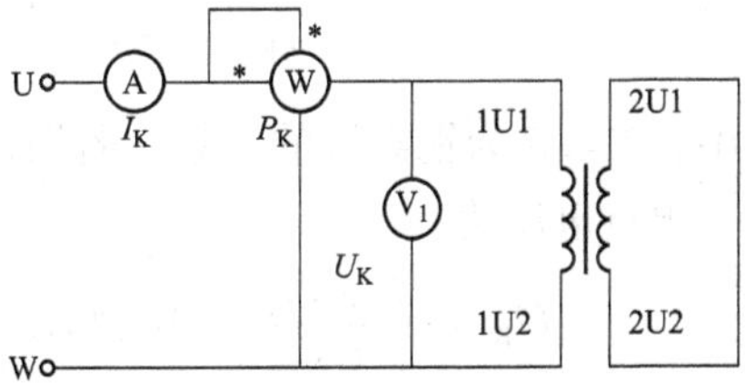

图 7-2-2 变压器短路实验接线图

1）断开三相交流电源，将调压器旋钮逆时针方向旋转到底，即使输出电压为零。

2）合上交流电源绿色“闭合”开关，接通交流电源，逐次增加输入电压，直到短路电流等于 $1.1I_N$ 为止。在（0.5～1.1）I_N 范围内测取变压器的 U_K、

I_K、P_K，其中 $I=I_K=0.35A$ 的点必测，并记录实验时周围环境温度（℃）。记录数据与表 7-2-2 中。

表 7-2-2　短路实验数据　室温 θ=　℃

序号	实验数据			计算数据
	I_K（A）	U_K（V）	P_K（W）	$\cos\varphi_K$
1				
2				
3				
4				
5				
6				

6. 注意事项

（1）在变压器实验中，应注意电压表、电流表、功率表的合理布置。

（2）短路实验操作要快，否则线圈发热会引起电阻变化。

7. 实验报告

（1）计算变比。由空载实验测取变压器的一次侧和二次侧电压的三组数据，分别计算出变比，然后取其平均值作为变压器的变比 K。

（2）绘出空载特性曲线和计算激磁参数。

1）绘出空载特性曲线 $U_0=f(I_0)$，$P_0=f(U_0)$，$\cos\varphi_0=f(U_0)$。其中

$$\cos\varphi_0=\frac{P_0}{U_0I_0}$$

2）计算激磁参数。由空载实验 $U_0=U_N$ 时的 I_0 和 P_0 值，激磁参数为

$$r_m=\frac{P_0}{I_0^2},Z_m=\frac{U_0}{I_0},X_m=\sqrt{Z_m^2-r_m^2}$$

（3）绘出短路特性曲线和计算短路参数。

1）绘出短路特性曲线 $U_K=f(I_K)$、$P_K=f(I_K)$、$\cos\varphi_K=f(I_K)$。

2）计算短路参数。

由短路实验 $I_K=I_N$ 时的 U_K 和 P_K 值，计算算出实验环境温度为 θ（℃）时的短路参数为

$$Z'_K=\frac{U_K}{I_K},\quad r'_K=\frac{P_K}{I_K^2},\quad X'_K=\sqrt{Z'^2_K-r'^2_K}$$

折算到低压方的短路参数为

$$Z_K=\frac{Z'_K}{K^2},\quad r_K=\frac{r'_K}{K^2},\quad X_K=\frac{X'_K}{K^2}$$

由于短路电阻 r_K 随温度而变化，因此，算出的短路电阻应按国家标准换算到基准工作温度 75℃时的阻值为

$$r_{K75℃}=r_{K\theta}\frac{234.5+75}{234.5+\theta},Z_{K75℃}=\sqrt{r_{K75℃}+X_K^2}$$

式中：234.5 为铜导线的常数，若用铝导线常数应改为 228。

阻抗电压为

$$U_K=\frac{I_NZ_{K75℃}}{U_N}\times100\%,U_{Kr}=\frac{I_Nr_{K75℃}}{U_N}\times100\%,U_{Kx}=\frac{I_NX_K}{U_N}\times100\%$$

$I_K=I_N$ 时的短路损耗 $p_{KN}=I_N^2r_{K75℃}$。

（4）利用空载和短路实验测定的参数，画出被试变压器折算到低压方的“T”型等效电路。

（5）实验总结。

7-3 三相异步电动机的参数测定

1. 实验目的及能力目标

（1）学习掌握定子绕组冷态直流电阻的测量方法。

（2）学会定子绕组首末端的判定。

（3）学习掌握三相异步电动机的空载和堵转试验的方法。

（4）学会绘制三相笼型异步电动机空载和堵转特性曲线。

（5）养成良好的电机操作和安全实验习惯。

2. 预习要点

（1）异步电动机的等效电路有哪些参数？它们的物理意义是什么？

（2）异步电动机参数的测定方法。

3. 实验项目

（1）测量定子绕组的冷态电阻。

（2）判定定子绕组的首末端。

（3）空载试验。

（4）短路试验。

（5）负载试验。

4. 实验设备及仪器

（1）MEL 系列电机教学实验台主控制屏。

（2）交流功率、功率因数表。

（3）直流电压、毫安表。

（4）三相可调电阻器 900Ω。

（5）波形测试及开关板。

（6）三相鼠笼式异步电动机 M04。

5. 实验方法及步骤

（1）测量定子绕组的冷态直流电阻。准备工作：将电机在室内放置一段时间，用温度计测量电机绕组端部或铁心的温度。当所测温度与冷动介质温度之差不超过 2K 时，即为实际冷态。记录此时的温度和测量定子绕组的直流电阻，此阻值即为冷态直流电阻。

伏安法：测量线路如图 7-3-1 所示。S_1，S_2：双刀双掷和单刀双掷开关，位于 MEL-05。R：四只 900Ω 和 900Ω 电阻相串联（MEL-03）。A、V 为直流毫安表和直流电压表，在主控制屏上。

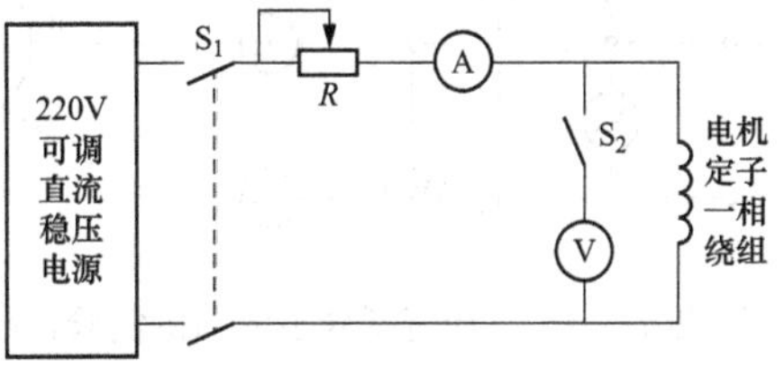

图 7-3-1 三相交流绕组电阻的测定

量程的选择：测量时，通过的测量电流约为电机额定电流的 10%，即为 50mA，因而直流毫安表的量程用 200mA 挡。三相笼型异步电动机定子一相绕组的电阻约为 50Ω，因而当流过的电流为 50mA 时三端电压约为 2.5V，所以直流电压表量程用 20V 挡，实验开始前，合上开关 S_1，断开开关 S_2，调节电阻 R 至最大（3600Ω）。

分别合上绿色“闭合”按钮开关和 220V 直流可调电源的船形开关，按下复位按钮，调节直流可调电源及可调电阻 R，使试验电机电流不超过电机额定电流的 10%，以防止因试验电流过大而引起绕组的温度上升，读取电流值，再接通开关 S_2 读取电压值。读完后，先打开开关 S_2，再打开开关 S_1。

调节 R 使 A 表分别为 50mA、40mA、30mA，测取三次，取其平均值，测量定子三相绕组的电阻值，记录于表 7-3-1 中。

表 7-3-1　　　　　　　　　　　　**室　温　　　℃**

物理量	绕组Ⅰ			绕组Ⅱ			绕组Ⅲ		
I（mA）									
U（V）									
R（Ω）									

注意事项：在测量时，电动机的转须静止不动；测量通电时间不应超过 1min。

（2）判定定子绕组的首末端。先用万用表测出各相绕组的两个线端，将其中的任意两相绕组串联，如图 7-3-2 所示。

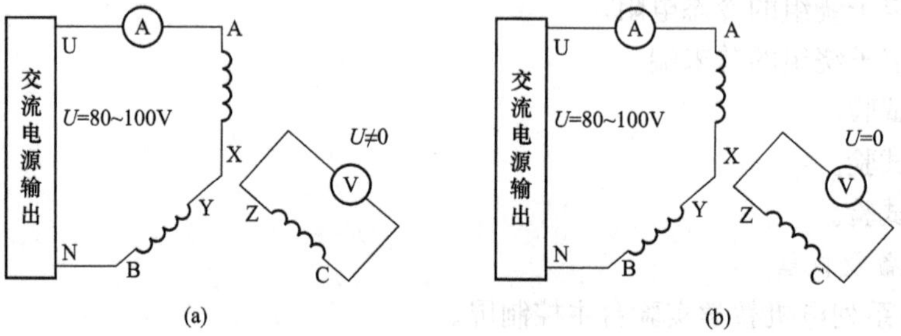

图 7-3-2　三相交流绕组首末端的测定

（a）首尾相连情况；（b）首首或尾尾相连情况

将调压器调压旋钮退至零位，合上绿色“闭合”按钮开关，接通交流电源，调节交流电源，在绕组端施以单相低电压 $U=80\sim100$V，注意电流不应超过额定值，测出第三相绕组的电压，如测得的电压有一定读数，表示两相绕组的末端与首端相联，如图 7-3-3（a）所示；反之，如测得电压近似为零，则二相绕组的末端与末端（或首端与首端）相连，如图 7-3-3（b）所示。用同样方法测出第三相绕组的首末端。

（3）空载试验。测量电路如图 7-3-3 所示，电机绕组为△接法（$U_N=220$V），不带测功机。

1）启动电机前，把交流电压调节旋钮退至零位，然后接通电源，逐渐升高电压，使电机启动旋转，观察电机旋转方向，并使电机旋转方向符合要求。

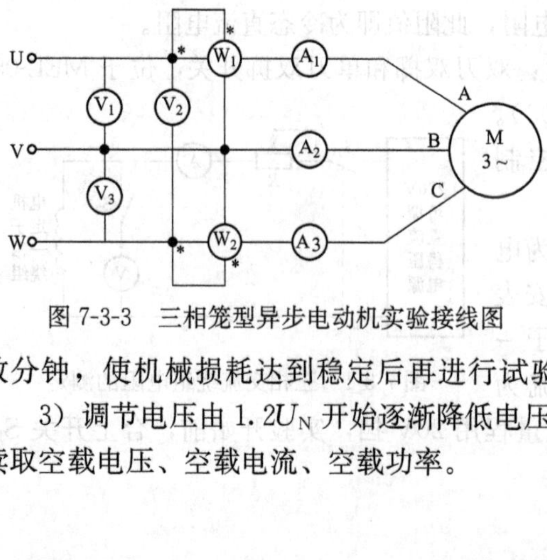

图 7-3-3　三相笼型异步电动机实验接线图

2）保持电动机在额定电压下空载运行数分钟，使机械损耗达到稳定后再进行试验。

3）调节电压由 $1.2U_N$ 开始逐渐降低电压，直至电流或功率显著增大为止。在这范围内读取空载电压、空载电流、空载功率。

4）在测取空载实验数据时在额定电压附近多测几点，记录数据于表 7-3-2 中。

表 7-3-2　　空载实验数据

序号	空载电压（V）				空载电流（A）				空载功率（W）			$\cos\varphi_0$
	U_{UV}	U_{VW}	U_{WU}	U_0	I_U	I_V	I_W	I_0	P_1	P_2	P_0	

（4）短路实验。测量线路如图 7-3-3 所示，将测功机和三相异步电机同轴连接。

1）将起子插入测功机堵转孔中，使测功机定转子堵住。将三相调压器退至零位。

2）合上交流电源，调节调压器使之逐渐升压至短路电流到 $1.2I_N$，再逐渐降压至 $0.3I_N$ 为止。

3）在这范围内读取短路电压、短路电流、短路功率，将数据填入表 7-3-3 中。做完实验后，注意取出测功机堵转孔中的起子。

表 7-3-3　　短路实验数据

序号	短路电压（V）				短路电流（A）				短路功率（W）			$\cos\varphi_K$
	U_{UV}	U_{VW}	U_{WU}	U_K	I_U	I_V	I_W	I_K	P_1	P_2	P_K	

6. 实验报告

（1）计算基准工作温度时的相电阻。由实验直接测得每相电阻值，此值为实际冷态电阻值。冷态温度为室温。按下式换算到基准工作温度时的定子绕组相电阻为

$$r_{1lef} = r_{1C}\frac{235+\theta_{ref}}{235+\theta_C}$$

式中 r_{lef}——换算到基准工作温度时定子绕组的相电阻；

r_{1C}——定子绕组的实际冷态相电阻；

θ_{ref}——基准工作温度，对于 E 级绝缘为 75℃；

θ_C——实际冷态时定子绕组的温度。

（2）作空载特性曲线：I_0、P_0、$\cos\varphi_0=f(U_0)$。

（3）作短路特性曲线：I_K、$P_K=f(U_K)$。

（4）由空载、短路试验的数据求异步电机等效电路的参数。

1）由短路试验数据求短路参数。短路阻抗、短路电阻、短路电抗分别为

$$Z_K=\frac{U_K}{I_K/\sqrt{3}},r_K=\frac{P_K}{3\left(I_K/\sqrt{3}\right)^2},X_K=\sqrt{Z_K^2-r_K^2}$$

式中 U_K、I_K、P_K——相应于 I_K 为额定电流时的相电压、相电流、三相短路功率。

转子电阻的折合值和定、转子漏抗分别为

$$r'_2 \approx r_K - r_1, X'_{1\sigma} \approx X'_{2\sigma} \approx \frac{X_K}{2}$$

2）由空载试验数据求激磁参数。空载阻抗、空载电阻、空载电抗分别为

$$Z_0 = \frac{U_0}{I_0/\sqrt{3}}, r_0 = \frac{P_0}{3(I_0/\sqrt{3})^2}, X_0 = \sqrt{Z_0^2 - r_0^2}$$

式中 U_0、I_0、P_0——相应于$U=U_N$为额定电压时的相电压、相电流、三相空载功率。

激磁电抗和激磁电阻分别为

$$X_m = X_0 - X_{1\sigma} \quad r_m = \frac{P_{Fe}}{3(I_0/\sqrt{3})^2}$$

式中 P_{Fe}——额定电压时的铁耗。

（5）实验总结。

7. 思考题

（1）由空载、短路试验数据求取异步电机的等效电路参数时，有哪些因素会引起误差？

（2）从短路试验数据我们可以得出哪些结论？

7-4 三相同步发电机的运行特性

1. 实验目的及能力目标

（1）熟悉三相同步发电机的工作原理。

（2）熟悉他励直流电动机的启动与调速。

（3）学习掌握三相同步发电机在对称负载下的运行特性。

（4）学习掌握三相同步发电机在对称运行时的稳态参数。

（5）学会绘制三相同步发电机空载特性曲线和短路特性曲线。

（6）养成良好的电机操作和安全实验习惯。

2. 预习要点

（1）同步发电机在对称负载下有哪些基本特性？

（2）这些基本特性各在什么情况下测得？

（3）怎样用实验数据计算对称运行时的稳态参数？

3. 实验项目

（1）测定电枢绕组实际冷态直流电阻。

（2）空载试验：在$n=n_N$、$I=0$的条件下，测取空载特性曲线$U_0=f(I_f)$。

（3）三相短路实验：在$n=n_N$、$U=0$的条件下，测取三相短路特性曲线$I_K=f(I_f)$。

（4）外特性：在$n=n_N$、$I_f=$常数、$\cos\varphi=1$的条件下，测取外特性曲线$U=f(I)$。

（5）调节特性：在$n=n_N$、$U=U_N$、$\cos\varphi=1$的条件下，测取调节特性曲线$I_f=f(I)$。

4. 实验设备及仪器

（1）MEL 系列电机教学实验台主控制屏。

（2）电机导轨及测功机、转矩转速测量（MEL-13、MEL-14）。

（3）三相可变电阻器 90Ω（MEL-04）。

（4）波形测试及开关板（MEL-05）。

（5）旋转指示灯、整步表（MEL-07）。

（6）同步电机励磁电源（位于主控制屏右下部）。

（7）功率、功率因数表（或在主控制屏上，或在单独的组件 MEL-20、MEL-24）。

5. 实验方法及步骤

（1）测定电枢绕组实际冷态直流电阻。被测电机采用三相凸极式同步电机 M08。测量与计算方法参见实验三相异步电动机的工作特性。记录室温，测量数据记录于表 7-4-1 中。

表 7-4-1　　电枢绕组实际冷态直流电阻实验数据　室温________℃

物理量	绕组Ⅰ	绕组Ⅱ	绕组Ⅲ
I（mA）			
U（V）			
R（Ω）			

（2）空载试验。按图 7-4-1 接线，直流电动机 M 按他励方式连接，拖动三相同步发电机 G 旋转，发电机的定子绕组为Y形接法（U_N=220V）。R 采用三相可调电阻 R_2 和 R_3 相串联（在实验过程中，先将 R_2 顺时针调至最小后，在将 R_2 的 A、B、C 三相每相都短接掉）。S 采用 NMEL-05 中的三刀双掷开关。交流电压表、交流电流表、功率表按装在主控制屏上，不同型号的实验台，其仪表数量不同，接法可参见异步电机的接线。

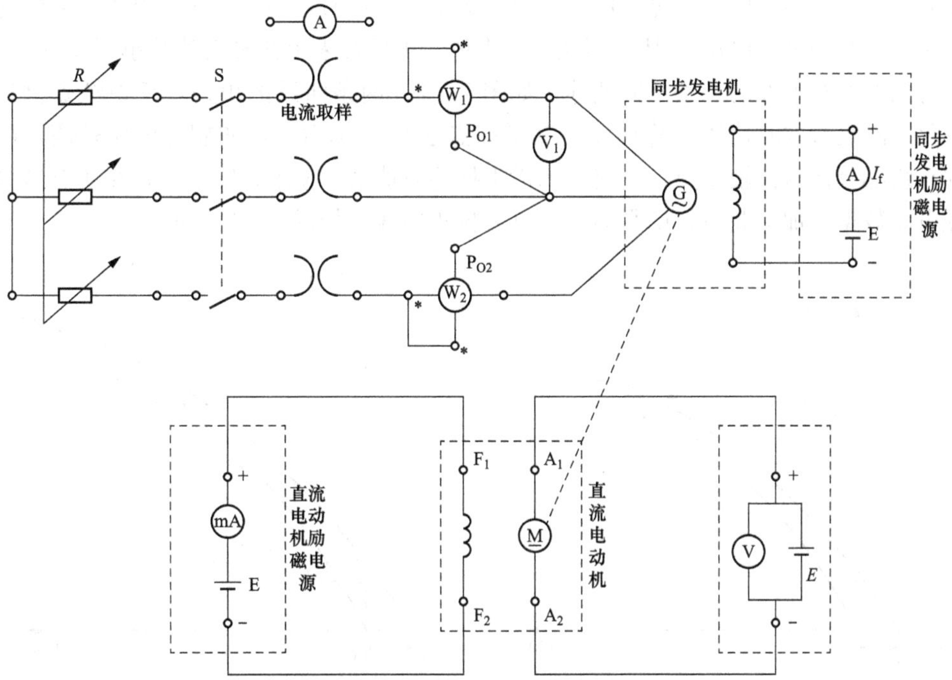

图 7-4-1　三相同步发电机实验接线图

实验步骤：

1）未上电源前，同步电机励磁电源调节旋钮逆时针到底，直流电动机电枢电源调至最小，直流电动机励磁电源调至最大，开关 S 处于断开位置。

2）按下绿色“闭合”按钮开关，合上直流电机励磁电源和电枢电源船形开关，启动直流电机 M03。调节电枢电压和直流电动机励磁电流，使 M03 电机转速达到同步发电机的额定转速 1500s/min 并保持恒定。

3）合上同步电机励磁电源船形开关，调节 M08 电机励磁电流 I_f（注意必须单方向调节），使 I_f 单方向递增至发电机输出电压 $U_0 \approx 1.1U_N$ 为止。在这范围内，读取同步发电机励磁电流 I_f 和相应的空载电压 U_O，测取 7～8 组数据填入表 7-4-2 中。

表 7-4-2　增加励磁电流时的空载试验数据　（$n=n_N=1500$r/min）　$I=0$

序号	1	2	3	4	5	6	7	8
U_O（V）								
I_f（A）								

4）减小 M08 电机励磁电流，使 I_f 单方向减至零值为止。读取励磁电流 I_f 和相应的空载电压 U_O，填入表 7-4-3 中。

表 7-4-3　减小励磁电流时的空载试验数据　（$n=n_N=1500$r/min）　$I=0$

序号	1	2	3	4	5	6	7	8
U_O（V）								
I_f（A）								

实验注意事项：转速保持（n）$=n_N=1500$r/min 恒定；在额定电压附近读数相应多些。

实验说明：在用实验方法测定同步发电机的空载特性时，由于转子磁路中剩磁情况的不同，当单方向改变励磁电流 I_f 从零到某一最大值，再反过来由此最大值减小到零时。

将得到上升和下降的二条不同曲线，如图 7-4-2。两条曲线的出现，反映铁磁材料中的磁滞现象。测定参数时使用下降曲线，其最高点取 $U_0 \approx 1.1U_N$，如剩磁电压较高，可延伸曲线的直线部分使与横轴相交，则交点的横坐标绝对值 Δi_{f0} 应作为校正量，在所有试验测得的励磁电流数据上加上此值，即得通过原点之校正曲线，如图 7-4-3 所示。

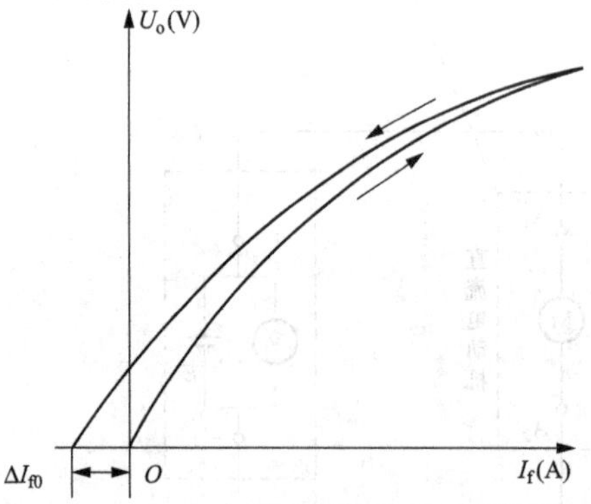

图 7-4-2　上升和下降两条空载特性

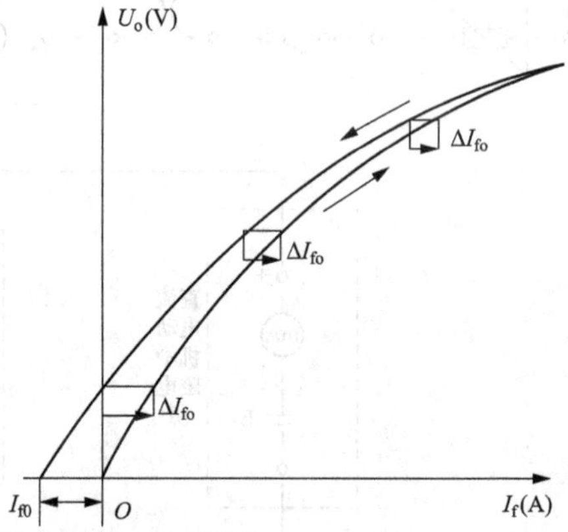

图 7-4-3　校正过的下降空载特性

（3）三相短路试验。

1）同步电机励磁电流源调节旋钮逆时针到底，按空载试验方法调节电机转速为额定转速 1500r/min，且保持恒定。

2）用短接线把发电机输出三端点短接，合上同步电机励磁电源船形开关，调节 M08 电机的励磁电流 I_f，使其定子电流 $I_K=1.2I_N \approx 0.31$A，读取 M08 电机的励磁电流 I_f 和相应的定子电流值 I_K。

3）减小发电机的励磁电流 I_f 使定子电流减小，直至励磁电流为零，读取励磁电流 I_f 和

相应的定子电流 I_{K2}，共取数据 7～8 组并记录于表 7-4-4 中。

表 7-4-4 短路试验数据 ($U=0V$ $n=n_N=1500r/min$)

序号	1	2	3	4	5	6	7	8
I_K (A)								
I_f (A)								

(4) 测同步发电机在纯电阻负载时的外特性。

1) 把三相可变电阻器 R_L 调至最大，按空载试验的方法起动直流电动机，并调节其转速达同步发电机额定转速 1500r/min，且转速保持恒定。

2) 开关 S 闭合，发电机带三相纯电阻负载运行。

3) 合上同步电机励磁电源船形开关，调节发电机励磁电流 I_f 和负载电阻 R 使同步发电机的端电压达额定值 220V，且负载电流亦达额定值。

4) 保持这时的同步发电机励磁电流 I_f 恒定不变，调节负载电阻 R，测同步发电机端电压和相应的平衡负载电流，直至负载电流减小到零，测出整条外特性。记录 5～6 组数据于表 7-4-5 中。

表 7-4-5 外特性试验数据 ($n=n_N=1500r/min$ $I_f=A$ $\cos\varphi=1$)

序号	1	2	3	4	5	6	7	8
U (V)								
I (A)								

(5) 测同步发电机在纯电阻负载时的调整特性。

1) 发电机接入三相负载电阻 R，并调节 R 至最大，按前述方法起动电动机，并调节电机转速 1500r/min，且保持恒定。

2) 合上同步电机励磁电源船形开关，调节同步电机励磁电流 I_f，使发电机端电压达额定值 $U_N=220V$，且保持恒定。

3) 调节负载电阻 R_L 以改变负载电流，同时保持电机端电压不变。读取相应的励磁电流 I_f 和负载电流 I，测出整条调整特性。测出 6～7 组数据记录于 7-4-6 中。

表 7-4-6 调整特性试验数据 ($U=U_N=220V$ $n=n_N=1500r/min$)

序号	1	2	3	4	5	6	7	8
I (A)								
I_f (A)								

6. 实验报告

(1) 根据实验数据绘出同步发电机的空载特性。

(2) 根据实验数据绘出同步发电机短路特性。

(3) 根据实验数据绘出同步发电机的外特性。

(4) 根据实验数据绘出同步发电机的调整特性。

(5) 由空载特性和短路特性求取电机定子漏抗 X_σ 和特性三角形。

(6) 利用空载特性和短路特性确定同步电机的直轴同步电抗 X_d（不饱和值）。

(7) 求短路比。

(8) 由外特性试验数据求取电压调整率 $\Delta U\%$。

7-5 三相同步发电机的并网运行

1. 实验目的及能力目标

(1) 熟悉三相同步发电机的工作原理。

(2) 熟悉他励直流电动机的启动与调速。

(3) 学习掌握用准同步法或自同步法将三相同步发电机投入电网并网运行。

(4) 学习掌握三相同步发电机与电网并网运行时有功功率的调节方法。

(5) 学习掌握三相同步发电机与电网并网运行时无功功率的调节方法。

(6) 学习掌握当输出功率等于零时三相同步发电机V形曲线数据的获取方法。

(7) 学习掌握当输出功率等于0.5倍额定功率时三相同步发电机V形曲线数据的获取方法。

(8) 学会绘制三相同步发电机V形曲线。

(9) 养成良好的电机操作和安全实验习惯。

2. 预习要点

(1) 三相同步发电机投入电网并网运行有哪些条件？不满足这些条件将产生什么后果？如何满足这些条件？

(2) 三相同步发电机投入电网并网运行时怎样调节有功功率和无功功率？调节过程又是怎样的？

3. 实验设备及仪器

(1) MEL系列电机教学实验台主控制屏。

(2) 电机导轨及测功机、转矩转速测量（MEL-13、MEL-14）。

(3) 三相可变电阻器90Ω（MEL-04）。

(4) 波形测试及开关板（MEL-05）。

(5) 旋转指示灯、整步表（MEL-07）。

(6) 同步电机励磁电源（位于主控制屏右下部）。

(7) 功率、功率因数表（或在主控制屏上，或在单独的组件MEL-20、MEL-24）。

4. 实验方法及步骤

(1) 用准同步法将三相同步发电机投入电网并网运行。实验接线如图7-5-1所示，三相同步发电机G选用M08（Y接法），原动机选用直流他励电动机M03（作他励接法）。mA、A_1、V_1为直流电源自带毫安表、电流表、电压表（在主控制屏下部）；R_{ST}选用MEL-04中的两只90Ω电阻相串联（最大值为180Ω）；R_f选用MEL-03中两只900Ω电阻相串联（最大值为1800Ω）；R选用MEL-04中的90Ω电阻；开关S_1、S_2选用MEL-05；同步电机励磁电源固定在控制屏的右下部。

工作原理：三相同步发电机与电网并网运行必须满足以下三个条件：发电机的频率和电网频率要相同，即$f_{\text{II}}=f_{\text{I}}$；发电机和电网电压大小、相位要相同，即$E_{0\text{II}}=U_{\text{I}}$；发电机和电网的相序要相同。

为了检查这些条件是否满足，可用电压表检查电压，用灯光旋转法或整步表法检查相序和频率。实验步骤：

1) 三相调压器旋钮逆时针到底，开关S_2断开，S_1合向“1”端，确定“可调直流稳压电源”和“直流电机励磁电源”船形开关均在断开位置，合上绿色“闭合”按钮开关，顺时针调节调压器旋钮，使交流输出电压达到同步发电机额定电压 $U_N=220V$。

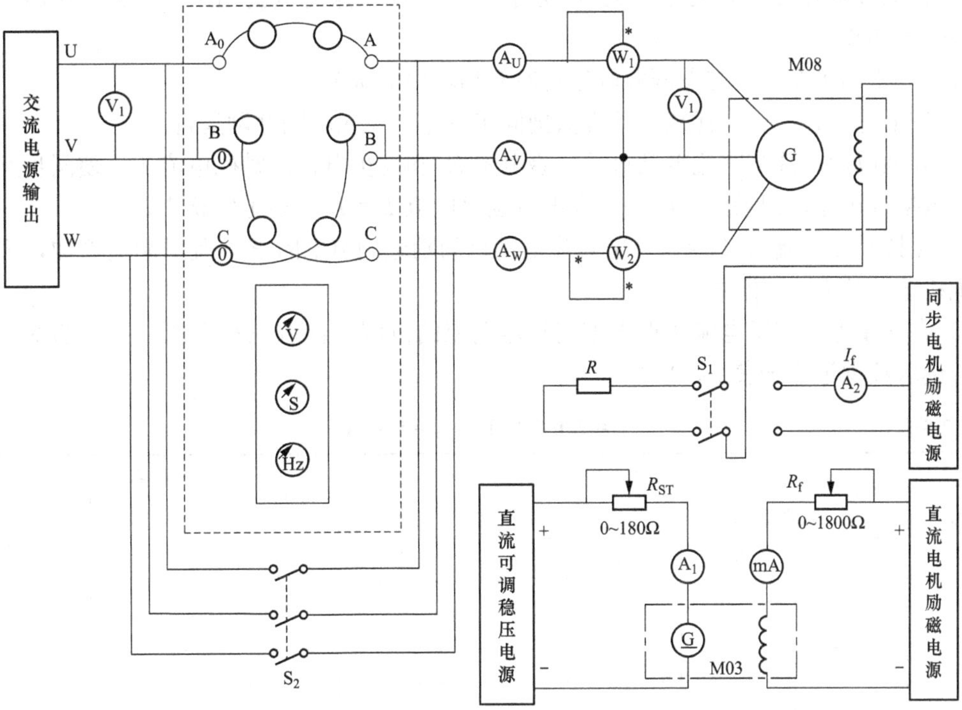

图 7-5-1　三相同步发电机并网实验接线图

2）直流电动机电枢调节电阻 R_{ST} 调至最大，励磁调节电阻 R_f 调至最小，先合上直流电机励磁电源船形开关，再合上可调直流稳压电源船形开关，启动直流电动机 M03，并调节电机转速为 1500r/min。

3）开关 S_1 合向“2”端，接通同步电机励磁电源，调节同步电机励磁电流 I_f，使同步发电机发出额定电压 220V。

4）观察三组相灯，若依次明灭形成旋转灯光，则表示发电机和电网相序相同，若三组灯同时发亮，同时熄灭则表示发电机和电网相序不同。当发电机和电网相序不同则应先停机，调换发电机或三相电源任意两根端线以改变相序后，按前述方法重新启动电动机。

5）当发电机和电网相序相同时，调节同步发电机励磁电流 I_f 使同步发电机电压和电网电压相同。再细调直流电动机转速，使各相灯光缓慢地轮流旋转发亮，此时接通整步表直键开关，观察整步表 V 表和 Hz 表指在中间位置，S 表指针逆时针缓慢旋转。

6）待 A 相灯熄灭时合上并网开关 S_2，把同步发电机投入电网并联运行。

7）停机时应先断开整步表直键开关，断开并网开关 S_2，将 R_{ST} 调至最大，三相调压器逆时针旋到零位，并先断开电枢电源后断开直流电机励磁电源。

（2）用自同步法将三相同步发电机投入电网并网运行。

1）在并网开关 S_2 断开且相序相同的条件下，把开关 S_1 合向“2”端接至同步电机励磁电源，MEL-07 中的整步表直键开关打在“断开”位置。

2）按前述方法启动直流电动机，并使直流电动机升速到接近同步转速（1475～1525 r/min之间）。

3）启动同步电机励磁电流源，并调节励磁电流 I_f 使发电机电压约等于电网电压 220V。

4）将开关 S_1 闭合到“1”端，接入电阻 R（R 为 90Ω 电阻，约为三相同发电机励磁绕组电阻的 10 倍)。

5) 合上并网开关 S_2，再把开关 S_1 闭合到“2”端，这时电机利用“自整步作用”使它迅速被牵入同步。

(3) 三相同步发电机与电网并联运行时有功功率的调节。

1) 按上述 (1)、(2) 任意一种方法把同步发电机投入电网并网运行。

2) 并网以后，调节直流电动机的励磁电阻 R_f 和同步电机的励磁电流 I_f，使同步发电机定子电流接近于零，记录此时的同步发电机励磁电流 $I_f = I_{f0}$ 于表上空格中。

3) 保持励磁电流 I_f 不变，调节直流电动机的励磁调节电阻 R_f，使其阻值增加，这时同步发电机输出功率 P_2 增加。

4) 在同步电机定子电流接近于零到额定电流的范围内读取三相电流、三相功率、功率因数，读取数据记录于表 7-5-1 中。

表 7-5-1 **$U=220V$ (Y)　$I_f = I_{f0} =$ A**

序号	测量值					计算值		
	输出电流 (A)			输出功率 (W)		I	P	$\cos\varphi$
	I_U	I_V	I_W	P_1	P_2			

注 $I=\frac{I_U+I_V+I_W}{3}$，$P=P_1+P_2$，$\cos\varphi=\frac{P_2}{\sqrt{3}UI}$。

(4) 三相同步发电机与电网并网运行时无功功率的调节。

1) 测取当输出功率等于零时三相同步发电机的 V 形曲线。

①按上述 (1)、(2) 任意一种方法把同步发电机投入电网并网运行。

②保持同步发电机的输出功率 $P_2 \approx 0$。

③先调节同步发电机励磁电流 I_f，使 I_f 上升，发电机定子电流随着 I_f 的增加上升到额定电流，并调节 R_{st} 保持 $P_2 \approx 0$。记录此点同步发电机励磁电流 I_f、定子电流 I_o。

④减小同步电机励磁电流 I_f 使定子电流 I 减小到最小值，记录此点数据。

⑤继续减小同步电机励磁电流，这时定子电流又将增加直至额定电流。

⑥分别在这过励和欠励情况下，读取数据记录于表 7-5-2 中。

表 7-5-2 **$n=1500r/min$　$U=220V$　$P_2 \approx 0W$**

序号	三相电流 (A)				励磁电流 I_f (A)
	I_U	I_V	I_W	I	

注 $I=\frac{I_U+I_V+I_W}{3}$。

2）测取当输出功率等于0.5倍额定功率时三相同步发电机的V形曲线。

①按上述（1）、（2）任意一种方法把同步发电机投入电网并网运行。

②保持同步发电机的输出功率 P_2 等于0.5倍额定功率。

③先调节同步发电机励磁电流 I_f，使 I_f 上升，发电机定子电流随着 I_f 的增加上升到额定电流。记录此点同步发电机励磁电流 I_f、定子电流 I_o。

④减小同步电机励磁电流 I_f 使定子电流 I 减小到最小值，记录此点数据。

⑤继续减小同步电机励磁电流，这时定子电流又将增加直至额定电流。

⑥分别在这过励和欠励情况下，读取数据记录于7-5-3中。

表7-5-3 $n=1500\text{r/min}$ $U=220\text{V}$ $P_2\approx0.5P_N\text{W}$

序号	测量值				计算值	
	I_U	I_V	I_W	I_f	I	$\cos\varphi$

注 $I=\frac{I_U+I_V+I_W}{3}$，$\cos\varphi=\frac{P_2}{\sqrt{3}UI}$。

5．实验报告

（1）试述并网运行条件不满足时并网将引起什么后果。

（2）试述三相同步发电机和电网并网运行时有功功率和无功功率的调节方法。

（3）画出 $P_2\approx0$ 和 $P_2\approx0.5$ 倍额定功率时同步发电机的V形曲线，并加以说明。

（4）实验总结。

6．思考题

（1）自同步法将三相同步发电机投入电网并网运行时先把同步发电机的励磁绕组串入10倍励磁绕组电阻值的附加电阻组成回路的作用是什么？

（2）自同步法将三相同步发电机投入电网并网运行时先由原动机把同步发电机带动旋转到接近同步转速（1475～1525r/min之间）然后并入电网，若转速太低并车将产生什么情况？

7-6 三相异步电动机在各种运行状态下的机械特性研究

1．实验目的及能力目标

（1）熟悉三相绕线式异步电动机的启动与调速。

（2）熟悉他励直流电机的工作特性。

（3）学习掌握三相绕线式异步电动机在各种运行状态下机械特性的获取方法。

（4）学会绘制三相绕线式异步电动机在各种运行状态下机械特性曲线。

（5）养成良好的电机操作和安全实验习惯。

2. 预习要点

(1) 预习三相绕线式异步电动机在电动运行状态和再生发电制动状态下的机械特性。

(2) 预习三相绕线式异步电动机在反接制动运行状态下的机械特性。

(3) 测定各种运行状态下的机械特性应注意哪些问题?

3. 实验设备及仪器

(1) MEL 系列电机系统教学实验台主控制屏。

(2) 电机导轨及测速表(MEL-13、MEL-14)。

(3) 直流电压、电流、毫安表。

(4) 三相可调电阻器 90Ω、900Ω。

(5) 波形测试及开关板。

4. 实验方法及步骤

实验线路如图 7-6-1 所示。M 为三相绕线式异步电动机 M09,额定电压 $U_N=220V$,Y 接法;G 为直流他励电动机 M03(他励接法),其 $U_N=220V$,$P_N=185W$;R_S 选用三组 90Ω 电阻(每组为 MEL-04,90Ω 电阻);R_1 选用 675Ω 电阻(MEL-03 中,450Ω 电阻和 225Ω 电阻相串联),如图 7-6-2 所示;R_f 选用 3000Ω 电阻(电机启动箱中,磁场调节电阻);V_2、A_2、mA 分别为直流电压、电流、毫安表,为直流电源自带仪表;V_1、A_1、W_1、W_2 为交流、电压、电流、功率表,在主控制屏上;S_2 选用 MEL-05 中的双刀双掷开关。

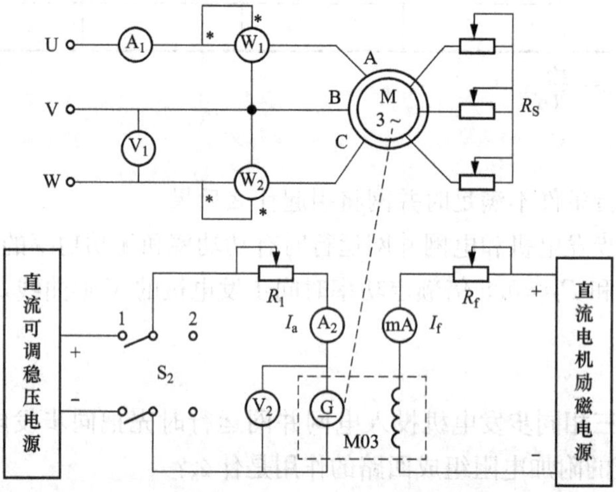

图 7-6-1 线绕式异步电动机机械特性实验接线图

(1) 测定三相绕线式异步电机电动及再生发电制动机械特性。

实验前开关及电阻的选择:R_S 阻值调至零,R_1 阻值调至最大,R_f 阻值调至最小;开关 S_2 合向"2"端;三相调压旋钮逆时针到底,直流电机励磁电源船形开关和 220V 直流稳压电源船形开关在断开位置。并且直流稳压电源调节旋钮逆时针到底,使电压输出最小。

实验步骤:

1) 按下绿色"闭合"按钮开关,接通三相交流电源,调节三相交流电压输出为 180V(注意观察电机转向是否符合要求,即转速显示为正值),并在以后的实验中保持不变。

2) 先接通直流电机励磁电源,调节 R_f 阻值使 $I_f=95mA$ 并保持不变,再接通可调直流稳压电源的船形开关和复位开关,启动直流电动机,在开关 S_2 的"2"端测量电机 G 的输出电压极性,先使电机 G 的输出电压极性与 S_2 开关"1"端的电枢电源极性相反。在 R_1 为最大值的条件下，将 S_2 合向“1”端。

3）调节直流稳压电源和 R_1 的阻值（先调节 R_1 中的 450Ω 电阻，当减到 0 时，再调节 225Ω 电阻，同时调节直流稳压电源），使电动机从堵转（约 200 转左右）到接近于空载状态，其间测取发电机 G 的 U_a、I_a、n 及电动机 M 的交流电流表 A、功率表 P_1、P_2 的读数，测取 8～9 组数据记入表 7-6-1 中。

表 7-6-1 **U=200V R_S=0 I_f= mA**

U_a（A）							
I_a（A）							
n（r/min）							
I_1（A）							
P_1（W）							
P_2（W）							
P_Σ（W）							

4）当电动机 M 接近空载而转速不能调高时，将 S_2 合向“2”位置，调换直流电机 G 的电枢极性使其与“直流稳压电源”同极性。调节直流电源使其与直流电机 G 的电枢电压值接近相等，将 S_2 合至“1”端，减小 R_1 阻值直至为零。

5）升高直流电源电压，使电动机 M 的转速上升，当电机转速为同步转速时，异步电机功率接近于 0，继续调高电枢电压，则异步电机从第一象限进入第二象限再生发电制动状态，直至异步电机 M 的电流接近额定值，测取电动机 M 的定子电流 I_1、功率 P_1、P_2，转速 n 和直流电机 G 的电枢电流 I_a，电压 U_a，计入表 7-6-2 中。

表 7-6-2 **U=200V I_f= A**

U_a（A）							
I_a（A）							
n（r/min）							
I_1（A）							
P_1（W）							
P_2（W）							
P_Σ（W）							

（2）电动及反接制动运行状态下的机械特性。在断电的条件下，把 R_S 的三只可调电阻调至 90Ω，拆除图 R_1 的短接导线，并调至最大 2250Ω，直流发电机 G 接到 S_2 上的两个接线端对调，使直流发电机输出电压极性和“直流稳压电源”极性相反，开关 S_2 合向左边，逆时针调节可调直流稳压电源调节旋钮到底。

1）按下绿色“闭合”按钮开关，调节交流电源输出为 200V，合上励磁电源船形开关，调节 R_f 的阻值，使 I_f=95mA。

2）按下直流稳压电源的船形开关和复位按钮，启动直流电源，开关 S_2 合向左边（1端），让异步电机 M 带上负载运行，减小 R_1 阻值（先减小 1800Ω、0.41A，再减小 450Ω、0.82A），使异步发电机转速下降，直至为零。

3）继续减小 R_1 阻值或调离电枢电压值，异步电机即进入反向运转状态，直至其电流接近额定值，测取发电机的电枢电流 I_a、电压 U_a 值和异步电动机的定子电流 I_1、P_1、P_2、

n，计入表 7-6-3 中。

表 7-6-3 $U=200V$ $I_f=95mA$

U_a（A）								
I_a（A）								
n（r/min）								
I_1（A）								
P_1（W）								
P_2（W）								
P_{Σ}（W）								

5. 实验注意事项

调节串并联电阻时，要按电流的大小而相应调节串联或并联电阻，防止电阻器过流引起烧坏。

6. 实验报告

根据实验数据绘出三相绕线转子异步电机运行在三种状态下的机械特性，并进行实验总结。

7. 思考题

(1) 再生发电制动实验中，如何判别电机运行在同步转速点？

(2) 在实验过程中，为什么电机电压降到 200V？在此电压下所得的数据，要计算出全压下的机械特性应作如何处理？

7-7 三相异步电动机的直接启动

1. 实验目的及能力目标

(1) 了解按钮、交流接触器和热继电器的基本结构和动作原理。

(2) 掌握三相异步电动机直接启动的工作原理、接线及操作方法。

(3) 了解电动机运行时的保护方法。

(4) 养成良好的电机操作和安全实验习惯。

2. 实验原理

在工农业生产中，广泛采用继电接触控制系统对中小功率异步电动机进行直接启动和正反转控制。这种控制系统主要由交流接触器、按钮、热继电器等组成。

交流接触器主要由铁心、吸引线圈和触头组等部件组成。铁心分为动铁心和静铁心，当吸引线圈加上额定电压时，两铁心吸合，从而带动触头组动作。触头可分为主触头和辅助触头。主触头的接触面积大，并具有灭弧装置，能通断较大的电流，可接在主电路中，控制电动机的工作。辅助触头只能通断较小的电流，常接在辅助电路（控制电路）中。触头还有动合（常开）触头和动断（常闭）触头之分，前者当吸引线圈无电时处于断开状态，后者为吸引线圈无电时处于闭合状态。当吸引线圈带电时，动合触头闭合，动断触头断开。交流接触器在工作时，如加于吸引线圈的电压过低，则铁心会释放，使触头组复位，故具有欠位（或失压）保护功能。

按钮是一种简单的手动开关，在控制电路中用来发出“接通”或“断开”的指令。它的触头也有动合和动断两种形式。

热继电器是一种利用感受到的热量进行动作的保护电器，用来保护电路的过载。它主要由发热元件和辅助触头等组成。当电路过载时触点动作，从而使控制电路失电，达到切断主电路的目的。三相异步电动机可用一个交流接触器和按钮来实现单方向直接启动控制。控制电路中还利用辅助触头实现自锁和联锁。

3. 实验设备

（1）三相四线制交流电源1台。

（2）三相异步电动机1台。

（3）继电接触箱1个，导线若干。

4. 实验内容

（1）了解常用低压电器（熔断器、按钮、交流接触器、行程开关、热继电器、时间继电器等）的结构和动作原理，掌握常用继电接触控制电路的工作原理。

（2）三相异步电动机的直接启动控制。

1）三相异步电动机的直接启动控制电路如图7-7-1所示，其中电动机采用Y接法。

2）合上电源开关，操作按钮SB1和SB2，使电动机启动和停止，观察电动机和交流接触器的动作情况。

3）断开电源开关，拆除控制电路中的自锁触点，再合上电源开关，操作按钮SB2，再观察电动机的点动工作情况，体会自锁触点的作用。

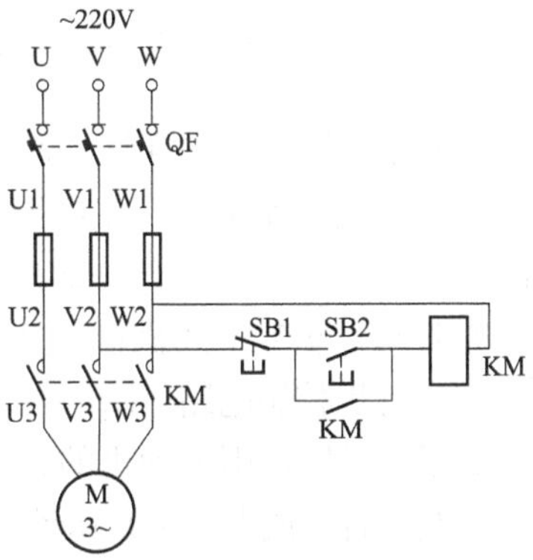

图7-7-1 直接启动控制电路

5. 实验报告要求

（1）讨论直接启动的优点和缺点。

（2）实验电路中的短路、过载和失压三种保护功能是如何实现的？

7-8 常用继电接触控制电路

1. 实验目的及能力目标

（1）了解时间继电器和行程开关的基本结构，掌握他们的使用方法。

（2）学习掌握常用的几种继电接触控制电路的工作原理、控制功能、接线及操作方法。

（3）养成良好的电机操作和安全实验习惯。

2. 实验原理

如果要求电动机按一定顺序、一定时间间隔进行启动运行或停止，常用时间继电器来实现。时间继电器是一种延时动作的继电器，从接收信号（如线圈带电）到执行动作（如触点动作）具有一定的时间间隔，此时间间隔可按需要预先整定，以协调和控制生产机械的各种动作。时间继电器的种类通常有电磁式、电动式、空气式和电子式等。时间继电器的触点系统有延时动作触点和瞬时动作触点，其中又分动合触点和动断触点。延时动作触点又分带电延时型和断电延时型。

行程开关（也称限位开关）是一种根据生产机械的行程信号进行动作的电器，用于控制生产机械的运动方向、行程大小或位置保护。行程开关所控制的是辅助电路，因此也是一种继电器。行程开关安装在固定基座上，当与被它所控制的生产机械运动部件上的“撞块”相撞时，撞块压下行程开关的滚轮，便发出触点通、断信号。当撞块离开后，有的行程开关自动复位（如单轮旋转式），有的行程开关不能自动复位（如双轮旋转式），后者须依靠另一方向的二次相撞来复位。

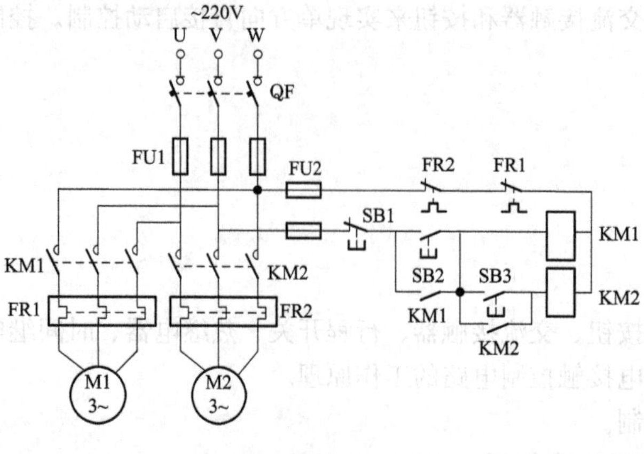

图 7-8-1　顺序控制电路

3. 实验设备

（1）三相四线制交流电源 1 台。

（2）三相异步电动机 1 台。

（3）继电接触箱 1 个，导线若干。

4. 实验内容

（1）顺序控制电路。顺序控制电路如图 7-8-1 所示。图中 KM1、KM2 为三相接触器，SB2、SB3 为三相电机启动按钮，SB1 为停止按钮，M1、M2 为三相异步电动机（Y形接法）。电路接好后，操作 SB2、SB3、SB1，观察电路的工作情况。若先操作 SB3，工作情况如何？

（2）时间控制电路。主电路和图 7-8-1 中相同，控制电路如图 7-8-2 所示。图中，KT 为时间继电器。操作 SB2 经一定时间后再操作 SB1，观察电路的工作情况。再调节时间继电器的延时时间，重复上述操作，并观察电路的工作情况。

（3）行程控制电路。图 7-8-3 所示为自动往复循环行程控制电路。它利用行程开关来控制电机的正、反转，用电动机的正、反转带动生产机械运动部件的左、右（或上、下）运动。图中 KM1、KM2 分别为正转、反转三相接触器；SB1、SB2 分别为正转、反转启动按钮；SQ1、SQ2 为行程开关（可以用开关代替各行程开关）；SQ3、SQ4 为左右超程行程开关。

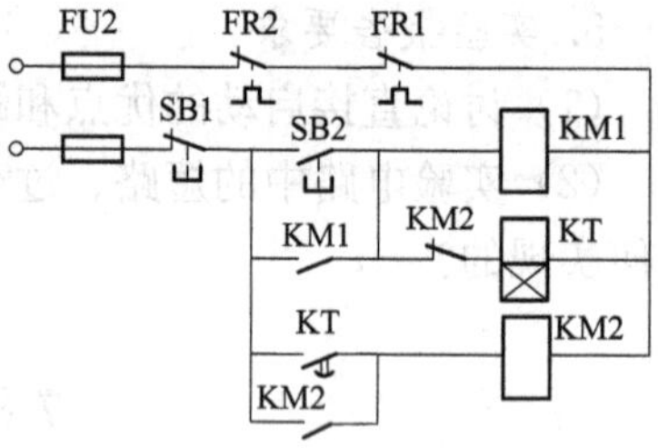

图 7-8-2　时间控制电路

5. 实验总结

分析说明各实验电路的工作原理，总结它们的动作结果。

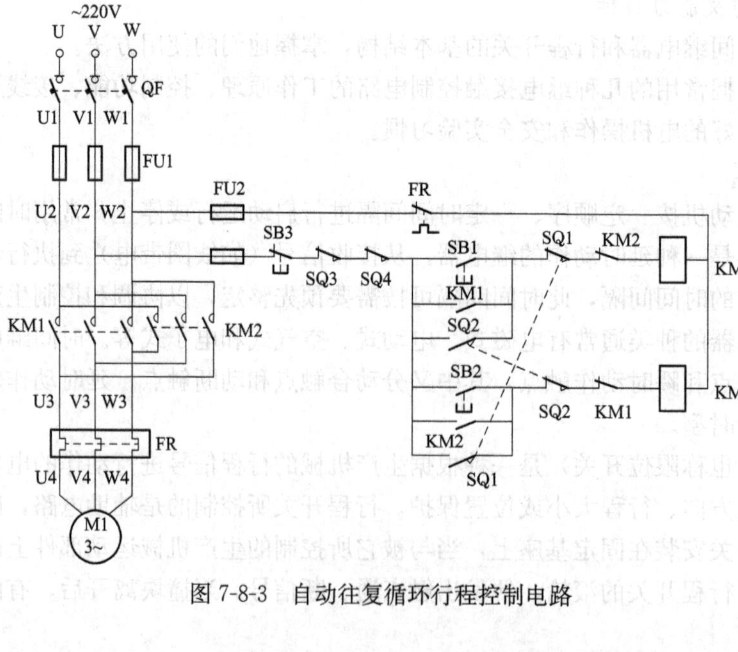

图 7-8-3　自动往复循环行程控制电路

7-9 三相异步电动机的正反转控制

1. 实验目的及能力目标

(1) 学习掌握三相异步电动机正反转控制电路的工作原理、接线及操作方法。

(2) 养成良好的电机操作和安全实验习惯。

2. 实验原理

生产机械往往要求运动部件可以实现正反两个方向的运动，这就要求拖动电动机能作正反向旋转。由电动机工作原理可知，改变电动机三相电源的相序，就能改变电动机的旋转方向，可采用倒顺开关或按钮、接触器等电器元件实现。图 7-9-1、图 7-9-2 所示为采用两个按钮分别控制两个接触器来改变电动机相序，实现电动机正反转的控制电路。图 7-9-1 较为简单，按下正转启动按钮 SB1，KM1 线圈通电并自锁，接通正序电源，电动机正转。当要使电动机反转时，必须先按下停止按钮，使 KM1 断电，然后按下反转启动按钮 SB2，实现电动机的反转。在电路中，由于将 KM1、KM2 常闭辅助触点串接在对方线圈电路中，形成相互制约的控制，称为互锁或联锁控制。

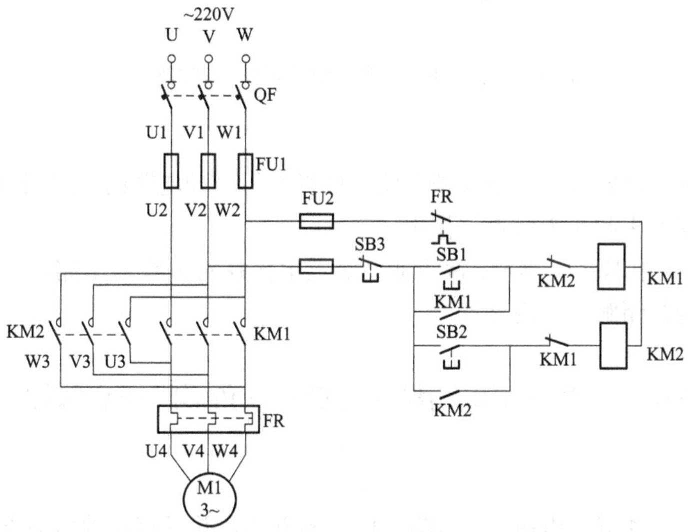

图 7-9-1 三相异步电动机的正反控制电路一

对于要求频繁实现正反转的电动机，可用图 7-9-2 电路实现电动机控制。它是在图 7-9-1 电路基础上将正反转启动按钮 SB1 与反转启动按钮 SB2 的常闭触点串接在对方常开触点电路中，利用按钮的常开、常闭触点的机械连接，在电路中互相制约的方法，实现机械互锁。这种具有电气、机械双重互锁的控制电路是常用、可靠的电动机正反转控制电路，既可实现正转—停止—反转—停止的控制，又可实现正转—反转—停止的控制。

3. 实验设备

(1) 三相四线制交流电源 1 台。

(2) 三相异步电动机 1 台。

(3) 继电接触箱 1 个，导线若干。

4. 实验内容

(1) 按图 7-9-1 接线，检查接线正确后，合上主电源。当按下 SB1 按钮，电动机正转，观察各交流接触器的动作情况；当按下 SB3 按钮，电动机停转；再按下 SB2 按钮，观察电动机的转向，并体会联锁触点的作用。

（2）按图 7-9-2 接线，实现电动机的正反转控制。

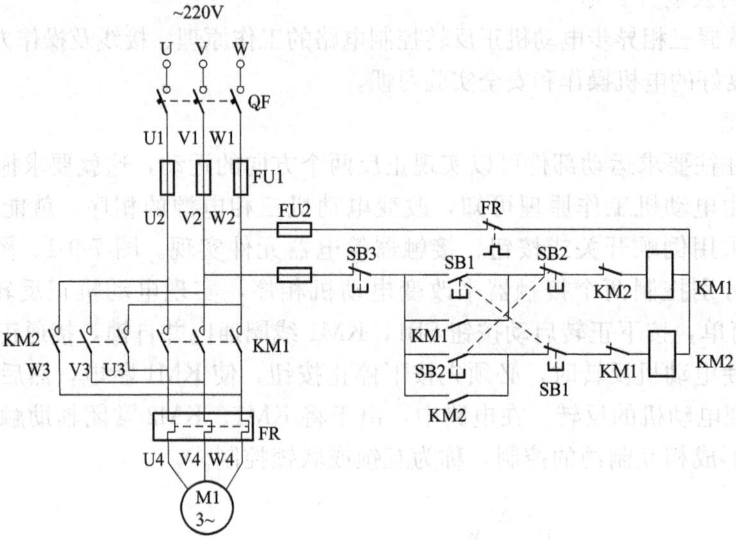

图 7-9-2 三相异步电动机的正反控制电路二

5. 实验总结

（1）电机实现正反转可采用哪几种电路实现以及每一种电路的适用场合。

（2）讨论自锁触头和联锁触点的作用。

（3）将图 7-9-1 中 KM1、KM2 常闭辅助触点串接在对方线圈电路，实现联锁，可否直接利用按钮开关的常闭触点实现互锁?

7-10 三相异步电动机的星形—三角形降压启动控制

1. 实验目的

（1）学习掌握三相异步电机Y－△降压启动的方法，并了解这种启动方法的优缺点。

（2）养成良好的电机操作和安全实验习惯。

2. 实验原理

三相异步电机的直接启动只适合小容量的电动机，因为启动电流大。当电动机容量在 10kW 以上时，应采用减压启动，以减小启动电流，但同时也减小了启动转矩，故适用于启动转矩要求不高的场合。对于正常运行时定子绕组采用三角形连接的电动机，可采用Y－△降压启动。另外还可采取定子绕组电路串电阻或电抗器、使用自耦变压器等方法启动。这些启动方法的实质，都是在电源电压不变的情况下，启动时减小加在电动机定子绕组上的电压，以限制启动电流，而在启动以后将电压恢复至额定值，电动机进入正常运行。

Y－△降压启动控制电路如图 7-10-1 所示。图中 KM_{Y} 为Y形连接接触器，KM 为接通电源接触器，$KM_{\triangle}$ 为△形连接接触器，KT 为启动时间继电器。

三相笼型异步电动机的额定电压通常为 220/380V，相应的绕组接法为△/Y，这种电动机每相绕组的额定电压为 380V。我国采用的电网供电电压为 380V，因此，电动机启动时接

成Y形连接，电压降为额定电压的$\frac{1}{\sqrt{3}}$，正常运转时换接成△形连接。由电工基础知识可知

$$I_{\triangle} = 3I_{Y}$$

式中 $I_{\triangle}$——电动机△形连接时线电流，A；

I_{Y}——电动机Y形连接时线电流，A。

因此Y形连接时启动电流仅为△形连接时的 1/3，相应的启动转矩也是△形连接的 1/3。因此，Y—△启动仅适用于空载或轻载下的电动机启动。

3. 实验设备

（1）三相四线制交流电源1 台。

（2）三相异步电动机 1 台。

（3）继电接触箱 3 个，额定电压 220V 吸引线圈，导线若干。

4. 实验内容

采用图 7-10-1 所示电路，合上电源开关 QF，按下启动按钮 SB1，KM_{Y}通电，同时 KM 通电并自锁，电动机接成Y形连接，接入三相电源进行减压启动。在按下 SB1、KM_{Y}通电动作的同时，KT 通电，经一段时间延时后，KT 常闭触点断开，KM_{Y}断电释放，电动机星形接线中性点断开，$KM_{\triangle}$通电并自锁，电动机接成△形连接运行。至此，电动机Y－△减压启动结束，电动机投入正常运行。停止时，按下 SB2 即可。

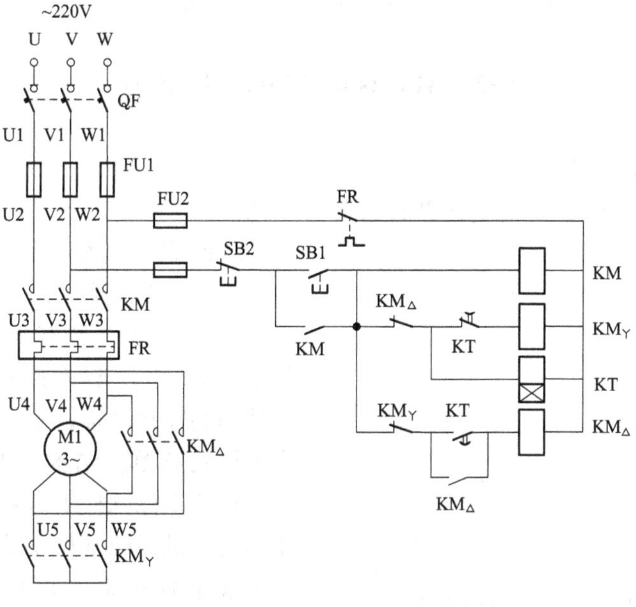

图 7-10-1 Y—△降压启动控制电路

5. 实验总结

（1）比较直接启动与降压启动的特点。

（2）什么情况下采用Y－△启动？

第 8 章　Multisim 软件应用简介

8-1　Multisim 14 简介

NI Multisim 是美国国家仪器（NI）有限公司推出的基于 Windows 操作系统的、专门用于电子电路仿真与设计的 EDA 工具软件。NI Multisim 是一个完整的集成化设计环境，包含了电路原理图的图形输入、电路硬件描述语言输入方式，具有丰富的仿真分析能力。

2015 年 NI 推出了 Multisim 14，进一步增强了强大的仿真技术。新增的功能包括全新的参数分析、与新嵌入式硬件的集成以及通过用户可定义的模板简化设计。在 Multisim 14 中，增添了 6000 多种新的组件，可进一步扩展模拟和混合模式的应用；采用了全新的主动分析模式；通过全新的电压、电流、功率和数字探针可视化交互仿真结果；借助与 MPLAB 之间的协同仿真功能、可实现微控制器和外设仿真；Ultiboard 学生版新增了 Gerber 和 PCB 导出函数；全新的 iPad 版，可随时随地进行电路仿真。

本章将以 NI Multisim14 为例，介绍 Multisim 使用方法，并给出了几个仿真实例。

8-2　Multisim 14 的工作环境

1. Multisim 14 主窗口

双击启动 Multisim 14，初始化界面如图 8-2-1 所示。

图 8-2-1　Multisim 14 初始化界面

软件完成初始化后，可进入系统主窗口，如图 8-2-2 所示。

系统主窗口具有 Windows 界面风格，其中标题栏位于界面最上方，显示当前打开文件的路径和名称；菜单栏位于标题栏下方为下拉式菜单栏结构，提供各种操作命令；工具栏位于标题栏下方和窗口右侧，以图表化形式提供系统常用功能模块；项目管理器位于最左侧窗口，只用于显示设计工具箱，可体现工程项目的层次结构，也可根据用户需要对工程项目实行打开或关闭操作；工作区域位于界面中心区域的窗口，用于原理图的编辑和绘制；信息窗口位于工作区下方的窗口，实时显示项目文件运行阶段信息；状态栏位于界面最下方的窗口，显示项目文件运行状态。

除了标题栏和菜单栏，其余各部分用户均可根据需要进行关闭或打开操作。

2. Multisim 14 菜单栏

12 个菜单栏如图 8-2-2 所示，从左到右依次为：文件（F）、编辑（E）、视图（V）、绘制（P）、MCU（M）、仿真（S）、转移（N）、工具（T）、报告（R）、选项（O）、窗口（W）和帮助（H）。

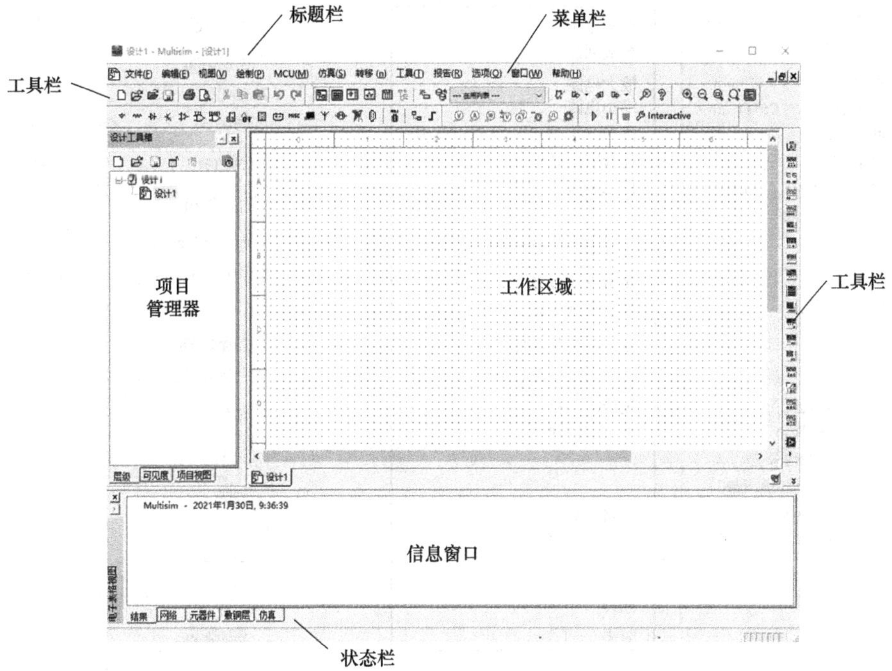

图 8-2-2　Multisim 14 系统主窗口

（1）文件（F）菜单栏，提供文件的各种操作命令，如图 8-2-3 所示。

（2）编辑（E）菜单栏，提供对电路及元件的操作命令，如图 8-2-4 所示。

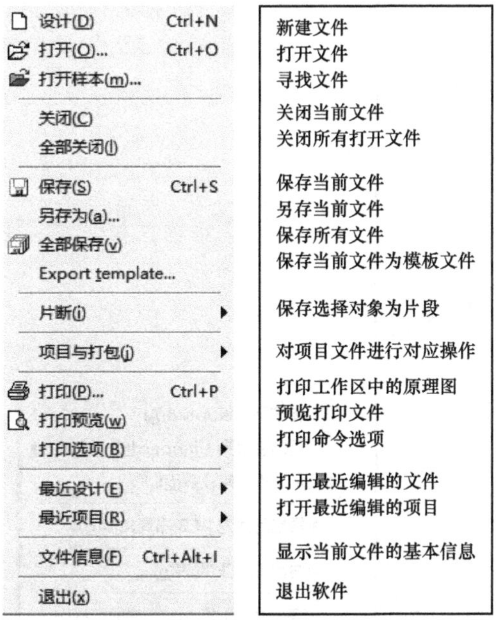

图 8-2-3　文件（F）菜单栏

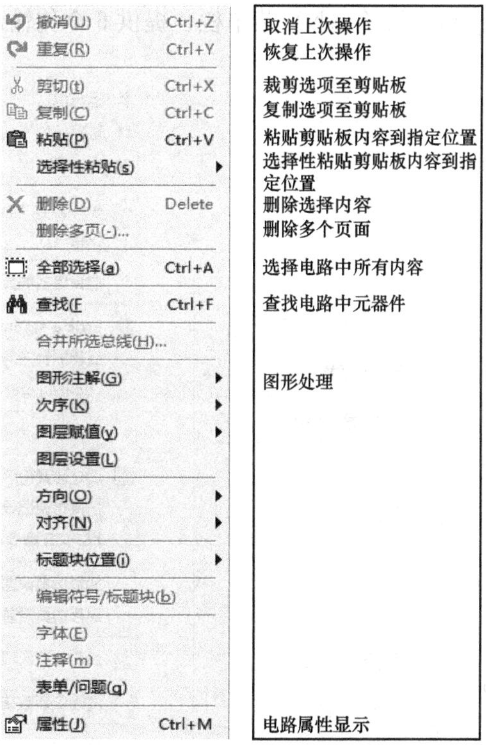

图 8-2-4　编辑（E）菜单栏

（3）视图（V）菜单栏，提供仿真界面中显示内容的操作命令，如图 8-2-5 所示。

（4）绘制（P）菜单栏，提供电路绘制编辑命令，如图 8-2-6 所示。

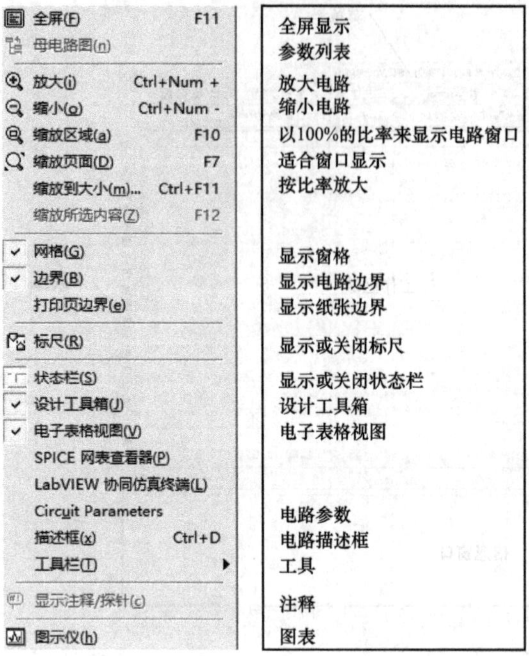

图 8-2-5 视图（V）菜单栏

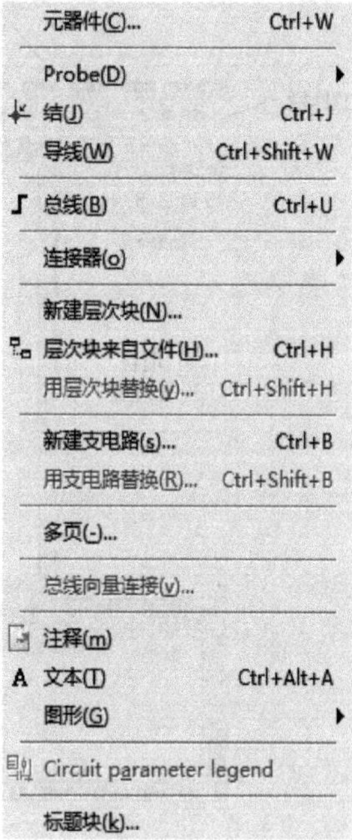

图 8-2-6 绘制（P）菜单栏

（5）MCU（M）菜单栏，提供工作窗口内 MCU 的调试命令，如图 8-2-7 所示。

（6）仿真（S）菜单栏，提供 18 个电路仿真命令，如图 8-2-8 所示。

（7）转移（N）菜单栏，提供 6 个传输命令，如图 8-2-9 所示。

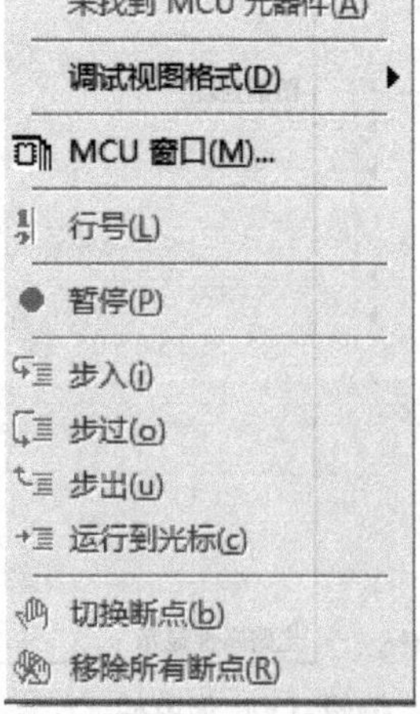

图 8-2-7 MCU（M）菜单栏

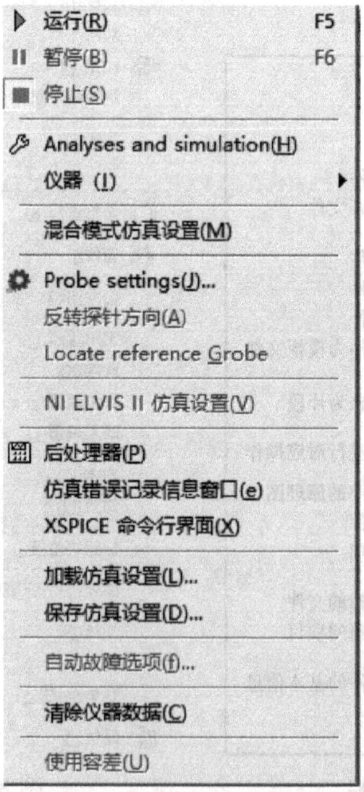

图 8-2-8 仿真（S）菜单栏

图 8-2-9 转移（N）菜单栏

（8）工具（T）菜单栏，提供 18 个电路及元器件管理命令，如图 8-2-10 所示。

（9）报告（R）菜单栏，提供 6 个报告命令，如图 8-2-11 所示。

图 8-2-10 工具（T）菜单栏

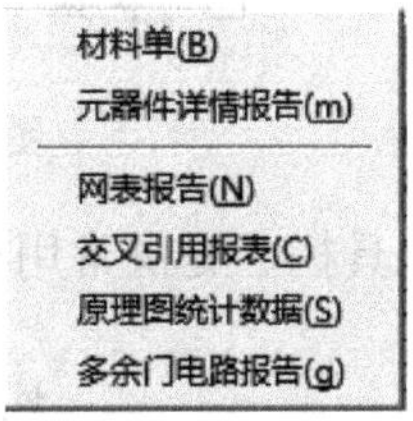

图 8-2-11 报告（R）菜单栏

（10）选项（O）菜单栏，提供 4 个电路界面控制命令，如图 8-2-12 所示。
（11）窗口（W）菜单栏，提供窗口的操作命令，如图 8-2-13 所示。
（12）帮助（H）菜单栏，提供各种帮助信息打开命令，如图 8-2-14 所示。

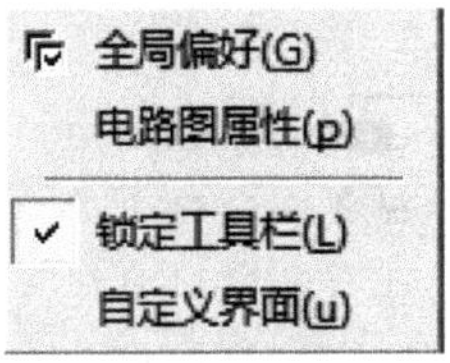

图 8-2-12 选项（O）菜单栏

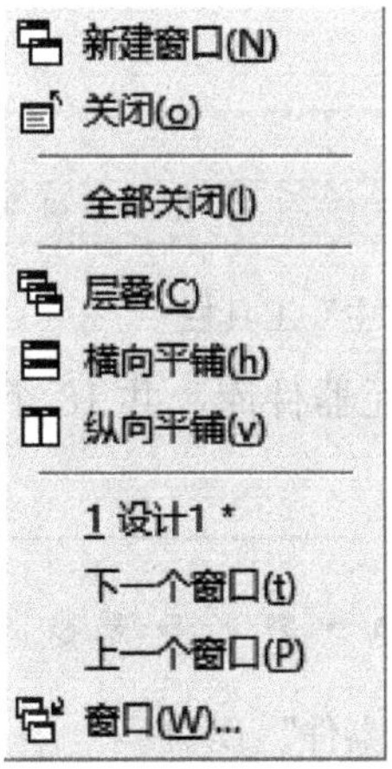

图 8-2-13 窗口（W）菜单栏

图 8-2-14 帮助（H）菜单栏

3. Multisim 14 工具栏

单击“选项（O）”菜单栏→“自定义界面（U）”命令，打开“自定义”对话框，选择

“工具栏”选项卡，用户可根据需要创建自定义工具栏，如图 8-2-15 所示。

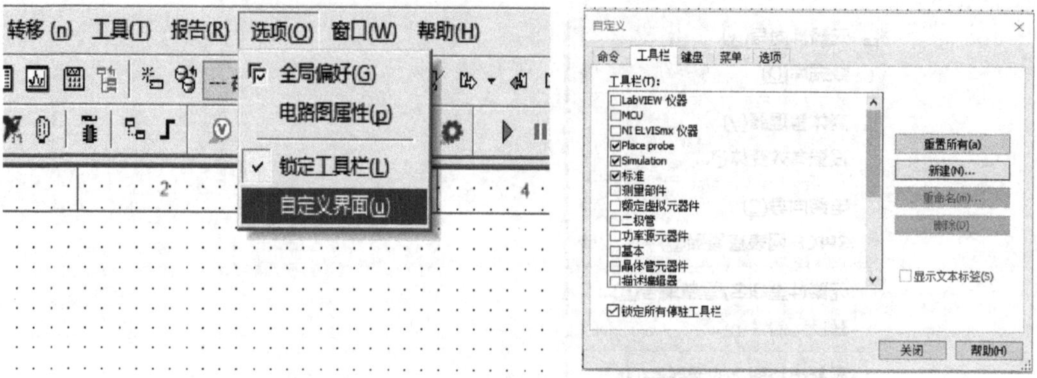

图 8-2-15 “自定义”对话框

（1）“标准”工具栏。提供常用文件操作的快捷键，如图 8-2-16 所示。

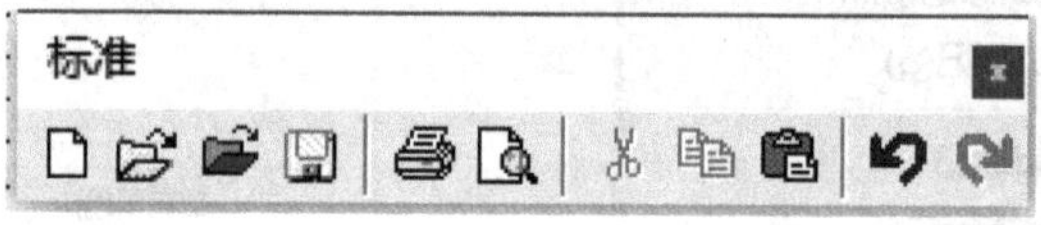

图 8-2-16 “标准”工具栏

（2）“视图”工具栏。提供常用视图显示的快捷键，如图 8-2-17 所示。

图 8-2-17 “视图”工具栏

（3）“主”工具栏。“主”工具栏是 Multisim 软件的核心，提供电路仿真操作的快捷键，如图 8-2-18 所示。

图 8-2-18 “主”工具栏

（4）“元器件”工具栏。提供分门别类的元器件库，共 18 个，如图 8-2-19 所示。元器件图标名称及其功能如表 8-2-1 所示。

图 8-2-19 “元器件”工具栏

表 8-2-1　　元器件图标名称及其功能

图标	名称	功能
	Source	信号源库：含接地、直流信号源、交流信号源、受控源等 6 类
	Basic	基本元器件库：含电阻、电容、电感、变压器、开关、负载等 18 类

续表

图标	名称	功能
	Diode	二极管库：含虚拟、普通、发光、稳压二极管、桥堆、可控硅等 9 类
	Transistor	晶体管库：含双极型管、场效应管、复合管、功率管等 16 类
	Analog	模拟集成电路库：含虚拟、线性、特殊运放和比较器等 6 类
	TTL	TTL 数字集成电路库：含 74××和 74LS××两大系列
	CMOS	CMOS 数字集成电路库：含 74HC××和 CMOS 器件的 6 个系列
	Miscellaneous Digital	数字器件库：含虚拟 TTL、VHDL、Verilog HDL 器件等 3 个系列
	Mixed	混合器件库：含 ADC/DAC、555 定时器、模拟开关等 4 类
	Indicator	指示器件库：电压表、电流表、指示灯、数码管等 8 类
	Miscellaneous	其他器件库：含晶振、集成稳压器、电子管、保险丝等 14 类
	PF	射频元器件库：含射频 NPN、射频 PNP、射频 FET 等 7 类
	Electromechanical	电机类器件库：含各种开关、继电器、电机等 8 类

（5）“Simulation”工具栏。提供运行仿真的快捷键，如图 8-2-20 所示。

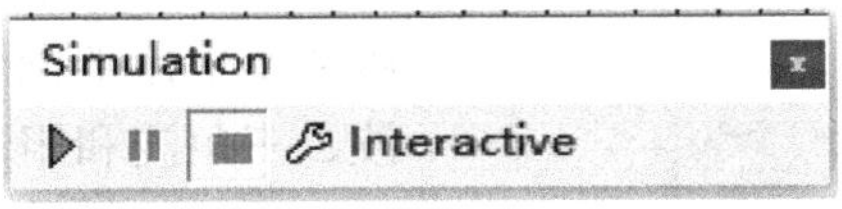

图 8-2-20　“Simulation”工具栏

（6）“Place probe”工具栏。提供 8 个选择探针的快捷键，如图 8-2-21 所示。

图 8-2-21　“Place probe”工具栏

（7）“虚拟”工具栏。提供 9 个显示/隐藏功能的快捷键，如图 8-2-22 所示。

图 8-2-22　“虚拟”工具栏

（8）“仪表”工具栏。提供包括数字万用表、函数发生器、瓦特计、示波器、四通道示波器、波特测试仪、频率计数器、字发生器、逻辑变换器、逻辑分析仪、IV 分析仪、失真度仪、频谱分析仪、网络分析仪、Agilent 信号发生器、Agilent 万用表、Agilent 示波器等多种仪表的选择的快捷键，如图 8-2-23 所示。

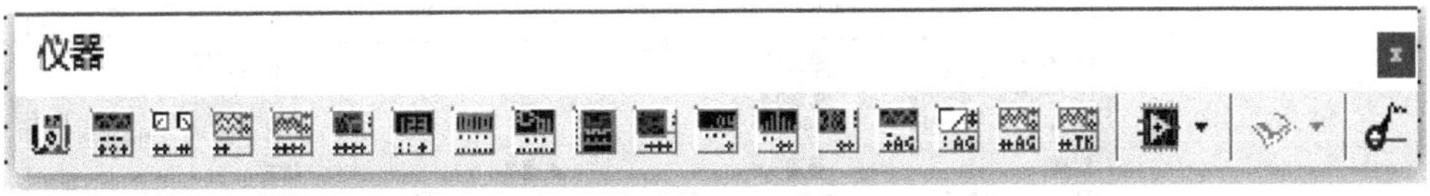

图 8-2-23　“仪表”工具栏

1）万用表（Multimeter）。万用表如图 8-2-24 所示，外观和操作与实际的万用表相似，可以测电流、电压、电阻和分贝值，测直流或交流信号，其有正极和负极两个引线端。

2）瓦特计（Wattmeter）。Multisim 14 提供的瓦特表如图 8-2-25 所示，用于测量交流或直流电路的功率，瓦特表有四个引线端口：电压正极和负极、电流正极和负极。

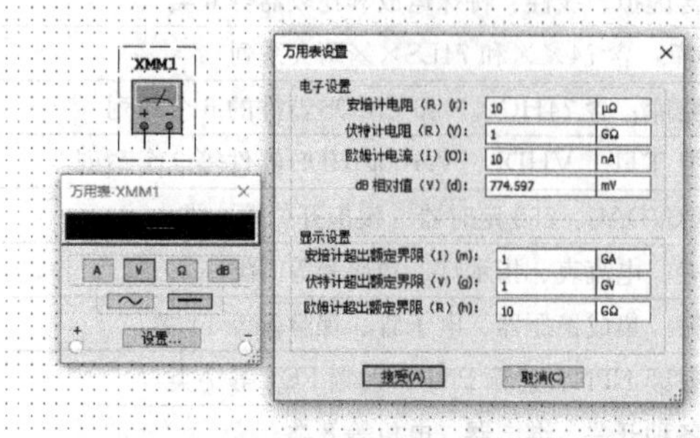

图 8-2-24　万用表（Multimeter）

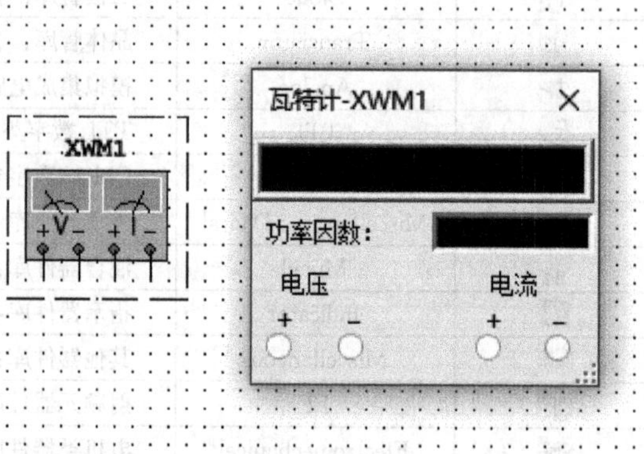

图 8-2-25　瓦特表（Wattmeter）

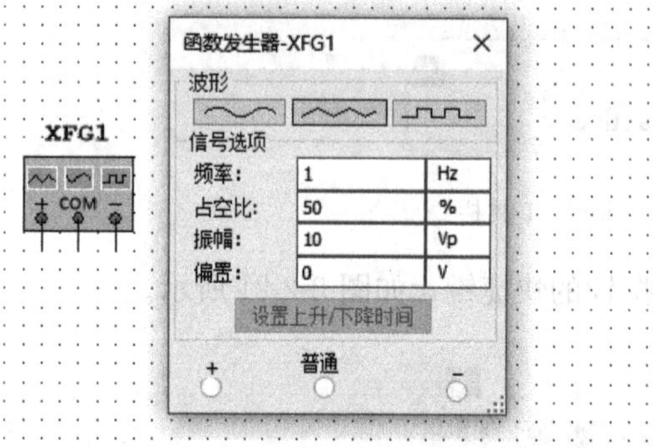

图 8-2-26　函数发生器（Function Generator）

3）函数发生器（Function Generator）。函数发生器如图 8-2-26 所示，可以产生正弦波、三角波和矩形波，信号频率可在 1Hz 到 999MHz 范围内调整。信号的幅值以及占空比等参数也可以根据需要进行调节。信号发生器有三个引线端口：负极、正极和公共端。

4）示波器（Oscilloscope）。系统提供的双通道示波器如图 8-2-27 所示，与实际的示波器外观和基本操作基本相同，该示波器可以观察一路或两路信号波形的形状，分析被测周期信号的幅值和频率，时间基准可在秒直至纳秒范围内调节。示波器图标有三组连接点：A 通道输入、B 通道输入和外触发端 T。

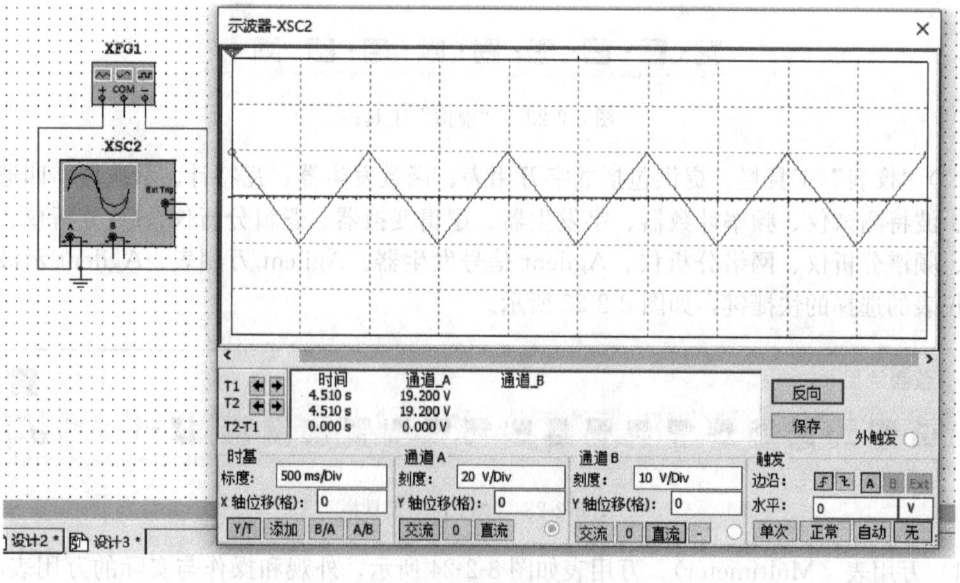

图 8-2-27　示波器（Oscilloscope）

示波器的控制面板分为四个部分：

① 时间基准。刻度用于设置显示波形时的 X 轴时间基准。X 轴位移用于设置 X 轴的起始位置。显示方式设置有四种：Y/T 方式指的是 X 轴显示时间，Y 轴显示电压值；Add 方式指的是 X 轴显示时间，Y 轴显示 A 通道和 B 通道电压之和；A/B 或 B/A 方式指的是 X 轴和 Y 轴都显示电压值。

② 通道 A。刻度用于通道 A 的 Y 轴电压刻度设置。Y 轴位置用于设置 Y 轴的起始点位置，起始点为 0 表明 Y 轴和 X 轴重合，起始点为正值表明 Y 轴原点位置向上移，否则向下移。触发耦合方式：AC（交流耦合）、0（0 耦合）或 DC（直流耦合），交流耦合只显示交流分量，直流耦合显示直流和交流之和，0 耦合，在 Y 轴设置的原点处显示一条直线。

③ 通道 B。通道 B 的 Y 轴量程、起始点、耦合方式等项内容的设置与通道 A 相同。

④ 触发。触发方式主要用来设置 X 轴的触发信号、触发电平及边沿等。边沿（Edge）：设置被测信号开始的边沿，设置先显示上升沿或下降沿。电平（Level）：设置触发信号的电平，使触发信号在某一电平时启动扫描。触发信号选择：单脉冲触发、正常脉冲触发、自动脉冲触发和无触发的方式。另外，系统还提供了四通道示波器，如图 8-2-28 所示，与双通道示波器的使用方法和参数调整方式完全一样，只是多了一个通道控制器旋钮，当旋钮拨到某个通道位置，才能对该通道的 Y 轴进行调整。

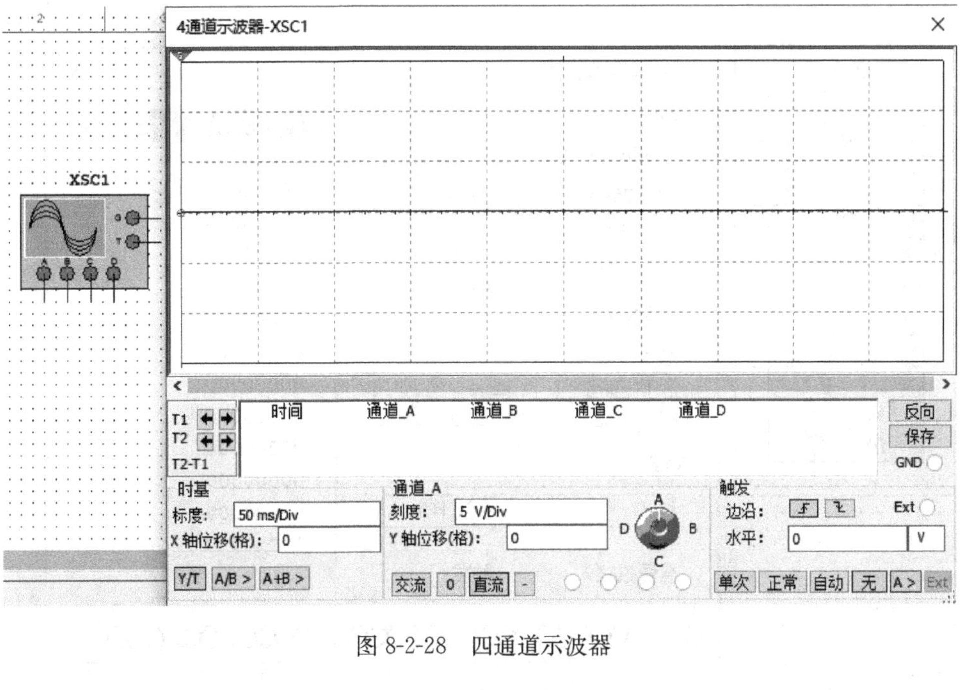

图 8-2-28　四通道示波器

5）波特测试仪（Bode Plotter）。波特测试仪如图 8-2-29 所示，用于测量、分析和显示电路的频率响应，特别易于观察截止频率。需要连接两路信号，一路是电路输入信号，另一路是电路输出信号，需要在电路的输入端接交流信号。

其中，“模式”选项组的幅值显示电路的幅频特性；相位显示电路的相频特性。“水平”选项组的对数：水平坐标为对数格式；线性：水平坐标为线性格式；F：水平坐标最大值；I：水平坐标最小值。“垂直”选项组的对数：垂直坐标为对数格式；线性：垂直坐标为线性格式；F：垂直坐标最大值；I：垂直坐标最小值。

6）字发生器（Word Generator）。字发生器如图 8-2-30 所示，是一个通用的数字激励源编辑器，能产生 16 路同步逻辑信号，在数字电路的测试中应用非常灵活。其左侧是控制面板，右侧是字信号发生器的字符窗口。控制面板包括“控件”选项组、“显示”选项组、“触发”选项组、“频率”选项组等几个部分。

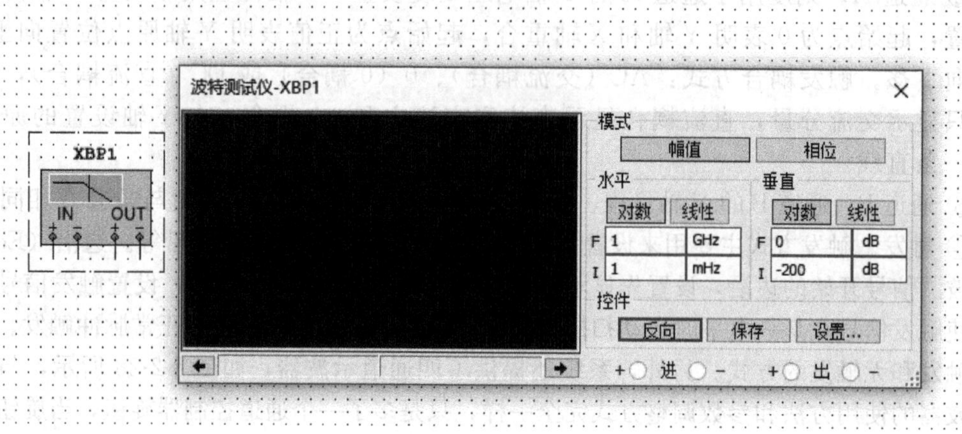

图 8-2-29 波特测试仪（Bode Plotter）

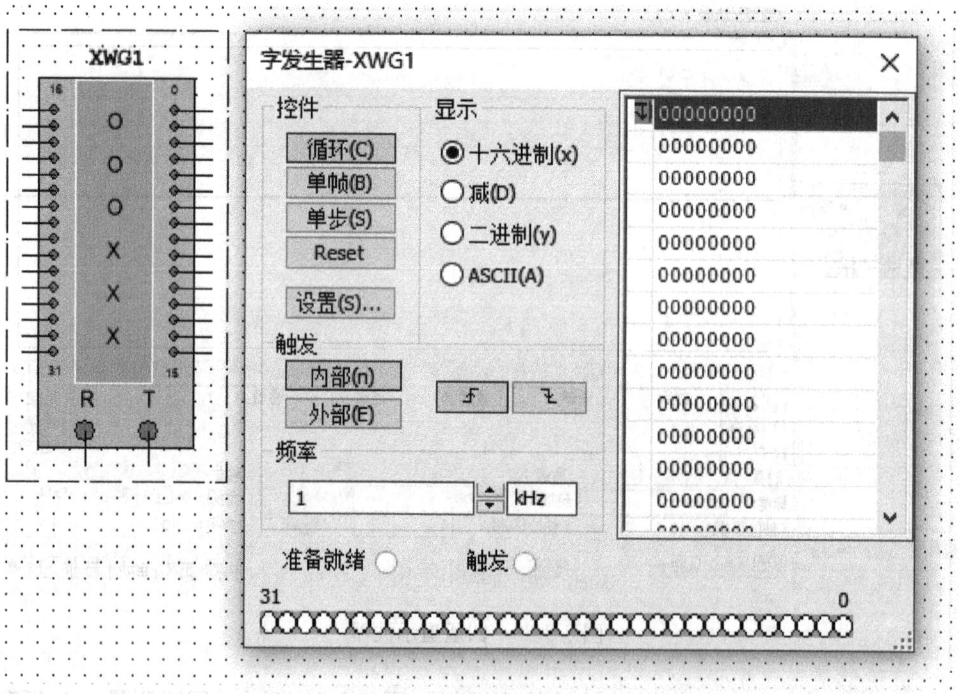

图 8-2-30 数字信号发生器（Word Generator）

7）IV 分析仪（IV Analyzer）。IV 分析仪如图 8-2-31 所示，是专门用来分析晶体管的伏安特性曲线，如二极管、NPN 管、PNP 管、NMOS 管、PMOS 管等器件，BJT NPN 伏安特性曲线。IV 分析仪相当于实验室的晶体管图示仪，需要将晶体管与连接电路完全断开，才能进行 IV 分析仪的连接和测试。IV 分析仪有三个连接点，实现与晶体管的连接。IV 分析仪面板左侧是伏安特性曲线显窗口；右侧是功能选择。

除此之外，用户还可以通过“视图”菜单中，“工具栏”子菜单中单击打开所需工具栏，如图 8-2-32 所示。

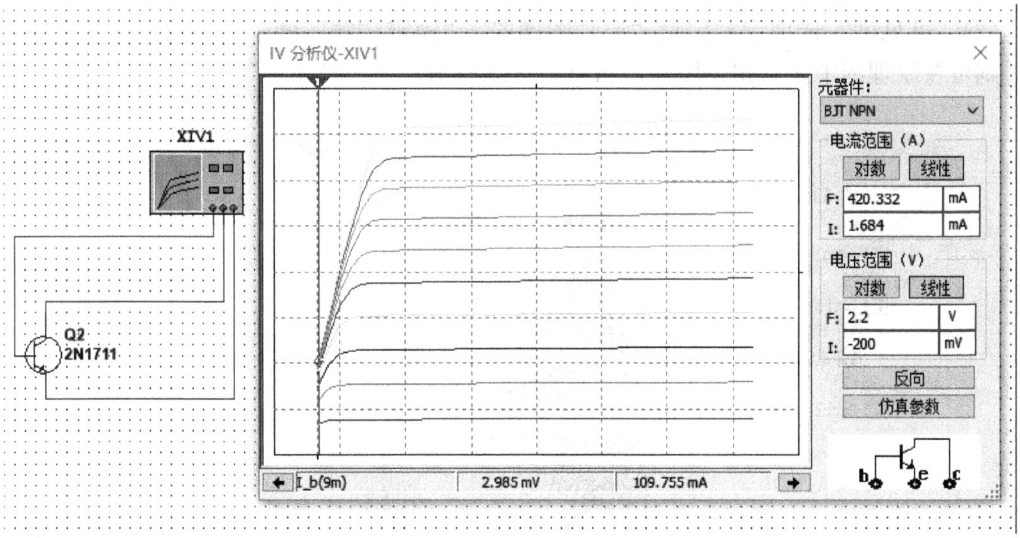

图 8-2-31　BJT NPN 伏安特性曲线

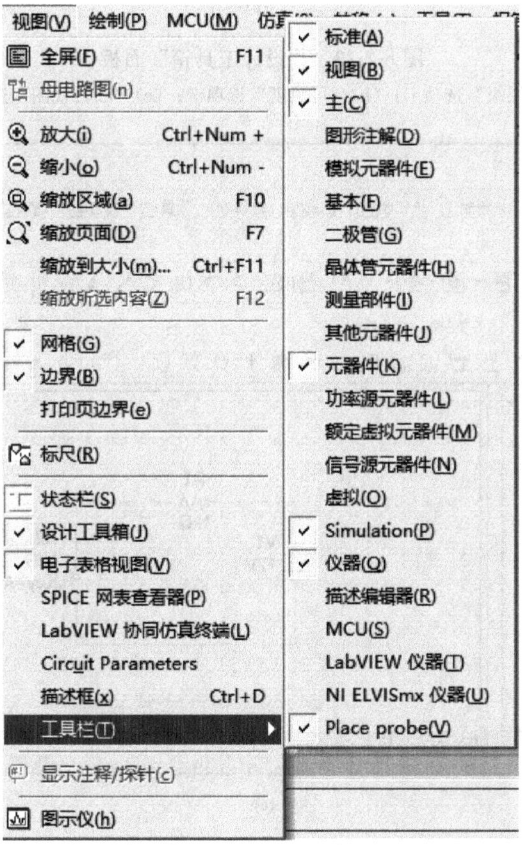

图 8-2-32　“工具栏”菜单操作

4. Multisim 14 项目管理器

在电路仿真时，最常使用的工作面板是项目管理器中的“设计工具箱”面板，用于层次电路的创建和显示，如图 8-2-33 所示。

（1）“层级”选项卡，分层显示不同电路，如图 8-2-34 所示。

（2）“可见度”选项卡，包括“原理图撷取”“固定注解”两个选项组，勾选对应复选框，则可在原理图中显示相关属性，如图 8-2-35 所示。

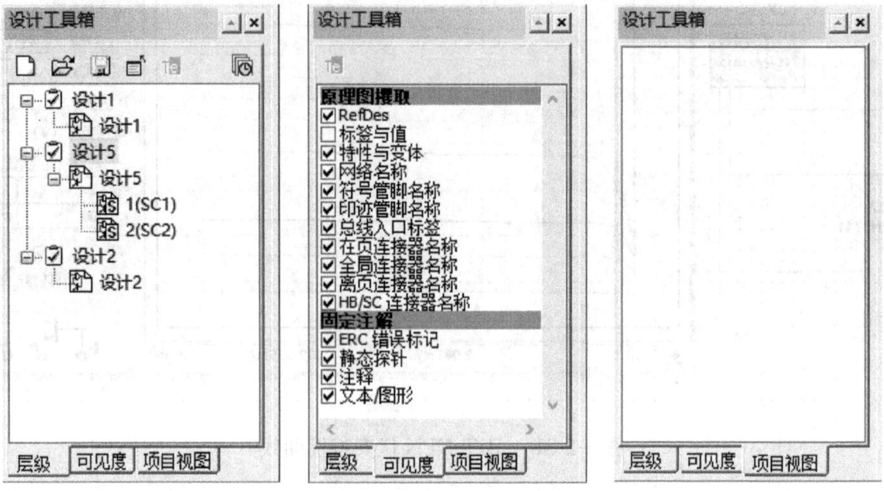

(a) (b) (c)

图 8-2-33 “设计工具箱”面板

（a）“层级”选项卡；（b）“可见度”选项卡；（c）“项目视图”选项卡

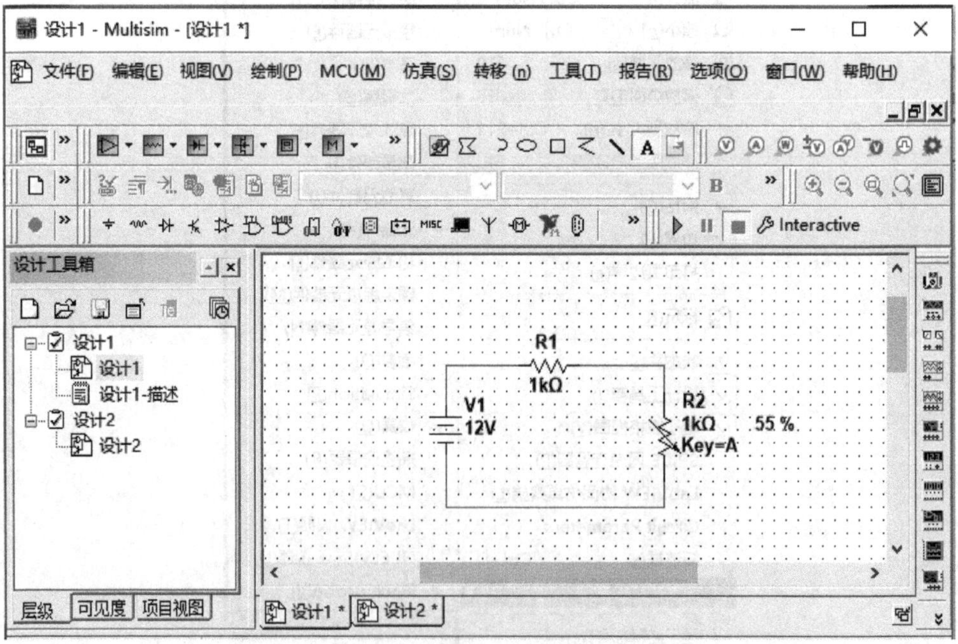

(a)

图 8-2-34 “设计 1”和“设计 2”分层显示（一）

（a）“设计 1”

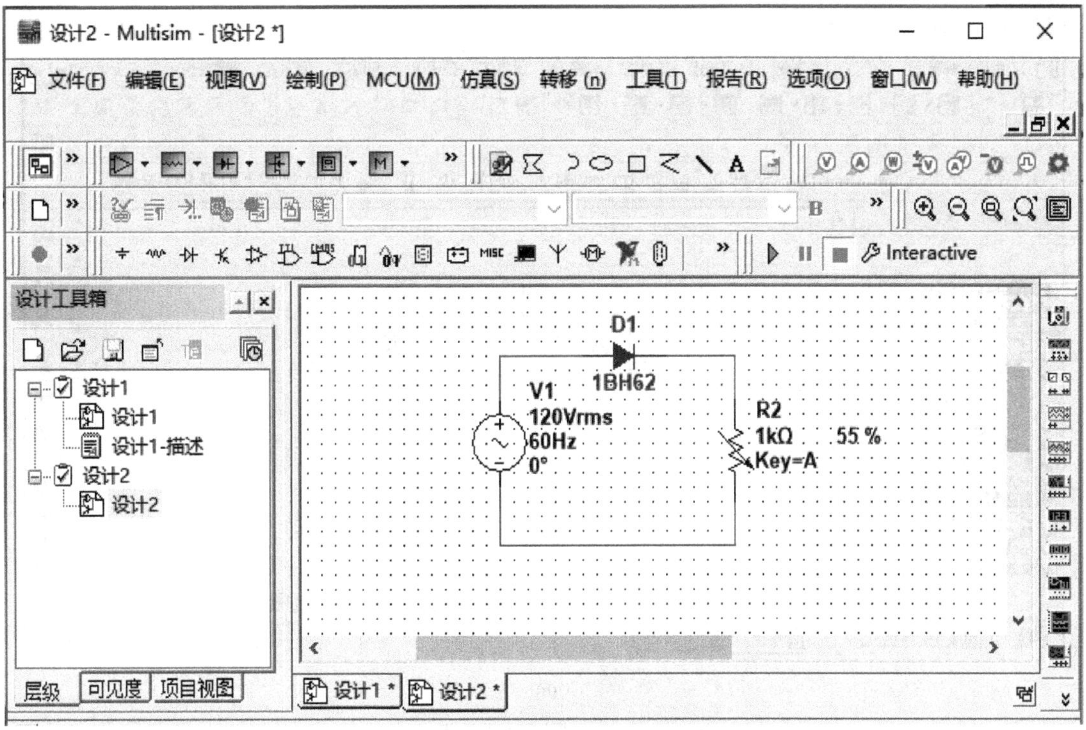

(b)

图 8-2-34　“设计 1”和“设计 2”分层显示（二）

(b)“设计 2”

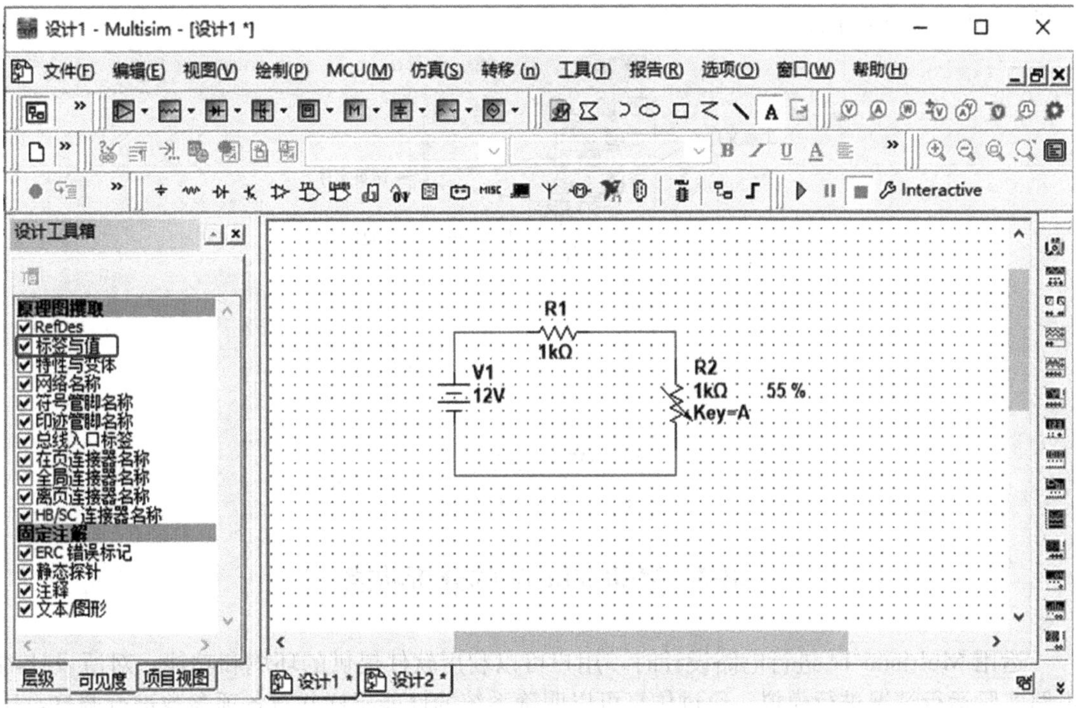

(a)

图 8-2-35　复选框勾选效果（一）

(a) 勾选“标签与值”复选框

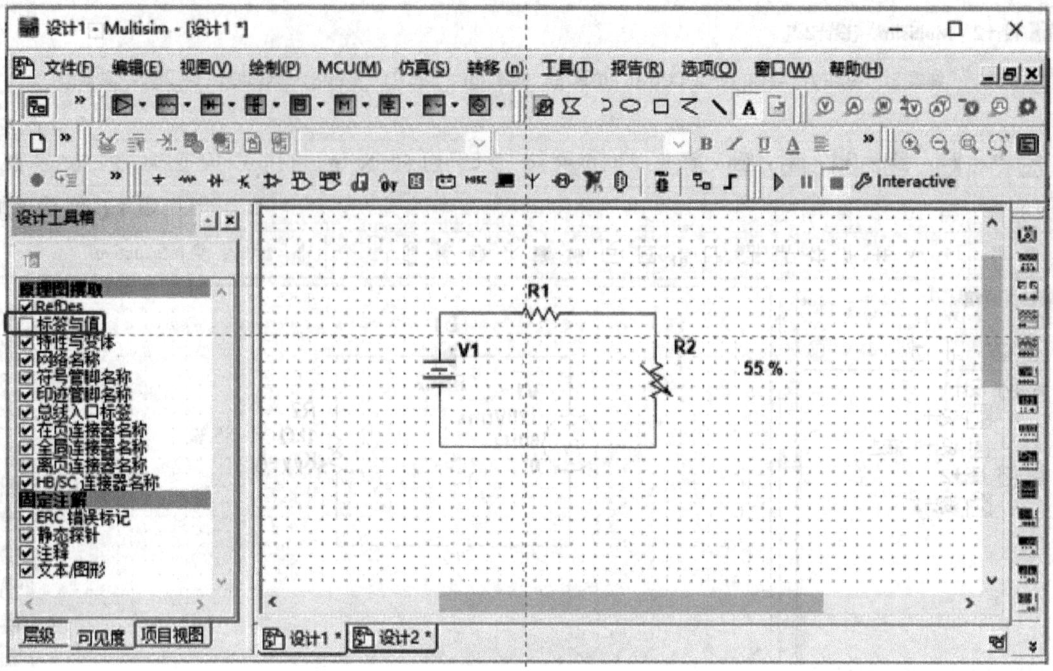

(b)

图 8-2-35　复选框勾选效果（二）

(b) 取消勾选“标签与值”复选框

5. Multisim 14 文件管理系统

系统的“设计工作箱”中，提供了三种文件类型，分别是工程文件、图页文件和支电路文件，如图 8-2-36 所示。

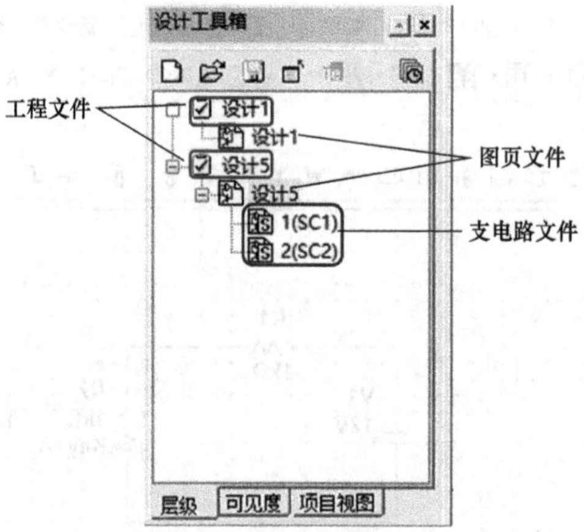

图 8-2-36　文件管理

8-3　Multisim 14 的分析功能

运用 Multisim 14 进行电路设计时，用户可以利用软件提供的环境和功能，对所设计的电路实际运行情况进行模拟，通过仿真可以明确系统的性能指标并对各项参数进行调整，让用户在设计电路时能准确地分析电路的工作状况，及时发现设计缺陷并进行整改。在仿真过程中，选择合适的仿真方式并对相应的参数进行合理的设置，是仿真能够正确运行并获得仿真效果的关键。Multisim 14 中提供了 19 种仿真方式，分别为直流工作点、交流分析、瞬态分析、直流扫描、单频交流分析、噪声分析、噪声因数分析、蒙特卡洛分析、傅里叶分析、参数扫描、温度扫描、失真分析、灵敏度、最坏情况、传递函数、零-极、光迹宽度分析、Batched 分析和用户自定义分析。下面，将重点介绍在利用 Multisim 进行电路仿真时，常用的一些分析功能。

通过仿真（Simulate）菜单中的 Analyses and Simulation 命令，或工具栏相关按钮打开仿真分析界面，如图 8-3-1 所示。

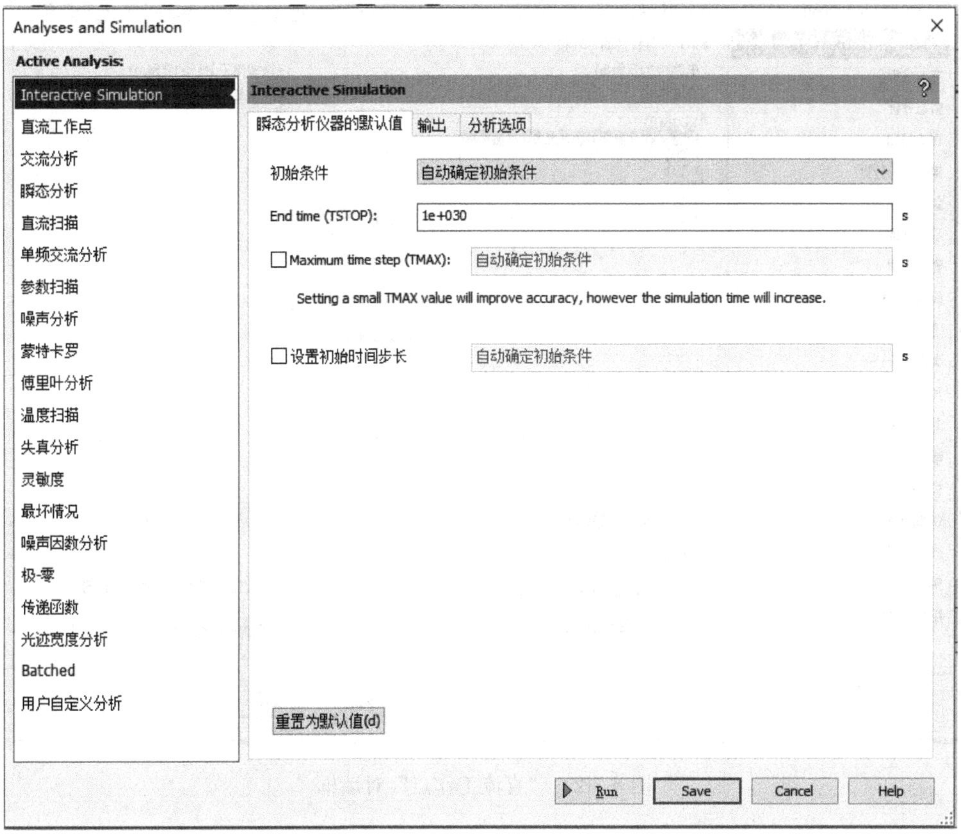

图 8-3-1　仿真分析界面

1. 直流工作点（DC Operating Point）

直流工作点分析的目的是确定电路的静态工作点，在进行仿真分析时，电路中的电容被视为开路，电感被视为短路，交流电源和信号源被视为零输出，电路处于稳态。直流工作点的分析结果可用于动态分析、交流分析和参数扫描分析等场合。

如图 8-3-2 所示，在进行直流工作点分析时，电路中的交流源将被置零，电容开路，电感短路。用鼠标单击“仿真”→“ Analysis”→“ 直流工作点”，打开“直流工作点”对话框，进入直流工作点分析状态。对话框有“输出”“分析选项”和“求和”3 个选项卡。

（1）“输出”选项卡。此选项卡用来选择需要分析的结点和变量。

1）“电路中的变量”区。用于选择电路中可用于分析的结点和变量。单击窗口中的下拉按钮，弹出变量类型选择表。在变量类型选择表中，单击“电路的电压和电流”选择电压和电流变量；单击“电路电压”选择电压变量；单击“电路电流”选择电流变量；单击“数字信号”选择数字变量；单击“器件/模型参数”选择元件/模型参数变量；单击“Circuit parameters”选择电路参数；单击“Probes”选择探针类型；单击“所有变量”选择电路中的全部变量。

单击该选项卡最下方的“过滤未选定的变量”按钮，可以增加一些变量。单击此按钮，弹出过滤结点对话框，如图 8-3-3 所示，该对话框有 3 个选项，可选择显示内部结点，选择显示子模型的结点，选择显示开放管脚。

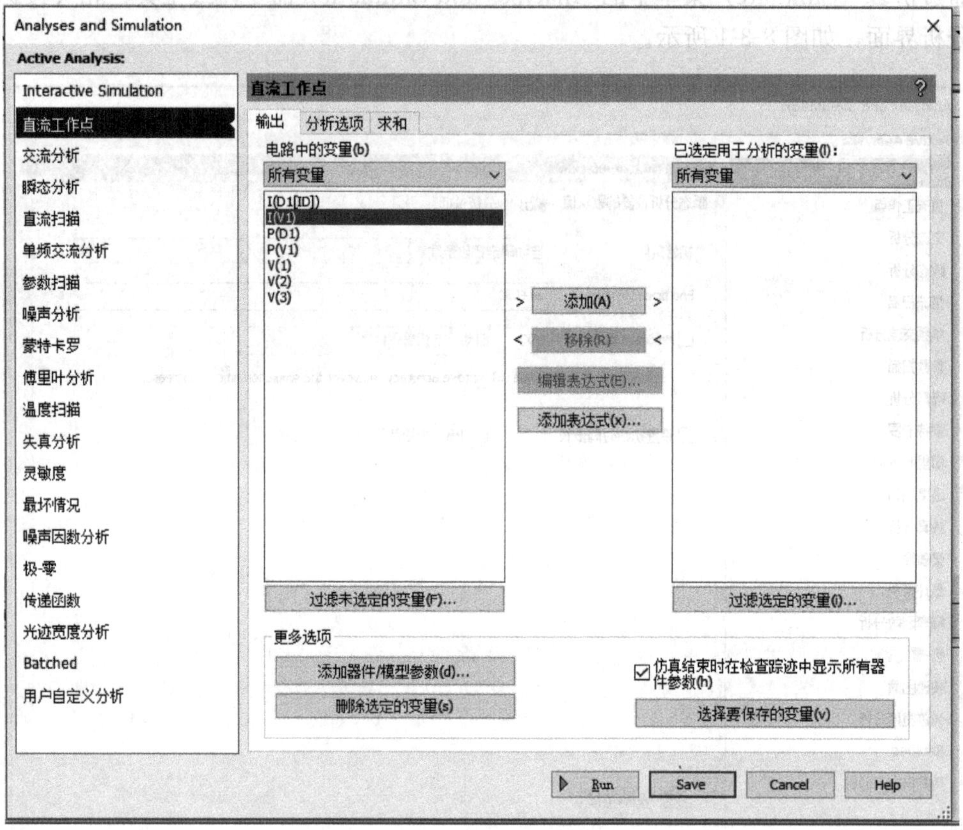

图 8-3-2 “直流工作点”对话框

2）“更多选项”区。如图 8-3-4 所示，单击“添加器件/模型参数”，在“电路中的变量”栏中增加某个元件/模型的参数，通过弹出的“添加器件/模型参数”对话框，在“参数类型”栏中指定所要新增参数的形式；然后分别在“器件类型”栏中指定元件模块的种类、在“名称”栏中指定元件名称（序号）、在“参数”栏中指定所要使用的参数。

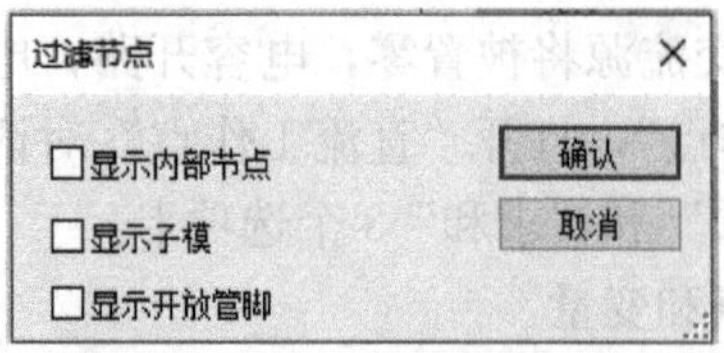

图 8-3-3 过滤未选定的变量

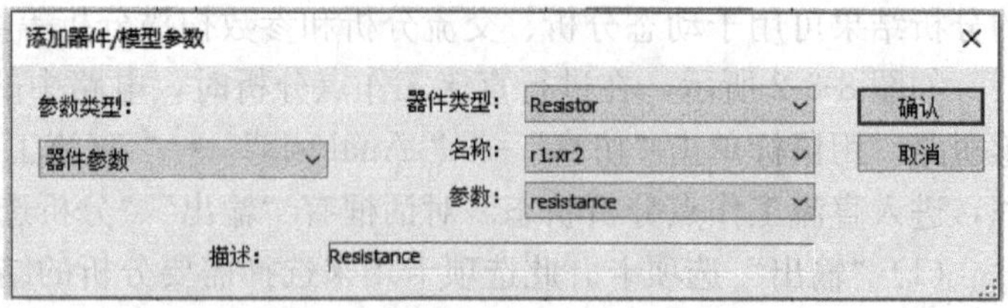

图 8-3-4 “添加器件/模型参数”对话框

另外，单击“删除选定变量”按钮可以删除已通过“添加器件/模型参数”按钮选择到“电路中的变量”栏中的变量。首先选中需要删除变量，然后单击该按钮即可删除该变量。

3）“已选定用于分析的变量”区。此栏中列出的是确定需要分析的结点，默认状态下为空，用户需要从“电路中的变量”栏中选取。方法是：首先选中左边的“电路中的变量”栏中需要分析的一个或多个变量，再单击“添加”按钮，则这些变量出现在“已选定用于分析的变量”栏中。如果不想分析其中已选中的某一个变量，可先选中该变量，单击“移除”按钮即将其移回“电路中的变量”栏。单击“过滤选定的变量”按钮，则可筛选“过滤为选定的变量”栏中已经选中且放在“已选定用于分析的变量”栏中变量。

(2)“分析选项”选项卡。如图 8-3-5 所示，包括有 SPICE 选项区和其他选项区。“分析选项”选项卡是用来设定分析参数，建议使用默认值。如果选择“使用自定义设置”，可由用户设定分析选项，如图 8-3-6 所示，单击左下角的“恢复为推荐的设置”按钮，即可恢复默认值。

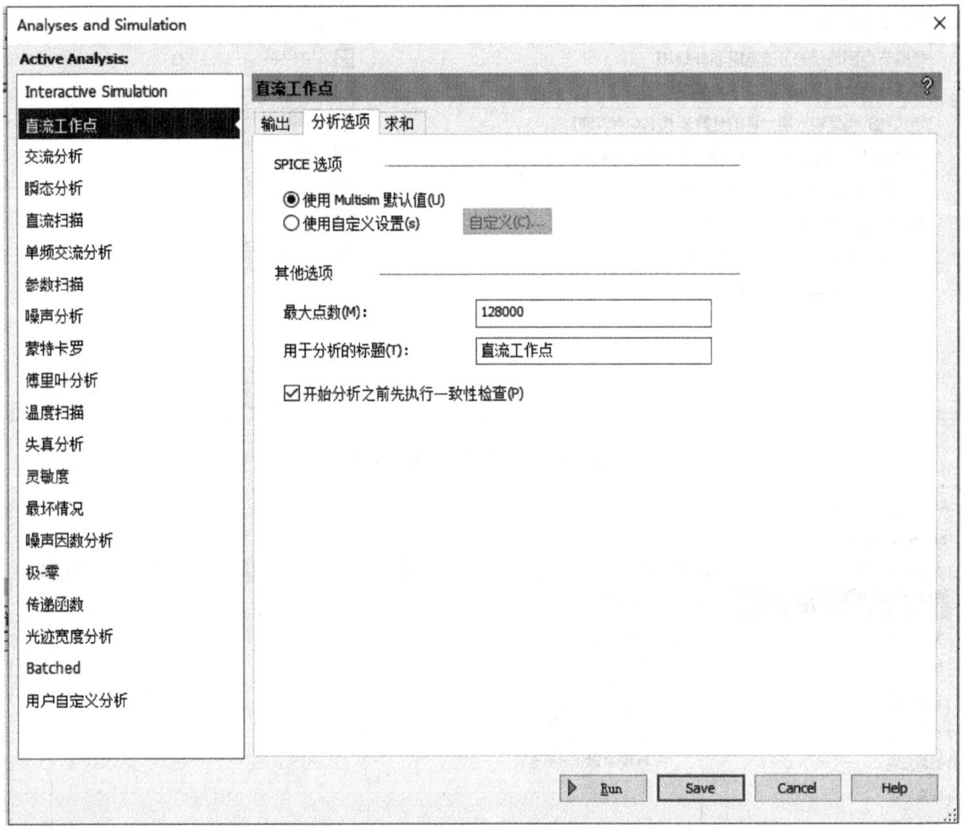

图 8-3-5　“分析选项”选项卡

(3)“求和”选项卡。如图 8-3-7 所示，给出所有设定的参数和选项，用户可以检查确认所要进行的分析设置是否正确。

2. 交流分析（AC Analysis）

交流分析用于分析电路的频率特性。需先选定被分析的电路结点，在分析时，电路中的直流源将自动置零，交流信号源、电容、电感等均处在交流模式，输入信号也设定为正弦波形式。若把函数信号发生器的其他信号作为输入激励信号，在进行交流频率分析时，会自动把它作为正弦信号输入，因此输出响应也是该电路交流频率的函数。

用鼠标单击“仿真”→“ Analyses Simulation”→“ 交流分析”，进入交流分析状态，如图 8-3-8 所示，包括“交流分析”对话框包含“频率参数”“输出”“分析选项”和“求和”4 个选项卡，其中“输出”“分析选项”和“求和”3 个选项卡与直流工作点分析的设置一样，下面仅介绍“频率参数”选项卡。

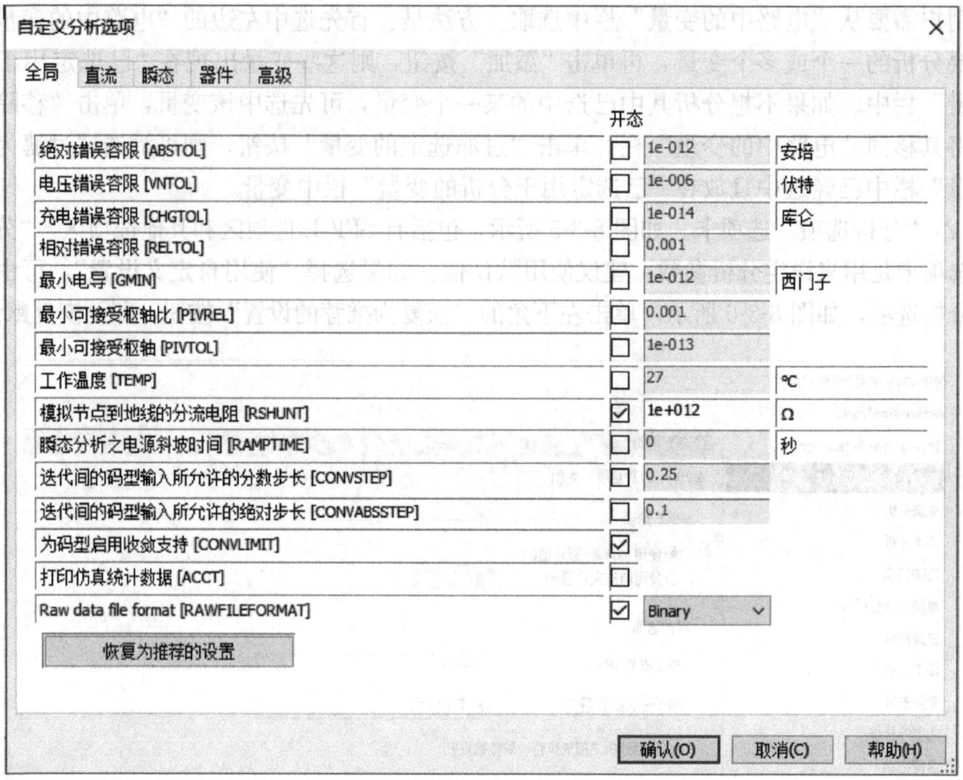

图 8-3-6　自定义分析选项

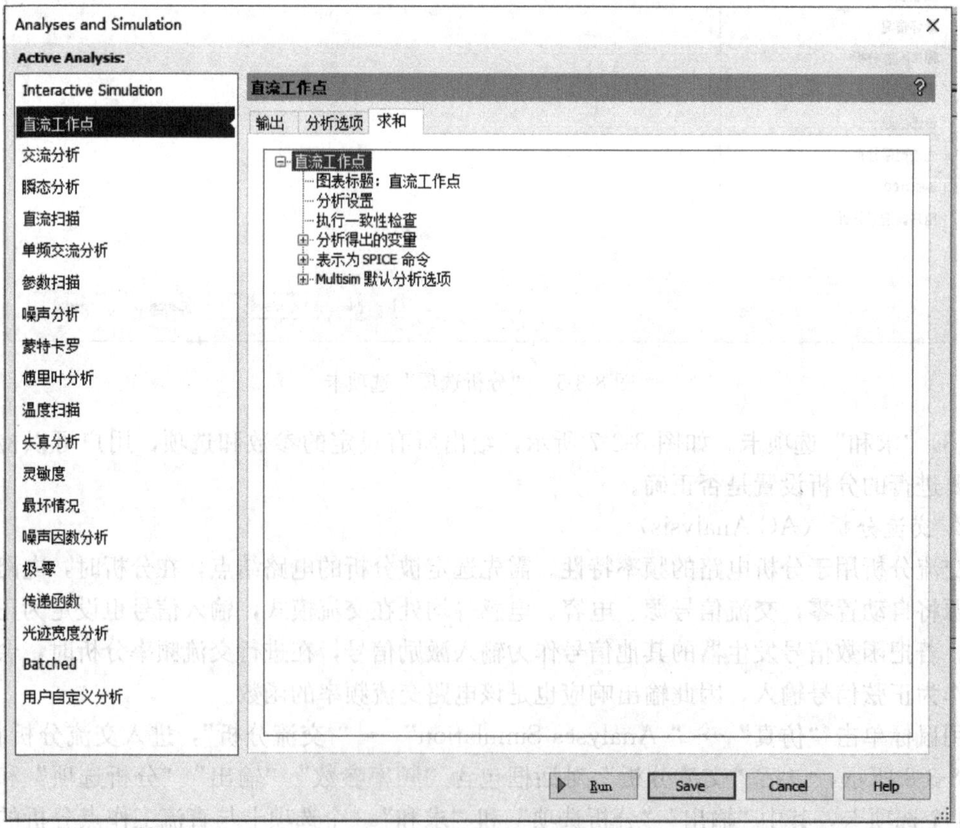

图 8-3-7　“求和”选项卡

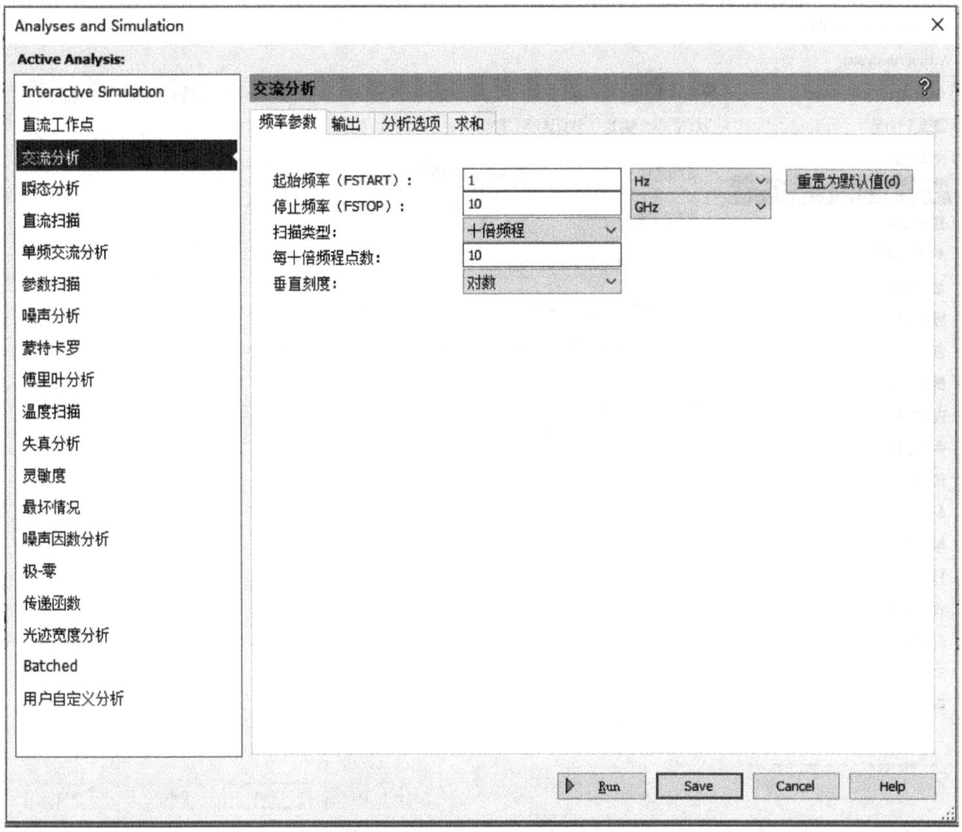

图 8-3-8　“交流分析”对话框

在“频率参数”选项卡中，可以设定分析的起始频率、停止频率、扫描类型、每十倍频程点数和垂直刻度等参数。单击“重置为默认值”按钮，即可恢复默认值；单击“Run”按钮，即可在显示图上获得被分析节点的频率特性波形。交流分析的结果，可以分别显示幅频特性和相频特性两个图。如果用波特测试仪连至电路的输入端和被测结点，同样也可以获得交流频率特性。在对模拟小信号电路进行交流频率分析的时候，数字器件将被视为高阻接地。

3. 瞬态分析（Transient Analysis）

如图 8-3-9 所示，瞬态分析是指对所选定的电路结点的时域响应。即观察该节点在整个显示周期中每一时刻的电压波形。在进行瞬态分析时，直流电源保持常数，交流信号源随着时间而改变，电容和电感都是能量储存模式元件。

打开对话框，进入瞬态分析状态。对话框中包括“交流分析”对话框，其中包含“分析参数”“输出”“分析选项”和“求和”4 个选项卡，其中“输出”“分析选项”和“求和”3 个选项与直流工作点分析的设置一样，下面仅介绍“分析参数”选项卡。

在“分析参数”选项卡，可以设定电路的初始条件，分析的起止时间等参数进行定义。电路的初始条件可选择为“自动确定初始条件”“设为 0”“用户自定义”“计算直流工作点”等不同方式。单击 Run 按钮，即可在显示图上获得被分析结点的瞬态特性波形。

4. 参数扫描分析（Parameter Sweep）

采用参数扫描方法分析电路，可以较快地获得某个元件的参数，在一定范围内变化时对电路的影响。相当于该元件每次取不同的值，进行多次仿真。对于数字器件，在进行参数扫描分析时将被视为高阻接地。如图 8-3-10 所示。

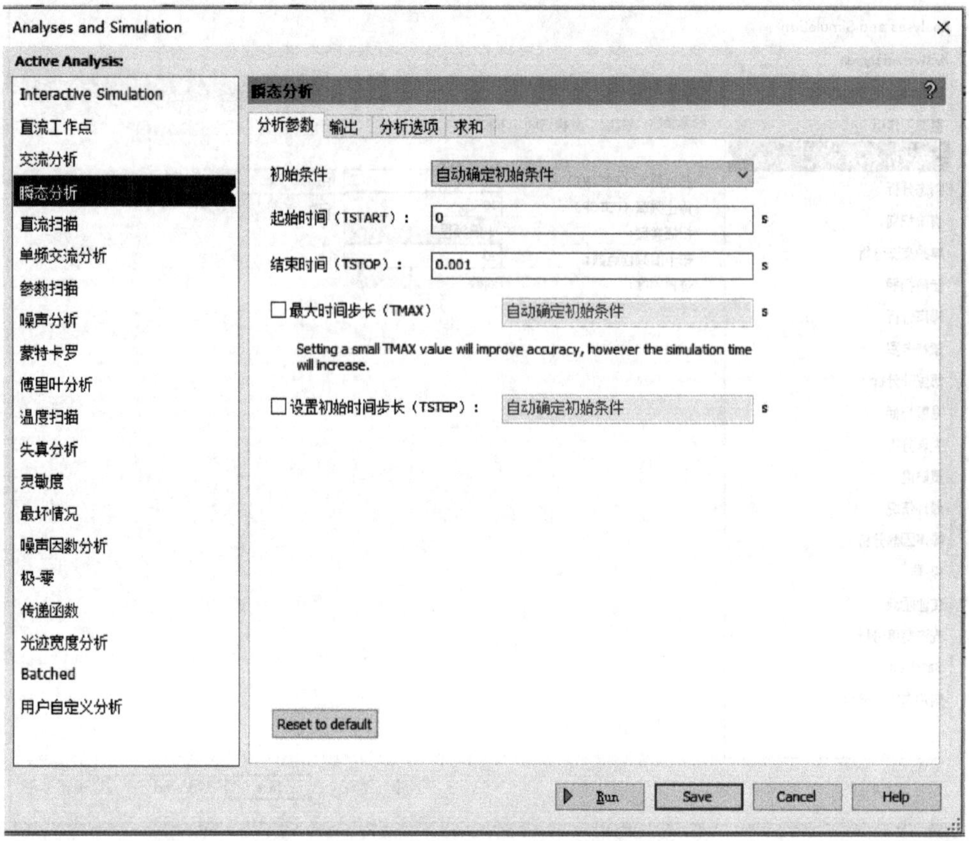

图 8-3-9 “瞬态分析”对话框

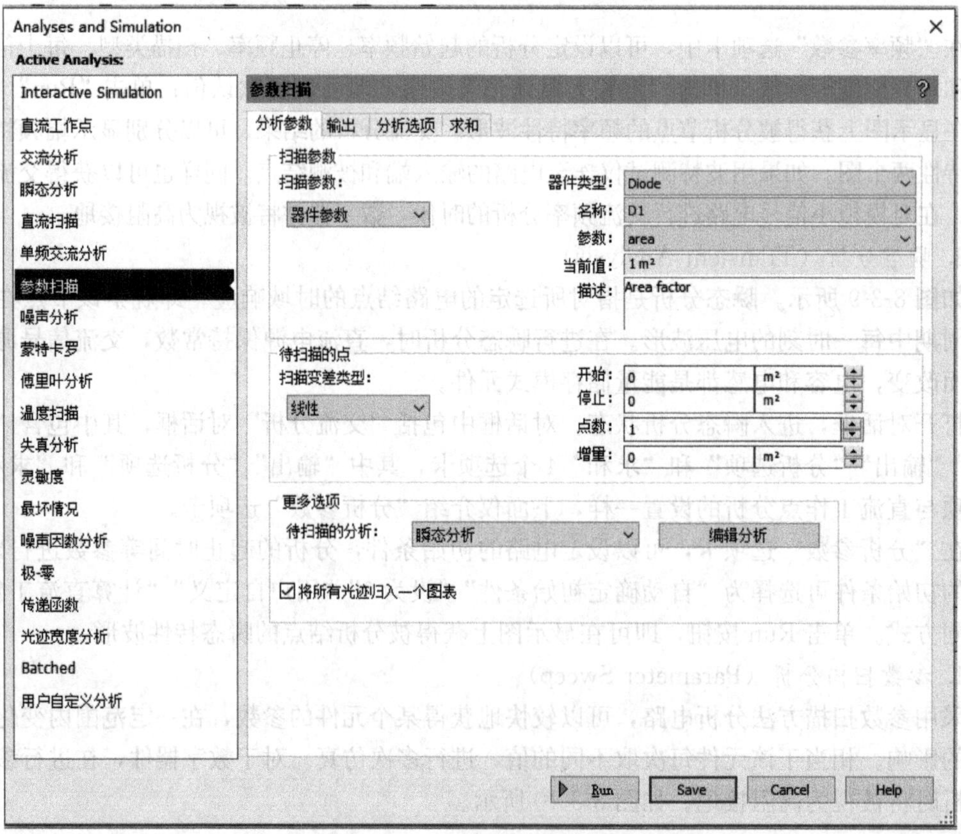

图 8-3-10 “参数扫描”对话框

打开“参数扫描”对话框，进入参数扫描分析状态。对话框包含“分析参数”“输出”“分析选项”和“求和”4 个选项卡，其中“输出”“分析选项”和“求和”3 个选项与直流工作点分析的设置一样，下面仅介绍“分析参数”选项卡。

在“分析参数”选项卡中包括“扫描参数”区“待扫描的点”区和“更多选项”区。

(1)“扫描参数”区，可以选择扫描的元件及参数。在“扫描参数”窗口可选择的扫描参数类型为：“器件参数”“模型参数”或“电路参数”。选择不同的扫描参数类型之后，还将有不同的项目供进一步选择，其中：

1）器件参数类型。选择元件参数类型（如，二极管类、电阻类、电压源类等）后，该区的右边 5 个栏出现与器件参数有关的一些信息，还需进一步选择。在“名称”窗口可以选择要扫描的元件序号，在“参数”窗口可以选择要扫描元件的参数。当然，不同元件有不同的参数，其含义在“描述”栏内说明。而“当前值”栏则为目前该参数的设置值。

2）模型参数类型。选择器件模型参数类型后，该区右边同样出现需要进一步选择的 5 个栏。这 5 个栏中提供的选项，不仅与电路有关，而且与选择“器件参数”对应的选项有关，需要注意区别。

(2)“待扫描的点”区，用于选择扫描方式。在“扫描变量类型”窗口中可选择扫描变量类型为，“十倍频程扫描”“八倍频程扫描”“线性扫描”及“取列表值扫描”。如果选择“十倍频程”“八倍频程”“线性”扫描方式，则该区的右边将出现选项的参数栏 4 个窗口。其中：在“开始”窗口，可以输入开始扫描的值；在“停止”窗口，可以输入结束扫描的值；在“点数”窗口，可以输入扫描的点数。在“增量”窗口，可以输入扫描的增量。在这 4 个数值之间有：(增量) = [(停止) − (开始)] / [(点数) −1]，故“点数”与“增量”只须指定其中之一，另一个由程序自动设定。如果选择“取列表值”扫描方式，则其右边将出现“值列表”栏，则可在此栏中输入所取的值。如果要输入多个不同的值，则在数字之间以空格、逗点或分号隔开。

(3)“更多选项”区，可以选择分析类型。在“待扫描的分析”窗口选择的分析类型有“直流工作点”“交流分析”“单频交流分析”“瞬态分析”和“嵌套扫描”。在选定分析类型后，可单击“编辑分析”按钮对该项分析进行进一步编辑设置，设置方法与交流分析相同。勾选“将所有光迹归入一个图标”选项，可以将所有分析的曲线放置在同一个分析图中显示。

(4) Run。单击 Run 按钮，可以得到参数扫描仿真结果。

5. 失真分析（Distortion Analysis）

如图 8-3-11 所示，失真分析用于分析电子电路中的谐波失真和内部调制失真（互调失真），通常非线性失真会导致谐波失真，而相位偏移会导致互调失真。若电路中有一个交流信号源，该分析能确定电路中每一个节点的二次谐波和三次谐波的复值，若电路有两个交流信号源，该分析能确定电路变量在三个不同频率处的复值：两个频率之和的值、两个频率之差的值以及二倍频与另一个频率的差值。该分析方法是对电路进行小信号的失真分析，采用多维的 Volterra 分析法和多维“泰勒”(Taylor) 级数来描述工作点处的非线性，级数要用到三次方项。这种分析方法尤其适合观察在瞬态分析中无法看到的、比较小的失真。

打开“失真分析”选项卡，进入失真分析状态。对话框中的“交流分析”对话框包含“分析参数”“输出”“分析选项”和“求和”4 个选项卡，其中“输出”“分析选项”和“求和”3 个选项与直流工作点分析的设置一样，下面仅介绍“分析参数”选项卡。

在“起始频率”窗口中，设置分析的起始频率，默认设置为 1Hz。在“停止频率”窗口中，设置扫描终点频率，默认设置为 10GHz。在“扫描类型”窗口中，设置分析的扫描方式，包括“十倍频程”和“八倍频程”及“线性扫描”，默认设置为十倍频程，以对数方式展现。在“每十倍频程点数”窗口中，设置每十倍频率的分析采样数，默认为 10。在“垂直刻度”窗口中，选择纵坐标刻度形式。坐标刻度形式有“分贝”“八倍”“线性”及“对数”等形式，默认设置为对数形式。选择 F2/F1 ratio 时，分析两个不同频率（F1 和 F2）的交流信号源，分析结果为（F1+F2），（F1−F2）及（2F1−F2）相对于频率 F1 的互调失真。在右边的窗口内输入 F2/F1 的比值，该值必须在 0 到 1 之间。不选择 F2/F1 ratio 时，分析结果为 F1 作用时产生的二次谐波、三次谐波失真。

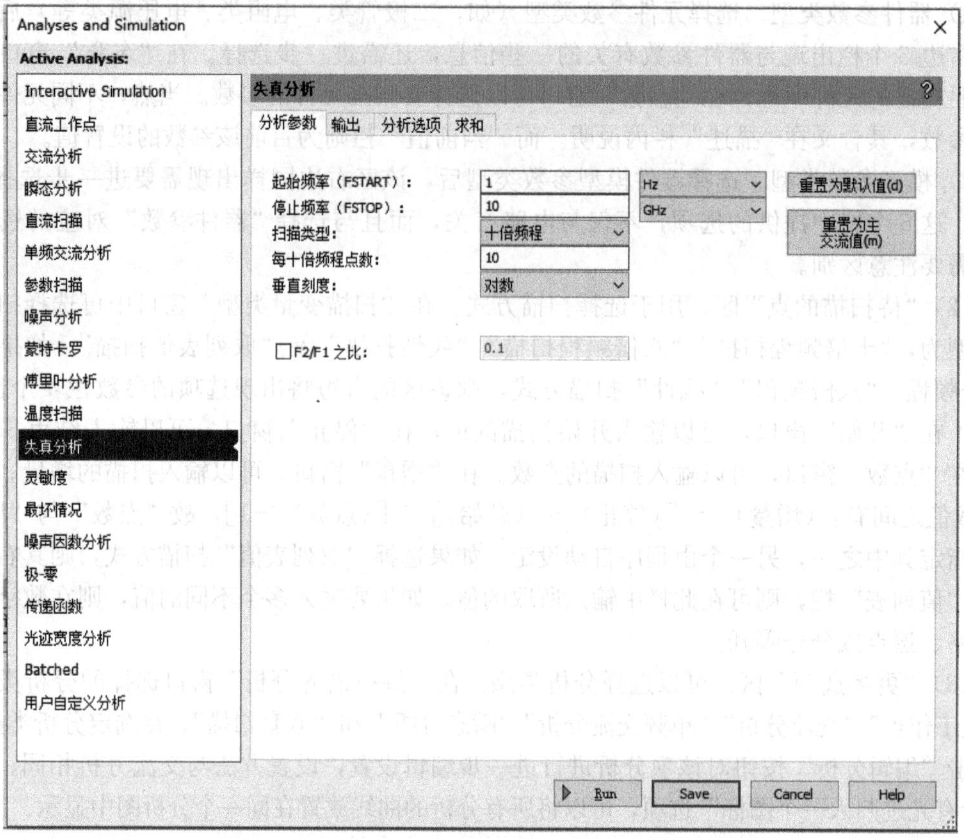

图 8-3-11 “失真分析”对话框

单击 Run 按钮，即可在显示图上获得被分析节点的失真曲线图。该分析方法主要被用于小信号模拟电路的失真分析，元器件噪声模型采用 SPICE 模型。

6. 灵敏度分析（Sensitivity）

灵敏度分析是用于分析电路特性对电路中元器件参数的敏感程度。灵敏度分析包括直流灵敏度分析和交流灵敏度分析功能。直流灵敏度分析的仿真结果以数值的形式显示，交流灵敏度分析仿真的结果以曲线的形式显示。

打开“灵敏度”对话框，如图 8-3-12 所示，进入灵敏度扫描分析状态。对话框包含“分析参数”“输出”“分析选项”和“求和”4 个选项卡，其中“输出”“分析选项”和“求和”3 个选项与直流工作点分析的设置一样，下面仅介绍“分析参数”选项卡。

在“失真分析”选项卡中包括“输出节点/电流”区、“输出缩放”区和“分析类型”区。

（1）“输出节点/电流”区。选择“电压”可以进行电压灵敏度分析，选择该项后即可在其下部的“输出节点”窗口内选定要分析的输出结点；在“输出基准”窗口内选择输出端的参考节点。选择“电流”可以选择进行电流灵敏度分析，电流灵敏度分析只能对信号源的电流进行分析，在选择该项后即可在其下部的“输出源”窗口内选择要分析的信号源。在“表达式”窗口可以编辑灵敏度输出格式。

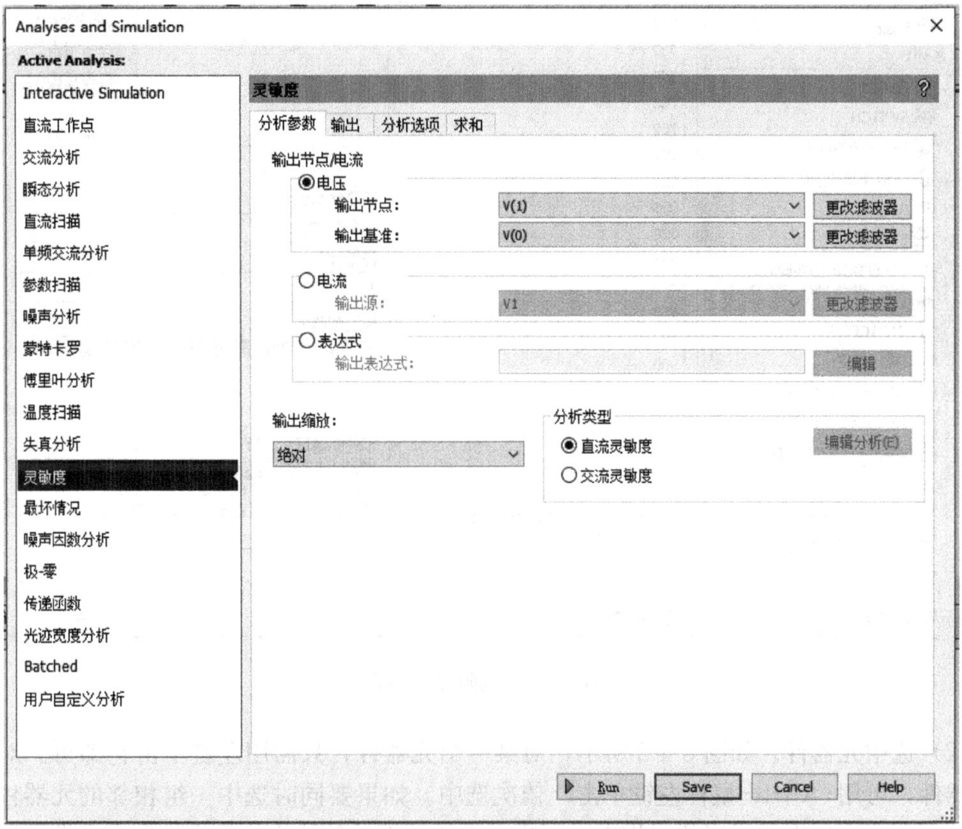

图 8-3-12　“灵敏度”选项卡

(2)“输出缩放”区。可设定灵敏度输出格式为“绝对”或“相对”。

(3)“分析类型”区。选择“直流灵敏度”进行直流灵敏度分析，分析结果将产生一个表格。选择“交流灵敏度”进行交流灵敏度分析，分析结果将产生一个分析图。选择交流灵敏度分析后，单击“编辑分析”按钮，进入灵敏度交流分析对话框，参数设置与交流分析相同。

(4) Run，单击“Run”按钮，可以得到灵敏度分析仿真结果。

7. 用户自定义分析（User Defined）

用户自定义分析可以使用户扩充仿真分析功能。进入“用户自定义分析”对话框，进入用户自定义分析状态，用户可在“命令”选项卡输入框中输入可执行的 Spice 命令，单击 Run 按钮即可执行此项分析。“分析”选项卡和“求和”选项卡与直流工作点分析的设置一样。

8-4　Multisim 14 仿真实例

1. 基本操作

(1) 元器件选用。选用元器件时，首先在元器件库栏中用鼠标单击包含该元器件的图标，打开该元器件库。然后从选中的元器件库对话框中，如图 8-4-1 所示，为电阻库对话框，用鼠标单击将该元器件，然后再单击“确认”，用鼠标拖曳该元器件到电路工作区的适当地方即可。

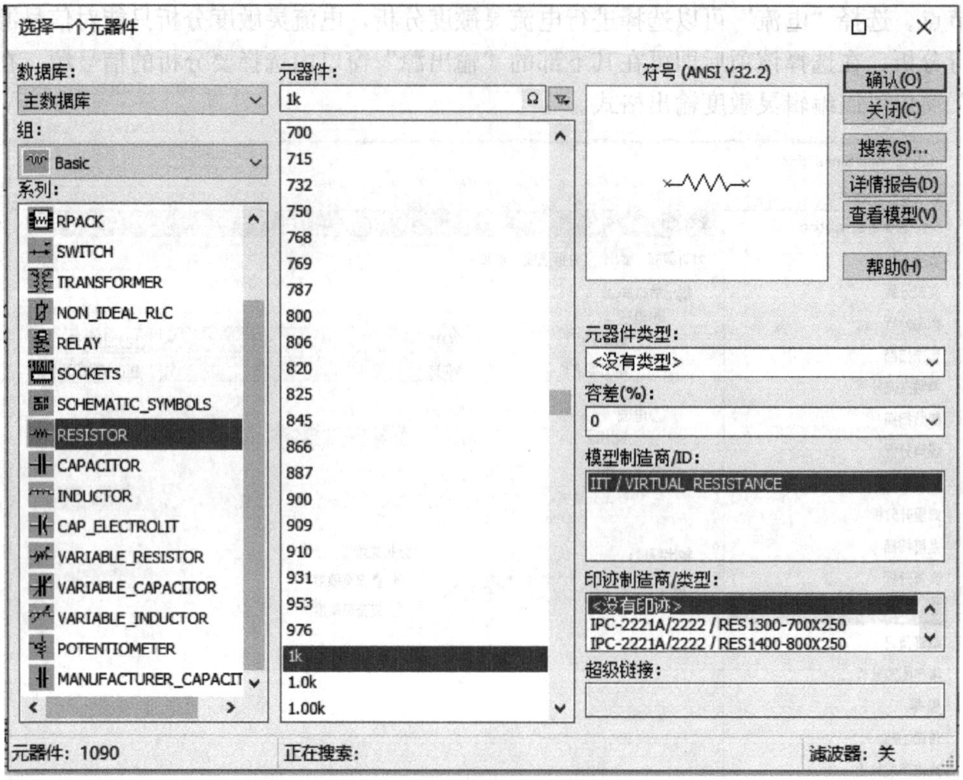

图 8-4-1　电阻库对话框

（2）选中元器件。如图 8-4-2 所示，对某一个元器件，只需用左键单击它即可。对于多个元器件，可用“Ctrl＋鼠标左键单击”依次选中。如果要同时选中一组相邻的元器件，可用鼠标在电路窗口中的适当位置拖曳，画出一个矩形框，侧该矩形框中的所有元器件同时被选中。要取消某一个元器件的选中状态，可在该元器件上再次单击一次，或用“Ctrl＋单击”(用于取消被选中的一组元器件的某几个)，若在电路窗口的空白处单击则取消所有元器件的选中状态。

（3）旋转和翻转。常用的元器件编辑功能有：顺时针旋转 90°、逆时针旋转 90°、水平翻转、垂直翻转、元件属性等。这些操作可以在菜单栏“编辑”子菜单下选择命令，也可以应用快捷键进行快捷操作。

（4）复制和删除。可使用“编辑”菜单→“复制/粘贴”，或快捷菜单中的 Ctrl＋C/Ctrl＋V 相关命令实现元器件的复制和粘贴操作。也可“编辑”菜单→“删除”，执行删除操作。用鼠标右键单击所选元器件可打开快捷菜单。

（5）元器件方位的调整。若移动一个元器件，只需用鼠标拖曳该元件就可以；若移动一组，须用前述方法先选中这些元器件，然后用鼠标左键拖曳其中的一个，则所有被选中的元器件将一起移动。元器件被移动后，与其相连接的导线会自动重新排列。另外还可以使用键盘上的箭头键使被选中的元器件作微小的位移。

（6）元器件标签、编号、数值、模型参数的设置。如图 8-4-3 所示，在选中元器件后，双击该元器件，或者选择菜单命令“编辑”菜单→“属性”（元器件特性）会弹出相关的对话框，可供输入数据。属性对话框具有多种选项可供设置，包括标签、显示、值、故障、管脚、变量等内容。

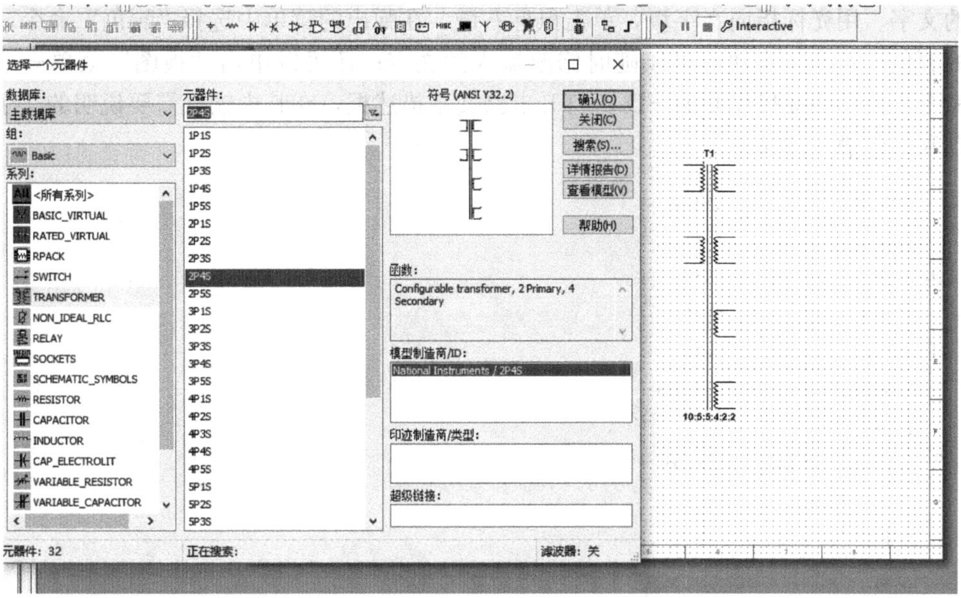

图 8-4-2　元器件选择

(7) 导线的操作。

1) 连接与删除。光标指向某元器件的引脚，出现一个小黑点时，单击鼠标左键，即可有该引脚上拖曳一根导线，将此线拖曳到另一元器件的引脚，出现小黑点时，再单击鼠标左键，即可实现两个元器件引脚之间的互连，导线的走向及排列方式有系统自动完成。注意，每个小黑点（连接点）有 4 个方向可以引出线，导线选择的方向不同会引起导线的走向及排列的方式的差异。对于二端子元器件，还可直接拖放到某根导线上实现插入连接。拆除连线可在该导线上单击鼠标右键，在弹出的菜单上选择 Delete 命令来完成。

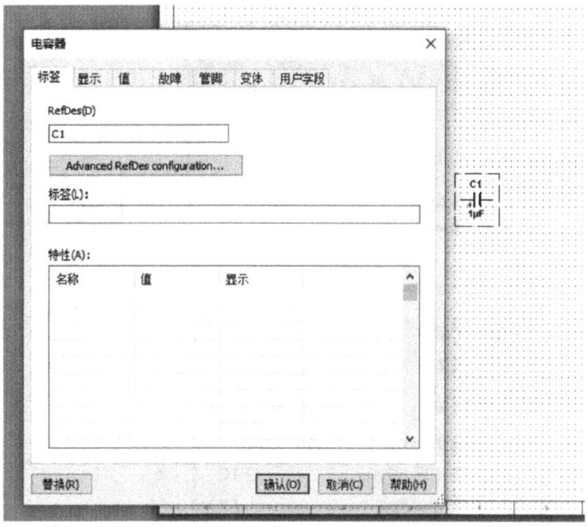

图 8-4-3　元器件属性设置

2) 改变导线的颜色。在复杂的电路中，可以将导线设置为不同的颜色。要改变导线的颜色，用鼠标指向该导线，点击右键可以出现菜单，选择“颜色”选项，出现颜色选择框，然后选择合适的颜色即可。

3) 在导线中插入元器件。将元器件直接拖曳放置在导线上，然后释放即可插入元器件在电路中。

(8) “连接点”的使用。“连接点”是一个小圆点，在“绘制”菜单中点击“结 (J)”可以放置结点。一个“连接点”最多可以连接来自四个方向的导线，可以直接将“连接点”插入连线中。

(9) 结点编号。在连接电路时，Multisim 软件可自动为每个节点分配一个编号，是否显示结点编号可在“选项”菜单→“电路图属性”对话框中，“电路图可见性”选项卡内设置。

(10) 文本基本编辑。如图 8-4-4 所示，电路工作区输入文字。单击“绘制”菜单→“文本”命令或使用 Ctrl+T/Ctrl+Alt+A 快捷操作，然后单击需要输入文字的位置，输入需要的文字。用光标指向文字块，单击鼠标右键，在弹出的菜单中选择“颜色”命令，选择需要的颜色。双击文字块，可以随时修改输入的文字；还可以单击“视图”菜单→“描述框”命令或使用快捷操作 Ctrl+D，打开电路文本描述框，在其中输入需要说明的文字，可以保存和打印输入的文本。

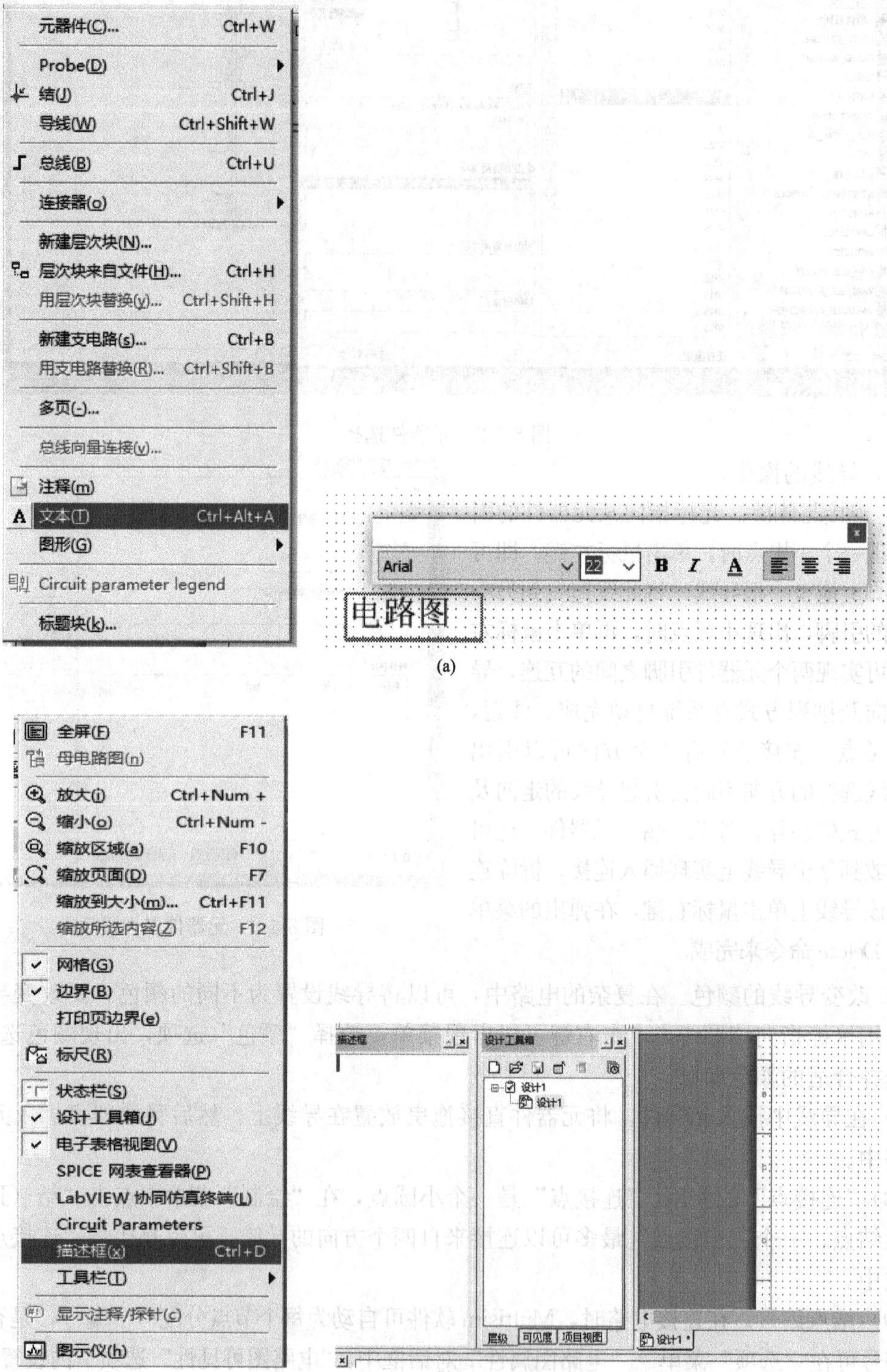

(a)

(b)

图 8-4-4　文本基本编辑

（a）菜单打开方式；（b）快捷键命令

（11）图纸标题栏编辑。单击“绘制”菜单→“标题块”命令，打开对话框的选择适合的标题快文件，则会在光标上加载选中的标题框，将其拖至所需放置位置后单击左键。用鼠标右键单击文字块，在弹出的菜单中编辑标题框信息即可，如图 8-4-5 所示。

(a)　(b)　(c)　(d)

图 8-4-5　图纸标题栏编辑

（a）打开文件菜单；（b）打开标题块；（c）设置图纸参数；（d）设置标题块内容

2. 仿真实例

【例 8-4-1】 *RC* 电路的瞬态响应。在 Multisim 14 的工作区中，创建 *RC* 串联电路，如图 8-4-6所示，选取信号源，采用直流电压源，幅值为 10V；选取示波器 A 通道观察电容电压的变化。

（1）当 S1 由 1 投向 2，电容放电，*RC* 电路进入零输入响应。电容电压为指数衰减状态，如图 8-4-7 所示。

（2）当 S1 由 2 投向 1，电容充电，*RC* 电路进入零状态响应。电容电压为指数增长状态，如图 8-4-8 所示。

【例 8-4-2】 二阶电路的动态响应。在 Multisim 14 的工作区中，创建 *RLC* 串联电路，如图 8-4-9 所示，选取信号源，采用方波输出，设置输出频率为 5Hz，占空比为 50%，幅值为

10V；选取示波器 A 通道观察电容电压的变化。

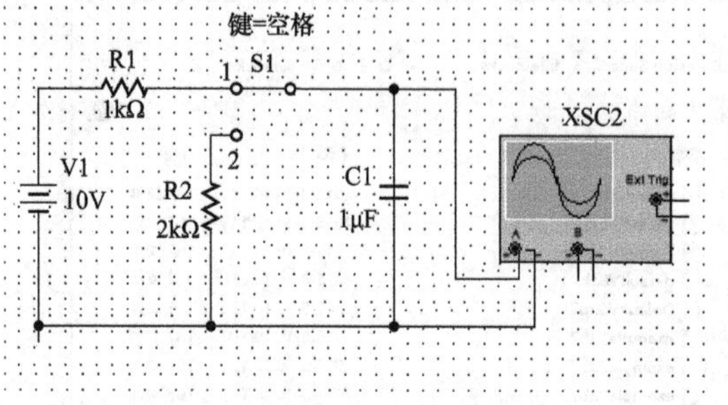

图 8-4-6　*RC* 电路

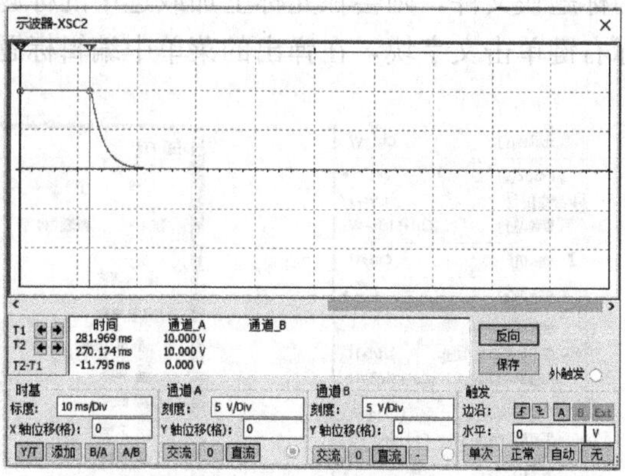

图 8-4-7　*RC* 电路零输入响应中电容电压的波形

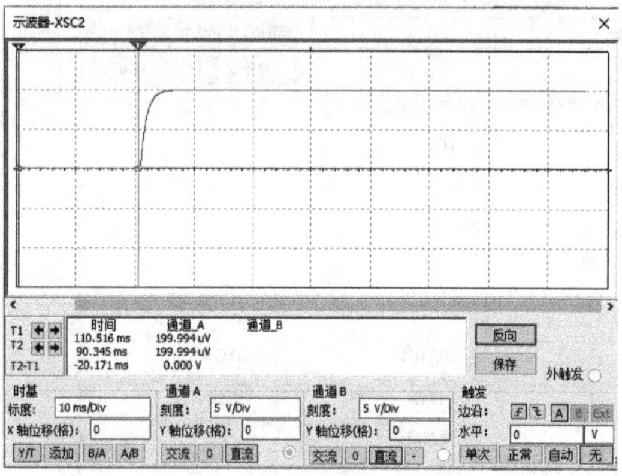

图 8-4-8　零状态响应中电容电压的波形

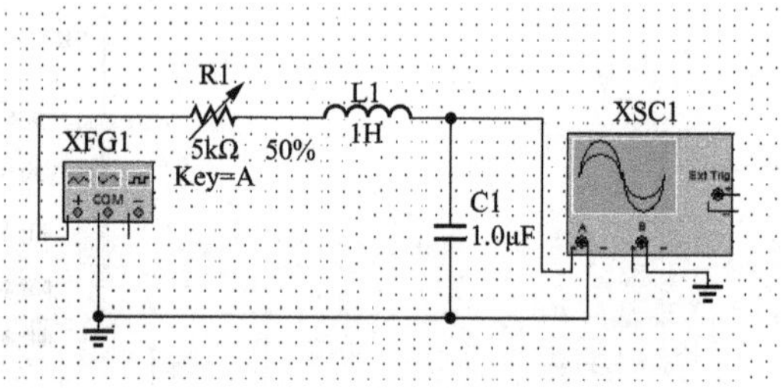

图 8-4-9　*RLC* 电路的动态响应

对于，*RLC* 串联电路建立数学模型，为二阶常系数

$$LC\frac{d^2u_c}{dt}+RC\frac{du_c}{dt}+u_c=u_S \tag{8-4-1}$$

由于，其特征方程

$$LCP^2+RCP+1=0 \tag{8-4-2}$$

则，特征方程的特征根为

$$p_{1,2}=-\frac{R}{2L}+\sqrt{\left(\frac{R}{2L}\right)^2-\frac{1}{LC}}=-\delta\pm\sqrt{\delta^2-\omega_0^2} \tag{8-4-3}$$

其中，衰减系

$$\delta=-\frac{R}{2L} \tag{8-4-4}$$

谐振角频率

$$\omega_0=\frac{1}{\sqrt{LC}} \tag{8-4-5}$$

当选择不同的 R、L、C 参数时，会产生三种不同状态的响应，即过阻尼、欠阻尼和临界阻尼三种状态。

(1) 当 $R>2\sqrt{\dfrac{L}{C}}$，电路中的电阻过大，即为过阻尼状态，电压、电流响应呈现出非周期性指数衰减的特点，如图 8-4-10 所示。

（2）当 $R=2\sqrt{\frac{L}{C}}$，电路中的电阻适中，即为临界状态。此时，暂态过程界于非振荡状态与振荡状态之间，其本质属于非周期性指数衰减过程，如图 8-4-11 所示。

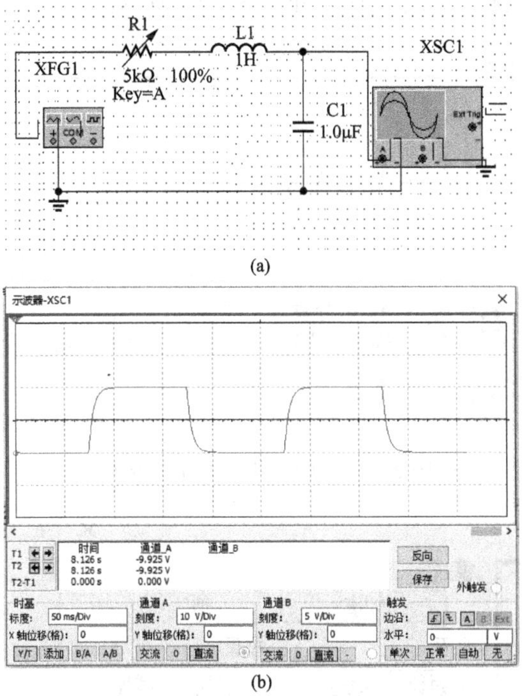

图 8-4-10　过阻尼状态

（a）$R=5\text{k}\Omega$；（b）电容电压的波形

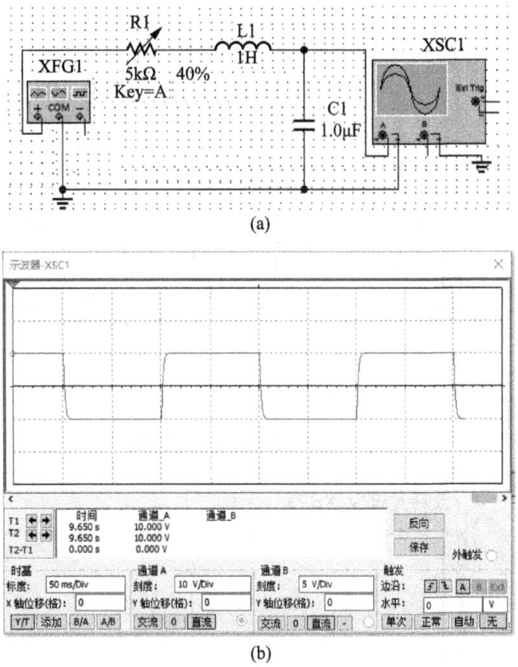

图 8-4-11　临界阻尼状态

（a）$R=2\text{k}\Omega$；（b）电容电压的波形

（3）当 $R<2\sqrt{\frac{L}{C}}$，电路中的电阻过小，即为欠阻尼状态。电压、电流响应具有衰减振荡的特点，如图 8-4-12 所示。这时，电路微分方程的特征根为一对共扼复根 $p_{1,2}=-\delta\pm j\omega$，其阻尼振荡角频率 $\omega=\sqrt{\omega_0^2-\delta^2}$。

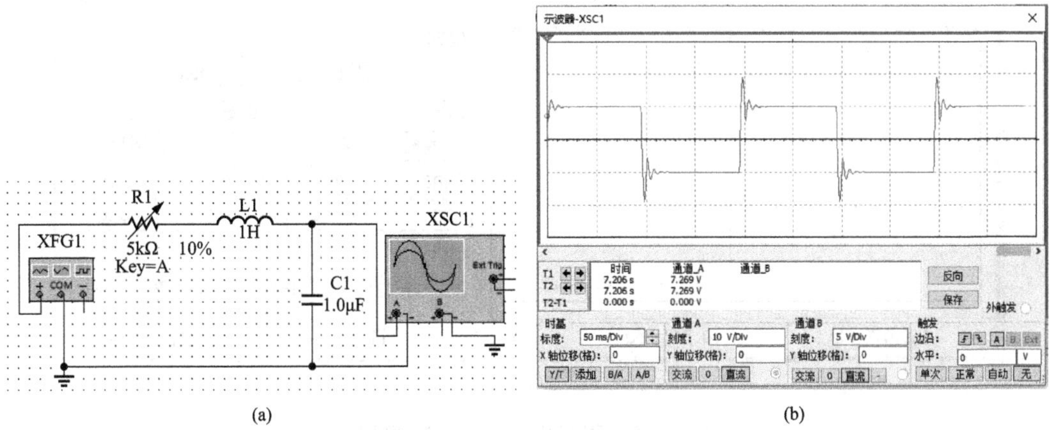

图 8-4-12　临界阻尼状态

（a）$R=1\text{k}\Omega$；（b）电容电压的波形

【例 8-4-3】 *RLC* 串联电路谐振。在 Multisim 14 的工作区中，创建 *RLC* 串联电路，如

图 8-4-13 所示，选取信号源，采用正弦波输出，设置幅值为 10V；选取示波器 A 通道观察信号源输出电压的变化，B 通道观察电阻电压的变化；选取波特测试仪观察以电阻为输出时，电路的频率特性。

（1）当电源频率 $f=159\text{Hz}$ 时，电路发生谐振，如图 8-4-14 和图 8-4-15 所示。

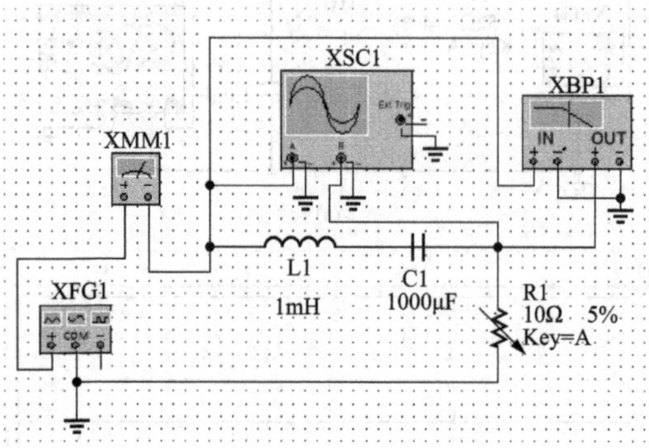

图 8-4-13 *RLC* 串联电路

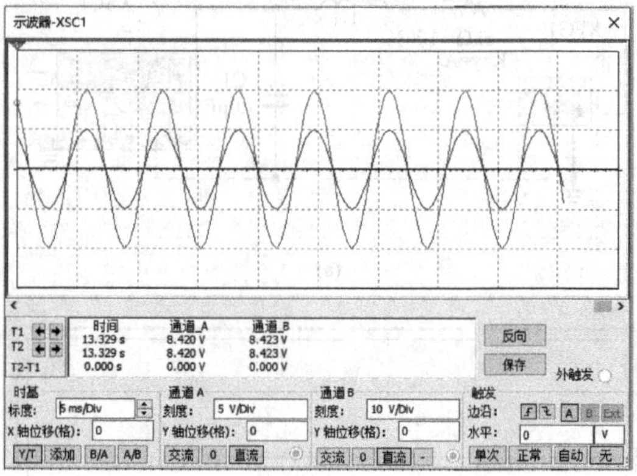

图 8-4-14 *RLC* 串联电路的谐振

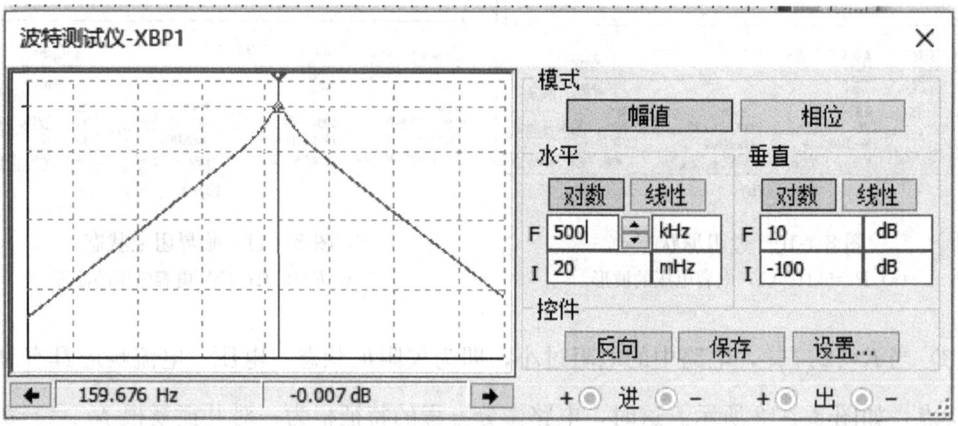

(a)

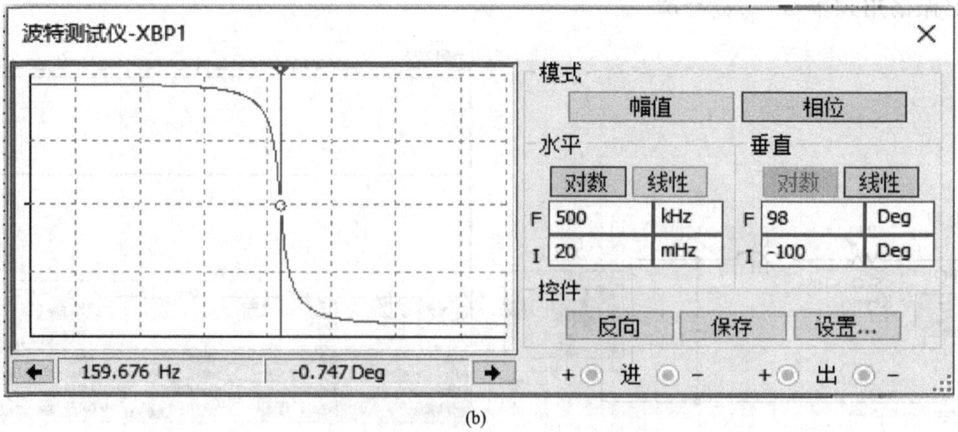

(b)

图 8-4-15 *RLC* 串联电路的频率特性

(a) 幅频特性；(b) 相频特性

（2）当电源频率 $f=50\text{Hz}$ 时，电路呈容性状态，电路端口电流超前电压，如图 8-4-16 所示。

（3）当电源频率 $f=500\text{Hz}$ 时，电路呈感性状态，电路端口电流滞后电压，如图 8-4-17 所示。

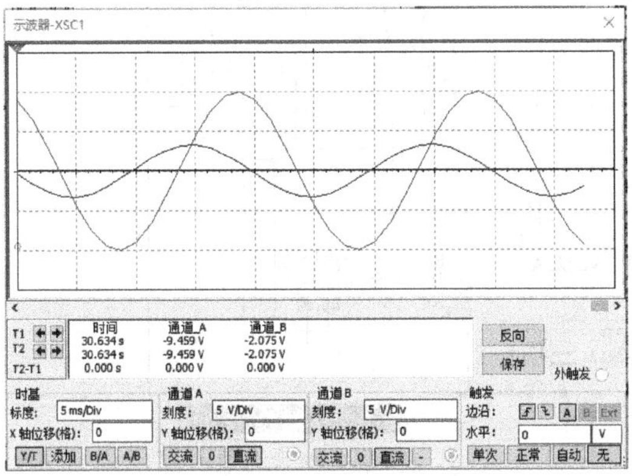

图 8-4-16　*RLC* 串联电路的容性状态

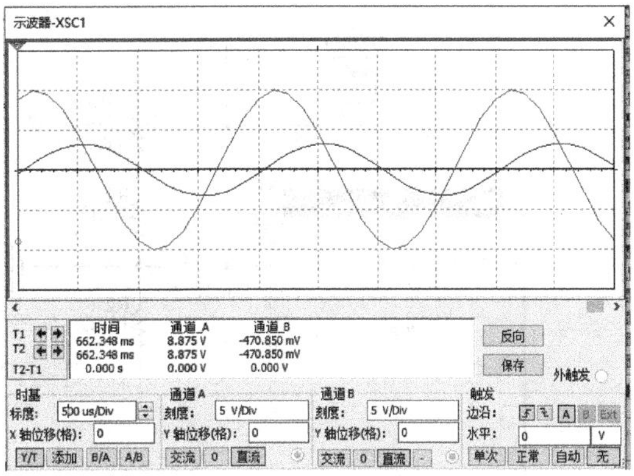

图 8-4-17　*RLC* 串联电路的感状态

【例 8-4-4】 分压式共射放大电路分析。在 Multisim 14 的工作区中，创建分压式共射放大电路（参数如图 8-4-18），选取信号源，采用正弦波输出，设置幅值为 10mV；频率 1kHz，选取示波器 A 通道观察信号源输出电压的变化，B 通道观察电阻电压的变化；选取波特测试仪观察以电阻为输出时，电路的频率特性，如图 8-4-18 所示。

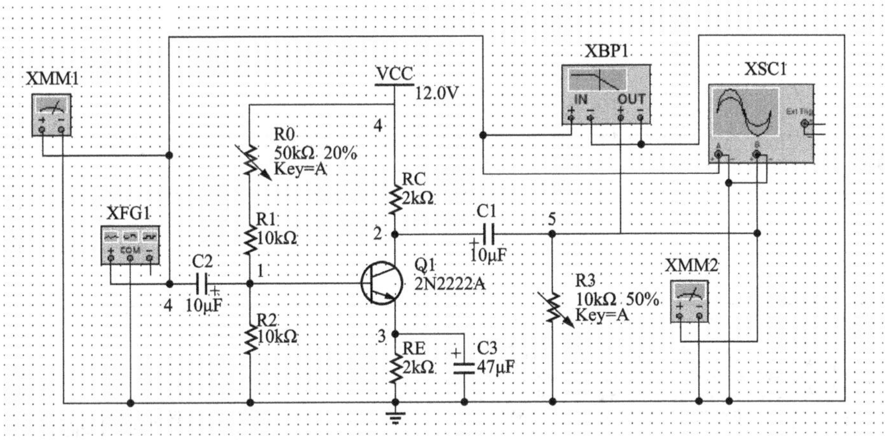

图 8-4-18　分压式共射放大电路

（1）静态工作点的分析，如图 8-4-19 所示。

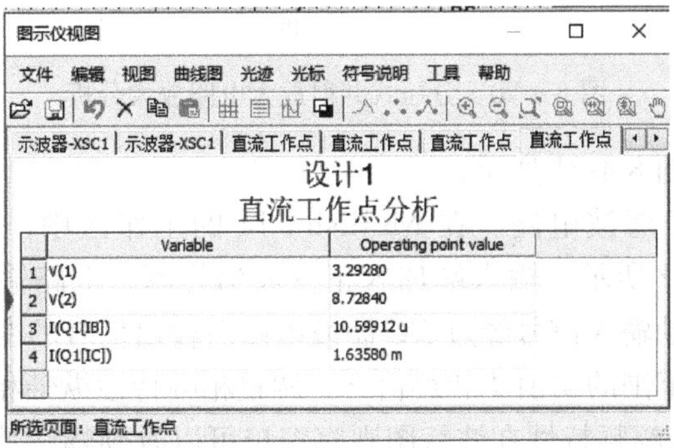

	Variable	Operating point value
1	V(1)	3.29280
2	V(2)	8.72840
3	I(Q1[IB])	10.59912 u
4	I(Q1[IC])	1.63580 m

图 8-4-19　分压式共射放大电路静态工作点分析

（2）动态性能分析，如图 8-4-20 所示。

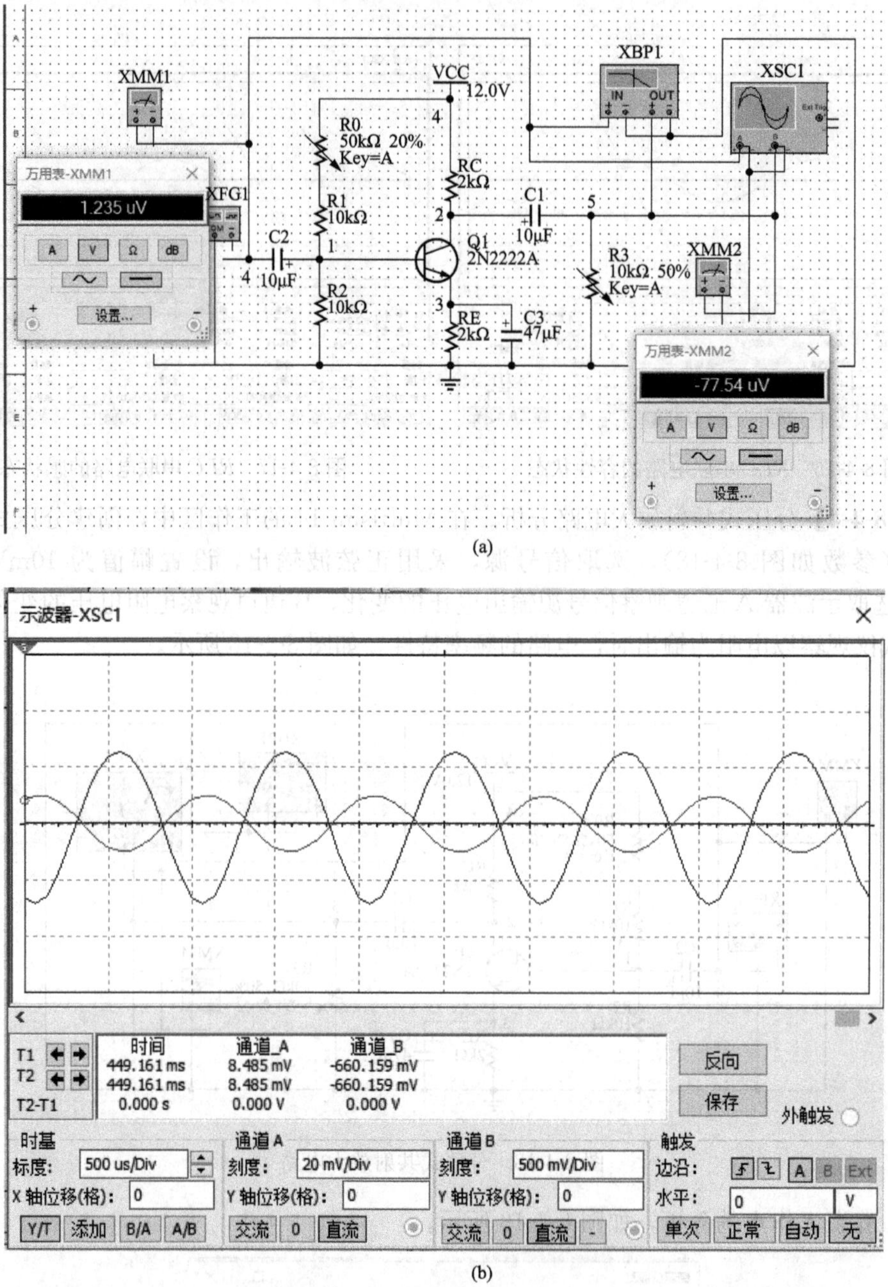

图 8-4-20　分压式共射放大电路放大分析

（3）频率特性，如图 8-4-21 所示。

【例 8-4-5】 一阶 *RC* 滤波电路。在 Multisim 14 的工作区中，创建一阶 *RC* 滤波电路（参数如图），如图 8-4-22 所示，输入端加入正弦波信号源，电路输出端与示波器相连，目的是为了观察不同频率的输入信号经过 *RC* 滤波电路后输出信号的变化情况。

调整纵轴幅值测试范围的初值 *I* 和终值 *F*，调整相频特性纵轴相位范围的初值 *I* 和终值 *F*，打开仿真开关，点击幅频特性在波特图观察窗口可以看到幅频特性曲线如图 8-4-23（a）所示；点击相频特性可以在波特图观察窗口显示相频特性曲线如图 8-4-23（b）所示 。

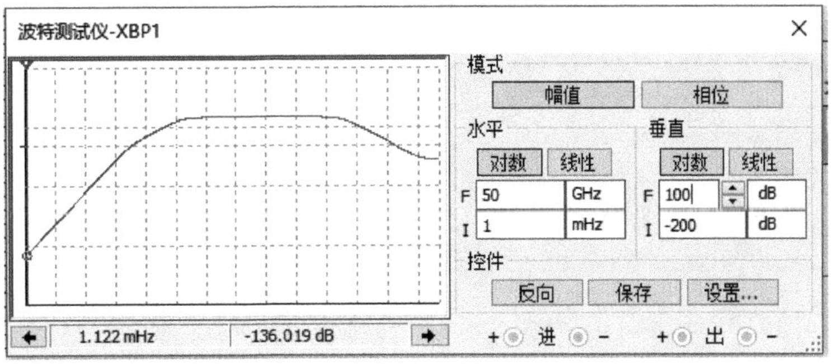

图 8-4-21　分压式共射放大电路的频率特性

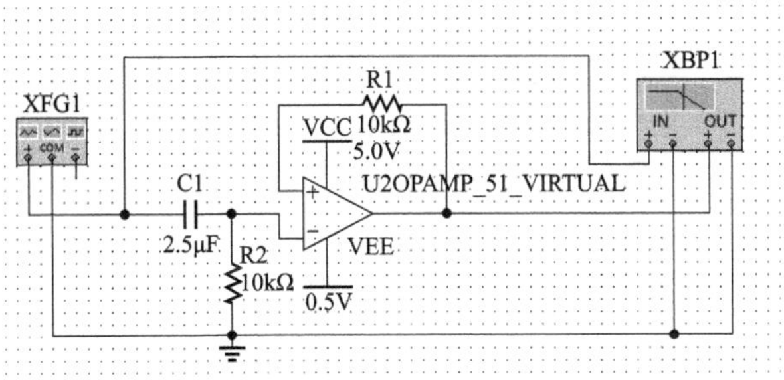

图 8-4-22　波特仪接线图

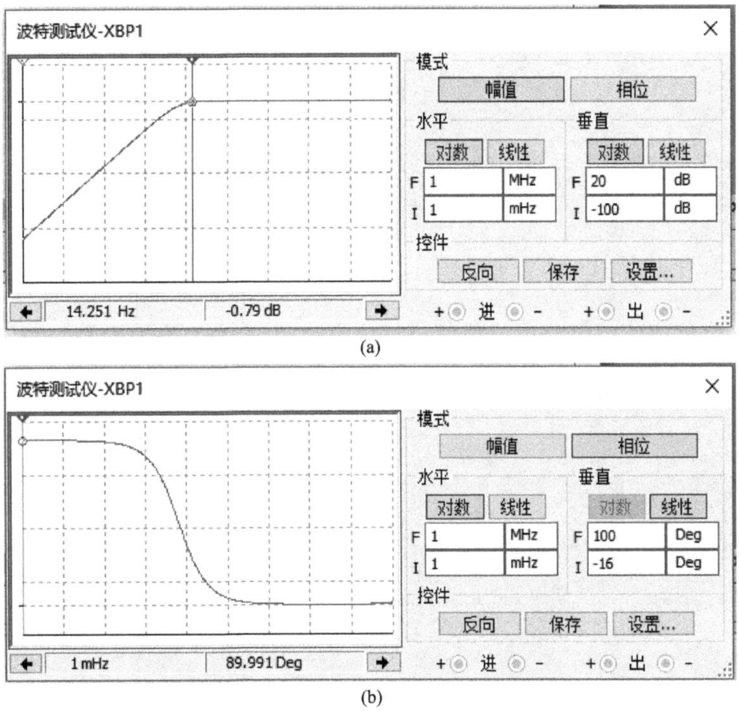

图 8-4-23　用波特仪观测 RC 滤波电路输出信号

(a) 幅频特性曲线；(b) 相频特性曲线